中等职业教育-应用本科教育贯通培养教材

无 机 化 学

WUJI HUAXUE 本科阶段

周祖新　主编

周义锋　韩 生　副主编

常光萍　主审

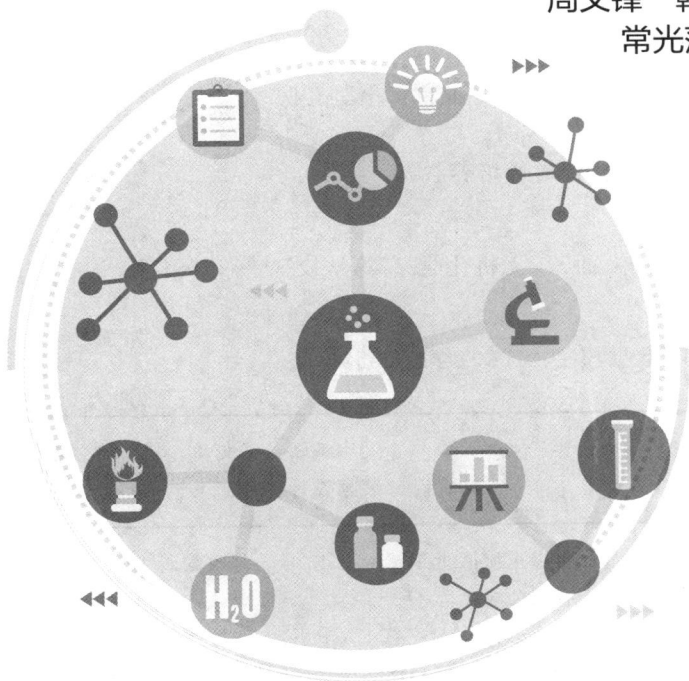

化学工业出版社

·北京·

《无机化学》是根据上海市教委关于培养高素质应用型一线操作人才，中职本科一体化教学（也称中本贯通）要求而编写的。理论部分以"必须""通俗易理解""够用""应用"为原则，讲解原理多用通俗的课堂语言，例题一般是与药物生产相关的实例；元素部分除元素及化合物常用知识的介绍外，还介绍这些物质在医药方面的应用。

本书共分 10 章，基本原理有溶液与胶体分散系、化学反应速率和化学平衡两章，这些原理的具体应用有酸碱平衡和溶解沉淀平衡、氧化-还原反应、配位化合物三章；物质结构部分包括原子结构和元素周期律、分子结构和晶体两章；元素部分有非金属元素和金属元素各一章，还有生物无机化学基本知识一章。

《无机化学》可作为应用技术型高校化工、材料、轻工、医药、生物类无机化学或基础化学教材，也可供相关工厂、企业技术人员及自学者参考。

图书在版编目（CIP）数据

无机化学：本科阶段/周祖新主编. —北京：化学工业出版社，2020.5

中等职业教育-应用本科教育贯通培养教材

ISBN 978-7-122-36190-5

Ⅰ.①无… Ⅱ.①周… Ⅲ.①无机化学-高等学校-教材 Ⅳ.①O61

中国版本图书馆 CIP 数据核字（2020）第 025555 号

责任编辑：刘俊之　　　　　　　　　　文字编辑：王文莉　刘　璐　陈小滔
责任校对：刘　颖　　　　　　　　　　装帧设计：韩　飞

出版发行：化学工业出版社（北京市东城区青年湖南街 13 号　邮政编码 100011）
印　　装：三河市双峰印刷装订有限公司
787mm×1092mm　1/16　印张 17¾　彩插 1　字数 425 千字　2020 年 9 月北京第 1 版第 1 次印刷

购书咨询：010-64518888　　　　　　　售后服务：010-64518899
网　　址：http://www.cip.com.cn
凡购买本书，如有缺损质量问题，本社销售中心负责调换。

定　　价：59.00 元

前　言

　　中职本科贯通人才培养模式是近年来上海市高等教育改革的一项重要举措，即中职生进行了三年中等专业学习后直接进入相关专业的本科阶段学习。全国还有类似的中职高职贯通、中职高校直通车等形式，它是培养高端应用型技术人才的重要途径，2017年其招生规模就占上海市总招生人数的2.5%，2018年继续扩大，虽然比例不算很高，但放眼全国总人数已很可观。由于录取方法及其后学习环境的巨大差异，中职生和普通高中生存在很多的不同。中职生由于在工厂见习或实习的时间较多，在课堂上课时间相对较少，中职生的抽象思维能力欠缺而形象思维能力较强。如果简单套用一般高中毕业生的教学方法，学生很难适应，教学效果不佳。我们根据这几年中本贯通的教学经验及对学生整个知识体系的了解，根据学生上岗工作所需要的知识，不断探索，因势利导，寻求与之匹配的教学方法，编写与之相适应的无机化学教材。

　　1. 起点适中，充分注意到中职学生的学习能力和知识基础，与中职阶段的学习做好有机的衔接。中职学生与普通高中学生的化学学习内容有不少差别，如溶液的依数性、分子间的三种作用力、酸碱质子理论等一般高中不涉及，中职学生已学习了部分上述内容，我们在这些基础上适当深化。物质结构的内容，如电子亚层、离子键、共价键涉及很浅，我们把高中化学的内容补上。

　　2. 根据中职生形象思维能力较强的特点，对概念、原理的描述和解释进一步形象化、图表化，减少严格的、难理解的术语描述和理论推导。用常见的例子来描述、简单的图形来诠释概念和原理，使学生容易看懂、深刻理解。对电解质概念的引入运用溶液是否导电及导电能力强弱的实验；对缓冲溶液概念的引入是分别在水中和弱酸-弱酸盐混合液中滴加少量酸碱引起溶液的pH变化；等等。

　　3. 加强联系实际，注意与人才培养目标的一致性。本书的主要编者曾长期在化工生产一线工作，具有较丰富的化工生产经验。在基础理论和元素部分都编进了不少理论应用于生产的实例，包括生产流程、生产工艺甚至某些生产细节力图，使学生在较好地掌握无机化学基础理论和基本知识的基础上对该理论在生产中的应用有更多的了解。

　　4. 为了体现理论部分"必须""够用"的原则，有些无机化学的常见理论如化学热力学、微观粒子的运动特征、分子结构理论等未列入本教材。而有些应该是专业课程的内容，如生物、医药制品的沉淀制取、膜分离技术等实用性内容选入本教材。本教材注重学生知识的整体化。

　　本书由周祖新担任主编，周义锋、韩生任副主编，常光萍主审。上海应用技术大学化工学院无机化学教研室的老师和上海市医药学校的部分老师在本书编写过程中提出了很多宝贵意见，在此表示衷心的感谢！化学工业出版社的编辑对本书的出版工作提供了很大的帮助，在此作者表示最衷心的感谢！

　　由于编者水平所限，书中不当之处在所难免，诚望广大读者指正。

编者

2019年12月于上海应用技术大学

目　　录

绪　　论

0.1　化学上物质的概念

我们周围充满着物质，如呼吸的空气、吃的食物、穿的衣服、住的房屋，使用的各种工具等，还有我们居住的地球，天空中的月亮、星星、太阳及整个宇宙，以至我们人类本身也是物质，即使在真空中，也有各种形式的场如电磁场、重力场等物质，微观世界的"基本"粒子，如电子、中子、光子、夸克等也是物质。

随着科学研究分类的细致化和化学的发展，现在化学上的物质是指由原子、分子、生物大分子、超分子和物质凝聚态（晶体、非晶体、流体、等离子体以及介观凝聚态、溶胶）等组成的聚集体。

在日常生活中经常听到化学物质这个词，实际上人们一般认为经过化学加工的物质为化学物质，未经过化学加工的物质为天然物质。按照科学上的物质概念，化学加工和未加工的物质都应是化学物质。另外在食品（蔬菜）上经常有绿色食品或有机食品的叫法，实际上除了调味品食盐外，其他物质在化学物质分类上都是有机物，绿色或有机是指在动植物繁育（非转基因种）、生长、食品生产过程中所使用的物质基本为天然物质，即不施化肥，不用农药、合成添加剂。所有的药物、食品都是化学物质，西药大部分是通过复杂的多步化学反应合成的，中药大部分利用天然的矿物、植物、动物及微生物加工得到，食品几乎都是天然物质，但食品的添加剂很多是化学合成的。

0.2　化学的研究对象

化学是研究化学反应（变化）的学科。化学变化实际上是组成化学物质的颗粒（原子）重新组合的问题，而颗粒组合需强烈的吸引力，有规律性地组合在一起。而要从根本上研究化学反应，必须在原子、分子水平上研究参与反应的物质的组成、结构、性能、变化规律以及变化过程中的能量关系等。故目前一般认为化学的研究对象是：物质，涉及物质的组成、结构、性能，相互关系，变化规律以及在变化过程中的能量转换关系。

从上述化学物质定义及化学研究对象可知，人本身也是由化学物质组成，人的生命过程本身就是化学反应的综合体现，人类的生存和繁衍也是通过化学反应来维持，没有化学变化，地球上就不会有生命，当然也不会有人类存在。人们每天食入的淀粉（米饭和面食等）在人体酶催化下水解成葡萄糖，然后与吸入的氧气反应生成二氧化碳和水，放出能量提供给人体；我们饮食中摄入的蛋白质分子在人体中酶的催化下水解成组成该蛋白质的氨基酸小分子，这些氨基酸分子在人体遗传物质 DNA 的操纵下重新组合成人体所需的蛋白质，以完成人体的新陈代谢。

人类（包括其他生物）每一步的发展，孕育、出生、成长（昆虫的成长中多次变形）、生病、死亡都与化学变化有关。正是由于化学学科的飞速发展，才使人类利用化学的方法和原理从分子水平上深入认识生命现象和控制复杂的生命反应过程成为可能。可以毫不夸张地说，没有化学的发展，生命科学和药学就不会有现在这样迅速发展的局面。

0.3　无机化学与制药

　　无机化学是大学化学课程中第一门化学课，内容包括无机化学原理和元素化学两大部分。掌握这些内容不仅为后续课程的学习打好基础，也是今后从事药学专业工作所必需。无机化学的研究内容非常广泛。现代无机化学主要研究元素及其化合物（碳氢化合物及其衍生物除外）的制备、组成、结构和性质。

　　其实，人类在发展过程中，根据实践经验，已使用了一些无机物作为药材。《神农本草经》所称朴硝"主百病，除寒热、邪气，逐六腑积聚、结痼、留癖"。《开宝本草》所说砒霜"主诸疟"；自然铜"疗折伤，散血、止痛"。这些物质都已证明有确切疗效。随着科技的发展和医疗水平的提高，矿物类中药的研究逐渐系统、深入，涉及内容更加广泛，包括药物的成分、理化性质、质量标准、炮制方法、配伍和剂型等，尤其是对矿物药治病物质基础的研究，在实际应用和理论探索方面有着重要的意义。

　　近几十年来，由于科学技术的迅速发展，无机化学突破了历史的局限，与生物学、有机化学等学科相互渗透，产生了不少新的边缘学科，如生物无机化学、金属有机化学、金属酶化学等，从而开拓了无机化学的研究领域。把无机化学的基础理论、近代物理测试手段用于生物体的研究就产生了生物无机化学。生物无机化学是在分子水平上研究生物体内与无机元素有关的各种相互作用。

　　药学是生命科学的一部分。生命科学以人体为主要研究对象，探索疾病发生和发展的规律，寻找预防疾病和治疗疾病的途径。预防疾病和治疗疾病主要依靠药物在体内发挥作用，利用药物来调整因疾病而引起的各种异常变化。

　　化学在药学中的应用有如下几种：

　　① 用无机化学和有机化学的理论和方法合成具有特定功能的药物，研究各种无机化学反应和有机化学反应，以了解药物的结构与性质和生物效应的关系。

　　② 用化学分离方法从动物、植物（草药）及动物的组织、体液中分离出有生物活性的物质和有治疗作用的成分，确定它们的结构，了解它们在体内的形成和代谢，了解它们的性质与活性的关系。

　　③ 用化学分析方法和仪器分析方法分析药物与生物活性物质的组成和结构，分析合成中间体、原料药及制剂中的有效成分含量及杂质含量。

　　④ 用物理化学方法研究各种化学反应发生的可能性、反应速率及反应机理，利用这些理论研究药物在人体内的代谢、利用程度及药物稳定性等。最终利用化学的理论、知识解释病理过程和药理过程，提出解决问题所需要的信息、理论依据和方法。

　　许多无机化合物本身就是药物，《中华人民共和国药典》中收载的无机药物就有几十种之多。掌握无机化学的知识，有助于研究药物的化学性质与它的结构、性质及生物效应间的关系。

　　（1）抗癌药

　　从 20 世纪中叶以来，无机物的药物有了很大的发展。1967 年人们发现顺铂（顺二氯二氨合铂）有抗肿瘤活性以来，铂类金属抗癌药物的应用和研究得到了迅速的发展。目前已研制和开发出第二代及第三代铂类抗癌药，如卡铂（顺环丁二羧二氨基合铂）、奥沙利铂（环己烷二氢基络铂类化合物）。

　　合成的非铂系配合物的抗癌药物是临床上治疗生殖泌尿系统及头颈部、食道、结肠等癌症有效的广谱抗癌药物，如有机锗、有机锡等。这些药物是科学家们应用无机配位法，把金属离子与有机体或无机体配合形成的金属配合物。

（2）金属配合物解毒剂

金属配合物在重金属及放射性元素解毒方面显示出其强大的生命力。依地酸二钠钙是临床上治疗铅中毒及某些放射性元素中毒的高效解毒剂。二巯丁二酸钠是我国创制的解毒剂，用于锑、汞、铅、砷和镉等中毒。

（3）纳米中药

20世纪90年代纳米中药的问世，又为应用无机化学开辟了一个新领域。将矿物药制成纳米颗粒（0.1～100nm）、微囊、贴剂等多种剂型，大大提高了临床疗效。我国已成功研制出纳米级新一代抗菌药物，对大肠杆菌、金黄色葡萄球菌等致病微生物均有强的抑制和杀灭作用。以这种抗菌颗粒为原料药，已成功地开发出创伤贴、溃疡贴等纳米医药类产品。纳米技术在中药上的应用大大提高了中药现代化和标准化。随着人们对无机化学在中药中重要作用的认识的深化，纳米中药将以其特有的中医药理论优势、丰富的微量元素、确证的药理作用和临床疗效，为人类的健康事业作出更大的贡献。

0.4　无机化学的学习方法

无机化学是制药类专业的一门重要的基础课，学习无机化学的目的是通过理论课的学习为专业课的学习打好化学理论基础。通过无机化学实验掌握一些基本实验技能，通过自学，提高自己独立思考问题和独立解决问题的能力。无机化学是一门实验科学，新理论的发现和验证都要通过实验。因此，在无机化学的学习中要充分认识到化学实验的重要性。

大学的教学方法与中学截然不同。大学讲授的特点是突出重点，讲授中可以有所精简、调整和补充，教学进度也比较快。因此，学生最好能做到课前预习，带着问题听课，这将有助于学习的深入和提高，并能培养学生的自学能力。为了取得较好的学习效果，可以采用以下的学习方法：

① 课前预习。由于老师讲课速度较快，讲到的内容较多，当场很难消化、吸收。在学习新课以前要自学一遍，对教师本节课要讲授的内容有所了解，对自学时难理解的部分要一一记录下来，上课时要特别认真听讲。上课时要记笔记，课后应及时整理，搞清楚每节课的内容。

② 及时复习。每次课后都要在脑子里过一遍老师所讲内容，回忆不出时马上查阅书本或笔记；每一章学习结束后，在不看书不参考笔记的情况下把本章的有关概念、原理、计算公式写一遍，如有遗忘及时复习后再写，直至熟练。

③ 各章各节中的公式都是不同程度地借助于数学手段推导出来的，应理解数学推导思路，注意在推导过程中所引入的某些固定条件（如温度、压力、体积等）。

④ 演算习题是无机化学课程中巩固课本内容、培养独立思考和联系实际及发展思维的一个重要学习环节。在解题前，首先应了解该题属于课本中的哪段内容，与哪几个基本概念、公式相关联，该题提供了哪些已知条件，要求解得什么结果。然后从已知条件入手，思考出解题的思路。

⑤ 除了学好课本的内容，还必须重视无机化学实验。实验不但能验证课本中的内容，有助于加深对所学知识的理解，而且还能锻炼学生的动手能力和实践能力。

第 1 章　溶液与胶体分散系

1.1　稀溶液的依数性

由于溶质的不同，即使是同一种溶剂其溶液性质也是不同的。例如溶液的颜色、导电性、溶解度等均取决于溶质的本性；但是所有的溶液都具有一些相同的性质，例如溶液的蒸气压、沸点、凝固点和溶液的渗透压等性质的变化量仅仅与溶质的粒子（分子或离子）数有关，而与溶质的本性无关，故称为依数性。这种依数性的定性结论是普遍适用的，但严格的定量关系式只适用于难挥发的非电解质稀溶液。稀溶液的依数性在工程技术中有广泛的应用。

1.1.1　溶液的蒸气压下降

（1）蒸气压

液体液面上那些能量较高的分子会克服液体分子间的引力从表面扩散出去成为蒸气分子，这个过程叫做蒸发。相反，蒸发出来的蒸气分子在液面上的空间中不断运动时，某些蒸气分子可能撞到液面，为液体分子所俘获而重新进入液体中，这个过程叫凝聚。由于液体在一定温度时的蒸发速率是恒定的，若在密闭容器中，蒸发刚开始时，空间蒸气分子不多，凝聚的速率远小于蒸发的速率。随着蒸发的进行，蒸气浓度逐渐增大，凝聚的速率也就随之加大。当凝聚和蒸发的速率相等时，液体和它的蒸气就处于平衡状态，此时，液体蒸气所具有的压力叫做该温度下液体的饱和蒸气压，简称蒸气压。

以水为例，在一定温度下达到如下相平衡时：

$$H_2O(l) \underset{凝聚}{\overset{蒸发}{\rightleftharpoons}} H_2O(g)$$

$H_2O(g)$ 所具有的压力 $p(H_2O)$ 即为该温度下的蒸气压。例如在 25℃ 时，水的饱和蒸气压为 2.34kPa，温度上升，饱和蒸气压增加，100℃ 时，$p(H_2O) = 101.325kPa$，达到外界大气压，即达到其沸点。不仅液体有蒸气压，固体也有蒸气压，也可以蒸发。一般固体的蒸气压比液体要小得多。

（2）蒸气压下降

纯溶剂中加入难挥发溶质后，溶剂的一部分表面被溶质的颗粒所占据，从而使得单位时间内从溶液中蒸发出的溶剂分子数比原来从纯溶剂中蒸发出的分子数要少，使得溶剂的蒸发速率变小，而蒸气在液面凝聚的速率并不因表面有溶质分子而减小，溶质分子几乎与溶剂分子一样也能捕获到撞到它表面的溶剂分子。因此，在达到平衡时，难挥发溶质溶液中溶剂的蒸气压低于纯溶剂的蒸气压。溶液的浓度越大，溶质所占据的表面也越大，溶液的蒸气压下降越多。见图 1-1。

1887 年法国物理学家拉乌尔（F. M. Raoult）根据许多难挥发非电解质溶液所得出的实验结果发现，在一定温度时，难挥发的非电解质稀溶液中溶剂的蒸气压下降（Δp）与溶质的摩尔分数成正比，也称为拉乌尔定律，其数学表达式为：

$$\Delta p = p_A^{\ominus} \frac{n(B)}{n} = p_A^{\ominus} x_B \tag{1-1}$$

式中，$n(B)$ 表示溶质 B 的物质的量；$\dfrac{n(B)}{n}$ 表示溶质 B 的摩尔分数；$p_A^{\ominus}$ 表示纯溶剂的蒸气压，x_B 为溶质的摩尔分数。

式(1-1) 中，$x_B = \dfrac{n_B}{n_A + n_B} \approx \dfrac{n_B}{n_A} = \dfrac{n_B}{m_A/M_A} = b_B M_A$，得

$$\Delta p = K b_B \tag{1-2}$$

b_B 为质量摩尔浓度，$mol \cdot kg^{-1}$；M_A 为溶剂摩尔质量；K 为常数（$K = p_A^{\ominus} M_A$），与温度和溶剂本性有关。

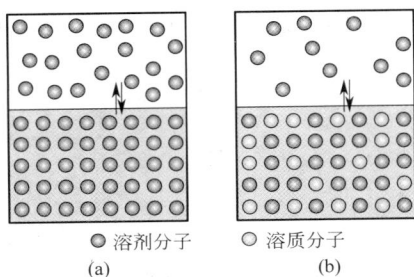

图 1-1　纯溶剂与溶液的蒸气压

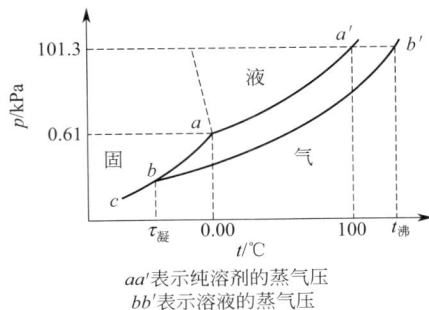

aa' 表示纯溶剂的蒸气压
bb' 表示溶液的蒸气压

图 1-2　水、冰和溶液的蒸气压曲线

【例 1-1】　已知 293K 时水的饱和蒸气压为 2.338kPa，将 6.840g 蔗糖（$C_{12}H_{22}O_{11}$）溶于 100.0g 水中，计算蔗糖溶液的质量摩尔浓度和蒸气压。

解：蔗糖的摩尔质量为 342.0g $\cdot$ mol^{-1}，所以溶液的质量摩尔浓度为：

蔗糖的摩尔分数 $x(C_{12}H_{22}O_{11}) = \dfrac{\dfrac{6.8400}{342.0}}{\dfrac{100.0}{18.0} + \dfrac{6.840}{342.0}} = 0.0036$

蔗糖溶液的质量摩尔浓度 $b(C_{12}H_{22}O_{11}) = x_B/M_A = 0.0036/18 = 0.002 mol \cdot kg^{-1}$

$$p = p^{\ominus} - \Delta p = p^{\ominus}(1 - x_B) = 2.338 \times (1 - 0.0036) = 2.330 kPa$$

1.1.2　溶液的沸点上升和凝固点下降

(1) 沸点和凝固点

恒温、恒压下，液态物质吸热成为气态物质，我们称之为气化，在敞口容器中加热液体，气化先在液体表面发生，随着温度的升高，液体蒸气压将不断地增大，当温度增加使液体蒸气压等于外界压力时，气化不仅在液面上进行，而且也在液体内部发生。内部液体的气化产生大量的气泡上升至液面，气泡破裂而逸出液体，我们称此现象为沸腾，在沸腾过程中，液体所吸收的热量仅仅是用来把液体转化为蒸气，这个过程温度保持恒定，液体在沸腾时的温度即为液体的沸点（以符号 t_b 表示）。

液体在一定的外压下，有固定的沸点，如水在 101.325kPa 的压力下，沸点为 100℃。当外部压力增加时，可使沸点升高。相反，降低外界压力时，可使液体在较低的温度下沸腾。如昆明地势高，气压低，那里水的沸点只有 96℃，西藏高原气压则更低，水的沸点可低至 76℃。

凝固点就是固相与液相共存的温度，也就是固相蒸气压与液相蒸气压相等时的温度，常压下水和冰在 0℃ 时蒸气压相等（610.5Pa），两相达成平衡，所以水的凝固点是 0℃。

（2）沸点上升和凝固点下降

如果在水中溶解了难挥发的溶质，其蒸气压就要下降（图 1-2）。溶液在 100℃ 时蒸气压就低于 101.325kPa，要使溶液的蒸气压与外界压力相等，以使其沸腾，就必须把溶液的温度升高到 100℃ 以上。

水和冰在凝固点（0℃）时蒸气压相等（图 1-2）。若在溶剂水中加入了溶质，它的蒸气压曲线下降，冰的蒸气压曲线没有变化，造成溶液的蒸气压低于冰的蒸气压，在 0℃ 时冰与溶液不能共存，即溶液在 0℃ 时不能结冰，只有在更低的温度下才能使溶液的蒸气压与冰的蒸气压相等。

溶液的蒸气压下降程度取决于溶液的浓度，而溶液的蒸气压下降又是沸点上升和凝固点下降的根本原因。因此，溶液的沸点上升与凝固点下降必然与溶液的浓度有关。拉乌尔用实验的方法确立了下列关系：溶液的沸点上升与凝固点下降与溶液的质量摩尔浓度成正比。可用下式表示：

$$\Delta T_b = K_b^{\ominus} b_B \tag{1-3}$$

$$\Delta T_f = K_f^{\ominus} b_B \tag{1-4}$$

式中，$K_b^{\ominus}$ 与 $K_f^{\ominus}$ 分别为溶剂的沸点上升常数和凝固点下降常数，它们取决于溶剂的特征，而与溶质的本性无关，b_B 为溶液的质量摩尔浓度。现将几种溶剂的沸点、凝固点、$K_b^{\ominus}$ 与 $K_f^{\ominus}$ 的数值列于表 1-1 中。

表 1-1 一些溶剂的沸点上升常数和凝固点下降常数

溶剂	沸点/℃	$K_b^{\ominus}$	凝固点/℃	$K_f^{\ominus}$
乙酸	118.1	2.93	17	3.9
苯	80.2	2.53	5.4	5.12
三氯甲烷	61.2	3.63		
萘	218.1	5.80	80	6.8
水	100.0	0.51	0	1.86

【例 1-2】 将 0.638g 尿素溶于 250g 水中，测得此溶液的凝固点降低值为 0.079K，试求尿素的分子量。

解：水的 $K_f^{\ominus} = 1.86\text{K} \cdot \text{kg} \cdot \text{mol}^{-1}$，因为

$$\Delta T_f = K_f^{\ominus} b_B = K_f^{\ominus} \frac{m_B}{m_A M_B}$$

$$M_B = \frac{K_f^{\ominus} m_B}{m_A \Delta T_f} = \frac{1.86 \times 0.638}{250 \times 0.079} = 0.060\text{kg} \cdot \text{mol}^{-1}$$

$$= 60\text{g} \cdot \text{mol}^{-1}$$

1.1.3　渗透压

溶液除了蒸气压下降、沸点上升和凝固点下降三种通性之外，还有一种通性，也取决于溶液的浓度，这就是渗透压。

渗透必须通过一种膜来进行，这种膜上的孔只能允许溶剂分子透过，而不能允许溶质分子透过，因此叫做半透膜（如动植物细胞膜、胶棉、醋酸纤维膜等）。若被半透膜隔开的两边溶液的浓度不同，就会发生渗透现象。如按图 1-3 所示装置用

半透膜把溶液和纯溶剂隔开，这时溶剂分子在单位时间内进入溶液内的数目，要比溶液内的溶剂分子在同一时间内进入纯溶剂的数目多。结果使得溶液的体积逐渐增大，垂直的细玻璃管中的液面逐渐上升。渗透是溶剂通过半透膜进入溶液的单方向扩散过程。

若要使膜内溶液与膜外纯溶剂的液面相平，即要使溶液的液面不上升，必须在溶液液面上增加一定压力。此时单位时间内，溶剂分子从两个相反的方向通过半透膜的数目彼此相等，即达到渗透平衡。这时，溶液液面上所增加的压力就是这个溶液的渗透压力。因此渗透压是为维持被半透膜所隔开的溶液与纯溶剂之间的渗透平衡而需要的额外压力。

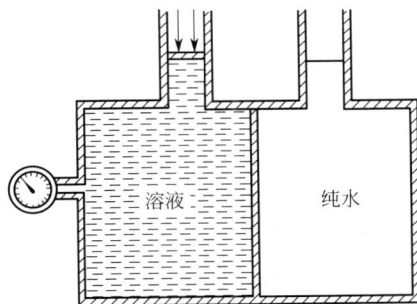

图 1-4 中描绘了一种测定渗透压装置的示意图。在一只坚固（在逐渐加压时不会扩张或破裂）的容器里，溶液与纯水间有半透膜隔开，溶剂有通过半透膜流入溶液的倾向。加压力于溶液上方的活塞上，使观察不到溶剂的转移。这时所必须施加的压力就是该溶液的渗透压，可以从与溶液相连接的压力计读出。

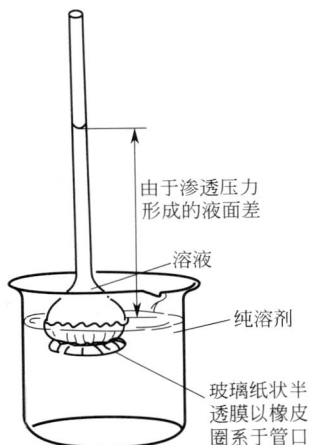

图 1-3　显示渗透现象的装置　　　　图 1-4　测定渗透压装置的示意图

如果外加在溶液上的压力超过渗透压，则反而会使溶液中的溶剂向纯溶剂方向流动，使纯溶剂的体积增加，这个过程叫做反渗透。

当温度一定时，稀溶液的渗透压和溶液的质量摩尔浓度成正比；当浓度不变时，其渗透压与热力学温度成正比。若以 Π 表示渗透压（kPa），c 表示浓度（mol·L^{-1}），T 表示热力学温度（K），n 表示溶质的物质的量，V 表示溶液的体积（单位是 L），则

$$\Pi = cRT = nRT/V$$
$$\Pi V = nRT \tag{1-5}$$

由于渗透压仅与溶液中溶质的粒子的数量有关，把溶液中能产生渗透效应的粒子（分子、离子等）统称为渗透活性物质。临床上常采用渗透浓度来衡量溶液渗透压的大小。

【例 1-3】　计算 50.0g·L^{-1} 葡萄糖溶液、9.00g·L^{-1}NaCl 溶液和 12.5g·L^{-1}NaHCO$_3$ 溶液的渗透浓度（用 mmol·L^{-1} 表示）。

解：葡萄糖（C$_6$H$_{12}$O$_6$）的摩尔质量为 180g·mol^{-1}，50.0g·L^{-1} 葡萄糖溶液

的渗透浓度为：

$$c_{os} = \frac{50.0g \cdot L^{-1}}{180g \cdot mol^{-1}} = 0.278mol \cdot L^{-1} = 278mmol \cdot L^{-1}$$

NaCl 的摩尔质量为 58.5g·mol^{-1}，9.00g·L^{-1} NaCl 溶液的渗透浓度为：

$$c_{os} = 2 \times \frac{9.00g \cdot L^{-1}}{58.5g \cdot mol^{-1}} = 0.308mol \cdot L^{-1} = 308mmol \cdot L^{-1}$$

NaHCO$_3$ 的摩尔质量为 84g·mol^{-1}，12.5g·L^{-1} NaHCO$_3$ 溶液的渗透浓度为：

$$c_{os} = 2 \times \frac{12.5g \cdot L^{-1}}{84g \cdot mol^{-1}} = 0.298mol \cdot L^{-1} = 298mmol \cdot L^{-1}$$

题中，葡萄糖是非电解质，在溶液中不解离，NaCl 是强电解质，每个 NaCl 分子在溶液中解离出 Na$^+$ 和 Cl$^-$ 共两个离子，故粒子总浓度前要乘以系数 2，NaHCO$_3$ 也是强电解质，每个 NaHCO$_3$ 分子在溶液中解离出 Na$^+$ 和 HCO$_3^-$ 共两个离子（HCO$_3^-$ 的解离和水解均较弱，这里计算颗粒数时忽略不计），故粒子总浓度前也乘以系数 2。

1.1.4 渗透压在医学上的应用

人体内的血液、淋巴液以及各种腺体的分泌液都属于溶液，食物和药物必须先形成溶液才便于人体吸收。生理盐水、眼药水以及各种中草药煎剂和注射剂也属于溶液，药物生产及其分析工作中的很多操作都是溶液状态下进行的。这些溶液均有渗透压。

（1）等渗、低渗和高渗溶液

在同一温度下，渗透压相等的溶液互称为等渗溶液（isotonic solution）。对于渗透压不相等的两种溶液，通常将渗透压相对较高的溶液称为高渗溶液（hypertonic solution），把渗透压相对较低的溶液称为低渗溶液（hypotonic solution）。

临床医学上，溶液的等渗、低渗和高渗是以血浆渗透压为标准来衡量的。由表 1-2 可知，正常人体血浆的渗透浓度约为 303.7mmol·L^{-1}，所以临床上规定，凡渗透浓度在 280～320mmol·L^{-1} 范围内的溶液称为等渗溶液；渗透浓度低于 280mmol·L^{-1} 的溶液称为低渗溶液；渗透浓度高于 320mmol·L^{-1} 的溶液称为高渗溶液。例如，生理盐水（9.0g·L^{-1}NaCl溶液）和 12.5g·L^{-1} 的 NaHCO$_3$ 溶液都是临床上常用的等渗溶液。但是，在实际应用时，个别略低于或略高于此范围的溶液，如 50.0g·L^{-1} 葡萄糖溶液（渗透浓度为 278mmol·L^{-1}）和 18.7g·L^{-1} 的乳酸钠溶液（渗透浓度为 334mmol·L^{-1}），在临床上也看作是等渗溶液。

表 1-2 正常人体血浆、组织间液和细胞内各种渗透活性物质的渗透浓度

渗透活性物质	血浆中的浓度 /mmol·L^{-1}	组织间液中的浓度 /mmol·L^{-1}	细胞内液中的浓度 /mmol·L^{-1}
Na$^+$	144	137	10
K$^+$	5.0	4.7	141
Ca^{2+}	2.5	2.4	
Mg^{2+}	1.5	1.4	31
Cl$^-$	107	112.7	4.0
HCO$_3^-$	27	28.3	10
HPO$_4^{2-}$、H$_2$PO$_4^-$	2.0	2.0	11

续表

渗透活性物质	血浆中的浓度 /mmol·L^{-1}	组织间液中的浓度 /mmol·L^{-1}	细胞内液中的浓度 /mmol·L^{-1}
SO_4^{2-}	0.5	0.5	1.0
磷酸肌酸			14
肌肽			45
氨基酸	2.0	2.0	8.0
肌酸	0.2	0.2	9.0
乳酸盐	1.2	1.2	1.5
三磷酸腺苷			5.0
一磷酸己糖			3.7
葡萄糖	5.6	5.6	
蛋白质	1.2	0.2	4.0
尿素	4.0	4.0	4.0
c_{os}/mmol·L^{-1}	303.7	302.2	302.2

　　临床治疗中为患者大量输液时，应用等渗溶液是一个基本的原则，否则可能导致人体内水分调节失常及细胞的变形和破坏。下面以红细胞在低渗、高渗和等渗溶液中的形态变化为例加以说明。

　　若将红细胞置于 9.0g·L^{-1} 的 NaCl 溶液（生理盐水）中，在显微镜下可以观察到红细胞维持原来的形态不变〔图 1-5(a)〕，这是由于红细胞内液和生理盐水的渗透压相等，处于渗透平衡。

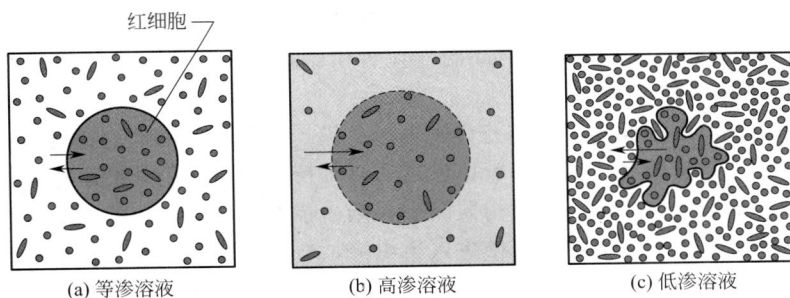

图 1-5　红细胞在等渗、高渗、低渗溶液中的形态变化

　　若将红细胞置于稀 NaCl 溶液（质量浓度为 3.0g·L^{-1}）中，在显微镜下可以观察到红细胞逐渐膨胀，最后破裂，释放出红细胞内的血红蛋白将溶液染成红色，这种现象医学上称溶血（hemolysis）〔图 1-5(b)〕。产生这种现象的原因是细胞内溶液的渗透压高于细胞外液，细胞外液的水向细胞内渗透直至最后细胞破裂。

　　若将红细胞置于浓 NaCl 溶液（质量浓度为 15.0g·L^{-1}）中，在显微镜下可观察到红细胞逐渐皱缩〔图 1-5(c)〕。产生这种现象的原因是细胞内溶液的渗透压低于细胞外液，红细胞内的水向外渗透。皱缩的红细胞易互相聚结成团，若此现象发生于血管中，将产生"栓塞"。

　　从以上实例可以看出，只有等渗溶液才能维持细胞的正常活性，保持正常的生理功能。不仅大量静脉补液时要使用等渗溶液，即使少量注射及外用药物也应考虑药液的渗透压，如眼药水及冲洗伤口的生理盐水等外用药也都是等渗溶液。但临床上也有例外：如对脑血管障碍伴脑水肿的患者常给予高渗溶液辅助吸收病灶部位水肿；对于心、肾功能差的老年及幼儿患者，若输入大量的等渗溶液易造成电解质潴留而出现水肿等并发症，故反而输以低渗溶液更为常见。当然，实际临床上的输液原则远比理论上的渗透原理复杂得多，要根据病情确定具体的治疗方案。

（2）晶体渗透压和胶体渗透压

在血浆等生物体液中含有电解质（如 NaCl、KCl、NaHCO₃ 等）、小分子物质（如葡萄糖、尿素、氨基酸等）及高分子物质（如蛋白质、核酸等）等。在医学上，把电解质和小分子物质统称为晶体物质，所产生的渗透压称为晶体渗透压（crystalloid osmotic pressure）；把高分子物质称为胶体物质，所产生的渗透压称为胶体渗透压（colloidal osmotic pressure）。血浆中胶体物质的含量（约为 $70g \cdot L^{-1}$）虽远高于晶体物质的含量（约为 $7.5g \cdot L^{-1}$），但是晶体物质的分子量小，而且其中的电解质可以解离，单位体积血浆中的粒子数较多，而胶体物质的分子量很大，单位体积血浆中的粒子数少，因此，人体血浆的渗透压主要由晶体物质产生。如 310K 时，血浆的总渗透压约为 770kPa，其中胶体渗透压仅为 $2.9 \sim 4.0kPa$。

由于人体内各种半透膜（如毛细血管壁和细胞膜）的通透性不同，晶体渗透压和胶体渗透压的生理功能也不相同。

细胞膜将细胞内液和细胞外液隔开，并且只让水分子自由通过，而 K^+、Na^+ 等离子却不易通过。因此，晶体渗透压对维持细胞内、外的水盐平衡起主要作用。如果由于某种原因引起人体内缺水，则细胞外液中盐的浓度将相对升高，晶体渗透压增大，于是细胞内液的水分透过细胞膜向细胞外液渗透，造成细胞内失水。若大量饮水或输入过多葡萄糖溶液（葡萄糖溶液在体内很容易被消化吸收而使溶液浓度降低），则使细胞外液中盐的浓度降低，晶体渗透压减小，细胞外液中的水分子就向细胞内液中渗透，严重时可产生水中毒。向高温作业者供给盐汽水，就是为了维持细胞外液晶体渗透压的恒定。

毛细血管壁与细胞膜不同，它允许水分子、离子和小分子物质自由透过，而不允许蛋白质等高分子物质透过。因此，胶体渗透压对维持毛细血管内外的水盐平衡起主要作用。如果由于某种疾病造成血浆蛋白质减少，则血浆的胶体渗透压降低，血浆中的水和盐等小分子物质就会透过毛细血管壁进入组织液，造成血容量降低而组织液增多，这是形成水肿的原因之一。因此，临床上对大面积烧伤或失血的患者，除补给电解质溶液外，还要输给血浆或右旋糖酐等代血浆，以恢复血浆的胶体渗透压并增加血容量。

1.1.5　膜分离技术简介

膜分离技术是以选择性透过膜为分离介质，当膜两侧存在某种推动力（如压力差、浓度差、电位差等）时，原料侧组分选择性地透过膜，以达到分离、提纯的目的。膜分离是在分子水平上不同粒径分子的混合物在通过半透膜时，实现选择性分离的技术，半透膜又称分离膜或滤膜，膜壁布满小孔，根据孔径大小可以分为：微滤膜（MF）、超滤膜（UF）、纳滤膜（NF）、反渗透膜（RO）等，膜分离采用错流过滤或死端过滤方式。根据所要浓缩截流分子的大小，选择不同的膜。

在过滤过程中料液通过泵的加压，以一定流速沿着滤膜的表面流过，大于膜截留分子量的物质分子不透过膜流回料罐，小于膜截留分子量的物质或分子透过膜，形成透析液。故膜系统都有两个出口，一个是回流液（浓缩液）出口，另一个是透析液出口。在单位时间（h）单位膜面积（m²）透析液流出的量（L）称为膜通量（LMH），即过滤速度。影响膜通量的因素有：温度、压力、固含量（TDS）、离子浓度、黏度等。

纳滤膜的主要特点是对二价离子、功能性糖类、小分子色素、多肽等物质的截留性能高于 98%，而对一些单价离子、小分子酸碱、醇等有 30%～50% 的透过性能，常被应用于溶质的分级、溶液中低分子物质的洗脱和离子组分的调整、溶液体系的浓缩等物质的分离、精制、浓缩工艺过程中。

超过滤是一种薄膜分离技术，就在一定的压力下（压力为 0.07～0.7MPa，最高不超过 1.05MPa），水在膜面上流动，水、溶解盐类和其他电解质是微小的颗粒，能够渗透超滤膜，而分子量大的颗粒和胶体物质就被超滤膜所阻挡，从而使水中的部分微粒得到分离。

由于膜分离过程是一种纯物理过程，具有无相变化，节能、体积小、可拆分等特点，故应用在发酵、制药、植物提取、化工、水处理工艺过程及环保行业中。对不同组成的有机物，根据有机物的分子量，选择不同的膜、合适的膜工艺，从而达到最好的膜通量和截留率，进而提高生产收率、减少投资规模和运行成本。

膜分离是在 20 世纪初出现，20 世纪 60 年代后迅速崛起的一门分离新技术。膜分离技术由于兼有分离、浓缩、纯化和精制的功能，又有高效、节能、环保、分子级过滤及过滤过程简单、易于控制等特征，因此，已广泛应用于食品、医药、生物、环保、化工、冶金、能源、石油、水处理、仿生等领域，产生了巨大的经济效益和社会效益，已成为当今分离科学中最重要的手段之一。

1.2　胶体分散系

在医药中，除了大量使用常见溶液外，还常用胶体溶液、悬浊液和乳浊液，它们都属于分散系。胶体是分散质直径在 1～100nm 的分散系。药物的制备、使用、储存等常常要涉及胶体和表面现象的知识。

1.2.1　溶胶

（1）溶胶的胶团结构

溶胶中胶粒的表面带有相同符号的电荷，而反离子分布在它周围的介质中。反离子一方面受到胶体粒子所带电荷的静电吸引，使它接近胶粒；另一方面反离子因其本身的扩散作用，使它分散到分散介质中去。多数情况下，总有一部分反离子和胶粒紧密地联系在一起，电泳时一起移动。这部分反离子和胶粒表面上的离子所形成的带电荷层叫作吸附层。其他的反离子分布在胶粒的周围，一部分反离子形成所带电荷符号与吸附层相反的另一个带电层，叫作扩散层。这种由吸附层和扩散层所构成的电性相反的双层结构，就叫作双电层（electric double layer）。

以 $FeCl_3$ 溶液与过量 NaOH 溶液制备的 $Fe(OH)_3$ 负溶胶为例，溶胶的结构如图 1-6 表示。图中的小圆表示胶核，第二个圆表示由胶核和吸附层组成的胶粒，最外的大圆表示扩散层的范围和整个胶团。

AgI 负溶胶的胶团结构也可用简式表示，如图 1-7 所示，首先大量 AgI 分子聚集形成胶核（colloidal nucleus），m 表示胶核中 AgI 的分子数目，通常是一个很大的数值。由于 KI 过量，溶液中存在大量的 K^+ 和 I^-，胶核优先吸附与其组成类似的 I^-，n 表示胶核所吸附的 I^- 数目。另外溶液中的一部分反离子 K^+ 又可以吸附在其周围，吸附离子与同时紧密吸附的部分反离子共同形成吸附层，吸附层和胶核合称为胶粒（colloidal particle），此时胶粒带负电荷。分布在胶粒外围的其他反离子形成扩散层，

x 为扩散层中的反离子数目。扩散层与胶粒总称为胶团（colloidal micelle），通常所说的溶胶带正电荷或负电荷是指胶粒所带电荷，整个胶团总是电中性的。

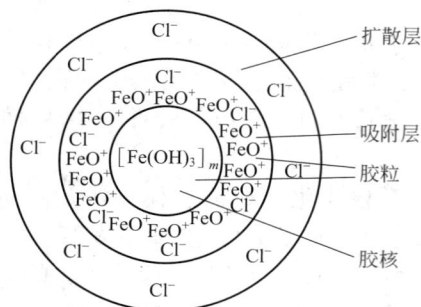

图 1-6　Fe(OH)₃ 胶团双电层

$$[(AgI)_m nI^- (n-x)K^+]^{-x} xK^+$$

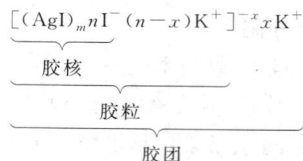

图 1-7　AgI 负溶胶的胶团结构

（2）溶胶的性质

从胶体的结构可知，由于胶粒的颗粒大小，带电情况和表面的溶剂化不同，导致其有下述的性质。

丁达尔现象：由于胶体粒子的直径与可见光的波长属于同一数量级，光照到胶体时会发生明显的散射，这时可在光路垂直的方向观察到通过此路径产生的散射光，这就是丁达尔现象。

布朗运动：悬浮于介质中的胶粒不断受到周围的分散介质分子从各个方向、不同速度的撞击，使胶粒在每一瞬间受到的合力的方向和大小不断改变，所以，胶粒时刻以不同的方向、不同的速率做无规则运动。胶粒越小，温度越高，布朗运动就越显著。

胶体的电泳：由于同种胶体带同一种电荷，如红棕色的 Fe(OH)₃ 溶胶带正电荷，在外加电场作用下，红棕色的 Fe(OH)₃ 胶粒会向负极运动。

溶胶的稳定性：由于同种胶体带同种电荷，胶粒相互靠近时会产生排斥，从而阻止了胶粒聚合变大而沉淀；另外胶粒外面双电层中吸附的离子均是溶剂化离子，在水溶液中即水合离子，这就使胶粒外面包上了一层溶剂化膜，阻碍了胶体的聚合。

溶胶的聚沉：如上述保护胶体稳定性的条件失去，胶体颗粒就会聚合变大而下沉。当在溶胶中加入较多电解质溶液时，胶粒会吸附相反电性的离子中和其电性，在无相同电性排斥时胶粒会因碰撞聚合而下沉；若在某胶体中加入另一带相反电荷的胶体，则会相互吸引，快速聚合沉淀；如对胶体加热，胶粒的热运动加剧，即使是带同种电荷的胶粒，也会冲破电性斥力和溶剂化层，聚合沉淀。

1.2.2　高分子化合物溶液

1.2.2.1　高分子化合物的概念

高分子化合物是由一种或几种简单化合物重复地联结而成的长链化合物，分子结构是链状的能卷曲的线性分子。与低分子化合物相比，高分子化合物具有分子量大、结构和形状复杂等特征。高分子化合物的分子量为 $10^4 \sim 10^6$，而低分子化合物的分子量大多在 500 以下。

高分子化合物有天然和合成两大类。常见的天然高分子化合物有蛋白质、核酸、淀粉、动物胶等；人工合成的高分子化合物有橡胶、塑料、纤维等。大多数生物高分子和生化药品都是天然高分子化合物，如增强人体免疫力的人血丙种球蛋白、抗病毒的干扰素、防止传染病的各类疫苗等。

1.2.2.2　高分子化合物溶液的形成和特征

(1) 高分子化合物溶液的形成

　　高分子化合物由于其分子量大，结构复杂，常温下是固体，比低分子化合物难溶，加入适当溶剂溶解后，以单个分子或离子形式存在，形成黏度大的溶液。由于溶剂分子小，钻到高分子中去的速度远比高分子扩散到溶剂中去的速度快，溶剂分子进去得多了，可使高分子化合物卷曲的分子链舒展开，体积膨胀，这是高分子化合物所特有的溶胀现象。随着溶剂分子不断进入高分子链段之间，高分子也扩散进入溶剂，彼此扩散，最后完全溶解形

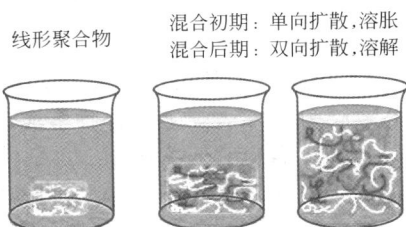

图 1-8　高分子溶液

成高分子溶液，见图 1-8。当用蒸发、烘干等方法除去溶剂后，高分子化合物会沉淀，再加入溶剂，高分子化合物仍能自动溶解，即它的溶解过程是可逆的。而溶胶一旦聚沉，一般很难或者不能用简单加入溶剂的方法使之复原。

　　高分子化合物溶液属于胶体分散系，与溶胶粒子一样具有布朗运动、扩散慢、不能透过半透膜的性质。由于其分子量大，分散相粒子是单个分子，与分散介质间没有界面，是均匀、稳定的体系，因此，与溶胶性质也有所不同，与低分子溶液在性质上存在许多差异。

(2) 高分子化合物溶液的特征

　　① 稳定性　高分子化合物溶液在不蒸发的情况下，无需稳定剂，可以长期放置而不沉淀。稳定的主要因素是高分子化合物的分子结构中有许多亲水能力很强的基团，如—OH、—COOH、—NH$_2$ 等，当以水作溶剂时，高分子化合物表面能与水形成很厚的水化膜，使其能稳定分散于溶液中不易凝聚，而溶胶粒子的溶剂化能力比高分子化合物弱得多。

　　② 黏度大　溶胶的黏度一般来说几乎与纯溶剂没有区别，而高分子化合物溶液即使浓度很低，溶液的黏度也很大。主要是由于高分子化合物是链状分子，长链之间互相靠近而结合成枝状、网状，把溶剂包围在结构中失去流动性，结合后的大分子在流动时受到的阻力也很大，高分子的溶剂化作用束缚了大量溶剂，因此，高分子化合物溶液的黏度比溶胶和真溶液要大得多。同一高分子化合物溶液的黏度还与溶液的浓度、压力、温度等因素有关。医学上，人体内正常血液循环要求血液黏度保持在合适的水平上，若局部血液黏度异常，会引起血栓。

　　③ 电泳　高分子化合物在水中很多是带电荷的，这些可解离的高分子化合物叫作高分子电解质。蛋白质和核酸等高分子电解质是生命科学中有重要意义的大分子，在一定 pH 的溶液中通常以带电荷离子的状态存在。若将一定 pH 的蛋白质（或核酸）溶液加上外电场，则蛋白质（或核酸）分子会根据自身所带的电荷向一极移动，发生电泳现象。处于等电点时的蛋白质，在外加电场作用下不会发生电泳。如人血清蛋白的等电点（pI）是 4.64，如将此蛋白质置于 pH 为 6.0 的缓冲溶液中，介质的 pH 大于蛋白质的等电点，人血清蛋白带负电荷，以阴离子状态存在，在外加电场作用下，血清蛋白向正极泳动；如所用缓冲溶液 pH 为 4.0，则血清蛋白带正电荷，以阳离子状态存在，在外加电场作用下向负极泳动。

　　④ 盐析　高分子化合物溶液稳定的主要因素是水化膜。因此，若设法降低高分

子化合物的水化程度或破坏水化膜，可使其在水中的溶解度降低乃至大量聚集沉淀。如在制备纯化蛋白质的过程中，最常用的使蛋白质沉淀的方法是加入大量无机强电解质（如 NH_4Cl、Na_2SO_4 等）破坏水化膜。无机强电解质解离出来的离子与蛋白质溶液中的水分子产生强烈的水合作用，蛋白质的水合程度大大降低，蛋白质稳定的主要因素被破坏而析出沉淀。这种因加入大量无机强电解质使蛋白质从溶液中聚沉析出的作用称为盐析（salting out），其实质是蛋白质的脱水过程。

1.2.2.3　高分子溶液对溶胶的保护作用

　　溶胶中加入高分子化合物溶液可以使溶胶的稳定性增加，这种现象称为高分子化合物溶液对溶胶的保护作用。

　　高分子化合物之所以能保护胶体，是因为高分子化合物都是链状能卷曲的线性分子，很容易吸附在胶粒表面而包住胶粒，高分子化合物本身很稳定，有很厚的水化膜，溶液的黏度大，既可以增加粒子的亲水性，又能增加介质的黏度，降低胶粒对溶液中异电离子的吸引以及胶粒之间互相碰撞的机会，从而大大增加溶胶的稳定性。

　　高分子化合物对溶胶的保护作用在医学上及生理过程中具有重要的意义。作为杀菌、消毒剂的蛋白银溶胶剂，就是蛋白质（血浆蛋白）保护的氧化银溶胶。又如血液中的蛋白质对碳酸钙、磷酸钙等微溶性无机盐类的溶胶保护作用，使它们在血液中的含量比在水中的溶解度提高了近5倍。当发生某些疾病使血液中的蛋白质减少时，蛋白质对这些盐类溶胶的保护作用也将随之减弱，微溶性盐类易发生聚沉而形成结石。

　　要保护溶胶必须加入足够量的高分子化合物。这是因为高分子化合物量少时，无法将胶粒表面完全覆盖，许多胶粒吸附在高分子化合物表面，高分子将起到"搭桥"的作用，把多个胶粒连接起来，变成较大的聚集体而下沉，这种现象称为高分子化合物对溶胶的敏化作用。

1.2.3　凝胶

　　高分子溶液或溶胶在温度降低或浓度增大时，整个体系成为失去流动性的半固体状态，这种体系称为凝胶（gel），相应的凝胶化过程称为胶凝作用（gelation）。人体的细胞膜、皮肤、毛发、指甲、肌肉、脏器和软骨等都可看作是凝胶，人体中约占体重2/3的水也基本上保存在凝胶里。许多生理过程，如血液的凝结、体内外物质的交换、人体的衰老都与凝胶的性质密切相关。

1.2.3.1　凝胶的分类

　　凝胶一般可分为弹性凝胶和刚性凝胶两类。弹性凝胶是由柔性的线型高分子形成，如橡胶、琼脂、明胶等，见图1-9。此类凝胶具有弹性，变形后能恢复原状，它

图1-9　凝胶

们在吸收或释放适当的液体时往往改变体积，表现出溶胀性质。刚性凝胶粒子间交联强，网状骨架坚固，凝胶吸收或释放液体时自身体积变化很小。大多数无机凝胶如硅胶、氢氧化铁等是刚性凝胶。有时也可根据凝胶中含液量的多少，将凝胶分为冻胶与干凝胶。冻胶中液体含量常在90%以上，如琼脂、血块、肉冻等，所含液体为水时称为水凝胶（hydrogel）。液体含量少的称为干凝胶，如明胶、指甲和半透膜。

1.2.3.2　凝胶的性质

(1) 溶胀

弹性凝胶和适当溶剂接触后，会自动吸收溶剂使体积增大，这种现象称为溶胀（swelling）。有的弹性凝胶溶胀到一定程度，体积增大就停止了，称为有限溶胀。木材在水中的溶胀就是有限溶胀。有一些弹性凝胶能无限地吸收溶剂最后形成溶液，称为无限溶胀，如动物胶、桃胶在热水中的溶胀。溶胀在生理过程中具有重要意义，植物种子只有溶胀后才能发芽生长。

(2) 离浆

凝胶在老化过程中会发生特殊的分层现象，一部分液体可自动从凝胶分离出来，而凝胶本身体积缩小，这种现象称为离浆（syneresis）或脱水收缩（图1-10），如血浆放置后有血清分出。一般来说，弹性凝胶的离浆是可逆过程。离浆可以认为是溶胀的逆过程，是由于高分子化合物或胶粒之间继续交联的作用，将液体从网状结构中挤出。

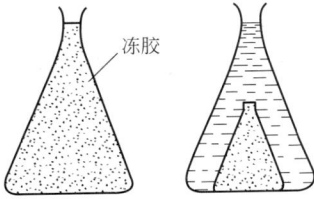

图 1-10　凝胶的脱水收缩

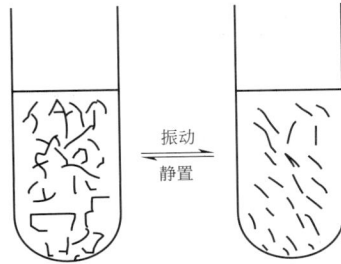

图 1-11　凝胶的触变现象

(3) 触变作用

凝胶不需加热，仅仅受到振摇或搅拌等外力作用，就变成具有流动性的溶液状态（稀化），外力解除后静置，又恢复成半固体凝胶状态（重新稠化），这种凝胶与溶胶相互转化的现象称为触变现象（图1-11）。触变作用的特点是凝胶结构的拆散与恢复是可逆的。触变现象的发生主要是因为凝胶的网状结构不稳定、不牢固，振摇即能破坏网络，释放液体。静置后，由于范德华力作用又形成网络，包住液体而成凝胶。临床使用的药物中就有触变剂型的滴眼剂及抗生素油注射剂，这类药物使用时只需振摇数次，就会成为均匀溶液。触变性药剂的特点是比较稳定，便于储藏。

1.2.3.3　凝胶色谱技术简介

(1) 原理

单个凝胶珠本身像个"筛子"。不同类型凝胶的筛孔的大小不同。如果将这样的凝胶装入一个足够长的柱子中，做成一个凝胶柱。当含有大小不同的蛋白质样品加到凝胶柱上时，比凝胶珠平均孔径小的蛋白质就要连续不断地穿入珠子的内部，这样的小分子不但其运动路程长，而且受到来自凝胶珠内部的阻力也很大，所以越小的蛋白质，把它们从柱子上洗脱下来所花费的时间越长。凝胶中只有很少的孔径可接受大的蛋白。因此，大的蛋白质直接通过凝胶珠之间的缝隙首先被洗脱下来。凝胶过滤所用的凝胶孔径大小的选择主要取决于要纯化的蛋白质的分子量，见图1-12。其凝胶过滤过程如图1-13所示。

图 1-12　凝胶色谱原理示意图

1—凝胶颗粒；2—小分子组分；
3—中等分子组分；4—大分子组分

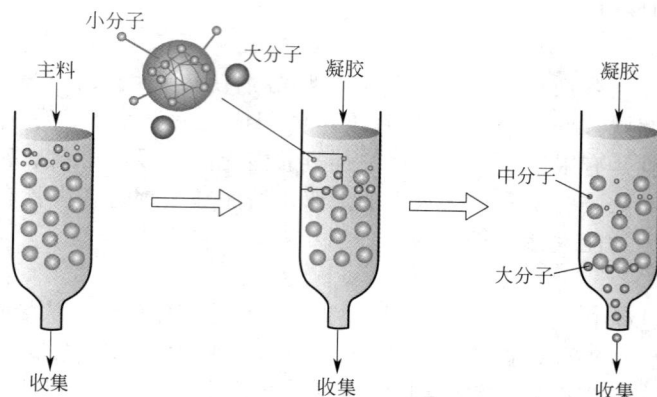

图 1-13　凝胶过滤示意

（2）应用

① 脱盐　高分子（如蛋白质、核酸、多糖等）溶液中的低分子量杂质，可以用凝胶色谱法除去，这一操作称为脱盐。本法脱盐操作简便、快速，蛋白质和酶类等在脱盐过程中不易变性。为了防止蛋白质脱盐后溶解度降低形成沉淀吸附于柱上，一般用醋酸铵等挥发性盐类缓冲液平衡色谱柱，然后加入样品，再用同样的缓冲液洗脱，收集的洗脱液用冷冻干燥法除去挥发性盐类。

② 用于分离提纯　凝胶色谱法已广泛用于酶、蛋白质、氨基酸、多糖、激素、生物碱等物质的分离提纯。凝胶对热原有较强的吸附力，可用来去除无离子水中的致热原制备注射用水。

③ 测定高分子物质的分子量　用一系列已知分子量的标准品放入同一凝胶柱内，在同一条件下进行色谱分析，记录每一种成分（已知分子量的标准品）的洗脱体积，并以洗脱体积对分子量的对数作图，在一定分子量范围内可得一直线，即分子量的标准曲线。测定未知物质的分子量时，可将此样品加在测定了标准曲线的凝胶柱内洗脱，根据物质的洗脱体积，在标准曲线上查出它的分子量。

④ 高分子溶液的浓缩　通常将特定凝胶的干胶投入到稀的高分子溶液中，这时水分和低分子量的物质就会进入凝胶粒子内部的孔隙中，而高分子物质则排阻在凝胶颗粒之外，再经离心或过滤，将溶胀的凝胶分离出去，就得到了浓缩的高分子溶液。

（3）使用方法

① 凝胶的选择　根据实验目的不同选择不同型号的凝胶。如果实验目的是将样品中的大分子物质和小分子物质分开，由于它们在分配系数上有显著差异，这种分离又称组别分离，一般可选用 SephadexG-25 和 G-50，对于小肽和低分子量的物质（1000～5000）的脱盐可使用 SephadexG-10，G-15 及 Bio-Gel-p-2。如果实验目的是将样品中一些分子量比较近似的物质进行分离，这种分离又叫分级分离。一般选用排阻限度略大于样品中最高分子量物质的凝胶，色谱过程中这些物质都能不同程度地深入到凝胶内部，由于 K_d 不同最后得到分离。

② 柱的直径与长度　根据经验，组别分离时，大多采用 2～30cm 长的色谱柱，分级分离时，一般需要 100cm 左右长的色谱柱，其直径在 1～5cm 范围内，小于 1cm 产生管壁效应，大于 5cm 则稀释现象严重。长度 L 与直径 D 的比值 L/D 一般宜在 7～10 之间，但对移动慢的物质宜在 30～40 之间。

③ 凝胶柱的制备　凝胶型号选定后，将干胶颗粒悬浮于 5～10 倍量的蒸馏水或洗脱液中充分溶胀，溶胀之后将极细的小颗粒倾泻出去。自然溶胀费时较长，加热可使溶胀加速，即在沸水浴中将湿凝胶浆逐渐升温至近沸，1～2h 即可达到凝胶的充分溶胀。加热法既可节省时间又可消毒。

凝胶的装填：将色谱柱与地面垂直固定在架子上，下端流出口用夹子夹紧，柱顶可安装一个带有搅拌装置的较大容器，柱内充满洗脱液，将凝胶调成较稀薄的浆头液，盛于柱顶的容器中，然后在微微搅拌下使凝胶下沉于柱内，这样凝胶粒水平上升，直到所需高度为止，拆除柱顶装置，用相应的滤纸片轻轻盖在凝胶床表面。稍放置一段时间，再开始流动平衡，流速应低于色谱时所需的流速。在平衡过程中逐渐增加到色谱的流速，千万不能超过最终流速。平衡凝胶床静置过夜，使用前要检查色谱床是否均匀，有无"纹路"或气泡，或加一些有色物质来观察色带的移动，如带狭窄、均匀平整说明色谱柱的性能良好，色带出现歪曲、散乱、变宽时必须重新装柱。

④ 加样和洗脱凝胶床　经过平衡后，在床顶部留下数毫升洗脱液使凝胶床饱和，再用滴管加入样品。一般样品体积不大于凝胶总床体积的 5%～10%。样品浓度与分配系数无关，故样品浓度可以提高，但分子量较大的物质，溶液的黏度将随浓度增加而增大，使分子运动受限，故样品与洗脱液的相对黏度不得超过 1.5。样品加入后打开流出口，使样品渗入凝胶床内，当样品液面恰与凝胶床表面相平时，再加入数毫升洗脱液洗管壁，使其全部进入凝胶床后，将色谱床与洗脱液贮瓶及收集器相连，预先设计好流速，然后分部收集洗脱液，并对每一馏分做定性、定量测定。

⑤ 凝胶柱的重复使用、凝胶回收与保存　一次装柱后可以反复使用，不必特殊处理，并不影响分离效果。为了防止凝胶染菌，可在一次色谱后加入 0.02% 的叠氮钠，在下次色谱前应将抑菌剂除去，以免干扰洗脱液的测定。

1.3　表面现象

体系中物理性质和化学性质完全相同的部分称为相。两相接触的面称为界面，若其中一相为气相，则此界面通常称为表面，如水面、桌面。习惯上，一切界面上所发生的现象统称为表面现象。在药物的生产和研究中，表面现象与药物疗效的关系密切。

1.3.1　表面张力与表面能

两相界面上的分子具有一些特殊性质，主要是因为相表面上的分子与其内部分子所处的环境不同，受力状况不同，能量不同。现以液体表面为例说明界面分子的受力情况（图 1-14）。

在液体内部的分子受到周围相同分子的吸引力是对称的，彼此互相抵消，其合力为零。而近表面的分子，由于下方密集的液体分子对它的吸引力远大于上方稀疏气体分子对它的吸引，所受的合力垂直于液面指向液体内部，即液体表面分子受到向内的拉力，这种表面分子受到的指向内部的力称为表面张力（σ）。

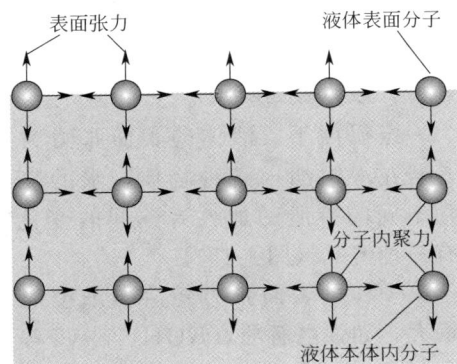

图 1-14　液体表面及内部分子受力图

如果要扩展液体的表面，即把一部分分子由内部转移到表面上来，则需要克服向内的拉力而耗功。表面张力越大，需要消耗的功越多；扩展液体的表面积越大，消耗的功也越多。所做的功以势能形式储存于表面分子中，这表明表面分子比液体内部的分子具有更高的能量，这种液体表面层分子比内部分子多出的能量称为表面能（E）。一定条件下，表面能 E 与表面张力 σ、表面积 ΔA 之间有如下关系：

$$E = \sigma \Delta A \tag{1-6}$$

显然，一定质量的物质分得越细小，其表面积（ΔA）越大，则表面能越高，体系越不稳定。例如，1g 水作为一个球体存在时，其表面积为 $4.85cm^2$，表面能为 3.5×10^{-5}J，常常被忽略。但若把这 1g 水分为半径为 10^{-7} cm 的小球，表面能约为 220J，相当于使这 1g 水温度升高 50℃所需的能量。

一切物体都有自动降低其势能的趋势，降低表面能有两种途径：一种是减小表面积，例如，小液滴自动合并成大液滴、乳浊液静置后自动分层，都是为了降低表面积；另一种方式是降低表面张力，这可以通过表面吸附来实现。

1.3.2　表面吸附

吸附是指固体或液体表面吸引其他物质分子、原子或离子，使其聚集在固体或液体表面，导致物质在两相界面上浓度与内部浓度不同的现象。其中，吸附其他物质的物质称为吸附剂，被吸附的物质称为吸附质。例如，在草药制剂中常加入活性炭来吸附色素，活性炭是吸附剂，色素是吸附质，色素在两相界面上的浓度远大于其在溶液中的浓度。吸附作用可以在固体表面发生，也可以在液体表面发生。

（1）固体表面吸附

对于固体，它的表面积无法自动变小，只能通过吸附其他物质的原子、分子或离子，以使表面的不饱和力场达到某种程度的饱和，减小表面张力，降低固体的表面能，使固体表面变得较为稳定。固体表面的吸附按作用力性质不同，可以分为物理吸附和化学吸附：物理吸附中的吸附力是范德华力，此类吸附无选择性，吸附速率快，结合力较弱，吸附与解吸易达成可逆平衡；化学吸附的吸附力是化学键力，此类吸附有选择性，吸附与解吸速率都慢，结合比较稳定。

当其他条件相同时，固体表面积越大，固体吸附剂的吸附能力也越大。细粉状物质和多孔性物质具有很大的表面积，常作吸附剂。例如，活性炭、硅胶、分子筛、活性氧化铝等用于吸附大气中的有毒有害气体或体内的重金属毒物，除去草药中的植物色素、净化水中的杂质、治疗肠炎、干燥药物等。

（2）液体表面吸附

一定温度下，液体的表面张力为一定值，若在水中加入某种物质，水的表面张力随不同的溶质的加入有不同的变化，大致有三种情况（图1-15）。

第一种是表面张力随溶质浓度的增大而增大，如强电解质（KOH、NaCl 等）和含有多羟基的有机物（如蔗糖）溶液；第二种是表面张力随溶质浓度的增大而缓慢

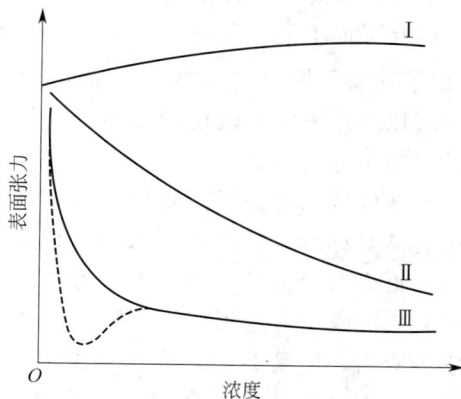

图 1-15　不同溶质的表面张力与浓度的变化关系

降低，如醇、醛等溶液；第三种是表面张力随溶质浓度的增大，开始急剧下降，至一定浓度，溶液的表面张力趋于恒定，如高级脂肪酸盐（肥皂）、合成洗涤剂等。其中，第二类液体无实用价值。

凡是能使溶液的表面张力显著降低的物质称为表面活性物质或称为表面活性剂，凡是能使溶液的表面张力增加的物质称为表面惰性物质。表面活性物质具有实际的应用价值，加入溶质显著降低溶液的表面张力，从而降低体系的表面能，能使体系趋于稳定，有的表面活性物质本身就是药物或药剂中的辅料，因此本书将重点介绍表面活性物质。

1.3.3　表面活性物质

1.3.3.1　表面活性物质的基本性质

表面活性物质之所以能显著降低溶液的表面张力，是因为这类物质具有特殊的分子结构，分子中同时具有亲水的极性基团（如—COOH、—OH、—NH$_2$等）和疏水的非极性基团（或亲油基，如烃基、苯基等），如油酸分子 CH$_3$(CH$_2$)$_7$CH＝CH(CH$_2$)$_7$COOH。

这种不对称的两亲结构，决定了表面活性剂具有表面吸附、分子定向排列以及形成胶束等基本性质。当表面活性物质溶于水后，其极性基团插入水中，而非极性基团翘出水面，或朝向非极性的有机溶剂，在液面形成一层定向排列的单分子膜，使水和空气的接触面减小，溶液的表面张力急剧降低。当表面活性剂在溶液的表面或油、水界面完全布满后，疏水基的疏水作用仍竭力促使其逃逸水环境，结果表面活性剂在溶液内部自聚，疏水基向里靠在一起，而亲水性基团朝外与水接触，形成胶束。胶束的形成减小了疏水基与水接触的表面积，以胶束形式存在于水中的表面活性物质是比较稳定的（图1-16）。形成胶束的浓度称为临界胶束浓度（CMC），只有当表面活性物质的浓度超过 CMC 后，难溶性物质在水中的增溶作用才能明显地表现出来。

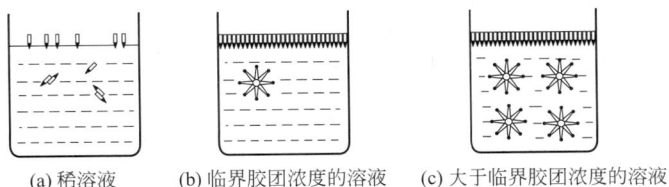

(a) 稀溶液　　　(b) 临界胶团浓度的溶液　　　(c) 大于临界胶团浓度的溶液

图 1-16　表面活性物质在溶液内部和表面层的分布

1.3.3.2　表面活性物质的应用

表面活性物质在日常生活、生产、科研和医药学中有广泛应用，可用作洗涤剂、消毒剂、乳化剂、悬浮剂、润湿剂、增溶剂等，这里简单介绍增溶剂、润湿剂和乳化剂。

（1）增溶剂

表面活性剂增大难溶性物质在水中的溶解度，并形成澄清溶液的过程称为增溶，有增溶能力的表面活性剂称为增溶剂。增溶作用不是溶解作用，溶解过程是溶质以分子或离子状态分散在溶剂中，因而使溶液的依数性有明显变化，而增溶过程往往是很多溶质分子一起进入胶束中，增溶发生后虽然胶束体积增大，但分散相粒子数目无明显改变，因而依数性不会明显变化。

（2）润湿剂

液体在固体表面黏附的现象称为润湿，能够促使液体在固体表面黏附的作用称润湿作用，能起润湿作用的表面活性物质称为润湿剂。一些固体药物如硫黄、甾醇类、阿司匹林等疏水性强的药物，在制备混悬型液体制剂时，药物微粒表面不易被水润湿而漂浮于液体表面，只有加入润湿剂改变药物的润湿性能，才能制得符合要求的制剂。润湿剂广泛应用于外用药膏，可提高药物与皮肤的润湿程度，增加接触面积，更好地发挥药效。农药杀虫剂也普遍使用润湿剂，以改善药物与植物叶片和虫体的润湿程度，增加杀虫效果。

（3）乳化剂

乳剂是将两种互不相溶的液体（油和水）剧烈振摇后，一种液体以微小的液滴形式分散到另一液体中，形成的非均相液体制剂。乳剂可用于多种给药途径：静脉注射、肌内注射、口服和外用。由于乳剂中分散相分散程度高，药物吸收迅速，可以大大提高其效力。

非均相的两液体静置后，易分层，要想得到稳定的乳剂，就必须有使乳剂稳定的物质存在，该种物质称为乳化剂。常用的乳化剂是一些表面活性物质，如吐温类、司盘类、卵磷脂、硬脂酸钠等。将表面活性物质加到乳剂中，其分子在两相界面上定向排列，不仅降低了相界面表面张力，而且在细小液滴周围形成一层有足够机械强度的保护膜，使乳剂得以稳定存在。

思　考　题

1. 何谓沸点？何谓凝固点？外界压力对它们有无影响？为什么高山上可以烧开水却不能煮熟饭？
2. 何谓饱和蒸气压？其大小受哪些因素影响？
3. 为什么水中加入乙二醇可以防冻？比较在内燃机水箱中使用乙醇或乙二醇的优缺点。
4. 什么叫溶液的渗透现象？何谓渗透压？渗透压产生的条件是什么？如何用渗透现象解释盐碱地难以生长农作物？
5. 为什么在淡水中游泳，眼睛会红肿、疼痛？
6. 胶体可产生哪些现象？这些现象是如何产生的？
7. 溶胶是均相系统，在热力学上是稳定的，这句话对吗？
8. 在引起溶胶聚沉的诸多因素中，最重要的是电解质的聚沉作用吗？
9. 高分子化合物溶液和溶胶有哪些异同点？
10. 高分子化合物为什么对溶胶有保护作用？
11. 在一定条件下，液体分子间的作用力越大，其表面张力是否越大？
12. 对大多数系统来讲，当温度升高时，表面张力是否下降？
13. 表面活性物质是指那些加入溶液中，可以降低溶液表面张力的物质，对吗？
14. 表面活性剂的主要作用是什么？

习　题

1. 已知某水溶液的凝固点为 $-1℃$，求出下列数据：
(1) 溶液的沸点；
(2) 20℃时溶液的蒸气压（已知 20℃时纯水的蒸气压为 2.34kPa）；
(3) 0℃时溶液的渗透压。
2. 将 0.450g 某非电解质溶于 30.0g 水中，使凝固点降到 $-0.150℃$。计算该非电解质的分子量。
3. 37℃时，血液的渗透压为 775kPa，试计算与血液有同样渗透压的葡萄糖（$C_6H_{12}O_6$）静脉注射液的物质的量浓度。

4. 101mg 胰岛素溶于 10mL 水中，该溶液在 25℃时渗透压为 4.34kPa，则胰岛素的平均分子量为多少？

5. 临床用的等渗溶液有 (a) 生理食盐水；(b) 12.5g·L^{-1}NaHCO$_3$ 溶液；(c) 18.7g·L^{-1}NaC$_3$H$_5$O$_3$（乳酸钠）溶液。若按下述比例混合，试问这几种溶液是等渗、低渗还是高渗溶液？

在 (1) 2/3(a)+1/3(c)；(2) 2/3(a)+1/3(b)；(3) 在 (a)、(b)、(c) 三种溶液中，任意取其中两种且以任意比例混合所得的混合溶液。

6. 胶核吸附离子时有何规律？在以 KI 和 AgNO$_3$ 为原料制备 AgI 溶胶时，使 KI 过量，或者使 AgNO$_3$ 过量，写出两种情况下所制得的溶胶的胶团结构。

7. 溶有表面活性剂的水溶液，下列表述不正确的是：
①表面产生负吸附；②能形成胶束；③它能在表面定向排列降低表面能；④使溶液的表面张力显著降低；⑤表面浓度低于其本体浓度。

8. 不同类别表面活性剂的毒性如何？与其应用有何关系？

9. 表面活性剂在药剂中有哪些应用？举例说明。

第2章 化学反应速率和化学平衡

在化工生产中，人们除了关心质量关系和能量关系外，还有化学反应的快慢和反应物的转化程度，后者即平衡问题。无疑，这两方面的内容在生产上都直接关系到产品的质量、产量和生产效益。对这两个问题的讨论，无论在理论研究还是生产实践上都有重要意义。

2.1 化学反应速率

化学反应的速率千差万别。例如，炸药的爆炸、酸碱中和反应、照相底片的感光反应等几乎瞬间完成，而反应釜中乙烯的聚合过程按小时计，室温下橡胶的老化按年计，而地壳内煤和石油的形成要经过几十万年时间。

在实际生产中，通过这一研究工作，人们可以控制反应速率来加速反应提高生产效率或减慢反应速率来延长产品的使用寿命。化学反应速率除了与反应本性有关外，还与反应物浓度、反应温度、催化剂等因素有关。如日常生活中，无论是止咳糖浆还是感冒胶囊等药物都有保质期，并且还标明保存条件。

2.1.1 反应速率的表示方法

（1）平均速率

化学反应速率是指在一定条件下，反应物或生成物在单位时间内的浓度变化。由于反应物或产物可能不止一种，而且由于反应方程式中物质前的系数可能不同，故用不同的物质浓度变化来表示反应速率的数据可能不同，例如：

【例2-1】 在一定条件下，由 N_2 和 H_2 合成 NH_3 反应，$N_2 + 3H_2 \rightleftharpoons 2NH_3$，设开始时，$c(N_2) = 1.0 \text{mol} \cdot L^{-1}$，$c(H_2) = 3.0 \text{mol} \cdot L^{-1}$，3s 后，测得 $c(N_2) = 0.7 \text{mol} \cdot L^{-1}$，求反应速率。

	N_2	$+ 3H_2$	$\rightleftharpoons 2NH_3$	
c（开始）	1.0	3.0	0	$\text{mol} \cdot L^{-1}$
c（3s 后）	0.7			$\text{mol} \cdot L^{-1}$
c（变化）	0.3	3×0.3	2×0.3	$\text{mol} \cdot L^{-1}$

该反应的平均速率若用不同物质的浓度随时间变化可分别表示为：

$$\bar{v}(N_2) = \frac{\Delta c(N_2)}{\Delta t} = \frac{(0.7 - 1.0)\text{mol} \cdot L^{-1}}{(3-0)\text{s}} = -0.1 \text{mol} \cdot L^{-1} \cdot s^{-1}$$

$$\bar{v}(H_2) = \frac{\Delta c(H_2)}{\Delta t} = \frac{(-3 \times 0.3)\text{mol} \cdot L^{-1}}{(3-0)\text{s}} = -0.3 \text{mol} \cdot L^{-1} \cdot s^{-1}$$

$$\bar{v}(NH_3) = \frac{\Delta c(NH_3)}{\Delta t} = \frac{(2 \times 0.3 - 0)\text{mol} \cdot L^{-1}}{(3-0)\text{s}} = 0.2 \text{mol} \cdot L^{-1} \cdot s^{-1}$$

由上例可以看出：①对同一化学反应，用系统中不同物质的浓度变化随时间的变化来表示速率时，其数值可能有所不同；②比较上述计算结果可以看出：$\bar{v}(N_2) : \bar{v}(NH_3) : \bar{v}(H_2) = 1 : 2 : 3$，即用不同物质浓度变化表示同一化学反应速率时，速率之比等于化学方程式中相应物质的计量数之比；③以上反应速率为在 3 秒内的平均速率。对于一次投料的间歇式反应，随着反应的进行，反应物逐渐消耗，恒温时反应速率会逐渐减慢。

（2）瞬时速率

对于某一给定的化学反应，其化学方程式为：

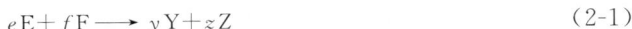

$$e\text{E} + f\text{F} \longrightarrow y\text{Y} + z\text{Z} \tag{2-1}$$

根据 IUPAC（国际纯粹和应用化学联合会）推荐，其反应速率定义为：

$$v = -\frac{1}{e} \cdot \frac{dc(\text{E})}{dt} = -\frac{1}{f} \cdot \frac{dc(\text{F})}{dt} = \frac{1}{y} \cdot \frac{dc(\text{Y})}{dt} = \frac{1}{z} \cdot \frac{dc(\text{Z})}{dt} \tag{2-2}$$

$$即\ v = \frac{1}{v_B} \cdot \frac{dc_B}{dt} \tag{2-3}$$

式中，dc_B/dt 表示反应中任一物质 B 的浓度 c_B 对时间 t 的变化率。c_B 和 t 前面的 d 是数学上的微分符号，dc_B/dt 表示在时间变化极小值时的极小浓度变化，这时速率为瞬时速率。瞬时速率的求解在后续的物理化学课程中会讨论。

2.1.2　反应速率理论

2.1.2.1　反应机理

一个化学反应方程式，能告诉我们什么物质参加了反应，结果生成了什么物质以及反应物与产物间总的量的关系。但是，化学反应方程式并不能说明从反应物转变为产物所经历的途径。化学反应的途径叫做反应机理或反应历程。

大量实验事实证明，绝大多数化学反应并不是简单地一步就能完成的，而往往是分步进行的。一步就完成的反应称基元反应，由一个基元反应构成的反应称为简单反应；而由两个或两个以上基元反应构成的化学反应称为复杂反应。有些表面上看起来很简单的反应，实际上也可能是有多步反应的复杂反应。如氢气和碘蒸气化合成碘化氢的反应：

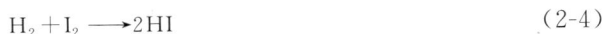

$$\text{H}_2 + \text{I}_2 \longrightarrow 2\text{HI} \tag{2-4}$$

过去一直认为它是一个一步完成的简单反应，即通过氢分子和碘分子间相互碰撞直接生成碘化氢。后来经过多年研究，证明这个反应是分步进行的复杂反应，机理如下：

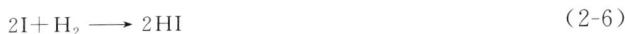

$$\text{I}_2 \rightleftharpoons 2\text{I} \tag{2-5}$$

$$2\text{I} + \text{H}_2 \longrightarrow 2\text{HI} \tag{2-6}$$

由多步基元反应组成的复杂反应，每一步的反应速率相差的数量级很大，故总的化学反应速率取决于各基元反应中最慢的一步，即速度最慢的基元反应决定了整个复杂反应的速率，这叫定速步骤。

反应机理是一个十分复杂的问题，在已知的化学反应中，完全弄清机理的反应还很少。近年来，随着飞秒化学的发展，物质结构理论的深入研究，化学反应机理的探索已成为当今最活跃的科研领域之一。

2.1.2.2　反应速率理论

不同的化学反应速率各不相同，一般来说，溶液中离子间进行的反应速率非常快，而分子间使共价键破裂的反应，速率往往较慢。这是由反应物的结构决定的，是影响反应速率的内因。当外界条件改变时，反应速率也会发生改变，如反应物浓度、反应温度及催化剂等能够改变反应速率。

为了能动地控制化学反应的速率，必须深入研究各种因素对化学反应的影响。这里首先讨论与化学反应速率有关的一些根本问题。

（1）碰撞理论

根据对一些简单气体反应的研究，并以气体分子运动论为基础，人们提出了化学反应的有效碰撞理论。有效碰撞理论认为，化学反应发生的先决条件是反应物分子间的相互接触。没有反应物分子间的碰撞，根本谈不上什么反应。

一般来说，在相同条件（温度和反应物浓度）下，任何气体分子的碰撞频率几乎是相同的，倘若一经碰撞就会发生反应，那么根据分子运动速率和碰撞频率的计算，一切气体反应不但能在瞬间完成，而且反应速率也应该很接近。但事实上，气体反应有快有慢，且反应速率相差很大。我们再以碘化氢的化合反应来说明。

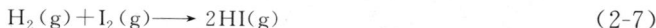

$$H_2(g) + I_2(g) \longrightarrow 2HI(g) \tag{2-7}$$

在 973K，H_2、I_2 浓度均为 $0.02 mol \cdot L^{-1}$ 时，碰撞频率为 1.27×10^{29} 次 $\cdot s^{-1} \cdot mL^{-1}$，若每次碰撞均能发生反应，反应速率应为 $2.1 \times 10^5 mol \cdot mL^{-1} \cdot s^{-1}$，反应在不到 $0.1 \mu s$ 内完成（$9.5 \times 10^{-7} s$）。实际测得的反应速率是 $2.1 \times 10^{-8} mol \cdot mL^{-1} \cdot s^{-1}$，约 10^{13} 次即十万亿次碰撞中才发生一次化学反应，其余碰撞均为物理弹性碰撞。

① 有效碰撞　在无数次的反复碰撞中，能够发生化学反应的碰撞叫有效碰撞。那么，能产生有效碰撞的分子与普通分子有什么区别呢？

首先，化学反应要求分子间充分接近，克服各自外层电子间的斥力。这就要求分子具有足够的运动速度，即能量。气体分子运动论认为，气体分子在容器中不断地无规则运动，相互碰撞，交换能量，因此，每一个气体分子的运动速率或能量是不一样的，但我们可以用统计的方法认识气体分子的运动规律。将一定温度下气体分子运动速率的分布规律（即分子动能分布规律）用图形表示出来，可得到等温下的能量分布曲线图（图 2-1）。能量分布曲线说明在一定温度下，具有不同能量分子的百分率分布情况。图中横坐标表示能量值，纵坐标表示具有确定能量的分子占气体总分子的百分比。具体地说，曲线上任一点的纵坐标是具有横坐标点的能量的分子百分比。

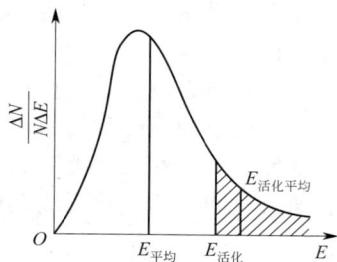

图 2-1　能量分布曲线图

② 活化分子和活化能　由图 2-1 可以看出，一定温度下，分子可以有不同的能量，但是具有很高和很低能量的分子都很少。具有平均动能 $E_{平均}$ 的分子数则很多。只有极少数能量比平均能量高得多的分子才能发生有效碰撞。能发生有效碰撞的分子称为活化分子。通常把活化分子具有的最低能量与体系平均能量的差值叫反应的活化能 E_a。

$$E_a = E_{活化} - E_{平均} \tag{2-8}$$

化学反应速率主要取决于单位时间内有效碰撞的次数，而有效碰撞次数又与活化分子的百分数有关。图 2-1 中画斜线的区域的面积代表了活化分子的百分数（以曲线与 E 轴包围的面积为 100% 计）。

在一定温度下，活化能越大，活化分子所占比例越小，于是单位时间内有效碰撞次数越少，反应进行得越慢。反之，活化能越小，同样温度下活化分子所占比例越大，单位时间内有效碰撞次数越多，反应进行得越快。

（2）过渡状态理论简介

化学反应是物质分子内原子重新组合的过程，反应物分子中存在着强烈的化学键，为了反应的发生，必须破坏反应物分子的化学键，才能形成产物分子中的化学键。以 673K 时，NO_2 和 CO 的基元反应为例，见图 2-2：

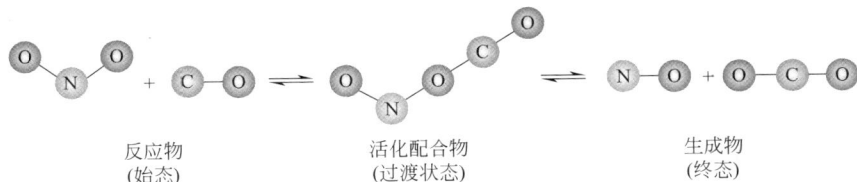

$$如　NO_2+CO \longrightarrow [ONOCO] \longrightarrow NO+CO_2$$

反应物　　　　　　　　活化配合物　　　　　　生成物
（始态）　　　　　　　（过渡状态）　　　　　（终态）

图 2-2　NO_2 和 CO 反应过程示意图

要使 NO_2 和 CO 发生反应，首先反应物分子间必须相互碰撞，当 NO_2 分子和 CO 分子接近时，如图 2-2 所示，既要克服两分子外层电子云之间的斥力，又要克服反应物分子内旧的 N—O 键和 C—O 键间的引力。为了克服旧键断裂前的引力和新键形成前的斥力，两个相碰撞的分子必须具备足够大的能量，否则就不能破坏旧键形成新键，即反应不能发生。因此，只有运动速度快的高能量分子相碰撞，且 CO 中的 C 原子与 NO_2 中的 O 原子迎头相碰，才有足够大的力量使分子在碰撞中破坏旧键形成新键，即发生化学反应，生成产物。

具有足够能量的反应物分子在运动中相互接近，发生碰撞，生成一种不稳定的过渡态，通常称为活化配合物或活化中间体。这种活化中间体的能量比反应物和产物都高，因而很不稳定，很快就转变为产物或重新变回反应物，放出能量。在这一步才真正发生新键的生成和旧键的断裂。

$$A—B+C \rightleftharpoons [A\cdots B\cdots C] \rightleftharpoons A+B—C \qquad (2-9)$$

反应物　　　　　　活化中间体　　　　　产 物

要使反应进行，必须经过反应活化中间体这一过程。通常把活化中间体的能量与反应物分子平均能量的差值作为该反应的活化能 E_a（正），由图 2-3 可见，产物分子平均能量与活化中间体的能量的差值则为逆反应的活化能 E_a（逆），该反应的热效应则为：

$$\Delta_r H_m = E_a（正）- E_a（逆） \qquad (2-10)$$

2.1.3　反应物浓度与反应速率的关系

锅炉加热时，用鼓风机鼓入大量空气，这样燃烧反应更剧烈，温度更高。这说明煤与氧气的燃烧反应随着氧气浓度的增加而加快。

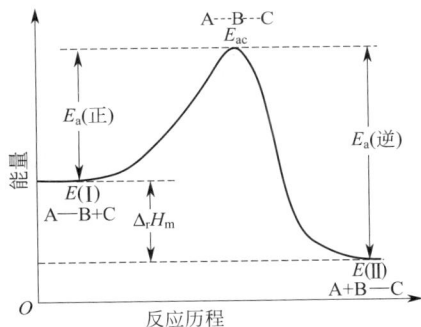

图 2-3　反应系统中活化能示意图

1863 年挪威化学家 Guldberg 和 Wagge 通过大量的实验证实，化学反应速率与反应物浓度有定量关系。例如反应：

$$2KIO_3+5NaHSO_3 \rightleftharpoons Na_2SO_4+3NaHSO_4+K_2SO_4+I_2+H_2O \qquad (2-11)$$

反应速率可用碘的出现（溶液中预先放入淀粉溶液），溶液变蓝为标志，结果发现反应速率与 KIO_3 的浓度成正比。

根据前述碰撞理论，反应物浓度增加，在温度不变的情况下，虽活化分子百分数不变，但活化分子的浓度随反应物总浓度的增加而同倍增加，有效碰撞次数增加，反应速率加快。浓度与反应速率之间有定量关系。

（1）质量作用定律

像上例中反应速率与反应物浓度间的定量关系叫质量作用定律。因当时浓度以反应物的质量计算，故虽然是"浓度作用定律"，但现在一直沿用质量作用定律的叫法，用数学式表示为：

$$a\,A+b\,B \Longrightarrow d\,D+e\,E$$
$$v\propto c^a(A) \qquad v\propto c^b(B)$$
$$v=kc^a(A)c^b(B) \tag{2-12}$$

（2）关于质量作用定律的几点说明

① 基元反应和非基元反应　由实验得知，绝大多数化学反应的速率方程式并不符合上述质量作用定律公式。这是由于一般所写化学方程式是总反应方程式，由若干步基元反应方程式组成，具体浓度幂指数要由实验确定或理论推导，即质量作用定律只适用于基元反应，一般不适用于复杂反应。

② 反应级数　对任一反应：

$$a\,A+b\,B \Longrightarrow d\,D+e\,E$$
$$v=kc^x(A)c^y(B) \tag{2-13}$$

式中，浓度指数 x、y 分别为反应物 A、B 的反应级数，各反应物浓度指数之和称为该反应的级数 n，即 $n=x+y$。x、y 与化学方程式中物质前的系数 a、b 无确定关系，由实验确定。

反应级数由实验测得，有可能是整数，如 1、2、3 等，也可能是分数，如 1/2、1/3、2/3 等，也有少量反应的级数是零，如大量的氨在催化剂表面的分解是零级反应，即反应速率与反应物浓度无关。

$$2NH_3 \xrightarrow{Pt} N_2+3H_2 \qquad v=kc^0(NH_3) \tag{2-14}$$

③ 稀溶液中溶剂参与反应，或有固态、纯液体参与反应，因其浓度基本上是其密度，是常数，故在速率方程式中不必标出其浓度，速率方程式中所出现的浓度项应是可变浓度，如溶液、气体。

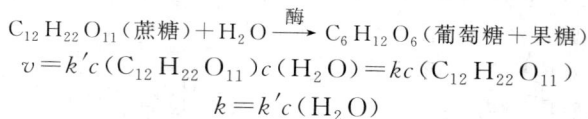

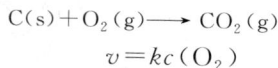

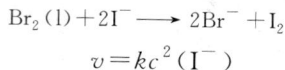

$$C_{12}H_{22}O_{11}(蔗糖)+H_2O \xrightarrow{酶} C_6H_{12}O_6(葡萄糖+果糖)$$
$$v=k'c(C_{12}H_{22}O_{11})c(H_2O)=kc(C_{12}H_{22}O_{11})$$
$$k=k'c(H_2O)$$
$$C(s)+O_2(g)\longrightarrow CO_2(g)$$
$$v=kc(O_2)$$
$$Br_2(l)+2I^-\longrightarrow 2Br^-+I_2$$
$$v=kc^2(I^-)$$

④ 反应中若有气体物质参与，它们的浓度可用压力代替

如：
$$H_2(g)+I_2(g)\Longrightarrow 2HI(g)$$
$$v=kc(H_2)c(I_2) \quad（非基元反应，由实验测得）$$
$$pV=nRT \qquad p=\frac{n}{V}RT=cRT \qquad c=\frac{p}{RT}代入$$
$$v=k\frac{p(H_2)}{RT}\frac{p(I_2)}{RT}=\frac{k}{(RT)^2}p(H_2)p(I_2)=k'p(H_2)p(I_2)$$
$$k'=\frac{k}{(RT)^2}$$

⑤ 速率常数 k　速率常数 k 与浓度、压力无关。在反应速率与反应物浓度（或

压力）关系式中：

$$v = k c^x (A) c^y (B)$$

从式中可以看到，反应物浓度（或压力）和速率常数 k 分别影响反应速率，互不关联。反应物浓度（或压力）为单位量时，k 在数值上等于反应速率。速率常数 k 在一定温度下是反应本性的常数，与反应的本性、温度、催化剂有关。

若把速率方程式改为：

$$v = k \left[\frac{c(A)}{c^\ominus} \right]^x \left[\frac{c(B)}{c^\ominus} \right]^y$$

$c^\ominus$ 为标准态时浓度，为 $1 mol \cdot L^{-1}$，这样 k 的单位为 $mol \cdot L^{-1} \cdot s^{-1}$，不会因反应级数不同而变化，处理问题更简单。

（3）浓度对反应速度影响的应用

利用增加反应物浓度来增加反应速度，在化工生产上应用得较多。如在溶液中的反应，可尽量使反应物浓度增大，以达到增加反应速率的目的；对气相反应，常用增加气体压力的方法来增加反应速率。但也有一些反应，本身反应速率已很大，再加上有副反应，有时希望减缓反应速率，特别是副反应速率（在制备高纯度医药中间体时遇到），可采用降低反应物浓度，如有机反应，常加入一些惰性溶剂来稀释反应物，从而控制化学反应速率，减小副反应速率。对于某些反应热效应大，但反应体系对温度很敏感的反应，可用喷雾方法加料，以避免局部浓度过高，局部过热。

在工业生产中，对于一个一次性投料的反应，或一种反应物一次投料，另一反应物逐步滴加的反应，随着反应的进行，在温度不变时，由于反应物浓度的消耗，反应的瞬时速率在不断地减小，有时为了使反应速率相对稳定，滴加反应物的速度逐渐加快；对于连续投料的管式反应，由于消耗掉的反应物随时都在补充，温度不变时，反应速率基本恒定。

很多油料如食用油，存在着缓慢氧化的问题，为了避免或减缓这一反应，近年来在食用油中充入氮气，极大地减小了溶解氧的浓度，大大减缓了食用油氧化变质的速度。

2.1.4　反应速率与温度的关系

（1）反应速率与温度的关系概述

对任意的化学反应，升高温度，化学反应速率会明显加快。根据实践，van't Hoff 归纳出一个近似规律：对于一般反应，在浓度不变的情况下，温度每升高 $10℃$，反应速率提高 $2 \sim 4$ 倍。该规律用于数据缺乏时进行粗略的估计。研究发现，并非所有的反应都符合 van't Hoff 规则。实际上，各种反应的速率和温度的关系要复杂些。

1887 年，瑞典化学家 Arrhenius 根据实验结果，提出了在一定温度范围内，反应的速率和温度的关系式：

$$k = A e^{-E_a / RT} \tag{2-15}$$

若以对数的形式表示：

$$\ln k = \ln A - E_a / RT \tag{2-15a}$$

式中，A 为指前因子（正值，由实验确定，单位同 k），E_a 为反应的活化能，R 为摩尔气体常数，T 为热力学温度。

式(2-15) 和式(2-15a) 均为 Arrhenius 公式。从 Arrhenius 公式可以得出如下重要结论：

① 温度一定时，E_a 大的反应 k 值小，反应速率小，如 $E_a > 400 \ kJ \cdot mol^{-1}$，为

慢反应；反之，E_a 小的反应 k 值大，反应速率大，如 $E_a < 40\ kJ \cdot mol^{-1}$，为快反应。即反应速率首先取决于反应本性，本性就是该反应的活化能。

图 2-4　两小箱中不同
压力气体示意图

活化能可用图 2-4 说明。一个箱子被一块板分成两部分，两部分气体压力不一样，板中间有一个弹簧小门（图 2-4），板两边的压力差是高压气体进入低压区的源动力。高压气体中有些能量高的分子能冲开弹簧小门进入低压气体室，能冲开弹簧的分子最低能量与普通分子的能量差就是活化能。高压气体进入低压气体室的速度与小门弹簧的压缩难易程度关系最大，普通分子打开这个弹簧门所需增加的力就相当于化学反应的活化能。

② 当某反应 E_a 一定时，温度 T 升高，速率常数 k 增大，反应速率加快。

对 Arrhenius 公式进一步分析，还可得出：

③ 对同一反应，在低温区升高温度，k 值增大的倍数比在高温区升高同样幅度的温度时 k 值增大的倍数大，即在低温区升温对改变反应速率更为敏感。

④ 对于 E_a 不同的反应，升高相同幅度的温度，E_a 大的反应，其 k 值增加的倍数多；E_a 小的反应，其 k 值增加的倍数少。即升温对活化能 E_a 大的反应更为敏感。

⑤ Arrhenius 公式中，$\lg k$ 与 $1/T$ 有线性关系。

$$\lg k = \lg A - \frac{E_a}{2.303RT}$$

可通过测定不同温度时的速率常数求得反应的活化能 E_a 或通过 T_1 时的速率常数 k_1 求得 T_2 时的速率常数 k_2。

【例 2-2】 反应：　　　　　　　$C_2H_5Cl \Longrightarrow C_2H_4 + HCl$

$A = 1.6 \times 10^{14} s^{-1}$，$E_a = 246.9 kJ \cdot mol^{-1}$，求 700K 时的反应速率常数 k。

解：由 Arrhenius 公式 $k = Ae^{-E_a/RT}$ 得

$$k = 1.6 \times 10^{14} \times \exp\left(\frac{-246.9 \times 10^3}{8.314 \times 700}\right) = 6.02 \times 10^{-5} s^{-1}$$

同样可以求出，710K 时，$k_{710} = 1.09 \times 10^{-4} s^{-1}$，即温度升高 10K，速率扩大 1.8 倍。若温度从 500K 到 510K，可以算出 k 扩大了 3.2 倍。即在低温区时，温度对反应速率影响较大，在高温区，温度对反应速率影响较小。

（2）温度影响反应速率的原因

温度升高，反应物分子的运动速率增大，单位时间内分子碰撞次数增加，但这是否是反应速率增加的主要原因呢？根据气体分子运动论的计算，温度每升高 10℃，单位时间内的碰撞次数仅增加 2% 左右，但实际上反应速率要增大 100%～200%，比 2% 大得多。显然，当温度升高时，碰撞次数的增加，并不是反应速率加快的主要原因。

有效碰撞理论认为，当温度从 T_1 升到 T_2 时，分子的能量普遍增大，其能量分布曲线向右上方偏移（图 2-5）。此时有更多的普通分子吸收足够的能量变成活化分子，增大了活化分子的百分数，单位时间内有效

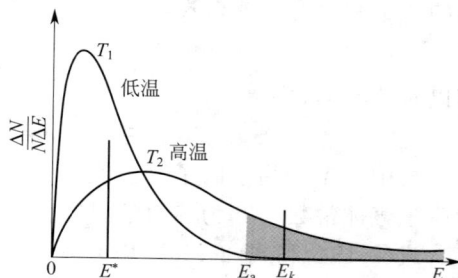

图 2-5　不同温度时分子能量分布图

碰撞次数显著增加，因此反应速率大大加快。

（3）温度影响反应速率在工业上的应用

对于大多要提高化学反应速率的生产，一般总是采用升温提高反应温度的方法，如反应釜的夹套中通入水蒸气加热，加入导热油的电加热，等。但在化学工业特别是制药工业上有不少要求降温减小反应速率的生产（主要是降低副反应速率以减少杂质，减小分离的困难），如笔者参与的维生素 A 和其中间体 β-紫罗兰酮的生产，反应温度分别为 −70℃ 和 −40℃，这时可采用在反应釜的夹套和盘管内通入冷冻液，另外在反应物料中不断加入干冰丙酮混合物以降低反应速率，如要求更低温度，还可加入液氮。

2.1.5　药物有效期计算

药物是比较特殊的化学物质，是化学物质就存在着成分（特别是有效成分）的变化，它的变化或稳定性对使用者的身体健康有很大的影响。药物制剂的稳定性也是新药申请必须呈报的资料。药物有效期的预测是考察其稳定性的重要指标之一。

稳定性的预测，近年来已经在经典恒温法的基础上发展了系列方法，如：台阶型变温加速式试验法，程序升温加速试验法，单测点法，等等。根据 Arrhenius 公式，一切反应的速率与浓度和温度有关，下面推导一下预测药物有效期的公式。

对于任何级数的反应，其微分方程为：$-\mathrm{d}c/\mathrm{d}t = kc^n$

积分后得：$\dfrac{1}{n-1}(c^{1-n} - c_0^{1-n}) = kt$（一级反应除外）　　　　　(2-16)

式中，n 为反应级数，k 为反应速率常数，也为反应的初始速率（设开始时反应物的浓度是单位浓度）。药物有效期指有效成分降解 10%，还剩 90% 时的时间。故有效期的最低浓度为：$c = 0.9c_0$，则有效期 $t = t_{0.9}$，代入式(2-16)，得：

$$\frac{1}{n-1}\left[(0.9c_0)^{1-n} - c_0^{1-n}\right] = kt_{0.9}$$

$$t_{0.9} = \frac{(0.9^{1-n}-1)c_0^{1-n}}{k(n-1)}$$

对于某一确定的样品，$\dfrac{(0.9^{1-n}-1)c_0^{1-n}}{(n-1)}$ 为常数，不妨令其等于 a，

即　　　　　$a = \dfrac{(0.9^{1-n}-1)\,c_0^{1-n}}{(n-1)}$，

则：　　　　　$t_{0.9} = a/k$　　　　　(2-17)

将 Arrhenius 公式 $k = A\mathrm{e}^{-E_a/RT}$ 代入式(2-17)，得：

$$t_{0.9} = \frac{a}{A\mathrm{e}^{-E_a/RT}}$$

两边取自然对数，得 $\ln t_{0.9} = \ln a - (\ln A - E_a/RT)$

$$\ln t_{0.9} = \ln a - \ln A + E_a/RT \qquad (2\text{-}18)$$

令 $b = \ln a - \ln A$，$d = E_a/R$，则式(2-18) 变为：$\ln t_{0.9} = b + d/T$　　(2-19)

对于一级反应：　　　　　$\ln c_0/c = kt$

令 $c = 0.9c_0$，则 $t = t_{0.9}$，那么上式变为：

$$\ln\left(\frac{c_0}{0.9c_0}\right) = kt_{0.9}$$

$$t_{0.9} = \frac{\ln(1/0.9)}{k} \tag{2-20}$$

令 $a' = \ln(1/0.9)$，则式(2-20) 变为 $t_{0.9} = a'/k$

同样将 Arrhenius 公式代入，两边取对数，整理后得：

$$\ln t_{0.9} = \ln a' - \ln A + E_a/RT \tag{2-21}$$

令 $b' = \ln a' - \ln A$　　　　$d = E_a/R$，则式(2-21) 变为：

$$\ln t_{0.9} = b' + d/T \tag{2-22}$$

对照式(2-19) 和式(2-22)，可以看出：无论对何种反应级数的药物变性，其有效期与温度的关系均满足于方程：

$$\ln t_{0.9} = B + C/T \quad (\text{其中 } B、C \text{ 为常数}) \tag{2-23}$$

$\ln t_{0.9}$ 与所对应的 T 有线性关系。从理论上说，只要得到药物在某两个温度下的有效期 $t_{0.9}$，就可以代入方程式(2-23)求出常数 B 和 C。然后可以求出其他温度时的有效期。相对于实验时间，常温或低温储藏时药物有效期的时间要长得多，故经常在较高温度时测出药物有效期，再根据公式计算出常温或低温储藏时的有效期。

很多药物的失效是因为降解，其反应大多为一级反应，$t_{0.9} = \ln(1/0.9)/k$，根据 Arrhenius 公式，在两个不同的温度测出 k，然后代入低温储藏时的温度，求出低温时 k，就很容易求出药物有效期。

【例2-3】　药物在一定温度下均有一定的有效期，超过这个有效期药物失效。失效的原因是药物已经降解成其他成分。假如某药物分解是一级反应，分解10% 即无效，现分别测得它在 50℃ 和 60℃ 每小时分解 0.07% 和 0.16%，求该药物在冰箱（0℃）里存放时，有效期为多少？

解：根据一级反应公式，　　　　$k = \frac{1}{t} \ln \frac{1}{1-x}$

$T_1 = (50+273) = 323\text{K}$ 时，$k_1 = \frac{1}{1} \ln \frac{1}{1-0.0007} = 7 \times 10^{-4} (\text{h}^{-1})$

$T_2 = (60+273) = 333\text{K}$ 时，$k_2 = \frac{1}{1} \ln \frac{1}{1-0.0016} = 1.6 \times 10^{-3} (\text{h}^{-1})$

由 Arrhenius 公式，$\ln \frac{k_2}{k_1} = \frac{E_a(T_2-T_1)}{RT_2 T_1}$ 求出活化能 E_a，

$$E_a = \frac{RT_2 T_1}{T_2 - T_1} \ln \frac{k_2}{k_1} = \frac{8.314 \times 323 \times 333}{333-323} \ln \frac{1.6 \times 10^{-3}}{7 \times 10^{-4}} = 73.925 (\text{kJ} \cdot \text{mol}^{-1})$$

0℃ 即 273 K 时药物降解的速率常数为 k_3，求算如下：

$$\ln \frac{k_3}{k_1} = \frac{E_a(T_3-T_1)}{RT_3 T_1} \text{即} \ln \frac{k_3}{7 \times 10^{-4}} = \frac{73925 \times (273-323)}{8.314 \times 273 \times 323}$$

解得　　　　　　　　　$k_3 = 4.523 \times 10^{-6} (\text{h}^{-1})$

有效期指 $x = 10\%$ 所需的时间，$t = \frac{1}{k_3} \ln \frac{1}{1-0.1} = 23294\text{h}$

除以每天 24h，有效期为 970.6 天。

2.1.6　催化剂与反应速率的关系

催化剂是一种能显著加快反应速率，而在反应前后自身的组成、质量和化学性质不发生变化的物质。催化剂改变反应速率的作用非常明显，如在生产硫酸的重要步骤

SO_2 的催化氧化中，催化剂 V_2O_5 提高反应速率达一亿六千万倍，使生产效率大为提高；又如，若人体消化道中无消化酶，欲消化一顿饭，需花费 50 年的时间。以上列举的催化剂都能加快反应速率，称为正催化剂。然而并非所有的反应都希望加速进行，例如橡胶、塑料的老化、金属的腐蚀等，显然越慢越好。这时需要加入一些物质减慢其反应，这种物质称为负催化剂。通常所谓的催化剂都是正催化剂。

（1）催化剂的基本性质

① 催化剂参与反应过程，改变反应速率，但在反应前后它本身的组成和质量保持不变。

② 催化剂虽能极大地改变反应速率，但不能改变反应的可能性。

③ 催化剂具有特殊的选择性。这里有两方面的意思：一方面指某种催化剂对某一反应有很强的催化活性，但对其他反应就不一定有催化活性。如 V_2O_5 是 SO_2 氧化成 SO_3 反应的特效催化剂，但它对合成氨反应却是无效的。另一方面指同种反应物选用不同的催化剂，可能发生不同的反应，得到不同的产物。如以乙醇为原料，在不同条件下采用不同催化剂，可以发生不同的反应，得到不同的产物。

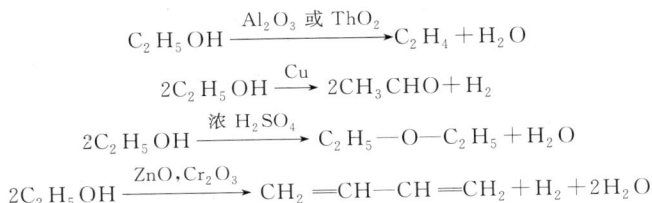

$$C_2H_5OH \xrightarrow{Al_2O_3 \text{ 或 } ThO_2} C_2H_4 + H_2O$$

$$2C_2H_5OH \xrightarrow{Cu} 2CH_3CHO + H_2$$

$$2C_2H_5OH \xrightarrow{\text{浓 } H_2SO_4} C_2H_5-O-C_2H_5 + H_2O$$

$$2C_2H_5OH \xrightarrow{ZnO, Cr_2O_3} CH_2=CH-CH=CH_2 + H_2 + 2H_2O$$

这样，当某一反应物可能发生几种平行反应时，就可以根据需要选择某种特效催化剂，以加快所需要反应的速率，同时抑制其他副反应的速率。

（2）催化剂的作用机理

在反应速率公式中，

$$v = k[c(A)/c^{\ominus}]^x[c(B)/c^{\ominus}]^y = Ae^{-E_a/RT}[c(A)/c^{\ominus}]^x[c(B)/c^{\ominus}]^y$$

催化剂的加入改变了 k 项的 E_a 值，由于是指数项，故 E_a 的改变对反应速率影响很大。从图 2-6 可以看到，催化剂在减小正反应活化能的同时，也减小了逆反应的活化能，且减少的量是一样的，故催化剂能同等程度地增加正、逆反应的速率。

虽然反应前后催化剂的组成、质量和化学性质不发生变化，但并不意味着催化剂不参与化学反应，实验证明，催化剂实实在在地参加了反应，改变了反应的历程，即催化剂与反应物先生成中间体，然后中间体分解最后生成了产物，中间可能经过了一系列的反应，而这些反应的活化能比原反应的活化能要低，故反应速率大大增加。由图 2-6 可见，催化剂参加反应，但并不改变该反应的热效应。从碰撞

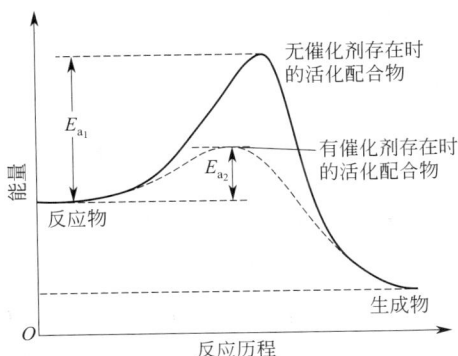

图 2-6　催化剂改变反应途径示意图

理论来讲，加入催化剂后，由于活化能降低，活化分子百分数大为增加，有效碰撞次数增加，反应速率增加。

（3）酶的催化作用

酶是由生物或微生物产生的一种具有催化能力的特殊蛋白质，存在于动物、植物和微生物中。生物体内所发生的一切化学反应几乎都是在酶的催化下进行的；人利用植物或其他动物体中的物质，在体内经过错综复杂的化学反应把这些物质转化为自身的一部分，使人类得以生存、活动、生长和繁衍等，这一系列化学反应又几乎全部是在酶催化下进行的。因此，没有酶催化就不可能有生命现象。

酶与一般非生物催化剂相比较，具有以下几个主要特点：

① 高度的选择性　酶对所作用的底物（反应物）有高度的选择性，一种酶通常只能催化一种特定的反应。例如，尿素酶只能催化尿素的水解反应，但对于尿素取代物的水解反应则没有催化作用。

② 高度的催化活性　酶的催化活性非常高，对于同一反应来说，酶的催化力比一般非生物催化剂可高出 $10^6 \sim 10^{13}$ 倍。例如，过氧化氢酶催化 H_2O_2 分解为 O_2 和 H_2O 的效率是 Fe^{3+} 催化的 10^{10} 倍。正是凭借着过氧化氢酶的高效催化作用，可保证 H_2O_2 不在体内积蓄，从而对机体起到保护作用。又如，存在血液中的碳酸酐酶能催化 H_2CO_3 分解为 CO_2 和 H_2O，1 个碳酸酐酶分子 1min 可以催化 1.9×10^7 个 H_2CO_3 分解。正是因为血液中存在如此高效的催化剂，才能及时完成排放 CO_2 的任务，维持血液的正常生理 pH。

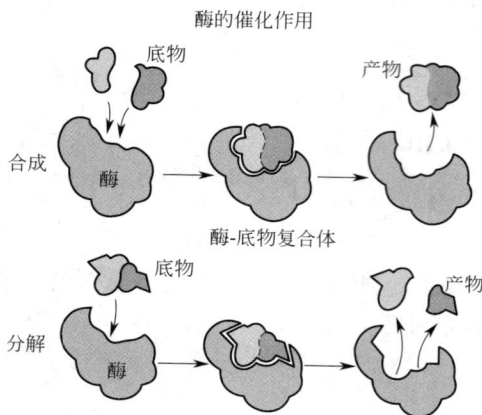

图 2-7　酶催化示意图

③ 温和的催化条件　酶在常温常压下即可发挥催化作用，人体中各种酶的最适宜的温度为 37℃，温度过高会引起酶变性，失去催化活化。

④ 特殊的 pH　酶具有许多极性基团，因此溶液的 pH 对酶的活性影响很大。酶只能在一定的 pH 范围内发挥催化作用，如果 pH 偏离这个范围，酶的活性就会降低，甚至完全丧失。

对于酶催化机理，一般认为是通过生成某种中间化合物进行的。酶 E 先与底物 S 形成中间化合物 ES，然后 ES 再进一步分解为产物 P，并释放出酶 E，见图 2-7。此过程可表示为：

$$E+S \rightleftharpoons ES \xrightarrow{k_1} E+P$$

中间化合物 ES 分解为产物 P 的速率相对较慢，它控制着整个酶催化反应的反应速率。

2.1.7　其他因素对化学反应速率的影响

在非均相系统中进行的反应，如固体（包括催化剂）和液体或气体的反应等，可以认为至少经过以下几个步骤：反应物分子向固体表面扩散并被吸附在固体表面；反应物分子在固体表面反应生成产物；产物在固体表面脱附并扩散出去。上述任何一个步骤都会影响整个反应速率。故反应速率除与温

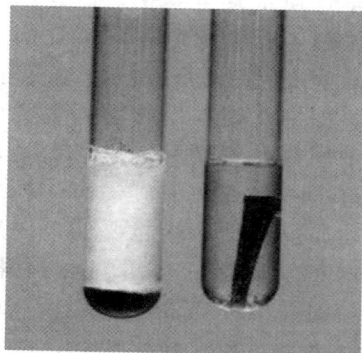

图 2-8　铁粉、铁钉与盐酸反应

度、浓度、气体压力有关外，还与反应物接触面的大小和接触机会有关。对固体反应来说，如将大块固体破碎成小块、磨成粉末或做成蓬松状，反应速率必然加快（图2-8）。如铝块或铝制炊具，即使对其大火加热也很难燃烧，但如空气中弥漫极微小铝屑，有一点火星就能酿成大爆炸，2014 年就发生过因此造成的重大爆炸事故。对气液反应或互不相溶的两种液体可采用喷雾加料的方法扩大彼此的接触面。此外，对反应物进行搅拌、振荡、鼓风等措施，同样可以增加反应物接触的机会，加快反应速率。其他如超声波、紫外光、激光、微波和高能射线等，对某些反应速率也有影响。

2.2　化学平衡

在化工生产中，不仅要关心化学反应速率，而且要关心反应进行的限度或反应转化率，以节约原料，减少因排放造成的环境污染。很多化学反应，特别是有机反应，即使严格按照反应方程式投料，但最后总会剩下部分原料不能再生成产物，即使再延长反应时间也没有效果。因为这并非反应时间不够，而是化学反应本身的规律性导致。化学平衡就是研究这种规律性以及各种因素对这个限度的影响。

2.2.1　可逆反应和化学平衡
（1）可逆反应

在同一条件下，向正反应和逆反应两个相反方向能够同时进行的反应，叫作可逆反应。在化学方程式中，常用两个方向相反的箭头代替等号。习惯上，把按反应方程式从左向右进行的反应叫正反应；从右向左进行的反应叫逆反应。

严格地讲，除放射性元素嬗变外，几乎所有的化学反应都具有可逆性，只是可逆程度不同而已。一般把可逆程度较大的反应叫可逆反应，可逆程度较小的反应叫单向反应。

（2）化学平衡

对于可逆反应如：

$$CO_2(g) + H_2(g) \rightleftharpoons CO(g) + H_2O(g)$$

在 1200℃下，把一定物质的量的 CO_2、H_2 放在容积为 1L 的密闭反应器中，每隔一定时间取样分析，反应物 CO_2 和 H_2 的浓度逐渐减小，而产物 CO 和 H_2O 的浓度逐渐增加。若保持温度不变，当反应进行到一定时间，将发现混合气体中各组分的浓度不再随时间而改变，维持恒定，此时即达到化学平衡状态。将达到平衡时产物的浓度与反应物浓度比值分别计算出，可得到一些重要结论。起始浓度、最后测得的浓度即平衡浓度之比见表 2-1。

表 2-1　起始浓度和平衡浓度的实验数据

编号	c（起始浓度）				c（平衡浓度）				$\dfrac{c(CO)c(H_2O)}{c(CO_2)c(H_2)}$
	CO_2	H_2	CO	H_2O	CO_2	H_2	CO	$H_2O(g)$	
1	0.01	0.01	0	0	0.004	0.004	0.006	0.006	2.25
2	0.01	0.02	0	0	0.0022	0.0122	0.0078	0.0078	2.27
3	0.01	0.01	0.01	0	0.0042	0.0042	0.0069	0.0058	2.27
4	0	0	0.02	0.02	0.0081	0.0081	0.0122	0.0122	2.27

由上述实验数据可知，不论反应从 CO_2 和 H_2 开始还是从 CO 和 H_2O 开始，也不论它们各自的浓度比是多大，反应经过一定时间后，都可以得到 $K_c \approx 2.27$ 这样一个数值。随着实验的增加，这样巧合的例子变成了规律，我们也可以在理论上证明。

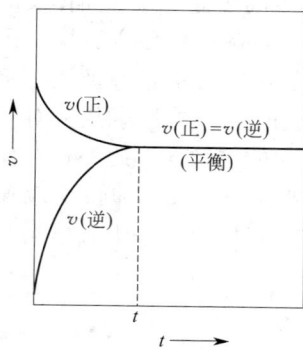

图 2-9　化学平衡

可逆反应之所以会出现这样一种体系中各物质浓度不再改变的状态，是因为反应刚开始时，反应物浓度最大，具有最大的正反应速率 v（正），此时尚无产物，故逆反应速率 v（逆）为零。随着反应的进行，反应物不断消耗，浓度减小，正反应速率随之减小。另一方面，产物浓度不断增加，逆反应速率逐渐增大，至某一时刻 v（正）＝v（逆）（但并不等于零）（图 2-9），即单位时间内正反应使反应物浓度减小的量等于因逆反应使反应物浓度增加的量。此时宏观上，各种物质的浓度不再改变，达到平衡状态；在微观上，反应并未停止，正逆反应仍在进行，故化学平衡是一种动态平衡。

（3）化学平衡的特点

综上所述，化学平衡的特点可用几个字来概括：

① "等"，正反应速率 v（正）和逆反应速率 v（逆）相等，即 v（正）＝v（逆）。

② "定"，体系中各组分浓度或分压不再改变，为一个定数，但不是常数。因这一定值仅为这一特定比例进料和这一温度时的值，这几个值之间本身没有任何关系，但产物的浓度（或分压）与反应物的浓度（或分压）之比有关系，是一个定值。

2.2.2　平衡常数

（1）经验平衡常数

通过大量实验事实可总结出一个规律，对于一般的可逆反应：

$$a\mathrm{A}+b\mathrm{B}\rightleftharpoons c\mathrm{C}+d\mathrm{D}$$

在一定温度下达到平衡时，生成物浓度（或分压）以反应方程式中化学计量数为指数的乘积与反应物浓度（或分压）以化学计量数为指数的乘积之比为一个常数，以 K 表示。为了区别起见，把以浓度表示的平衡常数称为浓度平衡常数，记作 K_c；以分压表示的称为压力平衡常数，记作 K_p。浓度平衡常数和压力平衡常数的数学表达式分别为：

$$K_c=\frac{c^c(\mathrm{C})c^d(\mathrm{D})}{c^a(\mathrm{A})c^b(\mathrm{B})} \tag{2-24}$$

$$K_p=\frac{p^c(\mathrm{C})p^d(\mathrm{D})}{p^a(\mathrm{A})p^b(\mathrm{B})} \tag{2-24a}$$

$c(\mathrm{A})$、$c(\mathrm{B})$、$c(\mathrm{C})$、$c(\mathrm{D})$ 表示四种物质在平衡时的浓度；$p(\mathrm{A})$、$p(\mathrm{B})$、$p(\mathrm{C})$、$p(\mathrm{D})$ 为四种气态物质在平衡时的分压；a、b、c、d 为相应物质在反应方程式中的化学计量数。将实验数据（浓度或分压）代入平衡常数表达式中所求得的平衡常数 K_c 和 K_p 叫做实验平衡常数或经验平衡常数。

（2）标准平衡常数

为适应所有的反应，热力学平衡常数不再分为浓度平衡常数和压力平衡常数，都记作 $K^\ominus$。它的数学表达式与经验平衡常数相似，不同的是将浓度换算成相对浓度、分压换算成相对分压。前者是将溶质的浓度除以标准浓度 $c^\ominus$（$c^\ominus=1.0\mathrm{mol\cdot L^{-1}}$），后者是将气体分压除以标准压力 $p^\ominus$（$p^\ominus=100\mathrm{kPa}$）（相对的意思是相对于标准态的倍数，相对浓度与浓度在数值上是相同的，而相对分压的数值与分压不同）。由于相对浓度和相对分压量纲为 1，故 $K^\ominus$ 是一个量纲为 1 的量。

对于溶液反应：

$$aA(aq)+bB(aq) \rightleftharpoons cC(aq)+dD(aq)$$

某温度下平衡时：

$$K^{\ominus}=\frac{[c(C)/c^{\ominus}]^c[c(D)/c^{\ominus}]^d}{[c(A)/c^{\ominus}]^a[c(B)/c^{\ominus}]^b} \tag{2-25}$$

对于气相反应：

$$aA(g)+bB(g) \rightleftharpoons cC(g)+dD(g)$$

某温度下平衡时：

$$K^{\ominus}=\frac{[p(C)/p^{\ominus}]^c[p(D)/p^{\ominus}]^d}{[p(A)/p^{\ominus}]^a[p(B)/p^{\ominus}]^b} \tag{2-25a}$$

对于复相反应：

$$aA(aq)+bB(s) \rightleftharpoons cC(g)+dD(l)$$

纯固体或纯液体，其标准状态就是纯固体或纯液体。相除结果为 1，故不必写入平衡关系表达式中，故在某温度下平衡时：

$$K^{\ominus}=\frac{[p(C)/p^{\ominus}]^c}{[c(A)/c^{\ominus}]^a}$$

对于不含气相物质的反应，$K^{\ominus}$ 和经验平衡常数 K 在数值上相等，因为液相物质的标准状态数值为 1。但对于有气相物质参与的反应，$K^{\ominus}$ 和经验平衡常数 K 在数值上经常不相等。

【例 2-4】 反应 $\qquad\qquad$ $A(g) \rightleftharpoons 2B(g)$

在某温度达到平衡时，各组分的分压均为 100kPa，求其经验平衡常数 K_p 和标准平衡常数 $K^{\ominus}$。

解：$\qquad\qquad\qquad$ $A(g) \rightleftharpoons 2B(g)$

平衡时分压 p_i（kPa）$\qquad$ 100 $\qquad$ 100

$$K_p=\frac{p_B^2}{p_A}=\frac{100^2}{100}=100kPa$$

$$K^{\ominus}=\frac{(p_B/p^{\ominus})^2}{(p_A/p^{\ominus})}=\frac{(100/100)^2}{(100/100)}=1$$

从上例可以推导出经验平衡常数 K_p 与标准平衡常数 $K^{\ominus}$ 之间的关系式。

$$K^{\ominus}=\frac{(p_B/p^{\ominus})^2}{(p_A/p^{\ominus})}=\frac{p_B^2}{p_A}\frac{(1/p^{\ominus})^2}{(1/p^{\ominus})}=K_p p^{\ominus}$$

$K^{\ominus}$ 与 K_p 的一般关系式为：$K^{\ominus}=K_p(p^{\ominus})^{\Delta\nu}$

$\Delta\nu$ 是产物与反应物气体分子数之差。

(3) 平衡常数的意义

① 平衡常数——可逆反应的特征常数　在一定温度下，每一反应都有自己特征的平衡常数，其大小取决于该反应的本性，与物质浓度无关，与反应正、逆向开始无关。

② 平衡常数的大小是可逆反应完成程度的衡量尺度　由 $K_c=\frac{c^c(C)c^d(D)}{c^a(A)c^b(B)}$ 可知，K_c 越大，平衡时产物浓度越大，反应进行得越完全；K_c 小，平衡时产物浓度小，反应进行程度小。对一般的反应，若 $K^{\ominus}>10^5$，可认为反应完全单向向右，若 $K^{\ominus}<10^{-5}$，可认为反应完全单向向左。

③ 平衡常数是温度的函数　温度变化，反应速率常数 k（正）、k（逆）均发生变化，但变化的幅度不同。若是吸热反应，即 E_a（正）$>E_a$（逆），温度升高时，根据 Arrhenious 公式，k（正）增加的倍数大于 k（逆）增加的倍数，故 $K^{\ominus}$ 也增加，若温度降低，$K^{\ominus}$ 减小。

④ 平衡关系表达式中各浓度均为体系中该物质的平衡浓度，压力为平衡分压。即使体系中有多个互不关联的平衡，只要牵涉到同一种物质，该物质的平衡浓度或分压同时适宜多个平衡。如在一定温度下，同一体系中存在以下两个平衡：

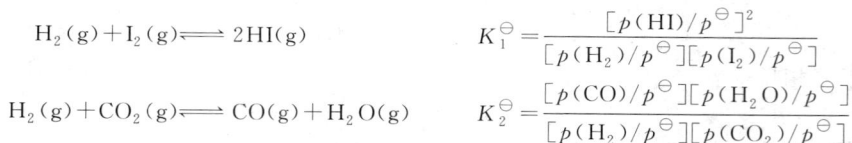

$$H_2(g)+I_2(g)\Longrightarrow 2HI(g) \qquad K_1^{\ominus}=\frac{[p(HI)/p^{\ominus}]^2}{[p(H_2)/p^{\ominus}][p(I_2)/p^{\ominus}]}$$

$$H_2(g)+CO_2(g)\Longrightarrow CO(g)+H_2O(g) \qquad K_2^{\ominus}=\frac{[p(CO)/p^{\ominus}][p(H_2O)/p^{\ominus}]}{[p(H_2)/p^{\ominus}][p(CO_2)/p^{\ominus}]}$$

两平衡常数中 H_2 的分压是平衡体系中 H_2 的分压，是同一个数据。

（4）多重平衡规则

相同温度下，假设有多个化学平衡体系，每个平衡都有其对应的平衡常数 $K^{\ominus}$：

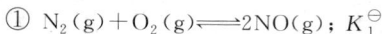

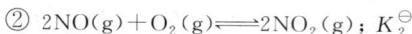

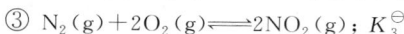

① $N_2(g)+O_2(g)\Longrightarrow 2NO(g)$；$K_1^{\ominus}$
② $2NO(g)+O_2(g)\Longrightarrow 2NO_2(g)$；$K_2^{\ominus}$
③ $N_2(g)+2O_2(g)\Longrightarrow 2NO_2(g)$；$K_3^{\ominus}$

$$K_1^{\ominus}=\frac{[c(NO)/c^{\ominus}]^2}{[c(N_2)/c^{\ominus}][c(O_2)/c^{\ominus}]} \qquad K_2^{\ominus}=\frac{[c(NO_2)/c^{\ominus}]^2}{[c(NO)/c^{\ominus}]^2[c(O_2)/c^{\ominus}]}$$

$$K_1^{\ominus}\times K_2^{\ominus}=\frac{[c(NO)/c^{\ominus}]^2}{[c(N_2)/c^{\ominus}][c(O_2)/c^{\ominus}]}\times\frac{[c(NO_2)/c^{\ominus}]^2}{[c(NO)/c^{\ominus}]^2[c(O_2)/c^{\ominus}]}$$

$$=\frac{[c(NO_2)/c^{\ominus}]^2}{[c(N_2)/c^{\ominus}][c(O_2)/c^{\ominus}]^2}=K_3^{\ominus}$$

可见，当几个反应式相加得到另一方程式时，其平衡常数等于几个反应平衡常数之积，即方程式相加，平衡常数相乘；同样，方程式相减，平衡常数相除；方程式前乘系数，平衡常数中各项为该系数次方。应用多重平衡规则，可以由若干个已知反应的平衡常数求得某个反应未知的平衡常数，而无须通过实验。

2.3　化学平衡的移动

化学平衡的特征是正逆反应速率相等，化学平衡是暂时的，相对的。当决定反应速率的外界条件（如温度、浓度、气体压力）发生改变时，可导致正逆反应速率不相等，化学反应的净速率不再为零，这就是平衡状态被打破。其结果必然向着反应速率再次相等即净反应速率为零的状态移动。这种因外界条件改变，使可逆反应从一种平衡状态转变到另一种平衡状态的过程叫做化学平衡的移动。

2.3.1　浓度对平衡的影响

在一定温度下，可逆反应：$a A+b B\Longrightarrow c C+d D$ 达到平衡时（图 2-10），若增加反应物 A 的浓度（非固态或纯液态），正反应速率加快，v（正）$>v$（逆），反应的净结果是更多的反应物变成了产物，即反应向正反应方向进行。随着反应的进行，产物 C 和 D 的浓度不断增加，反应物 A 和 B 的浓度不断减小。因此，正反应速率随之又不断下降，而逆反应速率不断上升，当正逆反应速率再次相等，即 v'（正）$=v'$（逆）

时，系统又一次达到平衡。

（1）浓度变化对平衡的影响

增加反应物浓度或减小产物浓度，反应的净结果是更多的反应物转化成了产物，即平衡向正反应方向移动或简称向右移动；同样减少反应物浓度或增加产物浓度平衡向逆反应方向移动或简称向左移动。

（2）平衡移动后有关物质的浓度

增加反应物浓度后平衡向右移动，此时产物的浓度肯定增加了。那反应物

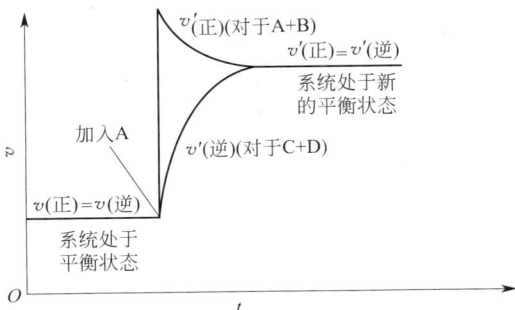

图 2-10　增加反应物浓度对平衡的影响

的浓度变化呢？若反应物只有一种，由于平衡向右移动，更多的反应物变成了产物，再次平衡时反应物浓度小于原平衡浓度与外加的反应物浓度之和，但后加入的反应物不可能完全转变成产物，故反应物的平衡浓度仍大于原平衡浓度。若有多种反应物，只增加了一种反应物，平衡当然也向右移动，未增加的反应物在这种平衡移动中也按反应方程式系数与增加的一种反应物一起转变为产物，故未增加的反应物在这种平衡移动中浓度减小。

（3）平衡常数的变化情况

可以证明，平衡常数 $K_c = \dfrac{k(正)}{k(逆)}$，而速率常数只与温度有关，与浓度无关，故在温度不变的情况下改变物质浓度，平衡常数不变。

2.3.2　压力改变对平衡的影响

系统压力的改变对液态和固态反应体系影响不大，因为压力改变对液体或固体的影响极小。因此对于无气态物质参加的化学反应，系统压力的改变对平衡体系几乎没有影响。对于有气体参加的反应，压力改变时，则有可能引起化学平衡的移动。

若改变某组分气体压力，加入某一气体或抽出某一气体（假设能操作），实际是改变物质浓度，其平衡移动与浓度改变平衡一致。

（1）系统变压

改变系统总压力，会使气体的体积发生变化，从而使气态反应物或产物的浓度发生改变，例如可逆反应：

$$2NO_2(g) \rightleftharpoons N_2O_4(g)$$

当反应在一定温度下达到平衡时，各组分的分压为 $p(NO_2)$、$p(N_2O_4)$，则：

$$K^{\ominus} = \frac{[p(N_2O_4)/p^{\ominus}]}{[p(NO_2)/p^{\ominus}]^2}$$

如果平衡系统的总压力增加到原来的两倍（即体积缩小成一半），这时，各组分的分压均增加到原来的两倍，但它们在反应式中的系数不同，对正逆反应速率影响的程度不同，使 $v(正) \neq v(逆)$，平衡发生移动。如在上述反应中，反应物和产物浓度均增加一倍后，正反应的速率大于逆反应的，致使平衡向右移动。

也可从压力是否改变平衡常数来理解，系统总压力增加后，各组分的分压力均增

加，且增加的倍数一样（在同一原体积中被同样程度地压缩），但在平衡表达式中的指数不同，指数越大（即气体分子数越多），该项增加的倍数就越多，在增压时压力商不等于平衡常数，从反应的自发性可知，任何反应都会自动向平衡方向进行，指数大的气相物质向减少的方向变动，指数小的气态物质向增加其物质的量的方向进行，直到重新达到平衡。

系统总压力对平衡的影响，可根据产物气体分子与反应物气体分子计量系数之差 Δn 来判断。

若 $\Delta n > 0$，增大体系压力，反应物和产物同倍数增加压力，但产物的压力项指数大于反应物的压力项指数，平衡向左（逆向）移动；

若 $\Delta n < 0$，增大体系压力，反应物和产物同倍数增加压力，但产物的压力项指数小于反应物的压力项指数，平衡向右（正向）移动；

若 $\Delta n = 0$，增大体系压力，反应物和产物同倍数增加压力，产物的压力项指数与反应物的压力项指数相同，平衡不移动。

换言之，在其他条件不变的情况下，增大系统总压力会使化学平衡向着减少气体分子数（即气体体积缩小）的方向移动；减小系统总压力会使化学平衡向着增多气体分子数（即气体体积增大）的方向移动。

根据压力对化学平衡的影响，为了提高反应物（原料）的转化率，可根据具体情况采用增大或降低体系的总压力来实现。

（2）在平衡体系中加入惰性气体

在平衡体系中，加入某惰性气体（不参与体系中反应），则会影响系统的总压或体系中气体的分压，有可能使平衡移动。

例如反应：
$$2SO_2(g) + O_2(g) \rightleftharpoons 2SO_3(g)$$

① 在总体积不变的情况下，平衡体系中加入 N_2 由于总体积不变，平衡体系中反应物与产物的分压均未改变，还是符合原平衡关系式，

$$K^{\ominus} = \frac{[p(SO_3)/p^{\ominus}]^2}{[p(O_2)/p^{\ominus}][p(SO_2)/p^{\ominus}]^2}$$

故平衡不移动。

② 加入 N_2 后，总压力不变 加入 N_2 后，体系体积扩大使总压不变或本身在原料气中混入 N_2，则反应体系各气体分压减小，相当于系统减压，平衡向左或向气体分子数增加的方向移动。

2.3.3 温度改变对平衡的影响

化学反应总是伴随着热量的变化。如可逆反应的正反应是吸热的，其逆反应必然是放热的。大量实验证明，在其他条件不变的情况下，改变温度，化学平衡会移动。

（1）平衡移动方向

对任一反应，
$$a\text{A} + b\text{B} \rightleftharpoons c\text{C} + d\text{D}$$

平衡时，$v(\text{正}) = v(\text{逆})$，也即 $k(\text{正})c^x(\text{A})c^y(\text{B}) = k(\text{逆})c^m(\text{C})c^n(\text{D})$，$x$、$y$、$m$、$n$ 为实际测定的反应速率方程中的浓度项指数。当温度变化时，$v(\text{正})$、$v(\text{逆})$ 均增加，但由于 $k(\text{正})$、$k(\text{逆})$ 增加的倍数不同，$v(\text{正})$、$v(\text{逆})$ 增加的倍数也不同，使 $v(\text{正}) \neq v(\text{逆})$，平衡发生了移动。

对于吸热反应，$E_a(\text{正}) > E_a(\text{逆})$，根据阿弗加德罗公式，温度升高时，$v(\text{正})$ 增加的倍数大于 $v(\text{逆})$ 增加的倍数，净结果是平衡向正反应方向移动。故温度升高，

平衡向吸热方向移动；温度降低，平衡向放热方向移动。

（2）温度变化，平衡常数 $K^{\ominus}$ 改变

在其他条件不变的情况下，改变温度，若反应吸热，升高温度平衡向右移动，再次平衡时，产物浓度增加，反应物浓度减小，平衡常数 $K^{\ominus}$ 增加；若反应放热，升高温度平衡向左移动，再次平衡时，产物浓度减小，反应物浓度增加，平衡常数 $K^{\ominus}$ 减小。

（3）把热效应 Q 看作物质来快速判断平衡移动方向

把热效应 Q 写入化学方程式，放热为产物中＋Q，吸热为产物中－Q，移项后变为反应物＋Q，如吸热反应：

$$a\text{A}+b\text{B}+Q \Longleftarrow\Longrightarrow c\text{C}+d\text{D}$$

升高温度，即增加了 Q 的浓度，增加反应物浓度，平衡向右移动。也即升高温度，平衡向吸热方向移动。降低温度，减小了 Q 的浓度，减小反应物浓度，平衡向左移动。也即降低温度，平衡向放热方向移动。

2.3.4　催化剂对化学平衡的影响

催化剂的加入改变了反应的途径，减小了反应的活化能。从反应历程图可见，催化剂同等程度地减小了正、逆反应的活化能，根据阿弗加德罗公式，同等程度增加了正逆反应的速率常数，也即同等倍数增加了正、逆反应速率。虽然催化剂的加入增加了反应速率，但并没破坏 v（正）＝v（逆）这一平衡特征，净反应速率还是零，故平衡不移动。

2.3.5　平衡移动原理——吕·查德里原理

综上所述，如在平衡体系中增大反应物浓度，平衡就会向着减小所增加反应物的方向移动；在有气体参与反应的平衡体系中增大系统的压力，平衡就会向着减少气体分子数，即向着减小系统压力的方向移动；升高温度，平衡向着吸热方向，即向系统温度升高少的方向移动。这些结论于 1884 年由法国科学家吕·查德里（Le Chŝtelier）归纳为一个普遍规律：如以某种形式改变一个平衡系统的条件（如浓度、压力、温度），平衡就会向着减弱这种改变的方向移动。这个规律叫吕·查德里原理。

上述原理适用于所有的动态平衡体系。但必须指出，它只适用于已达平衡的体系，对于未达到平衡的体系不适用。

2.4　有关化学平衡及其移动的计算

2.4.1　平衡常数的求得

测出某温度化学平衡时各物质的浓度或分压，利用平衡常数的表达式即可求出平衡常数。

【例 2-5】　在一密闭容器中有如下反应 $2\text{SO}_2(\text{g})+\text{O}_2(\text{g})\Longleftarrow\Longrightarrow 2\text{SO}_3(\text{g})$，$\text{SO}_2$ 的起始浓度为 $0.4\text{mol}\cdot\text{L}^{-1}$，$\text{O}_2$ 的起始浓度为 $1.0\text{mol}\cdot\text{L}^{-1}$，当 80% 的 SO_2 转化为 SO_3 时，反应达平衡，求平衡时三种气体的浓度和平衡常数。

解：	$2\text{SO}_2(\text{g})$	＋	$\text{O}_2(\text{g})$	$\Longleftarrow\Longrightarrow$	$2\text{SO}_3(\text{g})$
起始浓度/mol·L^{-1}	0.4		1.0		0
转化浓度/mol·L^{-1}	$0.4\times80\%$		$1/2\times0.4\times80\%$		$0.4\times80\%$
平衡浓度/mol·L^{-1}	$0.4\times(1-80\%)$		$1.0-1/2\times0.4\times80\%$		$0.4\times80\%$
	$=0.08$		$=0.84$		$=0.32$

$$K_c = \frac{c^2(SO_3)}{c^2(SO_2)c(O_2)} = \frac{0.32^2}{0.08^2 \times 0.84} = 19.05 \ (mol^{-1} \cdot L)$$

题中反应投料时所给浓度是任意的，但变化浓度是按化学方程式的计量关系得到的。

本题由于没有给出 T 值，故不能用公式 $p = \frac{n}{V}RT$ 或 $p = cRT$ 求分压，亦无法求 K_p 和 $K^{\ominus}$。若用 $c^{\ominus} = 1.0 mol \cdot L^{-1}$ 作标准态，进而求 $K^{\ominus}$ 是错误的，因为气体物质的标准态是 $p^{\ominus} = 100 kPa$，若给出数据计算结果也是不同的。

2.4.2 平衡转化率

因为在一定温度下平衡时具有最大的转化率，所以平衡转化率即指定条件下的最大转化率。

平衡转化率是指反应达平衡时，已转化了的某反应物的量与转化前该反应物的量之比。用 α 表示：

$$\alpha = \frac{反应物已转化的量}{反应物未转化前的总量} \times 100\%$$

若反应前后体积不变，反应物的量之比可用浓度比代替：

$$\alpha = \frac{反应物的起始浓度 - 反应物的平衡浓度}{反应物的起始浓度} \times 100\%$$

转化率越大，表示在该条件下反应向右进行的程度越大。从实验测得的转化率，可用来计算平衡常数；反之，由平衡常数也可计算各物质的转化率。平衡常数和转化率虽然都可以表示反应进行的程度，但两者有差别，平衡常数与系统起始状态浓度无关，只与反应温度有关；而转化率除与温度有关外还与系统的起始状态浓度有关，并需指明是哪种物质的转化率，不同的反应物，转化率的数据往往不同。

【例 2-6】 在一个 10L 的密闭容器中，一氧化碳与水蒸气混合加热时，存在以下平衡：

$$CO(g) + H_2O(g) \Longrightarrow CO_2(g) + H_2(g)$$

在 800℃时，若 $K_c = 1$，用 2mol CO 及 2mol H_2O (g) 互相混合，加热到 800℃，求平衡时各种气体的浓度以及 CO 转化为 CO_2 的百分率。

解：

	$CO(g)$	+	$H_2O(g) \Longrightarrow$	$CO_2(g)$	+	$H_2(g)$
初浓/mol·L^{-1}	2/10		2/10	0		0
变化/mol·L^{-1}	x		x	x		x
平衡/mol·L^{-1}	$0.2-x$		$0.2-x$	x		x

$$\frac{x^2}{(0.2-x)^2} = 1 \qquad 解得：x = 0.1$$

$$c(CO_2) = 0.1 mol \cdot L^{-1} = c(H_2) = c(CO) = c(H_2O)$$

$$转化率 \ \alpha = 0.1/0.2 \times 100\% = 50\%$$

解这类题，先设一种物质的转化浓度为 x，虽然投料量随意，但反应严格按方程式前的系数摩尔比进行，故其余物质的转化浓度也是 x 的简单倍数，然后写出各物质平衡浓度代入平衡关系表达式，由于平衡常数已知，解方程式求出 x。

【例 2-7】 同温度下［例 2-6］反应的投料改为 10mol H_2O (g) 和 1mol CO，此时各物质的转化率又是多少？从计算结果说明浓度对平衡的影响。

解：
$$CO(g) \quad + \quad H_2O(g) \Longrightarrow CO_2(g) + H_2(g)$$

初浓/mol·L^{-1}	1/10	10/10	0	0
变化/mol·L^{-1}	y	y	y	y
平衡/mol·L^{-1}	$0.1-y$	$1-y$	y	y

$$\frac{y^2}{(0.1-y)(1-y)}=1$$

解得：$y=0.091\text{mol·L}^{-1}$

CO 转化率 $\alpha=0.091/0.1\times100\%=91\%$

H_2O 转化率 $\alpha=0.091/1\times100\%=9.1\%$

增加某一反应物（H_2O）浓度，可使另一反应物（CO）的转化率提高。

2.5　反应速率与化学平衡的综合应用 *

化工生产中，如何采取有利的工艺条件、充分利用原料、提高产量、缩短生产周期、降低成本，是化学工作者面临的重要任务。下面简述在选用反应条件时，如何应用吕·查德里原理，并结合实际加以综合考虑。

① 让一种价廉易得的原料适当过量，以提高另一种原料的转化率。例如，在水煤气转化反应中，为了尽可能利用 CO，使水蒸气过量；在 SO_2 氧化生成 SO_3 的反应中，让 O_2 过量，使 SO_2 充分转化。实际生产中，加入 O_2 的量是化学方程式系数比的 3.2 倍。但须指出，一种原料的过量应适可而止，如过量太多会使另一种原料的浓度变得太小，影响反应速率和产量。此外，对于气相反应，要注意原料气的性质，防止它们的配比进入爆炸范围，引起安全事故。

② 不断将产物移走，提高原料的转化率。如在合成氨中，通过循环压缩，使生成的产物氨气液化后离开体系，氢气和氮气回到反应体系，平衡不断向右移动，使反应物完全转化为产物。

③ 对于气体反应，加大压力会使反应速率加快，对分子数减少的反应还能提高转化率。但增加压力，会提高对设备材质的要求。故需结合实际，综合考虑。例如合成氨反应，若在 10^6 kPa 的高压下，可以不用催化剂就能得到很高的转化率。然而这种高压设备价格昂贵，我国目前大多数工厂仍采用中压（2×10^5 kPa）法合成。

某些反应，如重油裂解，$C_{12}H_{26}(g) \Longrightarrow C_6H_{12}(g)+C_6H_{14}(g)$，由于反应是气体分子数增加的反应，在减压设备中转化率更高，但减压设备比常压设备成本高得多，操作费用也大。可采用在原料气中混入惰性气体（如水蒸气），在常压设备中进行，在总压等于常压的情况下，参与反应的气体总压力小于常压，相当于在减压设备中进行反应，提高了原料的转化率。

④ 升高温度能增大反应速率，对于吸热反应，还能提高转化率。但须指出，有时温度过高会使反应物或产物分解，且会加大能源的消耗。

对于有机反应，有时升高温度会使副反应速率增加得更快，不仅浪费了原料，还增加了纯化产物的难度。故需要降温来尽量减小副反应速率。实际操作时可加入溶剂稀释反应物浓度，一反应物在与另一反应物作用时可采用喷雾加入，这样可使反应产生的热量被迅速带走，不至于产生局部高温而使副产物增多。

⑤ 选用催化剂时，需注意催化剂的活化温度，对容易中毒的催化剂需要注意原

料的纯化，还要考虑催化剂的价格。

下面以二氧化硫催化氧化为三氧化硫为例，全面考虑如何选择最佳工艺条件。SO_2 转化成 SO_3 的反应式为：

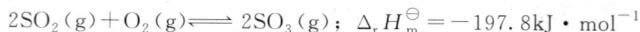

$$2SO_2(g) + O_2(g) \Longrightarrow 2SO_3(g); \quad \Delta_r H_m^{\ominus} = -197.8 kJ \cdot mol^{-1}$$

这是一个气体分子数减少的放热反应。

首先就原料气的组成而言，SO_2 的价格较贵，故以 O_2（来自空气）适当过量来提高 SO_2 的转化率，见表 2-2。由于是放热反应，温度升高，会使 SO_2 转化率下降。但是温度偏低，又会使反应速率显著减慢（见表 2-3），故应选取一个适当的温度。对于压力，似乎越大越好。但从表 2-4 看出，在常压下 SO_2 的转化率已很高，毋需加压。实际生产正是如此。

表 2-2　原料气的组成和 SO_2 的转化率（500℃）

原料气组成/%			SO_2 的转化率
SO_2	O_2	N_2	α /%
5.0	13.9	81.1	95.0
6.0	12.4	81.6	94.3
7.0	11.0	82.0	93.5
8.0	9.6	82.4	92.9
9.0	8.2	82.8	91.6

表 2-3　相应反应速率与反应温度之间的关系

$t/℃$	425	450	475	500	525	550	575
$v(t)/v(425℃)$	1.0	3.2	5.1	7.7	11.6	16.1	23.8

注：原料气体组成：SO_2 7%，O_2 11%，N_2 82%，以 425℃时反应速率为基准的相对反应速率。

表 2-4　不同温度下压力对 SO_2 转化率 α（%）的影响

p/kPa	101.32	506.5	1013	2532	10130
400℃	99.2	99.6	99.7	99.9	99.9
500℃	97.5	98.9	99.2	99.5	99.7
600℃	93.5	96.9	97.8	98.6	99.3
700℃	85.6	92.9	94.9	96.7	98.3

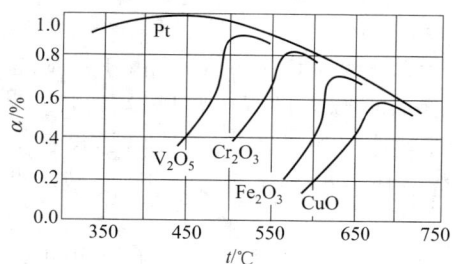

图 2-11　氧化反应的催化剂选择

此外，为了提高 SO_2 的转化速率，须采用催化剂。图 2-11 是对几种催化剂的试验结果。可见，使用 Pt 催化剂的转化率最高，所需温度最低。但是 Pt 的价格昂贵，又容易中毒。其余四种金属氧化物中，V_2O_5 的效果最好，故目前普遍采用。

目前将 SO_2 转化成 SO_3 的具体条件为：

① 原料配比为 SO_2 7%，O_2 11%（其余为 N_2，约占 82%），可见 O_2 比理论上过量很多。

② 多次转化和多次吸收。SO_2 通过转化炉后（转化率可达 90%）进入吸收塔，其余气体再次返回转化炉。由于 SO_3 不断从系统中取走，有利于 SO_2 继续转化，总转化率可达 99.7%。

③ 以 V_2O_5 为催化剂,温度需控制在 500℃ 左右。由于该反应是放热反应,生产中常采用多段催化氧化,通过热交换器将放出的热量不断取走,以使系统的温度在控制的范围内。

思 考 题

1. 什么是化学反应平均速率、瞬时速率? 两种反应速率之间有何区别与联系?

2. 下列说法是否正确?

(1) 质量作用定律适用于任何化学反应。

(2) 反应速率常数取决于反应温度,与反应物的浓度无关。

(3) 反应活化能越大,反应速率也越大。

(4) 要加热才能进行的反应一定是吸热反应。

3. 以下说法是否正确? 说明理由。

(1) 某反应的速率常数的单位是 $mol^{-1} \cdot L \cdot s^{-1}$,该反应是一级反应。

(2) 化学动力学研究反应的快慢和限度。

(3) 活化能大的反应受温度的影响大。

(4) 反应历程中的速控步骤决定了反应速率,因此在速控步骤前发生的反应和在速控步骤后发生的反应对反应速率都毫无影响。

(5) 反应速率常数是温度的函数,也是浓度的函数。

4. 试说明催化剂能够使反应速率加快的原因。

5. 药物有效期与原药物浓度、储藏温度的关系如何?

6. 根据吕·查德里原理,讨论下列反应:

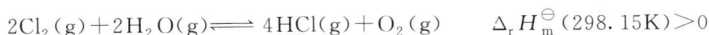
$$2Cl_2(g) + 2H_2O(g) \Longrightarrow 4HCl(g) + O_2(g) \qquad \Delta_r H_m^{\ominus}(298.15K) > 0$$

将 $Cl_2(g)$、$H_2O(g)$、$HCl(g)$、$O_2(g)$ 四种气体混合于一个容器中,反应达到平衡时,下列左面的操作条件改变对右面各物理量的平衡数值有何影响 (操作条件中没有注明的,是指温度不变和体积不变)?

(1) 增大容器体积 $n(H_2O, g)$

(2) 加 $O_2(g)$ $n(H_2O, g)$

(3) 加 $O_2(g)$ $n(O_2, g)$

(4) 加 $O_2(g)$ $n(HCl, g)$

(5) 减小容器体积 $n(Cl_2, g)$

(6) 减小容器体积 $p(Cl_2)$

(7) 减小容器体积 $K^{\ominus}$

(8) 升高温度 $K^{\ominus}$

(9) 升高温度 $p(HCl)$

(10) 加氮气 $n(HCl, g)$

(11) 加催化剂 $n(HCl, g)$

7. 已知下列反应的平衡常数:

$$H_2(g) + S(s) \Longrightarrow H_2S(g) \qquad K_1^{\ominus}$$

$$S(s) + O_2(g) \Longrightarrow SO_2(g) \qquad K_2^{\ominus}$$

则反应:$H_2(g) + SO_2(g) \Longrightarrow O_2(g) + H_2S(g)$ 的平衡常数是下列中的哪一个?

(1) $K_1^{\ominus} - K_2^{\ominus}$ (2) $K_1^{\ominus} K_2^{\ominus}$ (3) $K_1^{\ominus} / K_2^{\ominus}$ (4) $K_2^{\ominus} / K_1^{\ominus}$

8. 可逆反应:$A(g) + B(s) \Longrightarrow 2C(g)$ 的 $\Delta_r H_m^{\ominus}$ (298.15K) < 0,达到平衡时,如果改变下述条件,试将其他各项发生的变化填入表中。

操作条件	v（正）	v（逆）	k（正）	k（逆）	平衡常数	平衡移动方向
增加 A(g)分压						
增加 B(s)						
压缩体积						
降低温度						
使用正催化剂						

习　题

1. 反应：$2NO(g)+2H_2(g)\longrightarrow N_2(g)+2H_2O(g)$ 的速率方程式为 $v=k[p(NO)]^2p(H_2)$，试讨论下列条件变化时对初始速率的影响（有数据的计算初速变化的倍数）。

(1) NO 的分压增加 1 倍；　　　　(2) 有催化剂存在；

(3) 温度降低；　　　　　　　　(4) 反应容器的体积增大 1 倍。

2. 反应 $N_2O_5\longrightarrow 2NO_2+1/2O_2$，温度与速率常数的关系列于表，求反应的活化能。

T/K	338	328	318	308	298	273
k/s^{-1}	4.87×10^{-3}	1.50×10^{-3}	4.98×10^{-4}	1.35×10^{-4}	3.46×10^{-5}	7.87×10^{-7}

3. 已知水解反应

$HOOCCH_2CBr_2COOH+H_2O\Longleftrightarrow HOOCCH_2COCOOH+2HBr$ 为一级反应，实验测得数据如下：

t/min	0	10	20	30
反应物质量 m/g	3.40	2.50	1.82	1.34

试计算水解反应的平均速率常数。

4. 某药物降解失效是一级反应，分解 10% 即无效，现分别测得它在 90℃ 和 65℃ 每小时分解 0.05% 和 0.10%，求该药物在冰箱（0℃）里存放时，有效期为多久？

5. 写出下列反应的标准平衡常数的表达式：

(1) $CH_4(g)+H_2O(g)\Longleftrightarrow CO(g)+3H_2(g)$

(2) $C(s)+H_2O(g)\Longleftrightarrow CO(g)+H_2(g)$

(3) $2MnO_4^-(aq)+5H_2O_2(aq)+6H^+(aq)\Longleftrightarrow 2Mn^{2+}(aq)+5O_2(g)+8H_2O(l)$

(4) $2NO_2(g)+7H_2(g)\Longleftrightarrow 2NH_3(g)+4H_2O(l)$

6. 已知下列反应的平衡常数：

(1) $HCN\Longleftrightarrow H^+ + CN^-$　　　　　　$K_1^{\ominus}=4.9\times10^{-10}$

(2) $NH_3+H_2O\Longleftrightarrow NH_4^+ + OH^-$　　　$K_2^{\ominus}=1.8\times10^{-5}$

(3) $H_2O\Longleftrightarrow H^+ + OH^-$　　　　　　$K_w^{\ominus}=1.0\times10^{-14}$

试计算下面反应的平衡常数：

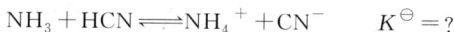

$NH_3+HCN\Longleftrightarrow NH_4^+ + CN^-$　　　$K^{\ominus}=?$

7. 乙酸和乙醇生成乙酸乙酯的反应在室温下按下式达到平衡：

$$CH_3COOH+C_2H_5OH\Longleftrightarrow CH_3COOC_2H_5+H_2O$$

若起始时乙酸和乙醇的浓度相等，平衡时乙酸乙酯的浓度是 $0.4mol\cdot L^{-1}$，求平衡时乙醇的浓度（已知室温下该反应的平衡常数 $K^{\ominus}=4$）。

8. 反应 $Sn+Pb^{2+}\Longleftrightarrow Sn^{2+}+Pb$，在 25℃ 时的平衡常数为 2.18，若：

(1) 反应开始时溶液中只有 Pb^{2+}（固体 Sn 足量），其浓度 $c(Pb^{2+})=0.100mol\cdot L^{-1}$，则达到平衡时溶液中剩下的 Pb^{2+} 浓度为多少？

(2) 反应开始时 $c(Pb^{2+})=c(Sn^{2+})=0.100mol\cdot L^{-1}$，达平衡时 Pb^{2+} 浓度为多少？

9. 已知反应 $CO(g)+H_2O(g)\Longleftrightarrow CO_2(g)+H_2(g)$ 在密闭容器中建立平衡，在 749K 时该反

应的平衡常数 $K^{\ominus} = 2.6$。

（1）求 $n(H_2O)/n(CO)$ 为 1 时，CO 的平衡转化率；

（2）求 $n(H_2O)/n(CO)$ 为 3 时，CO 的平衡转化率；

（3）从计算结果说明反应物浓度对平衡移动的影响。

10. 在一定温度和压强下，某一定量的 PCl_5 气体的体积为 1L，平衡时 PCl_5 气体已有 50% 解离为 PCl_3 和 Cl_2 气体。试判断下列条件下，PCl_5 的解离度是增大还是减小。

（1）减压使 PCl_5 的体积变为 2L；

（2）保持压强不变，加入氮气使体积增至 2L；

（3）保持体积不变，加入氮气使压强增加 1 倍；

（4）保持压强不变，加入氯气体积变为 2L；

（5）保持体积不变，加入氯气使压强增加 1 倍。

第 3 章　酸碱平衡和沉淀溶解平衡

化学反应要快速进行，反应物间必须有充分接触碰撞的机会。对于溶于水的化合物特别是无机物，在水溶液中不同分子或离子间会充分接触反应，这是由于水是很好的溶剂，又提供了反应物分子或离子运动的空间。水不但作为溶剂，有时也参与反应。反应的无机物电解质主要是酸、碱和盐类，它们在水溶液中均不同程度地发生了解离，其反应实际上是离子反应。水溶液中的酸碱平衡以及随后将讲到的沉淀溶解平衡、配位平衡，这些反应的共同特点是：①反应的活化能较低，反应速率快；②水溶液温度变化不大，反应的热效应又较小，温度对平衡常数的影响可以不予考虑。

根据在水溶液中解离程度的不同，在水溶液中完全解离成离子状态的电解质是强电解质，仅部分解离，大部分以中性分子状态存在的是弱电解质。人体体液中含有多种电解质离子如 K^+、Na^+、Ca^{2+}、Mg^{2+}、CO_3^{2-}、HCO_3^-、HPO_4^{2-}、$H_2PO_4^-$、H_2b（血红蛋白）、Hb^-、H_2bO_2（氧合血红蛋白）等，这些离子在维持体内的渗透平衡、酸碱平衡以及在神经、肌肉等组织中的生理、生化过程中起着重要的作用。

3.1　强电解质溶液

3.1.1　复分解反应的实质

中学化学中讲到离子互相交换的复分解反应能进行的条件是产物中要有沉淀、气体或水等弱电解质。如酸碱中和生成水，氯化钠与硝酸银生成氯化银沉淀，硫酸钠和硝酸钾不能进行复分解反应等。离子方程式为：

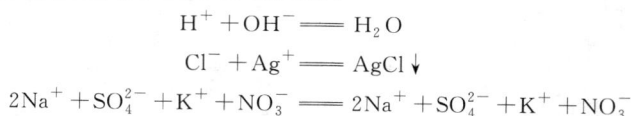

$$H^+ + OH^- \longrightarrow H_2O$$
$$Cl^- + Ag^+ \longrightarrow AgCl\downarrow$$
$$2Na^+ + SO_4^{2-} + K^+ + NO_3^- \longrightarrow 2Na^+ + SO_4^{2-} + K^+ + NO_3^-$$

由此可见，复分解反应的实质是指溶液中离子经碰撞结合成弱电解质（有些弱电解质会转为气体，如 CO_2、H_2S 等）、沉淀等确定物质，减小溶液中离子浓度。而硫酸钠和硝酸钾系统中离子不管怎么碰撞，还是这些离子，无确定分子生成，故复分解反应不能进行。

3.1.2　强电解质溶液理论

强电解质和弱电解质在溶液中的解离行为有本质区别。强电解质在水中是完全解离的，强酸、强碱及绝大多数盐都是强电解质，例如，NaCl、HCl、NaOH 等都是强电解质。若将 10000 个 NaCl 分子溶解于水中，它们应该全部解离成为 10000 个 Na^+ 和 10000 个 Cl^-，即解离度（又称电离度）$\alpha = 100\%$。然而用电导法实验测定强电解质的解离度的结果表明，强电解质的解离度小于 100%。表 3-1 列出了几种强电解质的表观解离度。

表 3-1　几种强电解质的表观解离度（298K，$0.1\text{mol} \cdot \text{L}^{-1}$）

电解质	NaCl	HCl	H_2SO_4	HNO_3	NaOH
$\alpha/\%$	87	92	67	92	91

　　为了解释强电解质在水溶液中完全解离，而实验数据又表现出似乎不完全解离的现象，1923 年德拜（P. Debye）和休克尔（E. Huckel）提出了离子相互作用理论（ion-ion interaction theory）。他们通过分析强电解质溶液中阴、阳离子的行为，解释了产生这种现象的原因。

　　离子相互作用理论认为：强电解质在溶液中是完全解离的，但阴、阳离子在溶液中并不是完全独立、自由地运动的。

　　由于强电解质完全解离，因而溶液中阴、阳离子的浓度相对较大。带不同电荷的离子之间的相互吸引和带相同电荷的离子之间的相互排斥，使离子在溶液中的分布不均匀。每一个离子都被带相反电荷且不均匀分布的离子包围，形成球形对称的"离子氛"。每一个阳离子周围都形成了带负电荷的离子氛，每一个阴离子周围也都形成了带正电荷的离子氛，如图 3-1 所示。离子氛是不断运动的，它不断拆散又不断形成。离子氛的形成约束了每一个离子的自由运动，这就是离子间的相互牵制作用。

　　在强电解质溶液中，由于离子氛的存在，每个离子不能独立地自由运动，溶液中自由运动的离子的数目减少了。也就是每个离子不能百分之百地发挥它的导电作用，从而导致溶液的导电性降低。因此，根据导电性测定的强电解质的解离度都小于 100%。这种解离度反映了强电解质溶液中离子间相互牵制作用的程度，通常称为表观解离度。

　　常用单位体积中所含有的能自由运动的离子的浓度表示有效浓度，称为活度，用 a 表示，它与浓度的关系如下：

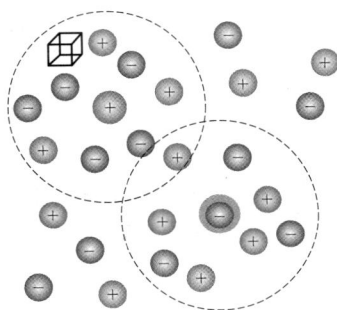

图 3-1　离子氛示意图

$$a = fc$$

f 为活度系数，一般情况下，$f < 1$。电解质溶液愈稀，离子间相互牵制的程度愈小，则 f 值愈大。当溶液极稀时，f 值接近于 1，活度就基本上等于实际浓度。

3.2　水的解离和溶液的 pH

　　在用导电性实验区分电解质和非电解质实验时，若把灯泡换成灵敏电流计，则会发现任何水溶液都有电流，包括纯水本身也会有微弱的电流，这是因为水也有微弱的解离。

3.2.1　水的解离平衡

　　水是一种极弱的电解质，绝大部分以水分子形式存在，仅能解离出极少量的 H^+ 和 OH^-，见图 3-2。水的解离平衡可表示为：

$$H_2O \Longleftrightarrow H^+ + OH^-$$

其平衡常数：

$$K^{\ominus} = \frac{[c(H^+)/c^{\ominus}][c(OH^-)/c^{\ominus}]}{[c(H_2O)/c^{\ominus}]}$$

　　由于绝大部分水仍以水分子形式存在，因此可将 $c(H_2O)$ 看作一个常数合并入 $K^{\ominus}$ 项，得到：

$$c(H^+)c(OH^-) = K^\ominus \times c(H_2O) = K_W^\ominus \qquad (3\text{-}1)$$

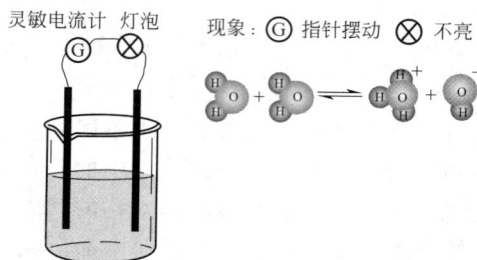

图 3-2　精确的纯水导电实验

上式表明，在一定温度下，水中 $c(H^+)$ 和 $c(OH^-)$ 的乘积为一个常数，叫做水的离子积，用 $K_W^\ominus$ 表示。$K_W^\ominus$ 可从实验测得，也可由热力学计算求得。22℃时，有实验测得纯水中 H^+ 和 OH^- 浓度均为 $1.0 \times 10^{-7} \text{mol} \cdot L^{-1}$，因此 $K_W^\ominus = 10^{-14}$。

水的离子积不仅适用于纯水，对于电解质水溶液同样适用。若在水中加入少量盐酸，H^+ 浓度增加，水的解离平衡向左移动，OH^- 浓度则随之减少。达到新平衡时，溶液中 $c(H^+) > c(OH^-)$，但 $c(H^+)c(OH^-) = K_W^\ominus$ 这一关系依然存在。并且 $c(H^+)$ 越大，$c(OH^-)$ 越小，但 $c(OH^-)$ 不会等于零。反之，若在水中加入少量氢氧化钠溶液，OH^- 浓度增加，平衡亦向左移动，此时 $c(H^+) < c(OH^-)$，仍满足 $c(H^+)c(OH^-) = K_W^\ominus$。同样，$c(OH^-)$ 越大，$c(H^+)$ 越小，但 $c(H^+)$ 不会等于零。即水溶液中，$c(H^+)$ 和 $c(OH^-)$ 永远存在，且浓度是一个此消彼长的关系。

3.2.2　溶液的酸碱性和 pH

3.2.2.1　溶液的酸碱性和 pH 的对应关系

由上所述，可以把水溶液的酸碱性和 H^+、OH^- 浓度及 pH 的关系归纳如下：

$c(H^+) = c(OH^-) = 10^{-7} \text{mol} \cdot L^{-1}$，pH $= 7.00$　　　　　　　溶液为中性

$c(H^+) > c(OH^-)$　　　$c(H^+) > 10^{-7} \text{mol} \cdot L^{-1}$，pH < 7　　溶液为酸性

$c(H^+) < c(OH^-)$　　　$c(H^+) < 10^{-7} \text{mol} \cdot L^{-1}$，pH > 7　　溶液为碱性

可见，pH 越小，溶液的酸性越强；反之，pH 越大，溶液的碱性越强。同样，也可以用 pOH 表示溶液的酸碱性。定义为：

$$pOH = -\lg c(OH^-) \qquad (3\text{-}2)$$

常温下，在水溶液中：

$$c(H^+)c(OH^-) = K_W^\ominus$$

在等式两边分别取负对数：

$$-\lg c(H^+) + [-\lg c(OH^-)] = -\lg K_W^\ominus$$

$$pH + pOH = 14 \qquad (3\text{-}3)$$

3.2.2.2　强酸或强碱混合或稀释时的计算

（1）稀释

强酸或强碱的稀释会使溶液中 $c(H^+)$ 或 $c(OH^-)$ 相应减小，但计算 pH 或 pOH 的变化时，因浓度变化要换算成对数，稍复杂些。

【例 3-1】 某强酸溶液中 $c(H^+) = 0.01 \text{mol} \cdot L^{-1}$，pH $= 2.0$。该溶液加水稀释 1000 倍，求稀释后溶液的 pH。

解：溶液稀释 1000 倍后，$c(H^+) = 0.01/1000 = 1.0 \times 10^{-5} \text{mol} \cdot L^{-1}$

$$pH = -\lg(1.0 \times 10^{-5}) = 5.0$$

由上题可知，强酸溶液，一般每稀释 10^n 倍，pH 增加 n，如上题溶液稀释 10^3

倍，pH 增加 3。但在 pH 接近 7 时，不能这样计算，因 pH 在远离 7 时，水本身解离出的 H^+ 比溶液中强酸解离出的 H^+ 少得多，如上例中 pH＝5.0，溶液中水解离的 $c(OH^-)$ 为 $10^{-14}/10^{-5}=10^{-9}$ mol·L^{-1}，由水解离出的 $c(H^+)$ 也是 10^{-9} mol·L^{-1}，是外加 $c(H^+)$ 的万分之一，完全可以忽略。但在 pH 接近 7 时，水本身解离出的 H^+ 与溶液中强酸解离出的 H^+ 相差不大，此时就不能忽略水本身的解离了。故 pH 为 6 的强酸溶液稀释 10 倍或 100 倍，pH 不会超过 7。强碱稀释的计算也类似。

（2）混合

两种不同 pH 的强酸溶液混合不是 pH 的简单平均，而是要通过溶液混合体积扩大后再算出混合后溶液的 $c(H^+)$。若是不同 pH 的强酸和强碱溶液混合，会发生酸碱中和反应，H^+ 和 OH^- 等摩尔反应，就得计算反应结束后所剩 H^+ 或 OH^- 的浓度，再求出 pH。

【例 3-2】 将 pH＝2.0 和 pH＝4.0 的两种强酸溶液等体积混合，求混合溶液的 pH。

解：pH＝2.0　　　$c(H^+)=1.0\times10^{-2}$ mol·L^{-1}

　　　　pH＝4.0　　　$c(H^+)=1.0\times10^{-4}$ mol·L^{-1}

混合后　$c(H^+)=\dfrac{1.0\times10^{-2}+1.0\times10^{-4}}{2}=5.05\times10^{-3}$ mol·L^{-1}

　　　　$pH=-\lg c(H^+)=-\lg(5.05\times10^{-3})=2.30$

【例 3-3】 将 pH＝2.0 的强酸溶液和 pH＝11.0 的强碱溶液等体积混合，求混合溶液的 pH 值。

解：pH＝2.0　　　　　$c(H^+)=1.0\times10^{-2}$ mol·L^{-1}

　　　　pH＝11.0　　　　$c(H^+)=1.0\times10^{-11}$ mol·L^{-1}

　　　　$c(OH^-)=K_W^{\ominus}/c(H^+)=10^{-14}/10^{-11}=1.0\times10^{-3}$ mol·L^{-1}

混合后 $H^++OH^-\Longrightarrow H_2O$　　　H^+ 和 OH^- 等摩尔反应后，H^+ 过量

　$c(H^+)=\dfrac{c(H^+)-c(OH^-)}{2}=\dfrac{1.0\times10^{-2}-1.0\times10^{-3}}{2}=4.5\times10^{-3}$ mol·L^{-1}

　　　　$pH=-\lg c(H^+)=-\lg(4.5\times10^{-3})=2.34$

pH 的数值一般保留小数点后两位。

3.2.3　酸碱指示剂

测定溶液酸碱性的方法有多种，根据用途和要求精确度的不同，常用的有酸碱指示剂、pH 试纸及 pH 计（酸度计）。

酸碱指示剂是一种借助自身颜色变化来指示溶液 pH 改变的化学物质。酸碱指示剂一般是染料类的有机弱酸、有机弱碱或两性物质。例如石蕊就是一种有机弱酸，它的分子和解离产生的离子颜色不同，以 HIn 代表石蕊的分子，它是红色的，阴离子 In^- 则是蓝色的。其解离方程式为：

$$HIn \Longrightarrow H^+ + In^-$$

若溶液中 H^+ 浓度较大，即酸性时，上述平衡向左移动，呈现出有较高浓度的 HIn 的红色；若溶液中 OH^- 浓度增大，平衡向右移动，呈现有较高浓度的 In^- 的蓝色。

随着 H^+ 浓度的变化，$c(In^-)$ 和 $c(HIn)$ 比值也在改变，即指示剂的颜色也将

改变，但其颜色是逐渐变化的。一般来说，当 $c(\text{In}^-)$ 和 $c(\text{HIn})$ 比值为 10∶1 或 1∶10 时，我们的眼睛才能鉴别出 $c(\text{In}^-)$ 和 $c(\text{HIn})$ 单独的颜色，即溶液的 pH 只有在一定范围内，我们才能看得出指示剂的变色。这个 pH 范围称指示剂的变色范围。不同指示剂由于结构不同，变色范围一般不相同。常用酸碱指示剂的变色范围见表 3-2 和图 3-3。

表 3-2　常用酸碱指示剂的变色范围

指示剂	变色范围	颜色		
		酸色	中间色	碱色
甲基橙	3.1～4.4	红	橙	黄
甲基红	4.4～6.2	红	橙	黄
石蕊	5.0～8.0	红	紫	蓝
酚酞	8.2～10.0	无	粉红	玫瑰红

指示剂的变色范围

pH	1 2 3	4 5	6 7	8 9	10 11 12 13 14
甲基橙	红色	橙色	黄色		
石蕊	红色		紫色	蓝色	
酚酞	无色			粉色	玫瑰红

图 3-3　常用酸碱指示剂变色范围

利用酸碱指示剂的颜色变化，可以判断溶液的 pH 大约是多少。例如某溶液使甲基橙显示黄色，虽然是碱色，但只说明该溶液 pH＞4.4，不能肯定是酸性还是碱性，因为 pH 的变色点不是 7.0。因此用单一指示剂只能指示溶液酸碱性大于或小于某一 pH，并不知道正确的 pH 范围。如果在上述溶液中加入一滴酚酞时溶液不变色，则可判断此溶液的 pH 范围在 4.4～8.0 范围内。故用复合指示剂可使所测 pH 范围较窄、较准确。

根据这一原理将多种指示剂混合后浸渍滤纸制得 pH 试纸，它对不同 pH 的溶液能显示不同的颜色（称色阶），据此可迅速判断溶液的 pH 范围。常见的 pH 试纸有广泛 pH 试纸和精密 pH 试纸。前者的 pH 测试范围为 1～14，可以识别的 pH 差值为 1，见图 3-4；后者的 pH 测试范围较窄，可以判断 0.2 或 0.3 的 pH 差值。

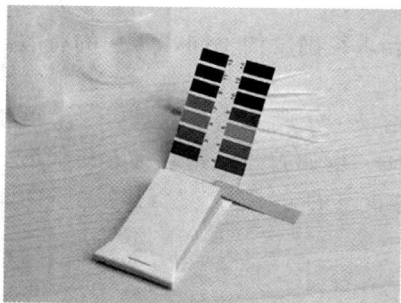

图 3-4　广泛 pH 试纸

图 3-5　pH 计

pH 计是通过电化学系统把溶液中 $c(\text{H}^+)$ 转换成电位值，通过指针或数字直接显示出来的电子仪器。由于快速、准确，已广泛应用于科研和生产中，如图 3-5 所示。

3.3　弱酸、弱碱的解离平衡

在弱电解质溶液中，由于不完全解离，弱电解质解离生成的离子与弱电解质分子同时存在，见图 3-6，弱酸、弱碱和少数盐（如 Hg_2Cl_2）等都是弱电解质。

3.3.1　一元弱酸、弱碱的解离平衡

3.3.1.1　一元弱酸、弱碱解离平衡的建立

弱酸弱碱等弱电解质溶于水时，它们的解离过程是可逆的，并几乎立即达到平衡。如醋酸（HAc）溶液和氨水中分别存在着下列平衡：

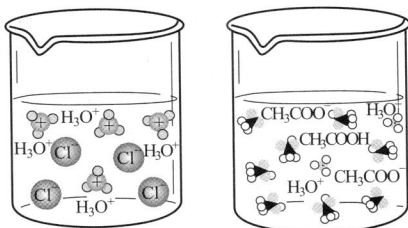

图 3-6　强、弱电解质解离示意图

$$HAc \rightleftharpoons H^+ + Ac^-$$

$$NH_3 \cdot H_2O \rightleftharpoons NH_4^+ + OH^-$$

这是未解离的分子和离子之间建立起来的平衡。与其他化学平衡一样，平衡时，各物质浓度间存在一种关系，用平衡常数表达分别为：

$$K_a^{\ominus} = \frac{c(H^+)c(Ac^-)}{c(HAc)} \text{\textbullet} \qquad K_b^{\ominus} = \frac{c(NH_4^+)c(OH^-)}{c(NH_3 \cdot H_2O)}$$

式中，$K_a^{\ominus}$ 称为弱酸 HAc 的解离平衡常数，简称解离常数或酸常数；$K_b^{\ominus}$ 是弱碱 $NH_3 \cdot H_2O$ 的解离平衡常数，简称碱常数。

3.3.1.2　解离常数和弱酸、弱碱的相对强弱

解离常数（$K_i^{\ominus}$）是平衡常数的一种，在一定温度下不随浓度变化，它能表示酸、碱解离的程度或趋势。$K_i^{\ominus}$ 值越大，表示解离程度越大，酸或碱的强度就越大。即 $K_i^{\ominus}$ 值的大小能表示酸、碱的相对强弱的程度。例如：

$$K^{\ominus}(HAc) = 1.76 \times 10^{-5}$$
$$K^{\ominus}(HCN) = 4.93 \times 10^{-10}$$

两者的解离常数都不大，说明 HAc 或 HCN 在水溶液中大部分是以分子形式存在的，只有少量的离子，所以它们都是弱酸，但通过比较 $K_a^{\ominus}$ 值可知，HCN 是比 HAc 更弱的酸。

通常把 $K_a^{\ominus} = 10^{-2} \sim 10^{-3}$ 的酸叫做中强酸，$K_a^{\ominus}$ 为 10^{-5} 左右的酸叫做弱酸，把 $K_a^{\ominus} < 10^{-7}$ 的酸叫做极弱酸。弱酸、弱碱的强弱可直接用它们的解离常数来比较。现将常见弱电解质的解离常数列于附录 3 中。

和所有平衡常数一样，解离平衡常数是弱电解质本性的常数，与浓度无关。温度对解离常数虽有影响，但由于弱电解质解离的热效应较小，且在水溶液中温度变化幅度不大，一般不影响其数量级，所以在室温范围内，可以忽略温度对解离常数 $K_i^{\ominus}$ 的影响。

3.3.1.3　一元弱酸、弱碱溶液中有关离子浓度的计算

由 $K_a^{\ominus}$ 与 $K_b^{\ominus}$ 的平衡关系表达式可直接计算有关离子的浓度。关键在于熟悉平衡原理和弄清体系中有关离子浓度，并采取合理的近似处理。

例如求某浓度 HAc 溶液中的 $c(H^+)$。

---

❶ 严格写，应为 $K_a^{\ominus} = \frac{[c(H^+)/c^{\ominus}][c(Ac^-)/c^{\ominus}]}{[c(HAc)/c^{\ominus}]}$，每种物质浓度应再除以标准浓度 $c^{\ominus}$（$c^{\ominus} = 1\text{mol} \cdot \text{L}^{-1}$），为标准平衡常数，量纲为 1。为简化起见，后面关系式中除以 $c^{\ominus}$ 这一项，不再列入式中。

设：HAc 的初始浓度为 $c_0\,\mathrm{mol\cdot L^{-1}}$，解离平衡时已解离出的为 $x\,\mathrm{mol\cdot L^{-1}}$；

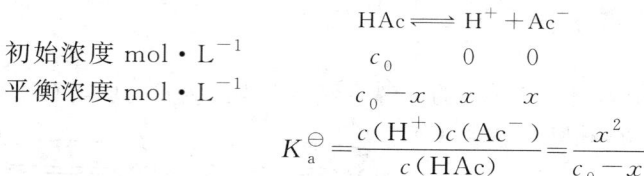

$$HAc \rightleftharpoons H^+ + Ac^-$$

初始浓度 $\mathrm{mol\cdot L^{-1}}$　　　　　　　c_0　　0　　0

平衡浓度 $\mathrm{mol\cdot L^{-1}}$　　　　　　c_0-x　x　x

$$K_a^{\ominus} = \frac{c(H^+)c(Ac^-)}{c(HAc)} = \frac{x^2}{c_0-x}$$

因为 $K^{\ominus}(HAc) = 1.76\times10^{-5}$ 很小，说明平衡时 $c(H^+)$ 很小，$c_0 \gg x$，所以 c_0-x 中的 x 可忽略不计，即 $c_0-x \approx c_0$，上式可改写为

$$K_a^{\ominus} = \frac{x^2}{c_0}$$

即：
$$c(H^+) = \sqrt{K_a^{\ominus} c_0} \tag{3-4}$$

上式是计算初始浓度为 c_0 的一元弱酸溶液中 $c(H^+)$ 的近似公式。若不能满足近似条件时，必须解一元二次方程，

$$K_a^{\ominus} = \frac{x^2}{c_0-x}$$

可得下式：

$$c(H^+) = -\frac{K_a^{\ominus}}{2} + \sqrt{\frac{K_a^{\ominus 2}}{4} + K_a^{\ominus} c_0} \tag{3-4a}$$

实践证明，当 $\dfrac{c(H^+)}{c_0}$（即解离度）$<5\%$，即原弱电解质浓度与解离平衡时弱电解质浓度相差不大，并且 $\dfrac{c_0}{K_a^{\ominus}} > 400$，即弱电解质浓度不是很稀，可忽略水的解离的情况下使用近似公式，否则将会引起较大的误差。对于更弱的酸或浓度极稀的酸，还要考虑水本身解离的 $c(H^+)$。在本教材中这些内容暂不涉及。

对于一元弱碱，同理可以得到计算 $c(OH^-)$ 的近似公式：

$$c(OH^-) = \sqrt{K_b^{\ominus} c_0} \tag{3-5}$$

【例 3-4】　计算 298K 时下列 HAc 溶液的 $c(H^+)$：

(1) $0.100\,\mathrm{mol\cdot L^{-1}}$；(2) $1.0\times10^{-5}\,\mathrm{mol\cdot L^{-1}}$。

解：(1) 查表得 $K^{\ominus}(HAc) = 1.76\times10^{-5}$，$\dfrac{c_0}{K_a^{\ominus}} > 400$，所以此题可采用近似公式。

$$c(H^+) = \sqrt{K_a^{\ominus} c_0} = \sqrt{1.76\times10^{-5}\times0.100} = 1.33\times10^{-3}\,\mathrm{mol\cdot L^{-1}}$$

(2) $\dfrac{c_0}{K_a^{\ominus}} = 0.57 < 400$，必须用精确公式。

$$c(H^+) = -\frac{K_a^{\ominus}}{2} + \sqrt{\frac{K_a^{\ominus 2}}{4} + K_a^{\ominus} c_0}$$

$$= -\frac{1.76\times10^{-5}}{2} + \sqrt{\frac{(1.76\times10^{-5})^2}{4} + 1.76\times10^{-5}\times10^{-5}}$$

$$= 7.2\times10^{-6}\,\mathrm{mol\cdot L^{-1}}$$

如果按照近似公式，就会得出荒谬的结果：

$$c(H^+) = \sqrt{K_a^{\ominus} c_0} = \sqrt{1.76\times10^{-5}\times1.0\times10^{-5}} = 1.33\times10^{-5}\,\mathrm{mol\cdot L^{-1}} > c_0(酸)$$

3.3.1.4　解离度

解离度 α 是解离平衡时弱电解质的解离百分率：

$$\alpha = \frac{平衡时已解离的分子数}{解离前的分子数} \times 100\% \tag{3-6}$$

实验测得 $0.100\text{mol} \cdot \text{L}^{-1}$ HAc 溶液的解离度 $\alpha = 1.33\%$，这表明在 1 万个 HAc 分子中有 133 个分子发生解离，变成了离子。所以解离度也能定量地表示电解质在溶液中电离生成离子的程度。

由于解离度是在解离平衡时电解质的解离百分率，电解质解离度的大小除与电解质和溶剂本性有关外，凡是可引起解离平衡移动的因素，如浓度、温度和其他电解质存在等，必定对解离度也有影响。下面分别讨论电解质和溶剂本性、浓度、温度对解离度的影响。

(1) 电解质和溶剂本性的影响

不同电解质在相同浓度时，它们的解离度不同（见表 3-3），这决定于电解质的本性。

表 3-3　几种 0.1mol · L⁻¹ 弱酸溶液的解离度 （298K）

弱酸	化学式	解离度(α)/%	弱酸	化学式	解离度(α)/%
二氯代醋酸	$Cl_2CHCOOH$	52	亚硝酸	HNO_2	6.5
磷酸	H_3PO_4	26	醋酸	CH_3COOH	1.33
亚硫酸	H_2SO_3	20	碳酸	H_2CO_3	0.17
氢氟酸	HF	15	氢硫酸	H_2S	0.07
水杨酸	HOC_6H_4COOH	10	氢氰酸	HCN	0.007

解离度也与溶剂的性质有关。我们知道电荷相吸或相斥的力与电荷周围介质的介电常数成反比。所谓介电常数，就是指两电荷在某介质中彼此的作用力比真空（或空气）中小多少倍，这个倍数就是该介质的介电常数。对溶液中的异号离子来说，它们之间的吸引力为：

$$f = \frac{q_1 q_2}{\varepsilon d^2}$$

式中，q_1、q_2 为异号离子的电荷，d 为离子间距离，ε 为溶剂的介电常数。ε 与溶剂分子的极性有关，例如 ε（水）$=81$，ε（乙醇）$=27$，ε（苯）$=2$，ε（液氯）$=17$，等等。可知在水中两异号离子间的相互吸引力，只有在空气中的 1/81 那么大。相同浓度的同一电解质在不同溶剂中的解离度不同。显而易见，ε 愈大，解离程度就愈大。

(2) 浓度的影响

电解质的解离度随溶液浓度的降低而增大（表 3-4）。

表 3-4　不同浓度的醋酸溶液的解离度和解离常数

溶液浓度/mol · L⁻¹	解离度(α)/%	解离常数	氢离子浓度 $c(\text{H}^+)$/mol · L⁻¹
0.2	0.934	1.76×10^{-5}	1.88×10^{-3}
0.1	1.34	1.79×10^{-5}	1.34×10^{-3}
0.02	2.96	1.80×10^{-5}	6.0×10^{-4}
0.002	12.4	1.76×10^{-5}	1.8×10^{-4}

为什么同一弱电解质，溶液愈稀，解离度会愈大呢？这是由于稀释对解离的速率几乎没有什么影响，但离子之间的平均距离大了，而使离子间碰撞机会减小，分子化速率显著减小，解离平衡向生成离子方向移动，解离度增加。或者说对解离反应，加入水后平衡向右移动，有利于解离。例如：

$$HAc + H_2O \rightleftharpoons H_3O^+ + Ac^-$$

往平衡体系中加水稀释，解离度明显增大。由于弱电解质浓度降低，溶液中离子浓度也是下降的。

3.3.1.5 解离常数与解离度的比较——稀释定律

解离度与解离常数既有联系又有区别。解离常数是化学平衡常数的一种具体形式，而解离度是转化率的一种具体形式。它们的相同点都是表示弱电解质解离程度的大小，都可以比较弱电解质的相对强弱程度，$K_i^{\ominus}$、α 愈大，解离程度就愈大，表示是愈强的电解质。它们的区别是解离常数不受浓度的影响，是弱电解质的本性的常数，但解离度随浓度的减少而增大。所以通常用解离常数的大小来比较弱电解质的解离程度和强弱。

解离度与解离常数的定量关系推导如下：

设 c_0 为一元弱酸（或弱碱）MA 的物质的量的浓度。

$$MA \rightleftharpoons M^+ + A^-$$

初始浓度 $\quad c_0 \quad 0 \quad 0$

平衡浓度 $\quad c_0(1-\alpha) \quad c_0\alpha \quad c_0\alpha$

$$K_i^{\ominus} = \frac{c(M^+)c(A^-)}{c(MA)} = \frac{c_0\alpha c_0\alpha}{c_0(1-\alpha)} = \frac{c_0\alpha^2}{1-\alpha}$$

当 $K_i^{\ominus}$ 很小且浓度 c_0 不是很小时，α 很小，$1-\alpha \approx 1$

则 $K_i^{\ominus} = c_0\alpha^2$ 即 $\quad \alpha = \sqrt{\dfrac{K_i^{\ominus}}{c_0}}$ (3-7)

由此联系解离常数、解离度和溶液浓度的关系式可见：当温度不变时，对某一电解质来说，它的解离度与浓度的平方根成反比，溶液稀释时，解离度增大，对于相同浓度的不同电解质，它们的解离度与解离常数的平方根成正比，$K_i^{\ominus}$ 愈大，α 也愈大。$1/c_0$ 又叫稀度，弱电解质的解离度与溶液的稀度的平方根成正比。我们把上述关系式叫做稀释定律。

这里需注意的一个问题是弱电解质溶液冲稀时，α 变大（公式 3-7），但并不说明离子浓度也增大。

3.3.2 多元弱电解质的解离

多元弱电解质如弱酸在水溶液中的解离是分步进行的，即其中的氢原子依次一个一个地解离为离子。例如，氢硫酸是二元弱酸，分两步解离：

第一步解离 $\quad H_2S \rightleftharpoons H^+ + HS^-$

$$K_{a1}^{\ominus}(H_2S) = \frac{c(H^+)c(HS^-)}{c(H_2S)} = 1.32\times10^{-7}$$

第二步解离 $\quad HS^- \rightleftharpoons H^+ + S^{2-}$

$$K_{a2}^{\ominus}(H_2S) = \frac{c(H^+)c(S^{2-})}{c(HS^-)} = 7.10\times10^{-15}$$

磷酸分三步解离：

第一步解离 $\quad H_3PO_4 \rightleftharpoons H^+ + H_2PO_4^-$

$$K_{a1}^{\ominus}(H_3PO_4) = \frac{c(H^+)c(H_2PO_4^-)}{c(H_3PO_4)} = 7.1\times10^{-3}$$

第二步解离 $\quad H_2PO_4^- \rightleftharpoons H^+ + HPO_4^{2-}$

$$K_{a2}^{\ominus}(H_3PO_4) = \frac{c(H^+)c(HPO_4^{2-})}{c(H_2PO_4^-)} = 6.3\times10^{-8}$$

第三步解离 $\qquad\qquad$ $HPO_4^{2-} \Longrightarrow H^+ + PO_4^{3-}$

$$K_{a3}^{\ominus}(H_3PO_4) = \frac{c(H^+)c(PO_4^{3-})}{c(HPO_4^{2-})} = 4.2 \times 10^{-13}$$

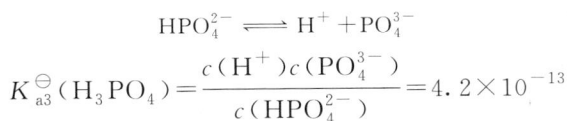

从所列数据看出，分步解离常数 $K_{a1}^{\ominus} \gg K_{a2}^{\ominus} \gg K_{a3}^{\ominus}$。这是由弱酸的本性即其结构决定的。第二步解离需从带有一个负电荷的离子中再解离出一个阳离子 H^+，要比从不带电的中性分子中解离 H^+ 所需要克服的静电引力大；同理第三步解离比第二步更困难。由于各级解离常数相差甚大（一般每一级相差十万倍），故在计算多元弱酸溶液中的 H^+ 浓度时，往往只需考虑第一步解离即可。若对多元弱酸弱碱的相对强弱进行比较，只需比较它们的第一级解离常数即可。

【例 3-5】　室温和常压下，饱和 H_2S 水溶液中的浓度为 $0.1 mol \cdot L^{-1}$，求该溶液中 $c(H^+)$、$c(HS^-)$ 和 $c(S^{2-})$。

解：① 已知 H_2S 的 $K_{a1}^{\ominus} \gg K_{a2}^{\ominus}$，求 $c(H^+)$ 时可按一元弱酸处理。

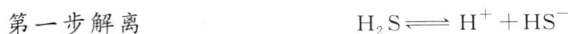

第一步解离 $\qquad\qquad\qquad$ $H_2S \Longrightarrow H^+ + HS^-$

平衡浓度/$mol \cdot L^{-1}$ $\qquad\qquad$ $0.1-x \quad\quad x \quad\quad x$

近似认为 $\qquad\qquad\qquad\qquad$ $0.1 - x \approx 0.1$

$$x = \sqrt{c(H_2S)K_{a1}^{\ominus}}$$
$$= \sqrt{0.1 \times 1.32 \times 10^{-7}} = 1.1 \times 10^{-4} mol \cdot L^{-1}$$

② 溶液中 S^{2-} 由第二步解离产生，根据第二步解离平衡：

$$HS^- \Longrightarrow H^+ + S^{2-}$$

$$K_{a2}^{\ominus} = \frac{c(H^+)c(S^{2-})}{c(HS^-)} = 7.10 \times 10^{-15}$$

$$c(S^{2-}) = K_{a2}^{\ominus} \frac{c(HS^-)}{c(H^+)}$$

因为 $K_{a1}^{\ominus} \gg K_{a2}^{\ominus}$，所以 $\quad c(HS^-) \approx c(H^+) = 1.1 \times 10^{-4} mol \cdot L^{-1}$

故 $\qquad\qquad\qquad c(S^{2-}) = K_{a2}^{\ominus} = 7.10 \times 10^{-15} mol \cdot L^{-1}$

注意上面 $K_{a2}^{\ominus}$ 平衡关系表达式中的 $c(H^+)$ 是指整个体系中 $c(H^+)$，是第一步解离和第二步解离出的 $c(H^+)$ 之和，并不是第二步单独解离出的 $c(H^+)$。即使再外加 H^+，平衡时平衡关系表达式中 $c(H^+)$ 仍是整个体系的 $c(H^+)$。

另外，从上例计算可知，多元弱酸在二级解离中产生的酸根，其浓度必然等于其二级解离常数。如本例中 $c(S^{2-})$ 等于 H_2S 的二级解离常数，H_2CO_3 溶液中 $c(CO_3^{2-})$ 等于 H_2CO_3 的二级解离常数，H_3PO_4 溶液中的 $c(HPO_4^{2-})$ 约等于 H_3PO_4 的二级解离常数，等等。不过，这个结论只有在没有其他因素影响其解离平衡的电解质存在的情况下是正确的。

【例 3-6】　在饱和 H_2S 水溶液中通入 HCl 气体，使 HCl 的浓度达到 $0.1 mol \cdot L^{-1}$，求溶液中 $c(S^{2-})$。

解：根据多重平衡原则，对 H_2S 总的解离方程式：

$$H_2S \Longrightarrow 2H^+ + S^{2-}$$

$$K_a^{\ominus} = K_{a1}^{\ominus} K_{a2}^{\ominus} = 1.32 \times 10^{-7} \times 7.10 \times 10^{-15} = 9.37 \times 10^{-22}$$

$$K_a^{\ominus} = \frac{c^2(H^+)c(S^{2-})}{c(H_2S)}$$

$$c(S^{2-}) = \frac{K_a^{\ominus} c(H_2S)}{c^2(H^+)} = \frac{9.37 \times 10^{-22} \times 0.1}{0.1^2} = 9.37 \times 10^{-21} \text{ mol} \cdot L^{-1}$$

计算结果表明，$c(S^{2-})$ 比无 $0.1 \text{mol} \cdot L^{-1}$ HCl 存在时降低了 100 万倍。

在［例 3-5］和［例 3-6］中求 $c(S^{2-})$ 时，我们采用了两种不同的公式。这两个公式是有区别的。$c(S^{2-}) = \dfrac{c(HS^-)}{c(H^+)} K_{a2}^{\ominus}$，是 H_2S 单独存在于溶液中时 $c(S^{2-})$ 的计算公式。而 $K_a^{\ominus} = \dfrac{c^2(H^+)c(S^{2-})}{c(H_2S)}$，是当饱和 H_2S 溶液外加酸、碱时计算 $c(S^{2-})$ 的公式。进行计算时，要注意使用不同公式时的条件。

3.3.3 同离子效应

弱电解质的解离平衡与其他化学平衡一样，会因某些外界条件的改变而发生移动。在弱电解质溶液中，若加入另一种含有相同离子的易溶强电解质，相当于化学平衡体系中加入产物，使解离平衡向左移动，使原弱电解质解离程度减小，这种现象叫同离子效应。

例如，一定浓度的氨在水中解离出 OH^-，加入酸碱指示剂酚酞显红色。在此溶液中加入 NH_4Cl 固体，溶液逐渐变为无色，表明加入 NH_4Cl 后，OH^- 浓度减小，是解离平衡向左移动引起的，氨的解离度减小，其平衡为：

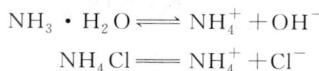

$$NH_3 \cdot H_2O \Longrightarrow NH_4^+ + OH^-$$
$$NH_4Cl \Longrightarrow NH_4^+ + Cl^-$$

加入 NH_4Cl 使 $NH_3 \cdot H_2O$ 的解离平衡向左移动，解离度减小。

【例 3-7】 已知氨水的解离常数 $K^{\ominus}(NH_3) = 1.75 \times 10^{-5}$，求①$0.20 \text{mol} \cdot L^{-1}$ $NH_3 \cdot H_2O$ 溶液中 $c(OH^-)$、pH 及解离度；②在此溶液中加入 NH_4Cl 固体，使其浓度为 $1.0 \text{mol} \cdot L^{-1}$，再求 $NH_3 \cdot H_2O$ 溶液中 $c(OH^-)$、pH 及解离度。

解：① $NH_3 \cdot H_2O \Longrightarrow NH_4^+ + OH^-$

$c/K^{\ominus}(NH_3) = 0.2/1.75 \times 10^{-5} = 11428.6 > 400$，可用简便公式。

$$c(OH^-)_1 = \sqrt{c(NH_3)K^{\ominus}(NH_3)} = \sqrt{0.2 \times 1.75 \times 10^{-5}} = 1.87 \times 10^{-3} \text{ mol} \cdot L^{-1}$$

$$pH_1 = 14 - pOH = 14 - [-\lg(1.87 \times 10^{-3})] = 11.27$$

$$\alpha_1 = \frac{c(OH^-)}{c(NH_3 \cdot H_2O)} = \frac{1.87 \times 10^{-3}}{0.2} \times 100\% = 0.94\%$$

② 加入 NH_4Cl 后，$NH_4Cl \Longrightarrow NH_4^+ + Cl^-$，设溶液 $c(OH^-)$ 为 x：

$$NH_3 \cdot H_2O \Longrightarrow NH_4^+ + OH^-$$

平衡浓度/$\text{mol} \cdot L^{-1}$ $0.2-x$ $1.0+x$ x

由于 x 很小，$0.2 - x \approx 0.2$，$1.0 + x \approx 1.0$

$$K^{\ominus}(NH_3) = \frac{c(NH_4^+)c(OH^-)}{c(NH_3 \cdot H_2O)} = \frac{1.0x}{0.20} = 1.75 \times 10^{-5}$$

$$c(OH^-)_2 = x = 3.5 \times 10^{-6} \text{ mol} \cdot L^{-1}$$

$$pH_2 = 14 - pOH = 14 - [-\lg(3.5 \times 10^{-6})] = 8.54$$

$$\alpha_2 = \frac{c(OH^-)}{c(NH_3 \cdot H_2O)} = \frac{3.5 \times 10^{-6}}{0.2} \times 100\% = 1.75 \times 10^{-3}\%$$

$$\frac{\alpha_1}{\alpha_2} = \frac{0.94}{1.75 \times 10^{-3}} = 537.14$$

可见，同离子效应对弱电解质解离度的影响是很大的。

在上述氨水中若加入 NaOH 固体，虽然溶液的 $c(\mathrm{OH^-})$ 增加，但加入的 $\mathrm{OH^-}$ 也是氨水解离的产物，根据平衡移动原则，解离平衡向左，氨水解离度也是降低的。

在弱电解溶液中，加入含有相同离子的易溶强电解质越多，弱电解质的解离度越小即同离子效应越大。但若加入不含有相同离子的易溶强电解质，由于溶液中离子浓度增大，离子氛的作用增强，活度系数减小，弱电解质离子的有效浓度（即活度）减小，弱电解质的解离平衡向右移动，造成弱电解质的解离度有所增加，这种作用叫做盐效应（在盐效应的体系中，由于平衡关系表达式中有关物质应为有效浓度，故平衡常数不变）。实际上，在加入含有相同离子的易溶强电解质造成同离子效应的同时，也有盐效应，只是盐效应造成弱电解质解离度的增加远远小于同离子效应造成弱电解质解离度减小。故在有同离子效应时不考虑盐效应。

3.4　缓冲溶液

很多药物的制备和分析测定条件，都与溶液的酸碱性有重要关系。生物体内化学反应，往往需要在一定的 pH 条件下才能正常进行，例如细菌培养、生物体内的酶催化反应等。正常人血液的 pH 范围为 7.35~7.45，机体在代谢过程中不可避免要产生一些酸性或碱性物质，同时还要经常摄入一些酸性或碱性物质，如果体内没有一些阻止 pH 快速变化的体系，则 pH 就会超出这个范围，出现不同程度的酸中毒或者碱中毒症状，严重时可危及生命。许多化工生产也要求在一定的 pH 条件下进行，而这些反应可能本身就能释放或结合 $\mathrm{H^+}$，会使溶液 pH 发生很大的变化，致使反应不能进行下去。因此，控制反应体系的 pH 是保证化学反应正常进行的重要条件。

3.4.1　缓冲溶液的概念

在引入缓冲溶液概念前，先看两道例题。

【例 3-8】 在 1L 纯水中分别加入 1mol·$\mathrm{L^{-1}}$ 的 HCl 0.1mL（2 滴）或 1mol·$\mathrm{L^{-1}}$ 的 NaOH 溶液 0.1mL（2 滴），试估计并计算溶液的 pH 变化。

解：（1）加 0.1mL 1mol·$\mathrm{L^{-1}}$ 的 HCl 后，相当于该 HCl 稀释 10000 倍。

$$c(\mathrm{H^+})=\frac{c(\mathrm{HCl})V(\mathrm{HCl})}{V_{总}}=\frac{1\times1\times10^{-4}}{1+10^{-4}}\approx1.0\times10^{-4}\mathrm{mol\cdot L^{-1}}$$

$\mathrm{pH}=-\lg c(\mathrm{H^+})=-\lg(1.0\times10^{-4})=4.0$，溶液为酸性。

$$\Delta\mathrm{pH}=7.0-4.0=3.0$$

（2）加 0.1mL 1mol·$\mathrm{L^{-1}}$ 的 NaOH 后，相当于该 NaOH 稀释 10000 倍。

$$c(\mathrm{OH^-})=\frac{c(\mathrm{NaOH})V(\mathrm{NaOH})}{V_{总}}=\frac{1\times1\times10^{-4}}{1+10^{-4}}\approx1.0\times10^{-4}\mathrm{mol\cdot L^{-1}}$$

$\mathrm{pH}=14-\mathrm{pOH}=14-[-\lg c(\mathrm{OH^-})]=14+\lg(1.0\times10^{-4})=10.0$，溶液为碱性。

$$\Delta\mathrm{pH}=7.0-10.0=-3.0$$

可见，在 1L 纯水中即使加入很少量的酸或碱，溶液的 pH 也会有很大的变化。

【例 3-9】 在 1L HAc 和 NaAc 的混合溶液中（两种物质的浓度均为 0.1mol·$\mathrm{L^{-1}}$）分别加入 1mol·$\mathrm{L^{-1}}$ 的 HCl 1.0mL（约 20 滴）或 1mol·$\mathrm{L^{-1}}$ 的 NaOH 溶液 1.0mL（约 20 滴），试估计并计算溶液的 pH 变化。[已知 $K^{\ominus}(\mathrm{HAc})=1.8\times10^{-5}$]

解：（1）先求原溶液的 pH 值。设溶液中 $c(H^+)$ 为 $x\,mol\cdot L^{-1}$：

$$HAc \rightleftharpoons H^+ + Ac^- \qquad (NaAc \Longrightarrow Na^+ + Ac^-)$$

起始浓度/mol·L⁻¹　　　　0.1　　0　　0.1

平衡浓度/mol·L⁻¹　0.1－x　　x　　0.1＋x

$$K^{\ominus}(HAc) = \frac{c(H^+)c(Ac^-)}{c(HAc)}$$

$$= \frac{x(0.1+x)}{0.1-x} \approx \frac{0.1x}{0.1} = x = 1.80\times10^{-5}$$

$$c(H^+) = x = 1.80\times10^{-5}\,mol\cdot L^{-1}$$

$$pH = -\lg c(H^+) = -\lg(1.80\times10^{-5}) = 4.74$$

（2）由于溶液中有大量的 NaAc，加入 HCl 后，首先与 NaAc 反应，

$$NaAc + HCl \Longrightarrow HAc + NaCl$$

故加入 1.0mL 1mol·L⁻¹ HCl（10^{-3}mol）后，消耗掉 10^{-3}mol NaAc，生成 10^{-3}molHAc。

设溶液中 $c(H^+)$ 为 $y\,mol\cdot L^{-1}$：

$$HAc \rightleftharpoons H^+ + Ac^-$$

起始浓度/mol·L⁻¹　　　0.1＋10^{-3}　　0　　0.1－10^{-3}

平衡浓度/mol·L⁻¹　0.1＋10^{-3}－y　　y　　0.1－10^{-3}＋y

$$K^{\ominus}(HAc) = \frac{c(H^+)c(Ac^-)}{c(HAc)}$$

$$= \frac{y(0.1-10^{-3}+y)}{0.1+10^{-3}-y} = 1.8\times10^{-5}$$

$$c(H^+) = y = 1.84\times10^{-5}\,mol\cdot L^{-1}$$

$$pH = -\lg c(H^+) = -\lg(1.84\times10^{-5}) = 4.73$$

$\Delta pH = 4.74-4.73 = 0.01$，变化极小，pH 计也难以测得。

（3）由于溶液中有大量的 HAc，加入 NaOH 后，首先与 HAc 反应，

$$HAc + NaOH \Longrightarrow NaAc + H_2O$$

故加入 1.0mL 1mol·L⁻¹ NaOH（10^{-3}mol）后，消耗掉 10^{-3}mol HAc，生成 10^{-3}molNaAc。

设溶液中 $c(H^+)$ 为 $z\,mol\cdot L^{-1}$：

$$HAc \rightleftharpoons H^+ + Ac^-$$

起始浓度/mol·L⁻¹　　　0.1－10^{-3}　　0　　0.1＋10^{-3}

平衡浓度/mol·L⁻¹　0.1－10^{-3}－z　　z　　0.1＋10^{-3}＋z

$$K^{\ominus}(HAc) = \frac{c(H^+)c(Ac^-)}{c(HAc)}$$

$$= \frac{z(0.1+10^{-3}+z)}{0.1-10^{-3}-z} = 1.8\times10^{-5}$$

$$c(H^+) = z = 1.76\times10^{-5}\,mol\cdot L^{-1}$$

$$pH = -\lg c(H^+) = -\lg(1.76\times10^{-5}) = 4.75$$

$\Delta pH = 4.74-4.75 = -0.01$，变化极小，pH 计也难以测得。

通过计算也可以得知，上述溶液稀释后溶液的 pH 变化也很小。

从以上例子可以看出：pH 值不因少量外来酸或碱的加入或稀释发生明显变化的

溶液叫缓冲溶液。

3.4.2　缓冲作用的原理

现以 HAc-NaAc 混合溶液为例说明缓冲作用的原理。在 HAc-NaAc 混合溶液中存在以下解离过程：

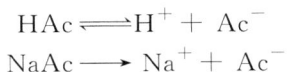

$$HAc \Longrightarrow H^+ + Ac^-$$
$$NaAc \longrightarrow Na^+ + Ac^-$$

由于 NaAc 完全解离，所以溶液中存在着大量的 Ac^-。弱酸 HAc 本来只有少部分解离，加上由 NaAc 解离出来的大量 Ac^- 产生的同离子效应，使得 HAc 解离度变得极小，因此溶液中除了有大量的 Ac^- 外，还存在着大量 HAc 分子。这种在溶液中同时存在大量弱酸分子及该弱酸根离子（或大量的弱碱和该弱碱的阳离子），就是缓冲溶液组成的特征。缓冲溶液中的弱酸及其盐（或弱碱及其盐）称为缓冲对。

当向此混合溶液中加入少量强酸时，溶液中大量的 Ac^- 与加入的 H^+ 结合而生成难解离的 HAc 分子，以致溶液中的 H^+ 浓度几乎不变。换句话说，Ac^- 起了抗酸的作用，叫抗酸因子。当加入少量强碱时，由于溶液中储备的 HAc 与 OH^- 结合并生成 H_2O 与 Ac^-，致使溶液中 OH^- 的浓度几乎不变，因而 HAc 分子在这里起了抗碱的作用，叫抗碱因子。

由此可见，缓冲溶液的缓冲作用就在于溶液中存在着大量的未解离的弱酸（或弱碱）分子及其盐的离子。此溶液中的弱酸（或弱碱）好比潜在的 H^+（或 OH^-）的仓库，当外界引起 $c(H^+)$［或 $c(OH^-)$］降低时，弱酸（或弱碱）就及时地解离出 H^+（或 OH^-）；当外界引起 $c(H^+)$［或 $c(OH^-)$］增加时，大量存在的弱酸盐（或弱碱盐）的离子则将其"吃掉"，从而维持溶液的 pH 基本不变。

3.4.3　缓冲溶液 pH 计算

设缓冲溶液由一元弱酸 HA 和相应的盐 MA 组成，一元弱酸的浓度为 c（酸），盐的浓度为 c（盐），由 HA 解离得 $c(H^+) = x\ mol \cdot L^{-1}$。

盐完全解离　　　　　　　　　$MA \longrightarrow M^+ + A^-$
$c_0/mol \cdot L^{-1}$　　　　　　　　　　　　　c（盐）　　c（盐）

弱酸部分解离　　　　　　　$HA \Longrightarrow H^+ + A^-$
平衡时 $c/mol \cdot L^{-1}$　　　c（酸）$-x$　　x　　c（盐）$+x$

$$K_a^{\ominus}(HA) = \frac{c(H^+)c(A^-)}{c(HA)} = \frac{x[c(\text{盐})+x]}{c(\text{酸})-x}$$

$$x = \frac{K_a^{\ominus}(HA)[c(\text{酸})-x]}{c(\text{盐})+x}$$

由于本身是弱电解质，且因存在同离子效应，此时 x 很小，因而 c（酸）$-x \approx c$（酸），c（盐）$+x \approx c$（盐），则

$$c(H^+) = x = \frac{K_a^{\ominus}(HA)c(\text{酸})}{c(\text{盐})} \tag{3-8}$$

两边取对数，得

$$-\lg c(H^+) = -\lg K_a^{\ominus}(HA) - \lg \frac{c(\text{酸})}{c(\text{盐})}$$

$$pH = pK_a^{\ominus} - \lg \frac{c(\text{酸})}{c(\text{盐})} \tag{3-8a}$$

这就是计算一元弱酸及其盐组成的缓冲溶液 H^+ 浓度及 pH 的通式。

同样，也可以推导出一元弱碱及其盐组成的缓冲溶液 pH 计算的通式。

$$c(OH^-)=x=\frac{K_b^{\ominus}c(碱)}{c(盐)}$$

$$-\lg c(OH^-)=-\lg K_b^{\ominus}-\lg\frac{c(碱)}{c(盐)}$$

$$pOH=pK_b^{\ominus}-\lg\frac{c(碱)}{c(盐)}\tag{3-8b}$$

除了弱酸-弱酸盐，弱碱-弱碱盐的混合溶液可作为缓冲溶液外，某些正盐和它的酸式盐（如 $NaHCO_3$-Na_2CO_3）、多元酸和它的酸式盐（如 H_2CO_3-$NaHCO_3$），或者同一种多元酸的两种酸式盐（如 KH_2PO_4-K_2HPO_4）也可以组成缓冲溶液，但必须明确在缓冲对中哪个作为酸，哪个作为盐，$K_a^{\ominus}$ 是缓冲体系中作为酸的解离常数，如 KH_2PO_4-K_2HPO_4 中，$H_2PO_4^-$ 作为酸，HPO_4^{2-} 作为盐，$K_a^{\ominus}$ 是 $H_2PO_4^-$ 的酸常数，即 H_3PO_4 的二级解离常数。常用的缓冲溶液的配制方法可查阅有关手册。

3.4.4　缓冲溶液的缓冲容量

一切缓冲溶液的缓冲能力都有一定的限度，为了定量地表示缓冲溶液缓冲能力的大小，提出"缓冲容量"的概念。能使每升缓冲溶液改变 1 个 pH 单位所需加入强酸或强碱的物质的量，叫做缓冲溶液的缓冲容量 β。

$$\beta=\frac{\Delta}{\Delta pH}\tag{3-9}$$

缓冲容量的大小决定于缓冲溶液的总浓度 $[c(酸)+c(盐)$ 或 $c(碱)+c(盐)]$ 和缓冲组分的浓度比 $[c(酸)/c(盐)$ 或 $c(碱)/c(盐)]$，因此，可从这两个方面讨论：

① 缓冲组分的浓度比一定 $[$如 $c(酸)/c(盐)=1]$ 时，缓冲容量与总浓度的关系。

【例 3-10】　浓度均为 $0.1mol\cdot L^{-1}$ 的 1L HAc 和 NaAc 混合溶液和浓度均为 $0.01mol\cdot L^{-1}$ 的 1L HAc 和 NaAc 混合溶液各加入 $1mol\cdot L^{-1}$ 的 HCl 1.0mL，试计算各溶液的缓冲容量。$[$已知 $K^{\ominus}(HAc)=1.8\times10^{-5}]$

解：（1）由 $[$例 3-9$]$，$\Delta pH=4.74-4.73=0.01$

$$\beta=\frac{\Delta}{\Delta pH}=\frac{0.001}{0.01}=0.1$$

（2）在 $0.01mol\cdot L^{-1}$ 的 1L HAc 和 NaAc 混合溶液加入 $1mol\cdot L^{-1}$ 的 HCl 1.0mL 后，

$$c(HAc)=0.01+0.001=0.011mol\cdot L^{-1}$$

$$c(NaAc)=0.01-0.001=0.009mol\cdot L^{-1}$$

$$pH=pK_a^{\ominus}-\lg\frac{c(酸)}{c(盐)}=4.74-\lg\frac{0.011}{0.009}=4.65$$

$$\Delta pH=4.74-4.65=0.09$$

$$\beta=\frac{\Delta}{\Delta pH}=\frac{0.001}{0.09}=0.01$$

计算结果表明，当组成缓冲溶液的酸和盐（或碱和盐）的浓度比一定时，其缓冲容量与溶液的浓度有关，抗酸成分（或抗碱成分）浓度越大，缓冲容量越大，抗酸

（或抗碱）能力越强。具体地说，在 $c(酸)/c(盐)=1$ 的条件下，缓冲容量在数值上等于抗酸成分（Ac^-）或抗碱成分的浓度，如果外加的强酸（或强碱）物质的量超过 Ac^-（或 HAc）的浓度，溶液就会失去缓冲能力。

② 缓冲溶液的总浓度一定时，缓冲容量与缓冲组分浓度比有关系。

【例 3-11】　三种缓冲溶液，第一种含 $0.1mol \cdot L^{-1}$ HAc 和 $0.1mol \cdot L^{-1}$ NaAc，第二种含 $0.15mol \cdot L^{-1}$ HAc 和 $0.05mol \cdot L^{-1}$ NaAc，第三种含 $0.05mol \cdot L^{-1}$ HAc 和 $0.15mol \cdot L^{-1}$ NaAc，试计算各缓冲溶液的容量。

解：（1）$c(HAc) : c(NaAc) = 1 : 1$

该溶液的缓冲容量 $\beta = 0.1$（计算过程同上例）

（2）$c(HAc) : c(NaAc) = 3 : 1$

$$c(HAc) = 0.15 + 0.001 = 0.151 mol \cdot L^{-1}$$

$$c(NaAc) = 0.05 - 0.001 = 0.049 mol \cdot L^{-1}$$

$$pH = pK_a^{\ominus} - \lg \frac{c(酸)}{c(盐)} = 4.74 - \lg \frac{0.151}{0.049} = 4.25$$

$$\Delta pH = 4.74 - 4.25 = 0.49$$

$$\beta = \frac{\Delta}{\Delta pH} = \frac{0.001}{0.49} = 0.002$$

（3）$c(HAc) : c(NaAc) = 1 : 3$

$$c(HAc) = 0.05 + 0.001 = 0.051 mol \cdot L^{-1}$$

$$c(NaAc) = 0.15 - 0.001 = 0.149 mol \cdot L^{-1}$$

$$pH = pK_a^{\ominus} - \lg \frac{c(酸)}{c(盐)} = 4.74 - \lg \frac{0.051}{0.149} = 5.21$$

$$\Delta pH = 5.21 - 4.74 = 0.47$$

$$\beta = \frac{\Delta}{\Delta pH} = \frac{0.001}{0.47} = 0.002$$

计算结果表明，当组成缓冲溶液的弱酸和弱酸盐（或弱碱和弱碱盐）的总浓度一定时，如果弱酸和弱酸盐（或弱碱和弱碱盐）的浓度相等（1:1），溶液的缓冲容量最大，抗酸或碱能力均最强；如果弱酸和弱酸盐（或弱碱和弱碱盐）的浓度不等（如 3:1 或 1:3），则溶液的缓冲容量都较小，而且弱酸和弱酸盐浓度相差越大，缓冲容量越小，其抗酸或抗碱能力越弱。

所以，常用的缓冲溶液，各组分的总浓度一般都大于 $0.149mol \cdot L^{-1}$，其中抗酸和抗碱成分的浓度最好或大致相等。

3.4.5　缓冲溶液的选择和配制

实际工作中常需要配制一定 pH 值的缓冲溶液。缓冲溶液的配制可按下列原则和步骤进行。

(1) 选择缓冲溶液的注意点

① 所选择的缓冲溶液，不能参与体系的反应（和 H^+、OH^- 反应除外）。

② 缓冲溶液的 pH 值应在所要求的 pH 值范围内，pH 值的范围为 $pH = pK_a^{\ominus} \pm 1$ 或 $pOH = pK_b^{\ominus} \pm 1$。缓冲溶液中，$c(酸)/c(盐)$ 的浓度变化是有限的，浓度太大可能溶质无法溶解，浓度太小抗酸抗碱颗粒少，缓冲能力差，故 $c(酸)/c(盐)$ 的浓度比值在 0.1～10 的范围内，通过取对数，对 pH 值的影响在 ±1。

③ 为保证一定的缓冲能力，浓度要适当大一些，一般在 $0.1 \sim 1.0 mol \cdot L^{-1}$ 之间；药用缓冲溶液必须考虑是否有毒性。

（2） pH 值的缓冲溶液

其选择和配制的步骤如下，根据 $pH = pK_a^{\ominus} - \lg \dfrac{c(酸)}{c(盐)}$：

① 从上式可知，缓冲溶液的 pH 与溶液的 $pK_a^{\ominus}$ 或 $pK_b^{\ominus}$ 关系最大，其他浓度数据通过对数计算后，对 pH 的影响较小。故首先要选择适当的缓冲对，使其中弱酸的 $pK_a^{\ominus}$ 或 $pK_b^{\ominus}$ 与所要求的 pH 或 pOH 值相等或相近。这样可以保证缓冲溶液在总浓度一定时，具有最大的缓冲容量。因为当 $c(酸)/c(盐) = 1$ 时，$pH = pK_a^{\ominus}$ （或 $pOH = pK_b^{\ominus}$），溶液的缓冲容量最大。

② 如果 $pK_a^{\ominus}$ 与 pH 不相等，需按要求的 pH 值利用式(3-8)计算弱酸和弱酸盐的浓度比。

③ 根据实际需要选用适当的浓度和缓冲容量，并依此算出所需弱酸和弱酸盐的体积，配制成缓冲溶液。

④ 最后，用酸度计测定所配缓冲溶液的 pH 值。

在实际配制中，由于溶液浓度较大，离子氛作用强，导致分析浓度（实际加入浓度）和有效浓度有一定偏离，并不是完全根据计算求得的量来加料，而通常是根据 pH 计的检测，凭操作人员的经验"边加边测"来调节。

（3） 一些重要的缓冲对

缓冲溶液一般由具有一定浓度的弱酸和弱酸盐（或弱碱和弱碱盐）缓冲对组成，还有多元弱酸及其次级盐，一些常见的缓冲对列于表 3-5。除弱酸和弱酸盐（或弱碱和弱碱盐）能组成缓冲溶液以外，一些两性物质也有缓冲能力，如：$NaHCO_3$、KH_2PO_4、K_2HPO_4、$Al(OH)_3$、氨基酸、蛋白质等。此外，较大体积且高浓度的强酸强碱溶液也有一定的缓冲能力。

表 3-5　常见缓冲对

缓冲系	$pK_a^{\ominus}$（25℃）	缓冲系	$pK_a^{\ominus}$（25℃）
HAc-NaAc	4.76	Na_2HPO_4-Na_3PO_4	12.36
NH_4Cl-NH_3	9.24	$H_2C_8H_4O_4$-$KHC_8H_4O_4$ [①]	2.89
H_2CO_3-$NaHCO_3$	6.38	$CH_3NH_3^+Cl^-$-CH_3NH_2 [②]	10.63
NaH_2PO_4-Na_2HPO_4	7.20	Tris·HCl-Tris [③]	8.08

① 邻苯二甲酸-邻苯二甲酸氢钾；② 盐酸甲胺-甲胺；③ 三（羟甲基）甲胺盐酸盐-三（羟甲基）甲胺

（4） 标准缓冲液

利用 pH 计测量溶液的 pH 时需使用标准缓冲液进行仪器的定位校正。标准缓冲溶液的 pH 必须是已知的并要达到规定的准确度，且要求有良好的重复性和稳定性，具有较大的缓冲容量和较小的温度系数。

目前国内外常采用美国国家标准局的 NBSpH 标度和标准缓冲液。NBSpH 七种标准缓冲液的组成和 pH 标度见表 3-6 和表 3-7。其中最常用的标准溶液是编号 3、4 和 6，几种常见的 pH 标准缓冲液均有商品出售，使用者也可按配方自行配制。常选用与被测溶液 pH 相近的标准缓冲液作为校正基准以减少测量误差。

表 3-6　NBSpH 七种标准缓冲液的组成

浓度编号	质量摩尔浓度/mol·kg^{-1}	物质的量浓度/mol·L^{-1}	溶质	质量浓度/g·L^{-1}
1	0.05	0.04962	$KH_3(C_2O_4)\cdot 2H_2O$	12.61
2	0.341	0.34	$KHC_2C_2H_4O_6$	25℃饱和
3	0.05	0.04958	$KHC_8H_4O_4$	10.12
4	0.025	0.02490	KH_2PO_4	3.39
	0.025	0.02490	Na_2HPO_4	3.53
5	0.008695	0.008665	KH_2PO_4	1.179
	0.03043	0.03032	Na_2HPO_4	4.30
6	0.01	0.009971	$Na_2B_4O_7\cdot 10H_2O$	3.80
7	0.0203	0.02025	$Ca(OH)_2$	25℃饱和

表 3-7　NBSpH 七种标准缓冲液的 pH 标度

温度/℃	溶液编号						
	1	2	3	4	5	6	7
0	1.606		4.003	6.984	7.534	9.464	13.423
5	1.668		3.999	6.951	7.500	9.395	13.207
10	1.670		3.998	6.923	7.472	9.332	13.003
15	1.672		3.999	6.900	7.448	9.296	12.810
20	1.675		4.002	6.881	7.429	9.225	12.672
25	1.679	3.577	4.008	6.865	7.413	9.180	12.454
30	1.683	3.552	4.015	6.853	7.400	9.139	12.289
40	1.694	3.574	4.035	6.838	7.380	9.068	11.984

3.4.6　缓冲溶液在医学上的意义

缓冲溶液在医学上具有很重要的意义。人体内各种体液必须保持在一定的 pH 范围内，才能维持正常的生理功能。表 3-8 列出了一些体液的 pH 范围。

表 3-8　一些体液的 pH 范围

体液	pH	体液	pH
胃液	1.0~3.0	脊椎液	7.3~7.5
唾液	6.0~7.5	血液	7.35~7.45
乳汁	6.6~7.6	尿液	4.8~7.5

人体体液的 pH 之所以能维持在一定的范围内，是由于体液中存在着多种缓冲对。下面主要讨论血液中缓冲对的缓冲作用。

血液中有多种缓冲对，在血浆中主要有 H_2CO_3-$NaHCO_3$、NaH_2PO_4-Na_2HPO_4、血浆蛋白-血浆蛋白盐等；在红细胞中主要有 H_2CO_3-$KHCO_3$、KH_2PO_4-K_2HPO_4、HHb（血红蛋白）-KHb、$HHbO_2$（氧合血红蛋白）-$KHbO_2$ 等。

以上缓冲系中，H_2CO_3-HCO_3^- 缓冲对在血液中的浓度最高，缓冲能力最大，对维持血液的正常功能最重要。碳酸在血液中主要以溶解的 CO_2 形式存在，因而碳酸缓冲对在血液中存在如下平衡：

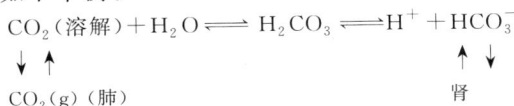

$$CO_2(溶解)+H_2O \rightleftharpoons H_2CO_3 \rightleftharpoons H^++HCO_3^-$$

$$\downarrow \qquad\qquad\qquad\qquad \uparrow \;\; \downarrow$$

$$CO_2(g)（肺） \qquad\qquad\qquad 肾$$

正常血液中 $\dfrac{c(HCO_3^-)}{c(H_2CO_3)}=20$（$H_2CO_3$ 的浓度实际上绝大部分是溶解的 CO_2 浓度，

37℃时校正后的 H_2CO_3 的 $pK_{a1}^{\ominus}=6.10$），因此，血液的 pH 为：

$$pH=pK_{a1}^{\ominus}+\lg\frac{c(HCO_3^-)}{c(H_2CO_3)}=6.10+\lg20=7.40$$

计算表明，只要 HCO_3^- 与 H_2CO_3 的浓度比保持为 20/1，血液的 pH 即可维持在 7.40。

当酸性物质进入血液时，血液中的 HCO_3^- 与外来的 H^+ 结合生成 H_2CO_3 使上述平衡逆向移动，生成的 H_2CO_3 被血液带到肺部并以 CO_2 的形式排出体外，而损失的 H_2CO_3 由肾的调节得到补充，因此 $\frac{c(HCO_3^-)}{c(H_2CO_3)}$ 比值不变，血液的 pH 也基本保持不变。

当碱性物质进入血液时，血浆中的 H^+ 与碱结合生成 H_2O，上述解离平衡正向移动以补充消耗的 H^+，减少的 H_2CO_3 可由肺控制 CO_2 的呼出量来补偿，增多的 HCO_3^- 由肾排出体外，从而使血液的 pH 基本保持恒定。

总之，由于血液中各种缓冲对的缓冲作用和人体中肺、肾的调节功能，正常人血液的 pH 才得以维持在一个狭小的范围内。如果由于某些疾病使代谢发生积聚的酸过多，血液的 pH 就会低于 7.35，出现酸中毒；而当体内积聚的碱过多时，血液的 pH 就会高于 7.45，出现碱中毒。酸或碱中毒严重时，可危及生命。临床上常用乳酸钠治疗酸中毒，用氯化铵矫正碱中毒。

3.5 盐类的水解

盐是酸碱中和的产物，但有些盐并不显中性，如 Na_2CO_3 俗称纯碱，Na_2S 俗称硫碱，在溶液中呈较强的碱性，在工业上作为碱使用，$ZnCl_2$ 或 $SnCl_4$ 常作酸使用。但这些盐本身不含可解离的 H^+ 或 OH^-，那么怎么呈现酸性或碱性呢？

原来这些盐溶于水后，解离出的离子与水解离出的 H^+ 或 OH^- 结合生成弱电解质，破坏了水的解离平衡，使溶液中 H^+ 和 OH^- 浓度不再相等，从而使溶液呈现酸性或碱性。这种作用叫做盐的水解。水解中盐解离出的某些离子总是使水的解离平衡向右移动，更多的水分子被解离，故也可理解为水被盐"分解"。不过盐类的水解是酸碱中和反应的逆反应，并且产生的酸或碱都是弱的。

3.5.1 各类盐的水解

由强酸和强碱生成的盐，由于它们的离子不与水解离出的 H^+ 或 OH^- 结合生成弱电解质，不破坏水的解离平衡即不水解，故它们的水溶液呈中性。由强酸和弱碱形成的盐，弱酸和强碱形成的盐以及由弱酸和弱碱形成的盐，由于它们解离出的弱酸根离子、金属离子（或铵根离子）能与水解离出来的 H^+ 或 OH^- 结合生成弱电解质，故都有程度不等的水解（图 3-7）。以下讨论后三种盐的水解。

（1）弱酸强碱盐的水解

以 NaAc 为例，水解反应为：

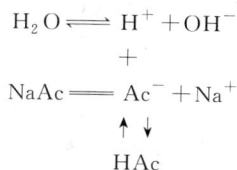

$$H_2O \rightleftharpoons H^+ + OH^-$$
$$+$$
$$NaAc \rightleftharpoons Ac^- + Na^+$$
$$\uparrow\downarrow$$
$$HAc$$

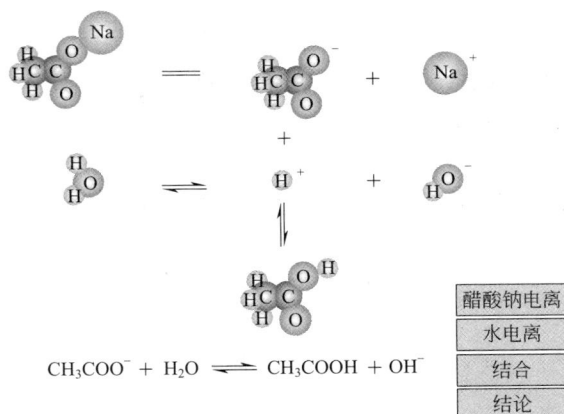

图 3-7　盐类水解示意图

NaAc 解离出的 Ac$^-$ 和水解离出的 H$^+$ 结合生成弱电解质 HAc，减少了溶液中 H$^+$ 浓度，使水的解离平衡向右移动。当 Ac$^-$ 的水解与水的解离同时建立平衡时，溶液中 $c(OH^-) > c(H^+)$，即 pH$>$7，因此溶液呈碱性。

Ac$^-$ 的水解反应为：

$$Ac^- + H-OH \rightleftharpoons HAc + OH^-$$

强酸弱碱盐水解的实质是酸根离子（阴离子）发生水解（见上式，把水"分解"），由于结合了水中的 H$^+$，溶液呈碱性。水解反应的标准平衡常数称为水解常数 $K_h^\ominus$，其表达式为：

$$K_h^\ominus = \frac{c(HAc)c(OH^-)}{c(Ac^-)} = \frac{c(HAc)c(OH^-)}{c(Ac^-)} \times \frac{c(H^+)}{c(H^+)}$$

$$\frac{c(HAc)}{c(H^+)c(Ac^-)} \times c(H^+) \, c(OH^-) = \frac{K_w^\ominus}{K_a^\ominus} \tag{3-10}$$

水解常数是平衡常数的一种形式，可由它判断水解反应进行程度的大小。一定温度下，水解常数与酸常数 $K_a^\ominus$ 成反比，所以弱酸盐中的酸越弱，水解程度越大（见附录 3）。大多数弱酸的 $K_a^\ominus > 10^{-9}$，所以多数情况下 $K_h^\ominus < 10^{-5}$，故弱酸强碱盐的水解反应虽然能进行，但一般程度不大。

盐类水解程度也可用水解度 h 来表示，水解度即水解反应的转化率。

$$h = \frac{\text{已水解的浓度}}{\text{盐的原始浓度}} \times 100\% \tag{3-11}$$

水解度 h、水解常数 $K_h^\ominus$ 和盐浓度 c 之间有一定关系，仍以 NaAc 为例：

$$Ac^- + H_2O \rightleftharpoons HAc + OH^-$$

起始浓度 c_0　　　　　　c_0　　　　　　0　　　0

平衡浓度 c　　　　　$c_0(1-h)$　　　$c_0 h$　　$c_0 h$

$$K_h^\ominus = \frac{c(HAc)c(OH^-)}{c(Ac^-)} = \frac{c_0 h \times c_0 h}{c_0(1-h)} = \frac{c_0 h^2}{1-h}$$

若 $K_h^\ominus$ 较小，$1-h \approx 1$，$c \approx c_0$，则：

$$K_h^\ominus = c_0 h^2$$

$$h = \sqrt{\frac{K_h^{\ominus}}{c_0}} = \sqrt{\frac{K_w^{\ominus}}{K_a^{\ominus} c_0}} \tag{3-11a}$$

可见，水解度除了与组成盐的弱酸的相对强弱有关外，还与盐的浓度有关。同一种盐，浓度越小，其水解程度越大。这类盐常见的有 $NaAc$、KCN、$NaClO$ 等。

（2）强酸弱碱盐的水解

由前面讨论可知，对于这种类型的盐实际上只是阳离子发生了水解。以 NH_4^+ 为例，水解反应为：

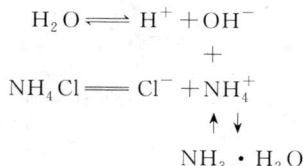

$$H_2O \rightleftharpoons H^+ + OH^-$$
$$+$$
$$NH_4Cl \rightleftharpoons Cl^- + NH_4^+$$
$$\uparrow \downarrow$$
$$NH_3 \cdot H_2O$$

NH_4Cl 解离出的 NH_4^+ 和水解离出的 OH^- 结合生成弱电解质 $NH_3 \cdot H_2O$，减少了溶液中 OH^- 浓度，使水的解离平衡向右移动。当 NH_4^+ 的水解与水的解离同时建立平衡时，溶液中 $c(H^+) > c(OH^-)$，即 pH<7，因此溶液呈酸性。

NH_4^+ 的水解反应为：

$$NH_4^+ + H-OH \rightleftharpoons NH_3 \cdot H_2O + H^+$$

强酸弱碱盐水解的实质是金属离子或铵根离子（阳离子）发生水解（见上式，把水"分解"），由于结合了水中的 OH^-，溶液呈酸性。水解反应的标准平衡常数称为水解常数 $K_h^{\ominus}$，与弱酸强碱盐同样处理，$K_h^{\ominus}$ 和水解度 h 分别为：

$$K_h^{\ominus} = \frac{K_w^{\ominus}}{K_b^{\ominus}}$$

$$h = \sqrt{\frac{K_w^{\ominus}}{K_b^{\ominus} c_0}} \tag{3-11b}$$

这类盐常见的有 NH_4Cl、$Al_2(SO_4)_3$、$FeCl_3$ 等。

【例 3-12】 计算 $0.1 mol \cdot L^{-1}$ $(NH_4)_2SO_4$ 溶液的水解度 h 和溶液的 pH。

解：$(NH_4)_2SO_4$ 为强酸弱碱盐，水解方程式为：

$$NH_4^+ + H_2O \rightleftharpoons NH_3 \cdot H_2O + H^+$$

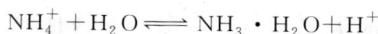

起始浓度 $c_0/mol \cdot L^{-1}$　　0.10×2　　　0　　　0

平衡浓度 $c/mol \cdot L^{-1}$　　$0.20-x$　　　x　　　x

$$K_h^{\ominus} = \frac{K_w^{\ominus}}{K_b^{\ominus}} = \frac{1.0 \times 10^{-14}}{1.8 \times 10^{-5}} = 5.6 \times 10^{-10}$$

$$K_h^{\ominus} = \frac{c(NH_3 \cdot H_2O) c(H^+)}{c(NH_4^+)} = \frac{x^2}{0.20-x}$$

由于 $K_h^{\ominus}$ 很小，可近似计算，$0.20-x \approx 0.20$

$$x = \sqrt{K_h^{\ominus} \times 0.20} = \sqrt{5.6 \times 10^{-10} \times 0.20} = 1.1 \times 10^{-5}$$

$$c(H^+) = 1.1 \times 10^{-5} mol \cdot L^{-1}$$

$$h = \frac{c(H^+)}{c_0} \times 100\% = \frac{1.1 \times 10^{-5}}{0.20} \times 100\% = 5.5 \times 10^{-3}\%$$

$$pH = -\lg c(H^+) = -\lg(1.1 \times 10^{-5}) = 4.96$$

（3）弱酸弱碱盐的水解

弱酸弱碱盐溶于水时，它的阴离子和阳离子都发生水解，以 NH_4Ac 为例：

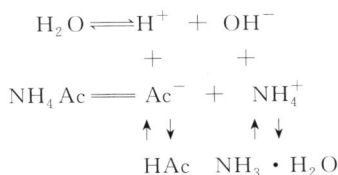

NH_4Ac 解离出的 NH_4^+ 与水解离出的 OH^- 结合生成弱碱 $NH_3 \cdot H_2O$，而 Ac^- 与水解离出的 H^+ 结合生成弱酸 HAc，由于 H^+ 和 OH^- 都在减少，水的解离平衡更向右移，故弱酸弱碱的水解程度较弱酸强碱盐或强酸弱碱盐大得多。

虽然弱电解质的阴、阳离子均发生水解，但其水解程度一般是不同的，要看弱酸和弱碱的相对强弱（比较 $K_a^{\ominus}$ 和 $K_b^{\ominus}$ 值）。弱酸和弱碱越弱即越难解离，其逆反应与水解离出的 H^+ 或 OH^- 结合成弱电解质就越容易，结合耗去的 H^+ 或 OH^- 就越多，若酸相对较强，酸根水解较小，溶液显酸性；若碱相对较强，阳离子水解较小，溶液显碱性。如 NH_4CN 中，$K_a^{\ominus} < K_b^{\ominus}$，溶液显碱性。

NH_4Ac 的水解方程式为：

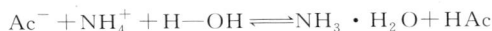

其水解常数 $K_h^{\ominus}$ 式推导如下：

$$K_h^{\ominus} = \frac{c(HAc)c(NH_3 \cdot H_2O)}{c(Ac^-)c(NH_4^+)} = \frac{c(HAc)c(NH_3 \cdot H_2O)}{c(Ac^-)c(NH_4^+)} \times \frac{c(H^+)c(OH^-)}{c(H^+)c(OH^-)}$$

$$= \frac{c(HAc)}{c(H^+)c(Ac^-)} \times \frac{c(NH_3 \cdot H_2O)}{c(OH^-)c(NH_4^+)} = \frac{K_w^{\ominus}}{K_a^{\ominus}K_b^{\ominus}}$$

可推导（本课程并不要求）得：$c(H^+) = \sqrt{\dfrac{K_a^{\ominus}K_w^{\ominus}}{K_b^{\ominus}}}$ 　　　　　　　(3-12)

由此可见，弱酸弱碱盐的水解常数比弱酸强碱盐或强酸弱碱盐大得多（因 $K_a^{\ominus}$ 和 $K_b^{\ominus}$ 都是很小的值）。弱酸弱碱盐溶液的酸碱性取决于生成的弱酸、弱碱的相对强弱。如果弱酸、弱碱的解离常数 $K_a^{\ominus}$ 与 $K_b^{\ominus}$ 近于相等，则溶液接近于中性，如 NH_4Ac；若 $K_a^{\ominus} < K_b^{\ominus}$，溶液呈碱性；若 $K_a^{\ominus} > K_b^{\ominus}$，溶液呈酸性。在浓度不太低时，溶液的酸碱性与浓度无关。弱酸弱碱盐虽然水解程度大，但溶液的酸性或碱性不一定强，因为两者水解对酸碱性的影响相互抵消掉一部分。

（4）多元弱酸盐的水解

与多元弱酸解离的分步解离一样，多元弱酸盐的水解也是分步的。以二元弱酸盐 Na_2S 为例：

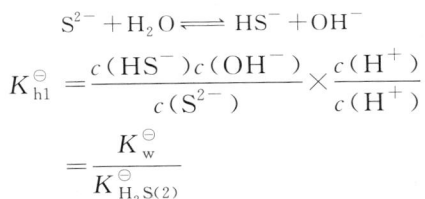

第一步水解　　　　　　　$S^{2-} + H_2O \Longrightarrow HS^- + OH^-$

$$K_{h1}^{\ominus} = \frac{c(HS^-)c(OH^-)}{c(S^{2-})} \times \frac{c(H^+)}{c(H^+)}$$

$$= \frac{K_w^{\ominus}}{K_{H_2S(2)}^{\ominus}}$$

第二步水解　　　　　　　$HS^{2-} + H_2O \Longrightarrow H_2S + OH^-$

$$K_{h2}^{\ominus} = \frac{c(H_2S)c(OH^-)}{c(HS^-)} \times \frac{c(H^+)}{c(H^+)}$$

$$= \frac{K_w^{\ominus}}{K_{H_2S(1)}^{\ominus}}$$

由于 $K_{a2}^{\ominus} \ll K_{a1}^{\ominus}$，则 $K_{h1}^{\ominus} \gg K_{h2}^{\ominus}$。可见多元弱酸盐的水解以第一步水解为主，在计算溶液酸碱性时，可按一元弱酸盐处理。

除了碱金属及部分碱土金属外，几乎所有的金属阳离子都会发生不同程度的水解，非一价金属阳离子的水解也是分步进行的。如 Fe^{3+} 的水解可表示为：

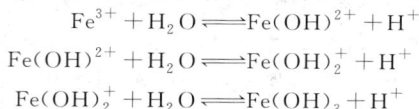

$$Fe^{3+} + H_2O \rightleftharpoons Fe(OH)^{2+} + H^+$$
$$Fe(OH)^{2+} + H_2O \rightleftharpoons Fe(OH)_2^+ + H^+$$
$$Fe(OH)_2^+ + H_2O \rightleftharpoons Fe(OH)_3 + H^+$$

并非所有多价金属离子的盐水解到最后一步才会析出沉淀，有时一级或二级水解即析出沉淀。此外，在水解反应的同时，还有聚合和脱水作用发生，因此水解产物也并非都是氢氧化物，所以多元弱碱盐的水解要比多元弱酸盐复杂得多。

【例 3-13】 求 $0.1 mol \cdot L^{-1}$ 的 Na_2CO_3 溶液的 $c(OH^-)$。已知 H_2CO_3 的 $K_{a1}^{\ominus} = 4.5 \times 10^{-7}$，$K_{a2}^{\ominus} = 4.7 \times 10^{-11}$。

解：水解分两步进行，但第一步水解远远大于第二步水解，计算水解出的 $c(OH^-)$，仅计算第一步水解就已经足够。

$$CO_3^{2-} + H_2O \rightleftharpoons HCO_3^- + OH^-$$

$$c(OH^-) = \sqrt{c(CO_3^{2-})K_{h1}^{\ominus}} = \sqrt{\frac{c(CO_3^{2-})K_w^{\ominus}}{K_{a2}^{\ominus}}} = \sqrt{\frac{0.1 \times 10^{-14}}{4.7 \times 10^{-11}}} = 4.6 \times 10^{-3} mol \cdot L^{-1}$$

3.5.2 影响水解平衡的因素

盐类水解现象广泛存在，化工生产及实验室工作都会经常碰到，但不管是利用还是防止盐类水解的发生，都是根据平衡移动的原理进行的，下面结合实例来讨论影响水解平衡的因素。

(1) 加入酸或碱

由于水解的结果将生成 H^+ 或 OH^-，所以加入酸或碱可以抑制或促进水解。例如实验室配制 $SnCl_2$ 及 $FeCl_3$ 溶液时，由于强酸弱碱盐水解而得到浑浊溶液：

$$Sn^{2+} + 2H_2O \rightleftharpoons Sn(OH)_2 \downarrow + 2H^+$$

实际操作时上述溶液不是用水而是用盐酸溶液配制的，以防止水解产生沉淀。同样的原因，检验 Fe^{3+} 用的 NH_4SCN 溶液在配制时也要加入少量盐酸，否则就会出现溶液遇到 Fe^{3+} 不出现血红色的"反常"现象。然而在无机盐提纯时为了除去少量混入的铁盐杂质，一般是加入少量 H_2O_2 将 Fe^{2+} 氧化成 Fe^{3+}，然后利用后者的强烈水解倾向，把溶液 pH 调到大于 6，使其形成 $Fe(OH)_3$ 沉淀而分离除去。

在配制 $Na_2S_2O_3$ 溶液时，为了防止水解生成 $H_2S_2O_3$ 而分解析出 S 沉淀，往往要加入少量碱。

(2) 改变溶液浓度

稀释溶液时相当于加入了反应物 H_2O，使平衡向水解的方向进行。例如在制备 $Fe(OH)_3$ 溶胶时，把 20% 的 $FeCl_3$ 溶液滴加到沸腾的蒸馏水中，以便使溶液足够稀从而保证其能充分水解。

（3）温度

水解是中和反应的逆反应，中和是一个放热反应，故加热有利于水解的进行。$Fe(OH)_3$ 溶胶的制备中之所以要把蒸馏水加热至沸腾，也就是要为充分水解创造条件。

3.5.3　盐类水解的应用

许多金属氢氧化物的溶解度都很小，当相应的盐溶于水时，由于水解作用会析出氢氧化物而出现浑浊。如 $Al_2(SO_4)_3$、$FeCl_3$ 水解后产生胶状氢氧化物，具有很强的吸附作用，可用作净水剂。有些盐如 $SnCl_2$、$SbCl_3$、$Bi(NO_3)_3$、$TiCl_4$ 等，水解能产生大量的沉淀，生产上可利用这种方法来制备有关的化合物。例如，TiO_2 的制备反应如下：

$$TiCl_4 + H_2O \Longrightarrow TiOCl_2 \downarrow + 2HCl$$

$$\quad\ 无色液体 \qquad\qquad\quad 黄绿色$$

$$TiOCl_2 + (x+1)H_2O(过量) \Longrightarrow TiO_2 \cdot xH_2O + 2HCl$$

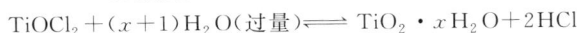

操作时加入大量的水（增加反应物），同时进行蒸发，赶出 HCl（减少生成物），促使水解平衡向右移动，得到水合二氧化钛，再经焙烧即得无水 TiO_2。

有时为了配制溶液或制备纯的产品，需要抑制水解。例如，实验室配制 $SbCl_2$ 或 $SbCl_3$ 溶液时，实际上是用一定浓度的 HCl 来配制的，否则，水解析出难溶的水解产物后，即使再加酸，也很难得到清澈的溶液：

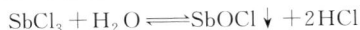

$$SbCl_3 + H_2O \Longrightarrow SbOCl \downarrow + 2HCl$$

又如，Fe^{3+}、Al^{3+}、Bi^{3+}、Zn^{2+}、Cu^{2+} 等易水解的盐类，在制备过程中，也需加入一定浓度的相应酸，保持溶液有足够的酸度，以免水解产物混入，而使产品不纯。

3.6　沉淀溶解平衡

沉淀反应是无机化学中极为普遍的一种反应。在无机化工的生产和科学实验中，原料溶解后才能在搅拌下快速反应，所需产物和副产物一般应分别在沉淀相和溶液中，这样才能分离得到产物。故沉淀反应经常用来制备、分离和提纯物质。而有时又要防止沉淀的生成。本节就这方面的基本原理和规律作详细的讨论。

3.6.1　沉淀溶解平衡与溶度积

任何电解质在水中总能溶解一部分，所谓不溶或难溶于水的电解质是指其溶解度小于 $0.01g/100gH_2O$。虽然溶解的物质的量很少，如 $BaSO_4$ 的溶解度是 $0.00024g/100gH_2O$。但其中的沉淀溶解平衡原理在工业中常被用来制备、分离和提纯物质。

（1）溶度积

在一定温度下，把足够量难溶电解质如 $BaSO_4$ 的固体放入水中，$BaSO_4$ 中 Ba^{2+} 和 SO_4^{2-} 在强极性的水分子作用下进入溶液，同时溶液中的 Ba^{2+} 和 SO_4^{2-} 也有碰到 $BaSO_4$ 固体重新沉淀的概率。当溶解和沉淀（结晶）速率达到相等时就达到了沉淀溶解平衡，这时的溶液是饱和溶液。如图 3-8 所示。

图 3-8　$BaSO_4$ 的溶解和沉淀过程

$$BaSO_4(s) \underset{沉淀}{\overset{溶解}{\rightleftharpoons}} Ba^{2+}(aq) + SO_4^{2-}(aq)$$

化学平衡原理用于上述沉淀溶解平衡，得到化学平衡表达式如下：

$$K_{sp}^{\ominus} = c(Ba^{2+})c(SO_4^{2-})$$

反应物 $BaSO_4$ 是纯固体，按规定它的浓度不写在平衡关系式中。这种平衡是多相平衡，是水合离子和它的固体化合物之间建立起来的平衡，叫做沉淀溶解平衡。其平衡常数叫做溶度积常数，简称溶度积。

对于一般溶解沉淀平衡：

$$A_nB_m(s) \rightleftharpoons nA^{m+}(aq) + mB^{n-}(aq)$$

溶度积的表达式简写：$K_{sp}^{\ominus}(A_nB_m) = c^n(A^{m+})c^m(B^{n-})$ (3-13)

例如：
$$Mg(OH)_2(s) \rightleftharpoons Mg^{2+}(aq) + 2OH^-(aq)$$

$$K_{sp}^{\ominus}[Mg(OH)_2] = c(Mg^{2+})c^2(OH^-)$$

① $K_{sp}^{\ominus}$ 的大小，是难溶电解质本性的常数，与浓度无关。

② $K_{sp}^{\ominus}$ 的大小，表明了难溶电解质溶解的难易。

③ 溶度积表达式中的有关浓度为饱和浓度。

④ 因为在水溶液中，温度变化有限，一般不考虑温度对 $K_{sp}^{\ominus}$ 的影响。

与其他平衡常数一样，$K_{sp}^{\ominus}$ 的数值既可以由实验测定，也可以用热力学数据来计算。书后附录 4 有常见难溶电解质的溶度积常数。

（2）溶度积和溶解度

溶度积和溶解度都可表示物质的溶解能力，但不同类型难溶电解质溶解度数据和溶度积数据大小不完全平行，但可以换算（在换算时要注意，溶解度与物质的量浓度的单位一致，为 $mol \cdot L^{-1}$）。另外，溶解度受溶液中其他物质的影响，而溶度积不受环境影响，更本质地反映了该物质的溶解能力。

【例 3-14】 已知 298.15K 时 $K_{sp}^{\ominus}(AgBr) = 5.3 \times 10^{-13}$，$K_{sp}^{\ominus}(BaCrO_4) = 1.2 \times 10^{-10}$，求各自的溶解度。

解：设 $AgBr$ 和 $BaCrO_4$ 的溶解度分别为 S_1、S_2 $mol \cdot L^{-1}$，则由：

$$AgBr(s) \rightleftharpoons Ag^+(aq) + Br^-(aq)$$

可知：$c(Ag^+) = c(Br^-) = S_1$ $mol \cdot L^{-1}$，根据溶度积表达式：

$$K_{sp}^{\ominus}(AgBr) = c(Ag^+)c(Br^-) = S_1^2$$

$$S_1 = \sqrt{K_{sp}^{\ominus}(AgBr)} = \sqrt{5.3 \times 10^{-13}}$$

$$= 7.3 \times 10^{-7} mol \cdot L^{-1}$$

$$BaCrO_4(s) \rightleftharpoons Ba^{2+}(aq) + CrO_4^{2-}(aq)$$

同理：
$$K_{sp}^{\ominus}(BaCrO_4) = c(Ba^{2+})c(CrO_4^{2-}) = S_2^2$$

$$S_2 = \sqrt{K_{sp}^{\ominus}(BaCrO_4)} = \sqrt{1.2 \times 10^{-10}}$$

$$= 1.1 \times 10^{-5}(mol \cdot L^{-1})$$

【例 3-15】 已知 298.15K 时 $K_{sp}^{\ominus}(AgCl) = 1.8 \times 10^{-10}$，$K_{sp}^{\ominus}(Ag_2CrO_4) = 1.1 \times 10^{-12}$，求各自的溶解度。

解：设 $AgCl$ 和 Ag_2CrO_4 的溶解度分别为 S_1、S_2 $mol \cdot L^{-1}$，则由：

$$AgCl(s) \rightleftharpoons Ag^+(aq) + Cl^-(aq)$$

可知：$c(Ag^+) = c(Cl^-) = S_1$ $mol \cdot L^{-1}$，根据溶度积表达式：

$$K_{sp}^{\ominus}(AgCl) = c(Ag^+)c(Cl^-) = S_1^2$$

$$S_1 = \sqrt{K_{sp}^{\ominus}(AgCl)} = \sqrt{1.8 \times 10^{-10}}$$

$$= 1.34 \times 10^{-5} \, mol \cdot L^{-1}$$

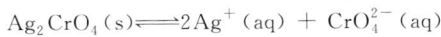

平衡浓度/$mol \cdot L^{-1}$ 　　　　　　　　$2S_2$ 　　　　　S_2

$$K_{sp}^{\ominus}(Ag_2CrO_4) = c^2(Ag^+)c(CrO_4^{2-}) = (2S_2)^2 \cdot S_2 = 4S_2^3$$

$$S_2 = \sqrt[3]{\frac{K_{sp}^{\ominus}(Ag_2CrO_4)}{4}} = 6.5 \times 10^{-5} \, mol \cdot L^{-1}$$

由以上两个例题可知，对于同一类型的难溶电解质，可以通过溶度积的大小来比较它们的溶解度大小。例如，均属 AB 型的难溶电解质 $AgCl$、$BaSO_4$ 和 $CaCO_3$ 等，在相同温度下，溶度积越大，溶解度也越大；反之亦然。但对不同类型的难溶电解质，则不能认为溶度积小的，溶解度也一定小，因溶解度与溶度积之间的换算关系不同，要通过计算来比较溶解度大小。

一般类型的难溶电解质 A_nB_m 溶度积 $K_{sp}^{\ominus}$ 与溶解度 S（以 $mol \cdot L^{-1}$ 为单位）的关系为：

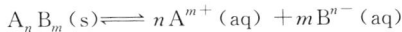

平衡浓度/$mol \cdot L^{-1}$ 　　　　　　　　nS 　　　　　mS

$$K_{sp}^{\ominus}(A_nB_m) = c^n(A^{m+})c^m(B^{n-}) = (nS)^n(mS)^m = m^m n^n S^{(m+n)}$$

$$S = \sqrt[(m+n)]{\frac{K_{sp}^{\ominus}}{m^m n^n}} \tag{3-14}$$

对于 AB 型难溶盐，$m = n = 1$，公式就变为 $s = \sqrt{K_{sp}^{\ominus}}$ 　　　　(3-14a)

对于 AB_2 或 A_2B 型难溶盐，$n = 1$，$m = 2$ 或 $n = 2$，$m = 1$

公式就变为 $s = \sqrt[3]{\dfrac{K_{sp}^{\ominus}}{4}}$ 　　　　(3-14b)

3.6.2　溶度积规则及其应用

3.6.2.1　一步沉淀

(1) 溶度积规则

难溶电解质的沉淀溶解平衡与其他平衡一样，也是一种动态平衡。如果改变平衡条件，可以使沉淀向着溶解的方向移动，即沉淀溶解；也可以使平衡向着沉淀的方向移动，即沉淀析出。

对于难溶电解质的有关离子浓度幂的乘积即离子积（以 Q 表示）为：

$$Q = c^n(A^{m+})c^m(B^{n-})$$

式中，$c(A^{m+})$、$c(B^{n-})$ 分别为在任意时候 A^{m+} 和 B^{n-} 的浓度。

在沉淀反应中，根据溶度积的概念和平衡移动原理，将溶液中构成难溶电解质的离子积与该温度下的难溶电解质的溶度积比较，可以推断：

当 $Q > K_{sp}^{\ominus}$ 时，沉淀从溶液中析出，直至溶液达到饱和；

当 $Q = K_{sp}^{\ominus}$ 时，溶液饱和，处于平衡状态；

当 $Q < K_{sp}^{\ominus}$ 时，溶液未饱和，无沉淀析出，若有沉淀，会溶解，直至饱和。

此原则为溶度积规则，它是判断沉淀生成或溶解的依据。从溶度积规则可以看出，沉淀的生成与溶解之间的转化关键在于构成难溶电解质的有关离子浓度，我们可以通过控制这些有关的离子浓度，设法使反应向我们希望的方向进行（图 3-9）。

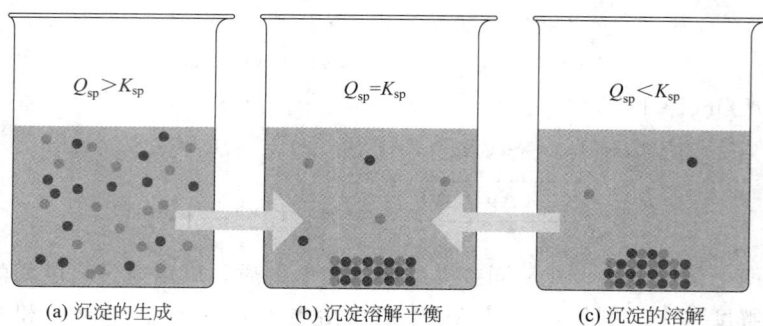

图 3-9　溶度积规则示意图

$Q_{sp}>K_{sp}$　　$Q_{sp}=K_{sp}$　　$Q_{sp}<K_{sp}$

(a) 沉淀的生成　　(b) 沉淀溶解平衡　　(c) 沉淀的溶解

根据溶度积规则，加入沉淀剂只要使溶液中离子积 $Q_i>K_{sp}^{\ominus}$，沉淀即生成。而加入形成沉淀的阴、阳离子的比例，并不一定要按分子式中离子的比例关系，是任意的。这样，在阴、阳离子按化学方程式比例生成沉淀后留下的难溶电解质的饱和溶液中，阴、阳离子的浓度不按其沉淀分子式的比例存在，但 $Q_i=K_{sp}^{\ominus}$ 的关系依然存在，故留在溶液中的阴、阳离子的浓度之间的关系是此消彼长的。

【例 3-16】　将 100mL 浓度为 0.0030mol·L^{-1} 的 Pb(NO$_3$)$_2$ 溶液与 400mL 浓度为 0.040mol·L^{-1} 的 Na$_2$SO$_4$ 混合，，问能否生成 PbSO$_4$ 沉淀。[$K_{sp}^{\ominus}$(PbSO$_4$)= 1.06×10^{-8}]

解：混合后，

$$V=100+400=500\text{mL}$$
$$c(\text{Pb}^{2+})=0.1\times0.003/0.5=6.0\times10^{-4}\text{mol}\cdot\text{L}^{-1}$$
$$c(\text{SO}_4^{2-})=0.4\times0.04/0.5=3.2\times10^{-2}\text{mol}\cdot\text{L}^{-1}$$
$$Q_i=c(\text{Pb}^{2+})c(\text{SO}_4^{2-})=6.0\times10^{-4}\times3.2\times10^{-2}$$
$$=1.9\times10^{-5}>K_{sp}^{\ominus}(\text{PbSO}_4)$$

所以有 PbSO$_4$ 沉淀生成。

实际上，两种能结合生成沉淀的离子达到溶度积后，若体系无结晶中心即晶核的存在，沉淀也不能生成，而将形成过饱和溶液。若向过饱和溶液中引入非常微小的晶体，甚至于灰尘微粒作晶核，或用玻璃棒摩擦容器壁，则会立刻析出晶体。另外，当生成沉淀量很少时，人的肉眼有时也观察不到，这时要借用指示剂或仪器（如分光光度计或电导率仪等）来分辨。

（2）沉淀的完全程度

用沉淀反应制备产品或分离杂质时，沉淀完全与否是人们最关心的问题。由于溶液中沉淀溶解平衡总是存在的，一定温度下 $K_{sp}^{\ominus}$ 为常数，故溶液中没有哪一种离子浓度会等于 0。换句话说，没有一种沉淀反应是绝对完全的。通常认为残留在溶液中的离子浓度小于 1.0×10^{-5}mol·L^{-1} 时，沉淀就达完全，即该离子被认为已除尽（但这种规定仅限于除去某离子，在后续的其他计算中如电极电势，配合物中离子浓度不能算 0，按实际数值计算）。

（3）同离子效应

在难溶电解质的沉淀溶解平衡中，加入含有与难溶电解质有相同离子的易溶强电解质时，会使沉淀溶解平衡向左移动，该难溶电解质的溶度积 $K_{sp}^{\ominus}$ 不变，但纯粹由该难溶电解质溶解出的物质的量减小，即溶解度减小，这种现象叫同离子效应。

如 AgCl 饱和溶液中加入 NaCl 固体，

$$AgCl(s) \rightleftharpoons Ag^+(aq) + Cl^-(aq)$$

$$NaCl \rightleftharpoons Na^+(aq) + Cl^-(aq)$$

Cl^- 的加入使 AgCl 的沉淀溶解平衡向左移动，致使 AgCl 的溶解度减小。

【例 3-17】 分别求 298.15K 时 AgCl 在纯水中和在 $0.1 \text{mol} \cdot \text{L}^{-1}$ NaCl 溶液中的溶解度。已知 $K_{sp}^{\ominus}(\text{AgCl}) = 1.8 \times 10^{-10}$。

解：(1) 设 AgCl 在纯水中的溶解度为 $S_1 \text{mol} \cdot \text{L}^{-1}$，则由：

$$AgCl(s) \rightleftharpoons Ag^+(aq) + Cl^-(aq)$$

可知：$c(Ag^+) = c(Cl^-) = S_1 \text{mol} \cdot \text{L}^{-1}$，根据溶度积表达式：

$$K_{sp}^{\ominus}(\text{AgCl}) = c(Ag^+)c(Cl^-) = S_1^2$$

$$S_1 = \sqrt{K_{sp}^{\ominus}(\text{AgCl})} = \sqrt{1.8 \times 10^{-10}}$$

$$= 1.34 \times 10^{-5} \text{mol} \cdot \text{L}^{-1}$$

(2) 设 AgCl 在 $0.1 \text{mol} \cdot \text{L}^{-1}$ NaCl 溶液中的溶解度为 $S_2 \text{mol} \cdot \text{L}^{-1}$，则：

$$AgCl(s) \rightleftharpoons Ag^+(aq) + Cl^-(aq)$$

平衡浓度/$\text{mol} \cdot \text{L}^{-1}$　　　　　　　　　　S_2　　　$S_2 + 0.1$

代入溶度积表达式中：$S_2(S_2 + 0.1) = K_{sp}^{\ominus}(\text{AgCl}) = 1.8 \times 10^{-10}$

由于 AgCl 溶解度很小，$(S_2 + 0.1) \approx 0.1$。所以：$S_2 = 1.8 \times 10^{-9} \text{mol} \cdot \text{L}^{-1}$

$$S_1 / S_2 = 1.34 \times 10^{-5} / 1.8 \times 10^{-9} = 7444$$

可见，同离子效应的影响有多大。

(4) 盐效应

从上例中可知，溶液中 $c(Cl^-)$ 和 $c(Ag^+)$ 是此消彼长的关系。NaCl 的浓度越大，AgCl 的溶解度越小。但实际情况并非如此。实验证明，当含有其他易溶强电解质（无共同离子）时，难溶电解质的溶解度比在纯水中的要大。如 $BaSO_4$ 和 AgCl 在 KNO_3 溶液中的溶解度都大于在纯水中的，而且 KNO_3 的浓度越大，其溶解度越大。这种由于加入易溶强电解质而使难溶电解质溶解度增大的效应称为盐效应。从图 3-10 可以看出，无论是 $BaSO_4$ 还是 AgCl 在 KNO_3 存在下的溶液中的溶解度都比在水中大。

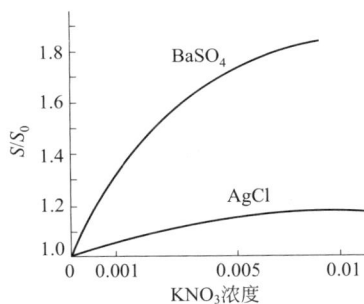

图 3-10　盐效应对 $BaSO_4$
和 AgCl 溶解度的影响

产生盐效应的原因是由于易溶强电解质的存在，使溶液中阴、阳离子的浓度大大增加，离子间的相互吸引和相互牵制作用加强，妨碍了离子的自由运动，使离子的有效浓度减小，因而沉淀速率变慢。这就破坏了原来的沉淀溶解平衡，使平衡向溶解方向移动。当建立起新的平衡时溶解度必有所增加。盐效应使溶解度增加，但该难溶盐的溶度积常数不变，因为溶度积公式中有关离子的浓度是有效浓度，加入易溶强电解质使原离子有效浓度降低，为了使离子积重新达到溶度积常数，还需要溶解一部分得到离子。

不难理解，在沉淀操作中利用同离子效应的同时也存在盐效应。故应注意所加沉淀剂量不要太多，否则由于盐效应反而会使溶解度增大。表 3-9 列出了 $PbSO_4$ 在

Na$_2$SO$_4$ 溶液中的溶解度。

表 3-9　PbSO$_4$ 在 Na$_2$SO$_4$ 溶液中的溶解度

$c(\text{Na}_2\text{SO}_4)/\text{mol} \cdot \text{L}^{-1}$	0	0.001	0.01	0.02	0.04	0.10	0.20
$c(\text{PbSO}_4)/\ 10^{-5}\text{mol} \cdot \text{L}^{-1}$	15	2.4	1.6	1.4	1.3	1.5	2.3

从表中看出，当 Na$_2$SO$_4$ 浓度由 0 增加到 0.04mol·L^{-1} 时，PbSO$_4$ 溶解度不断降低，此时，同离子应起主导作用。但当 Na$_2$SO$_4$ 浓度超过 0.04mol·L^{-1} 时，溶解度又有所增加，说明此时盐效应的作用明显增强。在实际工作中，沉淀剂的用量一般以过量 20%～50% 为宜。表 3-9 的数据还表明在沉淀剂过量不多时同离子效应对难溶电解质溶解度的影响远大于盐效应。因此，在有同离子效应的近似计算中，忽略盐效应所引起的误差是允许的。

盐效应实际上普遍存在。在无机试剂的制备中，若在浓溶液中使杂质沉淀，往往得不到预期效果。例如，在硝酸盐溶液中以 Ba^{2+} 沉淀 SO$_4^{2-}$ 时，留在溶液中的 Ba^{2+} 及 SO$_4^{2-}$ 的浓度之积远远超过 BaSO$_4$ 的溶度积。

过量的沉淀剂除了产生盐效应外，有时还会与沉淀发生化学反应，导致沉淀的溶解度增大甚至完全溶解。例如，在沉淀 Ag$^+$ 时，加入过量的 Cl$^-$ 会因生成 [AgCl$_2$]$^-$ 配离子，使 AgCl 溶解度增大；在沉淀 Hg^{2+} 时，加入过量 I$^-$ 会因生成无色 [HgI$_4$]$^{2-}$ 配离子而使红色的 HgI$_2$ 沉淀溶解。又如，在 Ca(OH)$_2$ 的饱和溶液中通入 CO$_2$ 会有 CaCO$_3$ 沉淀生成，若继续通入 CO$_2$，则因生成可溶性酸式盐 Ca(HCO$_3$)$_2$，反而会出现沉淀重新溶解的现象。

3.6.2.2　分步沉淀

前面所讨论的沉淀反应都是加入一种试剂只能使一种离子生成沉淀的情况。实际工作中，溶液中往往会同时含有多种离子，当加入某种沉淀剂时，这些离子都有可能与沉淀剂发生沉淀反应，生成难溶电解质。在这种情况下，任何一种难溶电解质达到 $Q_i > K_{sp}^{\ominus}$ 时，都要生成沉淀；有几种难溶电解质达到 $Q_i > K_{sp}^{\ominus}$，就有几种难溶电解质生成沉淀。但由于不同难溶电解质的类型和溶度积 $K_{sp}^{\ominus}$ 不尽相同，生成沉淀所需沉淀剂的浓度也不相同，在加入沉淀剂的过程中离子会产生先后沉淀的现象称为分步沉淀。

例如将 AgNO$_3$ 溶液逐滴加入到含有等浓度（均为 0.1mol·L^{-1}）的 Cl$^-$ 和 I$^-$ 的混合溶液中，由于 AgI 的溶度积较小，首先析出的是黄色的 AgI 沉淀，随着 AgNO$_3$ 溶液的继续加入，才出现白色的 AgCl 沉淀。

根据溶度积规则，可以计算出 AgCl 和 AgI 开始发生沉淀时所需要 Ag$^+$ 的最低浓度。

已知，$K_{sp}^{\ominus}(\text{AgCl}) = c(\text{Ag}^+)c(\text{Cl}^-) = 1.8 \times 10^{-10}$，$K_{sp}^{\ominus}(\text{AgI}) = c(\text{Ag}^+)c(\text{I}^-) = 8.3 \times 10^{-17}$，则：

Cl$^-$ 开始沉淀时需要的 $c(\text{Ag}^+)$ 为：

$$c(\text{Ag}^+) = \frac{K_{sp}^{\ominus}(\text{AgCl})}{c(\text{Cl}^-)} = \frac{1.8 \times 10^{-10}}{0.1} = 1.8 \times 10^{-9} \text{mol} \cdot \text{L}^{-1}$$

I$^-$ 开始沉淀时需要的 $c(\text{Ag}^+)$ 为：

$$c(\text{Ag}^+) = \frac{K_{sp}^{\ominus}(\text{AgI})}{c(\text{I}^-)} = \frac{8.3 \times 10^{-17}}{0.1} = 8.3 \times 10^{-16} \text{mol} \cdot \text{L}^{-1}$$

显然，用于沉淀 I^- 所需的 Ag^+ 浓度比用于沉淀 Cl^- 所需要的 Ag^+ 浓度要小得多。因此，当滴加 $AgNO_3$ 溶液时，AgI 先沉淀出来。随着 I^- 不断被沉淀，溶液中 I^- 不断减小，在 AgI 先沉淀过程中，溶液中始终保持着 $c(Ag^+)c(I^-) = K_{sp}^{\ominus}$ (AgI) 的浓度关系，若要继续析出沉淀，必须不断增大 $c(Ag^+)$，当 $c(Ag^+)$ 增大到能使 Cl^- 开始沉淀时，AgI 和 AgCl 将同时沉淀。此时的溶液对于 AgI 和 AgCl 来说都是饱和溶液，溶液中的 I^-、Cl^-、Ag^+ 同时满足 AgI 和 AgCl 的溶度积，则：

$$c(Ag^+)c(Cl^-) = 1.8 \times 10^{-10}$$
$$c(Ag^+)c(I^-) = 8.3 \times 10^{-17}$$

上面两式在同一溶液中达平衡，$c(Ag^+)$ 相等，所以：

$$\frac{c(Cl^-)}{c(I^-)} = \frac{1.8 \times 10^{-10}}{8.3 \times 10^{-17}} = 2.2 \times 10^6$$

因此，当 $c(Cl^-)$ 比 $c(I^-)$ 大 2.2×10^6 倍时，AgCl 就开始沉淀。根据溶度积，就可算出溶液中所剩的 $c(I^-)$。

$$c(I^-) = \frac{c(Cl^-)}{2.2 \times 10^6} = \frac{0.1}{2.2 \times 10^6} = 4.54 \times 10^{-7} \, mol \cdot L^{-1}$$

由此可见，当 AgCl 开始沉淀时，溶液中 $c(I^-)$ 已远远小于 $1.00 \times 10^{-5} \, mol \cdot L^{-1}$，即可认为 I^- 已完全沉淀。

利用分步沉淀原理，可使两种甚至多种离子分离。

【例 3-18】 工业上分析水中 Cl^- 的含量，常用 $AgNO_3$ 作滴定剂，K_2CrO_4 作为指示剂。在水样中逐滴加入 $AgNO_3$ 时，有白色 AgCl 沉淀析出。继续滴加 $AgNO_3$，当开始出现砖红色 Ag_2CrO_4 沉淀时即为滴定的终点。

（1）试解释为什么 AgCl 比 Ag_2CrO_4 先沉淀；

（2）假定开始时水样中 $c(Cl^-) = 7.1 \times 10^{-3} \, mol \cdot L^{-1}$，$c(CrO_4^{2-}) = 5.0 \times 10^{-3} \, mol \cdot L^{-1}$，计算当 Ag_2CrO_4 开始沉淀时，水样中的 Cl^- 是否已沉淀完全？

解：（1）欲使 AgCl 或 Ag_2CrO_4 沉淀生成，溶液中离子积应大于溶度积。设生成 AgCl 和 Ag_2CrO_4 沉淀的最低 Ag^+ 的浓度分别为 $c_1(Ag^+)$ 和 $c_2(Ag^+)$，AgCl 和 $AgCrO_4$ 的沉淀-溶解平衡式为：

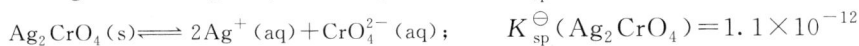

$$AgCl(s) \Longleftrightarrow Ag^+(aq) + Cl^-(aq); \qquad K_{sp}^{\ominus}(AgCl) = 1.8 \times 10^{-10}$$
$$Ag_2CrO_4(s) \Longleftrightarrow 2Ag^+(aq) + CrO_4^{2-}(aq); \qquad K_{sp}^{\ominus}(Ag_2CrO_4) = 1.1 \times 10^{-12}$$

$$c_1(Ag^+) = \frac{K_{sp}^{\ominus}(AgCl)}{c(Cl^-)} = \frac{1.8 \times 10^{-10}}{7.1 \times 10^{-3}} = 2.5 \times 10^{-8} \, mol \cdot L^{-1}$$

$$c_2(Ag^+) = \sqrt{\frac{K_{sp}^{\ominus}(Ag_2CrO_4)}{c(CrO_4^{2-})}} = \sqrt{\frac{1.1 \times 10^{-12}}{5.0 \times 10^{-3}}} = 1.5 \times 10^{-5} \, mol \cdot L^{-1}$$

计算得知，沉淀 Cl^- 所需 Ag^+ 最低浓度比沉淀 CrO_4^{2-} 小得多，故加入 $AgNO_3$ 时，AgCl 应先沉淀。随着 Ag^+ 的不断加入，溶液中 Cl^- 的浓度逐渐减少，要不断沉淀出 AgCl，Ag^+ 的浓度需逐渐增加。当达到 $1.5 \times 10^{-5} \, mol \cdot L^{-1}$ 时，Ag^+ 与 CrO_4^{2-} 的离子积达到了 Ag_2CrO_4 的 $K_{sp}^{\ominus}$，随即析出砖红色 Ag_2CrO_4 沉淀。

（2）当 Ag_2CrO_4 析出时，溶液中 Cl^- 浓度为：

$$c(Cl^-) = \frac{K_{sp}^{\ominus}(AgCl)}{c(Ag^+)} = \frac{1.8 \times 10^{-10}}{1.5 \times 10^{-5}} = 1.2 \times 10^{-5} \, mol \cdot L^{-1}$$

Cl^- 浓度接近 $10^{-5}mol \cdot L^{-1}$，故 Ag_2CrO_4 开始析出时，可认为溶液中 Cl^- 已基本沉淀完全。

从上面两例看出：当一种试剂能沉淀溶液中几种离子时，生成沉淀所需试剂离子浓度最小者首先沉淀。类型相同的电解质中，且沉淀离子浓度相等时，溶度积小的电解质首先沉淀；对于不同类型的电解质，可通过计算求出生成沉淀所需沉淀剂的浓度且浓度小者首先沉淀，这就是分步沉淀的基本原理。如各离子沉淀所需试剂离子的浓度相差较大，借助分步沉淀就能达到分离的目的。

工厂生产中，利用控制溶液 pH 的方法对金属氢氧化物进行分离，就是分步沉淀原理的重要应用。

(1) 控制溶液 pH 值，使金属离子分别沉淀

大多数金属氢氧化物不溶于水，但形成氢氧化物沉淀所需的 $c(OH^-)$ 不同，故常通过控制溶液 pH 值，使金属离子分别沉淀。

【例 3-19】 已知某溶液中含有 $0.10mol \cdot L^{-1}$ Ni^{2+} 和 $0.010mol \cdot L^{-1}$ 的 Fe^{3+}，试问如何控制 pH 达到使其分离的目的。

解： 查表得：$K_{sp}^{\ominus}(Ni(OH)_2) = 5.0 \times 10^{-16}$，$K_{sp}^{\ominus}(Fe(OH)_3) = 2.8 \times 10^{-39}$，$Fe(OH)_3$ 开始沉淀时，$c(Fe^{3+}) c^3(OH^-) \geqslant K_{sp}^{\ominus}(Fe(OH)_3)$

$$c(OH^-) \geqslant \sqrt[3]{\frac{K_{sp}^{\ominus}(Fe(OH)_3)}{c(Fe^{3+})}} = \sqrt[3]{\frac{2.8 \times 10^{-39}}{0.01}} = 6.54 \times 10^{-13} mol \cdot L^{-1}$$

$$pH = 14 - pOH = 14 - [-\lg c(OH^-)] = 14 + \lg c(OH^-)$$
$$= 14 + \lg(6.54 \times 10^{-13}) = 1.82$$

沉淀完全时，$c(Fe^{3+}) \leqslant 10^{-5} mol \cdot L^{-1}$

$$c(OH^-) = \sqrt[3]{\frac{K_{sp}^{\ominus}(Fe(OH)_3)}{c(Fe^{3+})}} = \sqrt[3]{\frac{2.8 \times 10^{-39}}{10^{-5}}} = 6.54 \times 10^{-12}$$

$$pH = 14 - pOH = 14 - [-\lg c(OH^-)] = 14 + \lg c(OH^-)$$
$$= 14 + \lg(6.54 \times 10^{-12}) = 2.82$$

$Ni(OH)_2$ 开始沉淀时，$c(Ni^{2+}) c^2(OH^-) \geqslant K_{sp}^{\ominus}(Ni(OH)_2)$

$$c(OH^-) \geqslant \sqrt{\frac{K_{sp}^{\ominus}(Ni(OH)_2)}{c(Ni^{2+})}} = \sqrt{\frac{5.0 \times 10^{-16}}{0.10}} = 7.07 \times 10^{-8} mol \cdot L^{-1}$$

$$pH = 14 - pOH = 14 - [-\lg c(OH^-)] = 14 + \lg c(OH^-)$$
$$= 14 + \lg(7.07 \times 10^{-8}) = 6.85$$

只要控制在 $2.82 < pH < 6.85$，就能使两者达到分离的目的。

对于金属离子，通过控制溶液的 pH 使之分别沉淀，达到分离的目的，可用下面的通式：

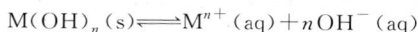

$$M(OH)_n(s) \rightleftharpoons M^{n+}(aq) + nOH^-(aq)$$

$M(OH)_n$ 开始沉淀时，$c(M^{n+}) c^n(OH^-) \geqslant K_{sp}^{\ominus}(M(OH)_n)$

$$c(OH^-) \geqslant \sqrt[n]{\frac{K_{sp}^{\ominus}(M(OH)_n)}{c(M^{n+})}}$$

$M(OH)_n$ 沉淀完全时，$c(OH^-) \geqslant \sqrt[n]{\dfrac{K_{sp}^{\ominus}(M(OH)_n)}{10^{-5}}}$，然后换算成相应的 pH，表

3-10 就是通过这样的计算得一些金属离子开始沉淀和完全沉淀的 pH。

表 3-10　金属氢氧化物沉淀的 pH

金属氢氧化物		开始沉淀的 pH		沉淀完全的 pH
分子式	$K_{sp}^{\ominus}$	金属离子浓度 $1\text{mol} \cdot \text{L}^{-1}$	金属离子浓度 $0.1\text{mol} \cdot \text{L}^{-1}$	金属离子浓度 $<10^{-5}\text{mol} \cdot \text{L}^{-1}$
$Mg(OH)_2$	5.61×10^{-12}	8.37	8.87	10.87
$Co(OH)_2$	5.92×10^{-15}	6.89	7.38	9.38
$Cd(OH)_2$	7.2×10^{-15}	6.9	7.4	9.4
$Zn(OH)_2$	6.8×10^{-17}	5.92	6.42	8.42
$Fe(OH)_2$	4.87×10^{-17}	5.8	6.34	8.34
$Pb(OH)_2$	1.43×10^{-15}	6.58	7.08	9.08
$Be(OH)_2$	6.92×10^{-22}	3.42	3.92	5.92
$Sn(OH)_2$	5.45×10^{-28}	0.87	1.37	3.37
$Fe(OH)_3$	2.79×10^{-39}	1.15	1.48	2.81

　　控制溶液的 pH 范围，使一种金属离子达到完全沉淀，另一种金属离子还未沉淀，然后通过过滤生成氢氧化物沉淀达到分离的目的。一些难溶氢氧化物的 s-pH 图如图 3-11 所示。

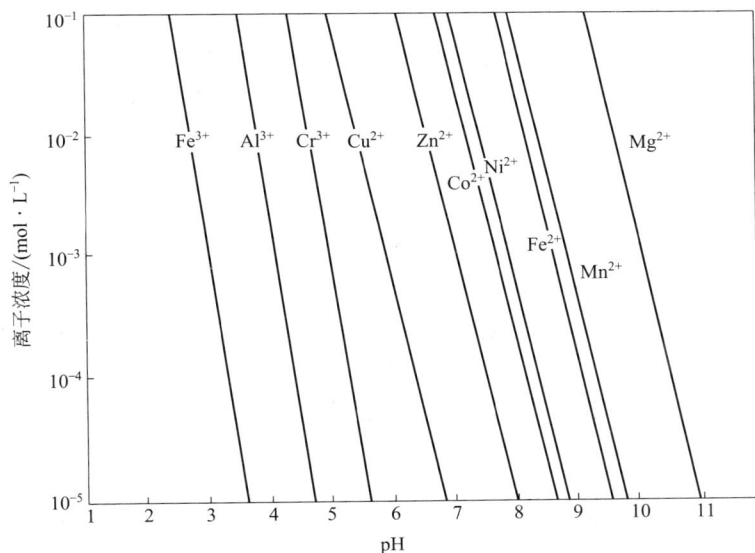

图 3-11　一些难溶氢氧化物的 s-pH 图

（2）生成硫化物沉淀使金属离子分离

　　除碱金属、部分碱土和铵的硫化物溶于水外，很多金属的硫化物不溶于水。这些金属硫化物的溶度积相差很大，故有些能溶于稀酸，有些需浓盐酸才能溶解，有些溶于硝酸，有些只能溶于王水。溶于稀酸的金属硫化物，也可以通过控制溶液中 S^{2-} 的浓度使之先后沉淀，若在溶液中通入饱和的 H_2S，则可通过控制 H^+ 浓度间接控制 S^{2-} 的浓度。

　　【例 3-20】　Pb^{2+}、Zn^{2+} 浓度均为 $0.1\text{mol} \cdot \text{L}^{-1}$，溶液中通入至饱和的 H_2S（$0.1\text{mol} \cdot \text{L}^{-1}$），$H^+$ 浓度多少时两种离子能完全分离？［$K_{sp}^{\ominus}(\text{PbS}) = 8.0 \times 10^{-28}$，$K_{sp}^{\ominus}(\text{ZnS}) = 2.5 \times 10^{-22}$，$K_{a1}^{\ominus}(\text{H}_2\text{S}) = 1.32 \times 10^{-7}$，$K_{a2}^{\ominus}(\text{H}_2\text{S}) = 7.10 \times 10^{-15}$］

解：开始沉淀 Pb^{2+} 时，所需 $c(S^{2-})_1 = \dfrac{K_{sp}^{\ominus}(PbS)}{c(Pb^{2+})} = \dfrac{8.0 \times 10^{-28}}{0.10} = 8.0 \times 10^{-27} \text{ mol} \cdot \text{L}^{-1}$

开始沉淀 Zn^{2+} 时，所需 $c(S^{2-})_2 = \dfrac{K_{sp}^{\ominus}(ZnS)}{c(Zn^{2+})} = \dfrac{2.5 \times 10^{-22}}{0.10} = 2.5 \times 10^{-21} \text{ mol} \cdot \text{L}^{-1}$

Pb^{2+} 首先沉淀，当 Zn^{2+} 开始沉淀时，Pb^{2+} 浓度为：

$$c(Pb^{2+}) = \frac{K_{sp}^{\ominus}(PbS)}{c(S^{2-})_2} = \frac{8.0 \times 10^{-28}}{2.5 \times 10^{-21}} = 3.20 \times 10^{-7} \text{ mol} \cdot \text{L}^{-1} < 10^{-5} \text{ mol} \cdot \text{L}^{-1}$$

即控制 $c(S^{2-})$ 在 $2.5 \times 10^{-21} \sim 8.0 \times 10^{-27}$ mol·L^{-1} 时，Pb^{2+} 和 Zn^{2+} 可完全分离。饱和 H_2S 溶液中 $c(S^{2-})$ 和 $c(H^+)$ 有下列关系：

$$H_2S(aq) \rightleftharpoons 2H^+(aq) + S^{2-}(aq)$$

$$K_{a1}^{\ominus}(H_2S)K_{a2}^{\ominus}(H_2S) = \frac{c^2(H^+)c(S^{2-})}{c(H_2S)}$$

$$c(H^+)_1 = \sqrt{\frac{K_{a1}^{\ominus}(H_2S)K_{a2}^{\ominus}(H_2S)}{c(S^{2-})_1}} = \sqrt{\frac{1.32 \times 10^{-7} \times 7.10 \times 10^{-15}}{8.0 \times 10^{-27}}} = 342 \text{ mol} \cdot \text{L}^{-1}$$

$$c(H^+)_2 = \sqrt{\frac{K_{a1}^{\ominus}(H_2S)K_{a2}^{\ominus}(H_2S)}{c(S^{2-})_2}} = \sqrt{\frac{1.32 \times 10^{-7} \times 7.10 \times 10^{-15}}{2.5 \times 10^{-21}}} = 0.61 \text{ mol} \cdot \text{L}^{-1}$$

溶液中 $c(H^+)$ 只要大于 0.61 mol·L^{-1}，即可将 Pb^{2+}、Zn^{2+} 完全分离。

用沉淀法合成无机物时，通常希望获得大颗粒晶形沉淀，易沉降、易洗涤；还要求杂质少，产量高。根据上述规则及生产经验，对沉淀条件有如下要求：

① 溶液适当稀一些，使欲沉淀物有较低的过饱和度，控制聚集速度，有利于形成较少的晶核，得到大颗粒晶形沉淀。

② 合成温度适当高一些，使过饱和度降低，减慢聚集速度，使晶核得到成长；在热溶液中沉淀的吸附较少，有利于提高纯度；得到较紧密沉淀，有利于沉降、洗涤。故操作时，通常将溶液加热至沸腾。

③ 沉淀剂缓慢加入并不断搅拌，以避免局部过浓而形成大量晶核。当沉淀将要析出时，尤其要缓慢。

如能将沉淀放置陈化，由于小颗粒的溶解度较大，故在陈化过程中，小颗粒逐渐溶解，大颗粒逐渐长大，便于过滤与洗涤。陈化过程中，还能清除某些杂质。

④ 注意加料顺序。加料顺序有正加、反加和对加之分。"正加"是指金属盐类（欲沉淀的阳离子）放在反应器中，加入沉淀剂（欲沉淀的阴离子），以此类推。加料顺序与沉淀吸附哪种杂质有密切关系。如用 $AgNO_3$ 和 HCl 合成 $AgCl$ 时，若将稀盐酸往 $AgNO_3$ 溶液中加（正加），此时 NO_3^- 过量，$AgCl$ 沉淀所吸附的杂质为 NO_3^-，易于洗涤。反之，$AgNO_3$ 溶液往稀盐酸里加（反加），$AgCl$ 沉淀所吸附的杂质为 Cl^-，不易洗涤。两种溶液以一定速度同时加入反应器中（对加），可避免任意一种溶液局部过浓，所得沉淀颗粒较大，吸附杂质少。

⑤ 若能采用均相沉淀法，能得到纯度高，颗粒粗大的晶体。均相沉淀的实质是：沉淀物的离子不是从外部直接加入，而是在溶液中逐步出现的。

沉淀物离子由缓慢的化学反应逐渐产生。例如用尿素作沉淀剂，它所提供的 CO_3^{2-} 和 OH^- 由水解反应产生：

$$CO(NH_2)_2 + H_2O \longrightarrow 2NH_3 + CO_2$$
$$NH_3 + H_2O \Longrightarrow NH_4^+ + OH^-$$
$$CO_2 + H_2O \Longrightarrow H_2CO_3 \Longrightarrow H^+ + HCO_3^-$$
$$HCO_3^- \Longrightarrow H^+ + CO_3^{2-}$$

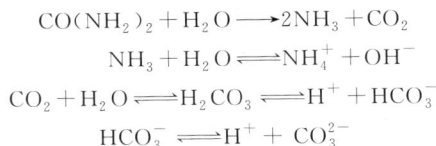

由于水解作用缓慢，CO_3^{2-} 和 OH^- 两种作用离子逐步产生，有效地控制了溶液的过饱和度，效果十分显著。

沉淀剂离子由配离子逐渐释出。如将非晶型 AgCl 溶解在氨水中，生成 $[Ag(NH_3)_2]$ Cl，然后缓慢将氨赶出。此时，Ag^+ 浓度缓慢增加，AgCl 沉淀逐渐析出，结果得到相当粗大的晶体。

3.6.3　沉淀反应在医药生产上的某些应用

沉淀反应的应用十分广泛，在化工和药物生产中，许多难溶物质的制备，一些易溶产品中某些杂质的分离去除，以及产品的质量分析等等，都会涉及一些与沉淀溶解平衡有关的问题。

3.6.3.1　在药物生产上的应用

难溶无机药物的制备，原则上是通过两种易溶电解质互相混合而制成的。制备过程中，必须控制适当的反应条件，否则会影响产品的纯度，进而影响药物的疗效。现以《中国药典》中的 $BaSO_4$、$Al(OH)_3$ 的精制为例说明如下。

（1）$BaSO_4$ 的制备

制备 $BaSO_4$ 一般用 $BaCl_2$ 和 Na_2SO_4 为原料，或向可溶性钡盐中加入硫酸制得。离子反应式为：

$$Ba^{2+} + SO_4^{2-} \Longrightarrow BaSO_4 \downarrow$$

所得沉淀经过滤、洗涤、干燥后，检查其杂质，测定其含量，符合《中国药典》所规定的质量标准便可供药用。

$BaSO_4$ 生产的最佳条件是：在适当稀的 $BaCl_2$ 热溶液中，缓慢加入沉淀剂 Na_2SO_4 或 H_2SO_4，并不断搅拌溶液，等 $BaSO_4$ 沉淀析出后，与溶液一起放置一段时间，使小晶体溶解，大晶体长大，小晶体表面和内部的杂质进入溶液（该过程称沉淀的老化作用），所得 $BaSO_4$ 颗粒粗大且纯净。

由于 $BaSO_4$ 不溶于水和酸，且 X 射线不能透过钡离子，因此，可用作 X 光造影剂，以诊断胃肠道疾病。

（2）$Al(OH)_3$ 的制备

工业生产上，制备 $Al(OH)_3$ 以钒土（主要成分 Al_2O_3）为原料，使其先溶于硫酸，生成硫酸铝，再与 Na_2CO_3 作用生成 $Al(OH)_3$ 胶体沉淀。反应式如下：

$$Al_2O_3 + 3H_2SO_4 \Longrightarrow Al_2(SO_4)_3 + 3H_2O$$
$$Al_2(SO_4)_3 + 3Na_2CO_3 + 3H_2O \Longrightarrow 2Al(OH)_3 \downarrow + 3Na_2SO_4 + 3CO_2 \uparrow$$

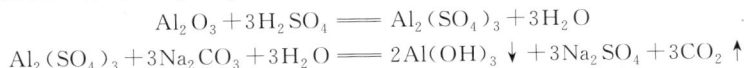

$Al(OH)_3$ 胶体沉淀的最佳生产条件是在比较浓的热溶液中进行，加入沉淀剂的速度可适当快一些，沉淀完全后不必老化，可立即过滤，经洗涤、干燥、检查杂质、测定含量，符合《中国药典》质量标准便可供药用。

$Al(OH)_3$ 是一种常用抗酸剂，可制成多种制剂，临床上用于胃酸过多、胃溃疡、十二指肠溃疡等疾病的治疗。

3.6.3.2　在药物质量控制上的应用

为了保证用药安全，必须确保药品符合国家规定的药品质量标准。在药物质量标准的控制上，不少检测手段就是运用加入沉淀剂产生沉淀反应的原理。例如注射用水中氯化物的限度检查规定为：取水样 50mL，加稀 HNO_3 溶液 5 滴、0.10mol·L^{-1} $AgNO_3$ 溶液 1mL，放置半分钟不能发生浑浊。

根据样品的体积和所用试剂的浓度和体积，从 AgCl 的 $K_{sp}^{\ominus}$ 可计算出这种方法允许 Cl^- 存在的度。

本方法检查时，$c(Ag^+) = \dfrac{1mL}{50mL+1mL} \times 0.1mol·L^{-1} \approx 2.0 \times 10^{-3}\ mol·L^{-1}$

根据溶度积规则，若溶液中不产生浑浊，则 $Q_i \leqslant K_{sp}^{\ominus}$，此时溶液中的 Cl^- 相对浓度为：

$$c(Cl^-) \leqslant \frac{K_{sp}^{\ominus}}{c(Ag^+)} = \frac{1.8 \times 10^{-10}}{2.0 \times 10^{-3}} = 9.0 \times 10^{-8}\ mol·L^{-1}$$

计算结果说明，$c(Cl^-)$ 超过 $9.0 \times 10^{-8}mol·L^{-1}$ 时，就会产生 AgCl 沉淀而使溶液变浑浊，这一浓度就是注射用水中允许 Cl^- 存在的最高限度。

又如药品杂质检查项目中的重金属检查，是利用生成 PbS 沉淀反应进行的。所谓重金属是指在酸性（pH 值约为 3）的溶液中，能与饱和 H_2S 试液作用产生硫化物沉淀的物质，如铅、银、铜、锌、钴、镍、砷、锑、铋、锡等盐类。因在生产过程中，遇到铅的机会最多，而且铅又易积蓄中毒，故检查时以铅为代表。检查方法是在样品溶液中加入饱和 H_2S 溶液，使其与重金属离子生成棕色溶液或暗棕色浑浊，与一定量的标准铅按同种方法处理后所显的颜色或浑浊进行比较，以判断出样品中重金属的含量限度。

再如药品中含有微量硫酸盐的检查法，是利用硫酸盐与新鲜配制的氯化钡溶液在酸性溶液中作用生成硫酸钡浑浊。将它与一定量的标准硫酸钾与氯化钡在同一条件下用同种方法处理所生成的浑浊比较，以推断出样品中含硫酸盐的限度。

3.6.4　沉淀的溶解和转化
3.6.4.1　沉淀的溶解

根据溶度积规则，若有沉淀 A_nB_m 存在，难溶电解质离子在溶液中一定有如下关系：

$$K_{sp}^{\ominus}(A_nB_m) = c^n(A^{m+})c^m(B^{n-})$$

要使沉淀溶解，需减少溶液中 A^{m+} 或 B^{n-} 浓度，使 $Q_i < K_{sp}^{\ominus}$。减少溶液中难溶电解质离子浓度。主要有以下几种途径。

(1) 生成弱电解质，使沉淀溶解

这种方法是针对某些由弱电解质生成的难溶化合物，或某一离子可以通过反应生成弱电解质的化合物。如 CO_2 具有挥发性，H_2O 是极弱的电解质，故往溶液中加入较强的酸，碳酸盐和氢氧化物沉淀均可溶解。如

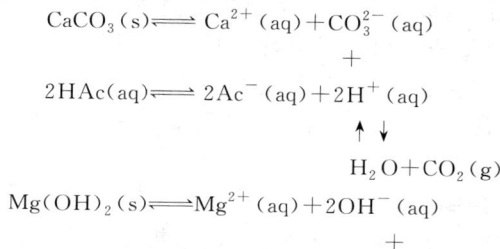

$$CaCO_3(s) \Longrightarrow Ca^{2+}(aq) + CO_3^{2-}(aq)$$
$$+$$
$$2HAc(aq) \Longrightarrow 2Ac^-(aq) + 2H^+(aq)$$
$$\uparrow \downarrow$$
$$H_2O + CO_2(g)$$
$$Mg(OH)_2(s) \Longrightarrow Mg^{2+}(aq) + 2OH^-(aq)$$
$$+$$

$$2NH_4Cl \longrightarrow 2Cl^-(aq) + 2NH_4^+(aq)$$

$$\uparrow \downarrow$$

$$2NH_3 \cdot H_2O$$

$$FeS(s) \Longrightarrow Fe^{2+}(aq) + S^{2-}(aq)$$

$$+$$

$$2HCl \longrightarrow 2Cl^-(aq) + 2H^+(aq)$$

$$\uparrow \downarrow$$

$$H_2S(g)$$

分析溶解反应的平衡常数，可对上述反应有进一步认识。以 FeS 溶于 HCl 为例。该系统中同时存在着两个平衡，即 FeS 的沉淀溶解平衡和 H_2S 的解离平衡：

$$FeS(s) \Longrightarrow Fe^{2+}(aq) + S^{2-}(aq) \qquad (1); K_1^\ominus = K_{sp}^\ominus$$

$$2H^+(aq) + S^{2-}(aq) \Longrightarrow H_2S \qquad (2); K_2^\ominus = 1/(K_{a1}^\ominus K_{a2}^\ominus)$$

溶解反应：$FeS(s) + 2H^+(aq) \Longrightarrow Fe^{2+}(aq) + H_2S \qquad (3); K_3^\ominus$

因为溶解反应平衡是一个多重平衡，即 (1)+(2)=(3)，故：

$$K_3^\ominus = K_1^\ominus K_2^\ominus = K_{sp}^\ominus/(K_{a1}^\ominus K_{a2}^\ominus)$$

溶解反应的平衡常数与难溶电解质的溶度积及弱电解质的解离常数有关。难溶电解质的溶度积越大，或所生成弱电解质的解离常数 $K_a^\ominus$ 或 $K_b^\ominus$ 越小，越易溶解。例如，FeS 和 CuS 虽然同是弱酸盐，因 CuS 的 $K_{sp}^\ominus$ 比 FeS 的小得多，故 FeS 能溶于 HCl，而 CuS 不溶。又如，溶度积很小的金属氢氧化物 $Fe(OH)_3$、$Al(OH)_3$ 不能溶于铵盐，但能溶于酸。这是因为加酸后生成水，加 NH_4^+ 后生成 $NH_3 \cdot H_2O$，而水是比氨水更弱的电解质。

(2) 发生氧化还原反应

由于 CuS 的 $K_{sp}^\ominus$ 很小，上面 CuS 与酸的反应平衡常数很小，CuS 在酸中不能因形成 H_2S 气体而溶解。但用强氧化剂如 HNO_3 能将 S^{2-} 氧化成单质 S，降低了溶液中 S^{2-} 的浓度，使 $Q_i < K_{sp}^\ominus$。

$$CuS(s) \Longrightarrow Cu^{2+}(aq) + S^{2-}(aq)$$

$$+$$

$$HNO_3 \longrightarrow H^+ + NO_3^-$$

$$\uparrow \downarrow$$

$$NO\uparrow + H_2O$$

总反应为：

$$3CuS(s) + 8HNO_3 \longrightarrow 3Cu(NO_3)_2 + 3S\downarrow + 2NO\uparrow + 4H_2O$$

同理，Ag_2S 也能溶于 HNO_3。但硫化物溶于 HNO_3 也需要一定的 S^{2-} 浓度，若 S^{2-} 太少即硫化物的 $K_{sp}^\ominus$ 太小，如 HgS、HNO_3 也不能将其溶解（S^{2-} 还原能力与其浓度有关，浓度越小还原能力越弱，将在氧化还原一章讲到）。

(3) 生成配离子使沉淀溶解

若难溶电解质离子能与其他分子或离子形成更稳定的复杂离子即配离子，降低溶液中难溶电解质离子的浓度，使 $Q_i < K_{sp}^\ominus$，同样可以使难溶电解质溶解。如 AgCl 溶于氨水。

$$AgCl(s) \Longrightarrow Ag^+(aq) + Cl^-(aq)$$

氨水与 Ag^+ 生成稳定的 $[Ag(NH_3)_2]^{2+}$，使溶液中 Ag^+ 浓度减小，沉淀溶解平衡不断向右移动，最终沉淀溶解。又如 HgS，由于它的 $K_{sp}^\ominus$ 极小，不溶于 HNO_3，但王水（浓 HCl：浓 HNO_3＝3：1）可使之溶解。一方面 Cl^- 与 Hg^{2+} 形成配离子 $[HgCl_4]^{2-}$，另一方面 S^{2-} 被氧化为单质 S 沉淀，双管齐下，使溶液中 Hg^{2+} 和 S^{2-} 浓度均减小，最终使 HgS 溶解。

$$3HgS(s)+12HCl+2HNO_3 == 3H_2[HgCl_4]+3S\downarrow+2NO\uparrow+4H_2O$$

3.6.4.2 沉淀的转化

在含有白色沉淀的 $BaCO_3$ 溶液中加入 K_2CrO_4 溶液，可观察到原白色沉淀变为黄色沉淀 $BaCrO_4$。这种在含有沉淀的溶液中，加入适当试剂，与某一离子结合成为另一种沉淀的过程，叫做沉淀的转化。这里包含着两个过程，原沉淀的溶解、新沉淀的形成。

$$BaCO_3(s) \rightleftharpoons Ba^{2+}(aq)+CO_3^{2-}(aq)$$
$$（白） \quad + $$
$$K_2CrO_4 == CrO_4^{2-}(aq)+2K^+$$
$$\uparrow\downarrow$$
$$BaCrO_4(s)（黄）$$

某些难溶盐如 $BaSO_4$、$CaSO_4$ 用一般方法不能溶解，可采用沉淀转化的方法，以使 $CaSO_4$ 转化成为 $CaCO_3$，例如在 $CaSO_4$ 饱和溶液中加入 Na_2CO_3，反应如下：

$$CaSO_4(s) \rightleftharpoons Ca^{2+}(aq)+SO_4^{2-}(aq)$$
$$+$$
$$Na_2CO_3 == CO_3^{2-}(aq)+2Na^+$$
$$\uparrow\downarrow$$
$$CaCO_3(s)$$

沉淀能否转化，与两难溶电解质的 $K_{sp}^{\ominus}$ 及溶液中有关离子浓度有关。以上述反应为例：

总反应：
$$CaSO_4(s)+CO_3^{2-}(aq) \rightleftharpoons CaCO_3(s)+SO_4^{2-}(aq)$$

$$K^{\ominus}=\frac{c(SO_4^{2-})}{c(CO_3^{2-})}=\frac{c(SO_4^{2-})}{c(CO_3^{2-})}\times\frac{c(Ca^{2+})}{c(Ca^{2+})}=\frac{K_{sp}^{\ominus}(CaSO_4)}{K_{sp}^{\ominus}(CaCO_3)}$$

从上式可见，沉淀转化反应要向右进行，$K^{\ominus}$ 要大，若相同类型的难溶电解质，由 $K_{sp}^{\ominus}$ 较大的难溶电解质转化为 $K_{sp}^{\ominus}$ 较小的；若不同类型的难溶电解质，转化为溶液中离子浓度更小的难溶电解质。若两种难溶电解质的 $K_{sp}^{\ominus}$ 相当，也可以通过调整离子浓度的方法使沉淀转化。要完成沉淀转化，原沉淀要成为细小微粒。转化时间也较长，且要不断搅拌，使反应完全。

3.7 生化制药中的沉淀技术简介

沉淀法是生化制药中纯化各种生物物质的一种经典方法。其原理是通过改变条件使胶粒发生聚集，降低其在液相中的溶解度而沉积。常用的方法主要有：盐析、有机溶剂沉淀、等电点沉淀、非离子多聚体沉淀、生成盐复合物及变性沉淀等方法。

（1）盐析法

一般来讲，低浓度盐离子对电解质类物质（如蛋白质、酶等）分子表面极性基团及水活度的影响，会增加这些物质的溶解度，这一现象称"盐溶"。但是，溶液中盐的浓度继续增加时，它们的溶解度反而下降，以致使电解质类物质从溶液中沉淀出来，这就是盐析作用。其原理是：在水溶液中，蛋白质表面被大量水所包围，疏水区一般都未暴露出来，当加入大量盐时，大量的水分子与盐结合，使蛋白质的疏水区得以暴露，而同时蛋白质表面电荷也被中和，所以导致蛋白质沉淀。

各种不同蛋白盐析所需盐的浓度和溶液的 pH 不同，故可通过调节盐浓度和 pH 达到选择性沉淀，分别得到不同蛋白或除去杂质蛋白。如酵母提取细胞色素 C 的工艺中就利用了这种改变 pH 值的盐析方法来除杂。对细胞色素 C 粗提液，先调节 pH 为 5.0～5.5，加硫酸铵使饱和度达到 85%，冷室静置后，有杂质蛋白沉淀出来，离心除去后，再调节 pH 为 4.8～5.1，则产生细胞色素 C 沉淀。通过二次盐析可进一步纯化蛋白，见图 3-12。

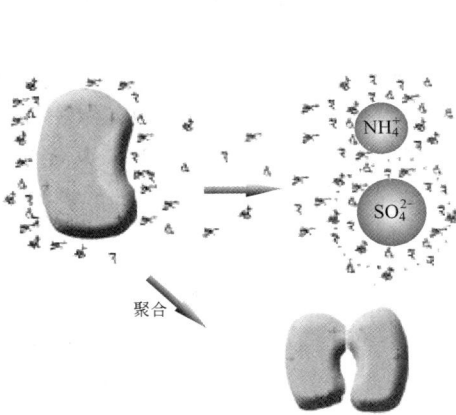

图 3-12　盐析示意图

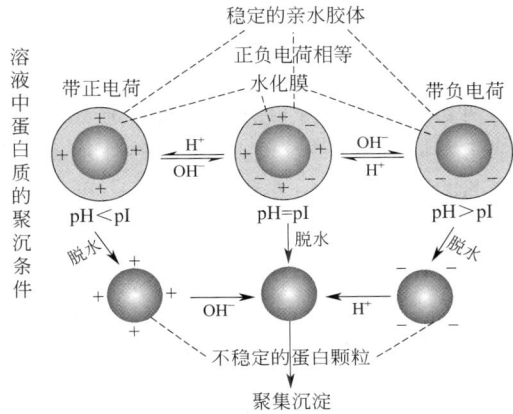

图 3-13　等电点沉淀示意图

（2）有机溶剂沉淀法

在蛋白质（酶）、核酸、多糖类等物质的水溶液中，加入乙醇、丙酮等与水能互溶的有机溶剂后，它们的溶解度就显著降低，并从溶液中沉淀出来，此即为有机溶剂沉淀法。此种方法的优点是分辨率比盐析法高，且溶剂易除去并可以回收，但缺点是易使活性分子发生变性，适用范围有一定的限制。

其原理是：① 有机溶剂的加入会使溶液的介电常数大大降低，从而增加了蛋白质（酶）、核酸、多糖等带电粒子自身之间的作用力，相对容易相互吸引而聚集沉淀。② 亲水的有机溶剂加入后，会争夺多糖、蛋白质等物质表面的水分子，使它们表面的水化层被破坏，从而使分子之间更容易碰聚在一起产生沉淀。

如人血白蛋白的提取，就是采用在血浆中加入一定浓度的乙醇，离心分离，然后通过超滤得到人血白蛋白。

（3）等电点沉淀法

蛋白质、核苷酸、氨基酸等两性电解质在水溶液中一端部分释放出 H^+（或接受水中的 OH^-）而显负电性，另一端接受水中的 H^+ 而显正电性，一般情况下两端带电量不同，随溶液 pH 值变化而变化，外界 pH 值使同一分子两端带电量相等时该分子总体呈电中性，此时的 pH 值为等电点。一般来说，不管酸性环境还是碱性环境，只要偏离两性电解质的等电点，它们的分子要么净电荷为正，要么净电荷为负，这种情况下分子自身之间有排斥作用，只当它们所带净电荷为 0 时，其分子之间的吸引力增加，分子相互吸引聚集，使溶解度降低，达到沉淀，见图 3-13。

处于等电点状态的蛋白质互相吸引，其作用可能是通过分子的疏水区域，也可能还有偶极或离子的作用。因此，调节溶液的 pH 至溶质等电点，就有可能把该溶质从溶液中沉淀出来，这就是等电点沉淀。由于这些两性电解质如蛋白质分子表面往往分布了多个极性基团，结合了大量的水分子形成水化层，仅仅只调节到等电状态也还并不能使大多数蛋白类物质发生必然沉淀，只有那些疏水性较大、水化层薄的蛋白质分子才可能出现沉淀，典型的如酪蛋白；而亲水性很强的蛋白质如明胶在水中溶解度较大、水化层厚，在等电点 pH 下不易产生沉淀。所以等电沉淀法常常和其他方法结合起来使用，如和盐析法、有机溶剂沉淀法及其他沉淀法一起连用。

（4）非离子多聚物沉淀法

非离子多聚物是包括各种不同分子量的聚乙二醇、壬苯乙烯化氧、葡聚糖右旋糖苷硫酸钠等在内的一种沉淀剂。用非离子多聚物分离生物大分子和微粒，一般有两种方法。一是选用两种水溶性非离子多聚物组成液-液两相系统，使生物大分子或微粒在两相系统中不等量分配，而造成分离。这一方法主要基于不同生物分子和微粒表面结构不同，有不同分配系数。并外加离子强度、pH 和温度等因素的影响，从而增强分离的效果，这种方法实际就是一种萃取方法。二是选用一种水溶性非离子多聚物，使生物大分子或微粒在单一液相中，由于被排斥，相互凝集而沉淀析出。对后一种方法，操作时先离心除去粗大悬浮颗粒，调整溶液 pH 和温度至适度，然后加入盐和多聚物至一定浓度，冷冻储存一段时间，即形成沉淀。

关于非离子多聚物用来沉淀物质的机理，主要是基于体积不相溶性，且即 PEG（聚乙二醇）类型的分子从溶剂中空间排斥蛋白质，优先水合作用的程度取决于所用PEG 的分子大小和浓度，排斥体积与 PEG 分子大小的平方根有关，这些因素与被分离的物质无关。

（5）选择性变性沉淀

生化物质变性是指由于空间结构的变化使生化物质的催化活性、生理功能降低甚至失去的现象。有些被分离的生化物质能忍受一些较剧烈的实验条件（如温度、pH、有机溶剂），而一些杂质却因不稳定而从溶液中变性沉淀，此即为采用选择性变性沉淀的原理。

① 热变性沉淀　一般随着温度的提高（25℃以上），蛋白质（酶）类活性物质就会产生明显的变性作用，如果把某种蛋白质产生一半量的变性的温度称为半变性温度，研究发现，各种蛋白质类物质往往具不同的半变性温度。因此在蛋白质的分离纯化过程中，就要选择一个合适的温度，使某一种蛋白质几乎全部变性而产生沉淀，而另一种蛋白质则变化很小。

② pH 变性沉淀　过酸过碱的条件下，常常使蛋白质类物质带上相同的电荷，增加分子之间的斥力，或破坏其自身的离子键而造成其空间结构的破坏，从而引起变性。蛋白质的 pH 变性速度主要取决于蛋白质结构趋向松散的速度，各种蛋白质因为本身组成和结构的差别，pH 变性的范围和速度也有一定的差别，这正是人们利用pH 变性沉淀选择性去除蛋白的依据。由于温度也是重要的影响因素，为减少目标物的损失，一般 pH 变性的温度控制在 0~10℃。

③ 有机溶剂变性沉淀　有机溶剂是蛋白质类物质的变性剂，一般采用有机溶剂沉淀蛋白质时都要注意低温、搅拌、分离的操作模式，以减少目标蛋白质变性造成的损失。由于不同种类的蛋白质往往对有机溶剂的敏感度不同，所以可利用混合物在一定条件下与一定浓度的有机溶剂接触，达到沉淀除去部分杂质的目的，这就是选择性有机溶剂变性沉淀的方法。

(6) 生成盐类复合物的沉淀

生物大分子和小分子都可以生成盐类复合物沉淀，此法一般可分为：①与生物分子的酸性功能团作用的金属复合盐法（如铜盐、银盐、锌盐、铅盐、锂盐、钙盐等）；②与生物分子的碱性功能团作用的有机酸复合盐法（如苦味酸盐、苦酮酸盐、丹宁酸盐等）；③无机复合盐法（如磷酸盐、磷钼酸盐等）。以上盐类复合物都具有很低的溶解度，极容易沉淀析出。若沉淀为金属复合盐，可通以 H_2S 使金属变成硫化物而除去；若为有机酸盐、磷钨酸盐，则加入无机酸并用乙醚萃取，把有机酸、磷钨酸等移入乙醚中除去，或用离子交换法除去。

(7) 亲和沉淀

亲和沉淀是近年来生化分离沉淀技术中的一种方法，但是其沉淀原理与通常的沉淀方法有很大的不同。它是利用蛋白质与特定的生物或合成的分子（配基、基质、辅酶等）之间高度专一的作用而设计出来的一种特殊的选择性分离技术，所以其沉淀原理不是依据蛋白质溶解度的差异，是依据"吸附"有特殊蛋白质的聚合物的溶解度的大小。亲和过程提供了一个从复杂混合物中分离提取出单一产品的有效方法。

亲和沉淀技术的主要步骤如下：将所要分离的目标物与键合在可溶性载体上的亲和配位体络合形成沉淀；所得沉淀物用一种适当的缓冲溶液进行洗涤，洗去可能存在的杂质；用一种适当的试剂将目标蛋白质从配位体中解离出来。

思 考 题

1. 强电解质的水溶液有强的导电性，但 AgCl 和 $BaSO_4$ 水溶液的导电性很弱，它们属于何种电解质？

2. 在氨水中加入下列物质时，$NH_3 \cdot H_2O$ 的解离度和溶液的 pH 将如何变化？

(1) NH_4Cl (2) NaOH (3) HAc (4) 加水稀释

3. 下列说法是否正确？若有错误请纠正，并说明理由。

(1) $1 \times 10^{-5} mol \cdot L^{-1}$ 的盐酸溶液冲稀 1000 倍，溶液的 pH 值等于 8.0；

(2) 将氨水和 NaOH 溶液的浓度各稀释为原来的 1/2 时，则两种溶液中 OH^- 浓度均减小为原来的 1/2；

(3) pH 值相同的 HCl 和 HAc 浓度也应不相同；

(4) HCl 和 HAc 浓度相同则 pH 也相同；

(5) 根据稀释定律，弱酸溶液浓度越小解离度越大，溶液的酸性就越强；

(6) 碱滴定中化学计量点即指示剂变色点；

(7) 离子被完全沉淀是指其在溶液中的浓度为 0。

4. 根据弱电解质的解离常数确定下列各溶液在相同浓度下，pH 由大到小的顺序。

NaAc, NaCN, Na_3PO_4, NH_4Cl, NH_4Ac, $(NH_4)_2SO_4$, H_3PO_4, H_2SO_4, HCl, NaOH, HAc, $H_2C_2O_4$。

5. 若要比较难溶电解质溶解度的大小，是否可以根据各难溶电解质的溶度积大小直接比较，即溶度积较大的，溶解度就较大，溶度积较小的，溶解度也就较小？为什么？

6. 试用溶度积规则解释下列事实：

(1) $CaCO_3$ 溶于稀 HAc 溶液中；

(2) $Mg(OH)_2$ 溶于 NH_4Cl 溶液中；

(3) AgCl 溶于氨水，加入 HNO_3 后沉淀又出现。

7. 下列几组等体积混合物溶液中哪些是较好的缓冲溶液？哪些是较差的缓冲溶液？还有哪些根本不是缓冲溶液？

(1) $10^{-5} mol \cdot L^{-1} HAc + 10^{-5} mol \cdot L^{-1} NaAc$

（2）$1.0\text{mol} \cdot L^{-1} HCl + 1.0\text{mol} \cdot L^{-1} NaCl$

（3）$0.5\text{mol} \cdot L^{-1} HAc + 0.7\text{mol} \cdot L^{-1} NaAc$

（4）$0.1\text{mol} \cdot L^{-1} NH_3 + 0.1\text{mol} \cdot L^{-1} NH_4Cl$

（5）$0.2\text{mol} \cdot L^{-1} HAc + 0.002\text{mol} \cdot L^{-1} NaAc$

8. 欲配制 pH 值为 3 的缓冲溶液，已知下列物质的 $K_a^{\ominus}$ 值：

（1）HCOOH $\qquad\qquad K_a^{\ominus}=1.77\times10^{-4}$

（2）HAc $\qquad\qquad\quad K_a^{\ominus}=1.76\times10^{-5}$

（3）NH_4^+ $\qquad\qquad\quad K_a^{\ominus}=5.65\times10^{-10}$

问选择哪一种弱酸及其共轭碱较合适？

9. 解释下列问题：

（1）在洗涤 $BaSO_4$ 沉淀时，不用蒸馏水而用稀 H_2SO_4；

（2）虽然 $K_{sp}^{\ominus}(PbCO_3)=7.4\times10^{-14}<K_{sp}^{\ominus}(PbSO_4)=1.6\times10^{-8}$，但 $PbCO_3$ 能溶于 HNO_3，而不溶于 $PbSO_4$；

（3）CaF_2 和 $BaCO_3$ 的溶度积常数很接近（分别为 5.3×10^{-9} 和 5.1×10^{-9}），两者饱和溶液中 Ca^{2+} 和 Ba^{2+} 离子浓度是否也很接近？为什么？

10. 回答下列问题，简述理由：

（1）NaHS 溶液呈弱碱性，Na_2S 溶液呈较强碱性；

（2）如何配制 $SnCl_2$、$Bi(NO_3)_3$、Na_2S 溶液；

（3）为何不能在水溶液中制备 Al_2S_3；

（4）$CaCO_3$ 在下列哪种试剂中溶解度最大？

纯水，$0.1\text{mol} \cdot L^{-1} Na_2CO_3$，$0.1\text{mol} \cdot L^{-1} CaCl_2$，$0.5\text{mol} \cdot L^{-1} KNO_3$。

（5）溶液的 pH 降低时，下列哪一种物质的溶解度基本不变？

$Al(OH)_3$ $\quad$ AgAc $\quad$ $ZnCO_3$ $\quad$ $PbCl_2$

（6）同是酸式盐，NaH_2PO_4 溶液为酸性，Na_2HPO_4 溶液为碱性。

11. 盐析、有机溶剂沉淀、等电点沉淀提纯蛋白质的原理各是什么？

习　题

1. 将下列 pH 值换算为 H^+ 浓度，或将 H^+ 浓度换算为 pH 值。

（1）pH 值：0.24，1.36，6.52，10.23；

（2）$c(H^+)(\text{mol} \cdot L^{-1})$：$2.00\times10^{-2}$，$4.50\times10^{-5}$，$5.00\times10^{-10}$。

2. 计算下列溶液的 $c(H^+)$ 和 pH。

（1）$0.05\text{mol} \cdot L^{-1} Ba(OH)_2$ 溶液；　　　（2）$0.05\text{mol} \cdot L^{-1} HAc$ 溶液；

（3）$0.5\text{mol} \cdot L^{-1} NH_3 \cdot H_2O$ 溶液；　　　（4）$0.1\text{mol} \cdot L^{-1} NaAc$ 溶液；

（5）$0.01\text{mol} \cdot L^{-1} Na_2S$ 溶液。

3. 某一元弱酸 HA 的浓度为 $0.010\text{mol} \cdot L^{-1}$，在常温下测得其 pH 为 4.0。求该一元弱酸的解离常数和解离度。

4. 将 $0.2\text{mol} \cdot L^{-1}$ 的 HAc 和 $0.2\text{mol} \cdot L^{-1} HCl$ 等体积混合，求：（1）混合溶液的 pH 值；（2）溶液中 HAc 的解离度。（已知 $K_{HAc}^{\ominus}=1.76\times10^{-5}$）

5. 现有 $0.20\text{mol} \cdot L^{-1} HCl$ 溶液与 $0.20\text{mol} \cdot L^{-1}$ 氨水，在下列几种情况下计算混合溶液的解离度。

（1）两种溶液等体积混合；

（2）两种溶液按 2∶1 的体积混合；

（3）两种溶液按 1∶2 的体积混合。

6. （1）写出下列各种物质的共轭酸。

①CO_3^{2-} $\quad$ ②HS^- $\quad$ ③H_2O $\quad$ ④HPO_4^{2-} $\quad$ ⑤NH_3 $\quad$ ⑥S^{2-}

（2）写出下列各种物质的共轭轭碱。

①H_3PO_4　　②HAc　　③HS^-　　④HNO_2　　⑤HClO　　⑥H_2CO_3

7. 计算下列缓冲溶液的 pH（忽略固体加入对溶液体积的影响）。

（1）在 100mL1.0mol·L^{-1}HAc 溶液中加入 2.8gKOH；

（2）6.6g $(NH_4)_2SO_4$ 溶于 0.5L 浓度为 1.0mol·L^{-1} 的氨水中。

8. 在 1L1.0mol·L^{-1} 氨水中，应加入多少克固体 NH_4Cl，才能使溶液的 pH＝9.00（忽略固体加入对溶液体积的影响）。

9. 现有 125mL0.10mol·L^{-1}NaAc 溶液，欲配制 250mLpH＝5.00 的缓冲溶液，需加入 6.0mol·L^{-1}HAc 溶液多少毫升？

10. 在血液中 H_2CO_3-$NaHCO_3$ 缓冲对的作用之一是从细胞组织中迅速除去由运动产生的乳酸（简记为 HL）。

（1）求 $HL + HCO_3^- \rightleftharpoons H_2CO_3 + L^-$ 的平衡常数 $K^{\ominus}$；

（2）若血液中 $[H_2CO_3]=1.4\times10^{-3}$ mol·dm^{-3}，$[HCO_3^-]=2.7\times10^{-2}$ mol·dm^{-3}，求血液的 pH 值；

（3）若向 1.0dm^3 血液中加入 5.0×10^{-3}molHL 后，pH 为多大？

（已知 H_2CO_3：$K_{a1}^{\ominus}=4.2\times10^{-7}$，$K_{a2}^{\ominus}=5.6\times10^{-11}$；HL：$K_a^{\ominus}=1.4\times10^{-4}$）

11. 取 100gNaAc·$3H_2O$，加入 13mL6.0mol·L^{-1}HAc 溶液，然后用水稀释至 1L，此缓冲溶液的 pH 是多少？若向此溶液中通入 0.10molHCl 气体（忽略溶液体积的变化），求溶液的 pH 变化是多少？

12. 写出下列各难溶电解质的溶度积 $K_{sp}^{\ominus}$ 的表达式（不考虑离子水解）：

$PbCl_2$　　　　Ag_2S　　　　Fe_2S_3　　　　$Ba_3(PO_4)_2$

13. 根据下列给定条件求溶度积常数。

（1）$FeC_2O_4\cdot2H_2O$ 在 1dm^3 水中能溶解 0.10g；

（2）$Ni(OH)_2$ 在 pH＝9.00 的溶液的溶解度为 1.6×10^{-6} mol·dm^{-3}。

14. 已知下列物质的溶度积常数 $K_{sp}^{\ominus}$，计算其饱和溶液中各种离子的浓度。

（1）CaF_2：$K_{sp}^{\ominus}(CaF_2)=5.3\times10^{-9}$；

（2）$PbSO_4$：$K_{sp}^{\ominus}(PbSO_4)=1.6\times10^{-8}$。

15. 通过计算说明下列情况下有无沉淀生成；

（1）0.010mol·$L^{-1}$$SrCl_2$ 溶液 2mL 和 0.10mol·$L^{-1}$$K_2SO_4$ 溶液 3mL 相混合；

（2）1mL0.0001mol·L^{-1} 的 $AgNO_3$ 溶液和 2mL、0.0006mol·L^{-1} 的 $K_2Cr_2O_7$ 溶液相混合；

（3）100mL、0.010mol·$L^{-1}$$Pb(NO_3)_2$ 溶液中，加入固体 NaCl0.584g（忽略体积变化）。

16. 已知 298.15K 时 $Mg(OH)_2$ 的溶度积为 5.56×10^{-12}，计算：

（1）$Mg(OH)_2$ 在纯水中的溶解度（mol·L^{-1}），Mg^{2+} 及 OH^- 的浓度；

（2）$Mg(OH)_2$ 在 0.01mol·L^{-1}NaOH 溶液中的溶解度；

（3）$Mg(OH)_2$ 在 0.01mol·$L^{-1}$$MgCl_2$ 溶液中的溶解度。

第 4 章 氧化还原反应

氧化还原反应不同于酸碱反应、沉淀反应以及水解反应等不涉及元素化合价改变的反应。以获得能量为目的而进行的大量化学反应大多是氧化还原反应。例如，燃料的燃烧、原电池产生电流、食物的新陈代谢等在化学变化的过程中都伴随有元素化合价的改变，属于氧化还原反应。中学化学中提到的"金属活动顺序"实际上是对氧化还原反应规律的一种粗浅的定量，本章在"电极电势"以及影响电极电势的因素和能斯特方程中，将对它做更深入定量的讨论，这是溶液中发生氧化还原平衡的最基本规律。氧化还原平衡与其他电解质溶液中的平衡具有很多不同的规律，所以有必要在专门的章节中加以讨论。

4.1 氧化还原反应的基本概念

氧化还原反应的概念随着化学科学的发展经过了一些变迁，最初的氧化指金属元素与氧结合，还原指氧化物中的金属脱离氧，重现金属单质本色。后来随着化学反应越来越多，氧化还原的概念不再拘泥于有无氧的参与，只要化学反应中有电子转移或偏移，元素的价态发生变化，就属于氧化还原反应。中学教材上的定义是：凡是有电子得失的化学反应，均叫作氧化还原反应。物质失去电子的反应就是氧化反应，该物质为还原剂（使其他物质还原），物质得到电子的反应就是还原反应，该物质是氧化剂（使其他物质氧化）。

4.1.1 氧化数

事实上，很多化学反应并没有真正发生电子得失，仅仅是新形成的化学键中共用电子对偏向某一原子，例如在下面的反应中：

$$N_2 + 3H_2 \Longleftrightarrow 2NH_3$$

反应生成的 NH_3 是一种共价化合物，共用电子对略微偏向电负性更大的氮原子，并未真正发生电子的转移。然而习惯上人们把其中的氮说成具有 -3 价，每个氢原子为 $+1$ 价，并认为这是一个氧化还原反应。

为此提出了氧化数的概念，1970 年国际纯粹与应用化学学会（IUPAC）的定义是：氧化数是指某元素的一个原子的荷电数，这个荷电数可由假设把每个键中的电子指定给电负性更大的原子而求得。所带电荷有正、负之分，故氧化数也有正、负之分。凡是元素原子在化合物中成键时把电子给了（包括"假设"给了）电负性更大的原子，则该元素在此化合物中的氧化数为正，而化合物中电负性更大的元素原子氧化数则为负。

根据这一定义，可以得出确定"氧化数"的规则如下：

① 离子型化合物中，阴阳离子的电荷数就是它们的氧化数。如 NaCl 中钠是 $+1$ 价离子，其氧化数为 $+1$；氯是 -1 价离子，其氧化数为 -1，整个化合物氧化数的代数和等于零。

② 在具有极性键的共价化合物中，原子的表观价态就是它们的氧化数。例如 HCl 中，氢原子的表观价态是 $+1$，则其氧化数为 $+1$；氯原子的表观价态是 -1，则

其氧化数为 -1。在 NH_3 分子中，每个氢原子的氧化数为 $+1$，电负性较大的氮原子的氧化数为 -3，整个化合物氧化数的代数和亦为 0。

③ 所有单质中原子的氧化数为零。除过氧化物、超氧化物、$O_2(PtF_6)$ 和 OF_2 以外的化合物中，氧的氧化数一般为 -2。除金属氢化物以外的化合物中，氢的氧化数为 $+1$。碱金属的氧化数为 $+1$，碱土金属的氧化数为 $+2$，这些是计算其他元素原子氧化数的标准。

④ 对于酸根等原子团，氧化数的代数和应等于原子团的总电荷。例如 SO_4^{2-} 中每个氧原子的氧化数为 -2，则硫原子的氧化数可计算如下：

$$4 \times (-2) + x = -2$$
$$x = +6$$

⑤ 在复杂的情况下，氧化数可以是分数、0（非单质），并且不必考虑实际的成键情况。如 $Fe(CO)_5$ 中 Fe 的氧化数为 0。

【例 4-1】　计算 Fe_3O_4 中铁原子的氧化数。

因为氧原子的氧化数为 -2，整个化合物氧化数代数和为 0，故有：

$$3x + 4 \times (-2) = 0$$
$$x = +8/3$$

所以在 Fe_3O_4 中铁原子的氧化数为 $+8/3$。

4.1.2　半反应与氧化还原电对

任何氧化还原反应都有氧化剂和还原剂。氧化剂在反应中得到电子氧化数降低；还原剂在反应中失去电子氧化数升高。还原剂在反应中把电子转移给氧化剂，把整个氧化还原反应方程式拆成氧化剂得到电子后变成低氧化数的状态（还原态）和还原剂失去电子后变成氧化数高的状态（氧化态）两个反应方程式，每个方程式叫半反应。如反应：

$$Fe^{2+} + Mg = Fe + Mg^{2+}$$

可拆分成下列两个半反应式：

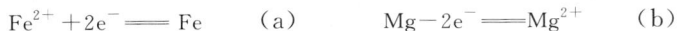

$$Fe^{2+} + 2e^- = Fe \quad (a) \qquad Mg - 2e^- = Mg^{2+} \quad (b)$$

其中得到电子的半反应（a）为氧化半反应，失去电子的半反应（b）为还原半反应。半反应前后不同氧化数的同种元素称一个电对，不管此电对在反应中做氧化剂还是做还原剂，规定氧化数高的先写，氧化数低的后写，中间一个斜杠，氧化态/还原态。如上述两电对写为 Fe^{2+}/Fe、Mg^{2+}/Mg。

拆写半反应式时把反应前后氧化数不同的同一元素作为一组，把氧化数变化需要得到或失去的电子以加减电子的符号写上，再简单配平，就得到了半反应式。如：

$$Cu + 2H_2SO_4(浓) \longrightarrow CuSO_4 + SO_2 \uparrow + 2H_2O$$

应拆成：$Cu - 2e^- \longrightarrow Cu^{2+}$ 　　　$H_2SO_4(浓) + 2e^- + 2H^+ \longrightarrow SO_2 \uparrow + 2H_2O$

其电对分别为：Cu^{2+}/Cu，H_2SO_4/SO_2

又如：反应：　$2MnO_4^- + 5H_2O_2 + 6H^+ \longrightarrow 2Mn^{2+} + 5O_2 \uparrow + 8H_2O$

应拆成：$MnO_4^- + 5e^- + 8H^+ \longrightarrow Mn^{2+} + 4H_2O$ 　　　$H_2O_2 - 2e^- \longrightarrow O_2 + 2H^+$

其电对分别为：MnO_4^-/Mn^{2+}，H_2O_2/O_2

若要使反应中转移的电子定向流动形成电流用以做功，氧化剂和还原剂不能直接接触，两个半反应在不同的容器中进行，转移的电子要通过外电路，这就是原电池。

4.2　原电池与电极电势

4.2.1　原电池

1799 年，意大利物理学家 Volta・A，用锌片和铜片放入盛有盐水的容器中，制成了世界上第一个原电池——Volta 电池，为电化学的建立和发展开辟了道路。后来人们把利用自发的氧化还原反应产生电流的装置都称为原电池。

将锌板（最好是锌粉）放入硫酸铜溶液中，发生典型的自发反应：

$$Zn+Cu^{2+}=\!=\!=Zn^{2+}+Cu \qquad \Delta_r H_m^{\ominus}=-218.66kJ/mol$$

$\Delta_r H_m^{\ominus}$ 为恒压时化学反应的热效应，负值表示反应体系放热。

由于 Cu^{2+} 直接与锌接触，因此电子便由锌直接传递给 Cu^{2+}，由于在溶液中 Cu^{2+} 的运动是毫无秩序的，故虽有电子转移，但并没有电子的定向流动。在这个氧化还原反应中释放出的能量（化学能）都转化成了热能。

欲使氧化还原反应的化学能转变成电能，产生电流，从而证明氧化还原反应发生了电子的转移，必须设计一种装置，把 Zn 片（还原剂）和 $CuSO_4$ 溶液（氧化剂）分开，不让 Zn 与 Cu^{2+} 直接接触，让电子通过溶液外的金属导线从 Zn 转移给 Cu^{2+}，在这种情况下，电子的运动不再是杂乱无章，而是沿着导线定向的运动，电子的定向运动即产生电流，化学能就转变成电能。这种利用氧化还原反应产生电流的装置，即使化学能转变为电能的装置叫做原电池。

4.2.2　原电池的组成

Cu-Zn 原电池也称为 Daniell 电池。图 4-1 是铜锌原电池的结构简图，从图可知，一般原电池有以下三部分构成：

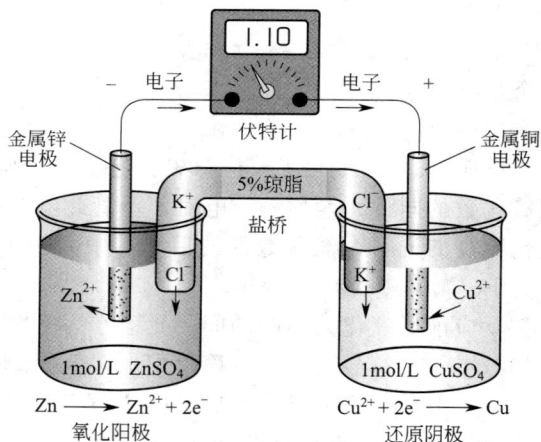

图 4-1　铜锌原电池的结构简图

（1）半电池和电极

硫酸锌溶液和锌片，为氧化半电池，其中 Zn^{2+}/Zn 构成一个电对；硫酸铜溶液和铜片，为还原半电池，其中 Cu^{2+}/Cu 构成另一个电对。原电池中给出电子发生氧化反应的电极叫做负极，如上述的锌板为负极；接受电子发生还原反应的电极叫做正极，如上述的铜板为正极。Daniell 电池的两极反应和电池反应如下：

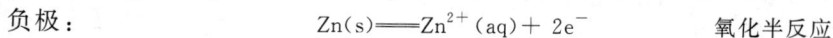

负极：　　　　　　　　　$Zn(s)=\!=\!=Zn^{2+}(aq)+2e^-$ 　　　　　氧化半反应

| 正极： | $Cu^{2+}(aq) + 2e^- \Longrightarrow Cu(s)$ | 还原半反应 |

电池总反应：　　$Zn(s)+Cu^{2+}(aq)\Longrightarrow Cu(s)+Zn^{2+}(aq)$

若用 Cu 片和硫酸铜溶液与 Ag 片和硝酸银溶液组成银铜原电池，由于铜比银要活泼，铜为负极、银为正极。两极反应和电池反应分别为：

| 负极： | $Cu(s)\Longrightarrow Cu^{2+}(aq)+2e^-$ | 氧化半反应 |
| 正极： | $Ag^+(aq)+e^-\Longrightarrow Ag(s)$ | 还原半反应 |

电池总反应：　　$2Ag^+(aq)+Cu(s)\Longrightarrow Cu^{2+}(aq)+2Ag(s)$

上述例子中的电对均为金属及其离子，由于金属都是导体，电子通过金属及导线可由一个电对到另一个电对，方便地构成原电池。除金属及其对应的金属盐溶液以外，还有金属及其难溶盐电极，如 $AgCl/Ag$、Hg_2Cl_2/Hg 等。不过从本质上讲，这类电极还是金属离子及其盐溶液电极，只不过因大量沉淀剂存在，金属离子浓度很小而已。还有非金属单质及其对应的非金属离子（如 H_2 和 H^+，O_2 和 OH^-，Cl_2 和 Cl^-）、同一种金属不同价的离子（如 Fe^{3+} 和 Fe^{2+}，Sn^{4+} 和 Sn^{2+}）等。对于后两者，在组成电极时常需外加惰性导电材料如 Pt 来帮助其导电。

原则上，任何一个氧化还原反应都可以装成原电池。例如，对于下述反应：

$$2Fe^{2+}(c_1) + Cl_2(p_1)\Longrightarrow 2Fe^{3+}(c_2) + 2Cl^-(c_3)$$

可分解为两个半反应式：

| 还原半反应： | $Cl_2(p_1)+2e^- \Longrightarrow 2Cl^-(c_3)$ |
| 氧化半反应： | $Fe^{2+}(c_1)\Longrightarrow Fe^{3+}(c_2)+e^-$ |

由于两电对均无可导电的金属单质，需要辅助电极帮助其导电。

（2）盐桥

原电池中的盐桥通常是一个 U 形管，其中装入含有琼脂的饱和氯化钾溶液，其作用是接通内电路和进行电性中和。

因为在氧化还原反应进行过程中 Zn 氧化成 Zn^{2+}，使硫酸锌溶液因 Zn^{2+} 增加而带正电荷；Cu^{2+} 还原成 Cu 沉积在铜片上，使硫酸铜溶液因 Cu^{2+} 减少而带负电荷。这两种电荷都会阻碍原电池中反应的继续进行。当有盐桥时，盐桥中的 K^+ 和 Cl^- 分别向硫酸铜溶液和硫酸锌溶液扩散（K^+ 和 Cl^- 在溶液中迁移速率近于相等）。从而保持了溶液的电中性，使电流继续产生。选择盐桥中电解质时要注意的是此电解质不与两个半电池溶液发生化学反应。如果半电池溶液是 $AgNO_3$ 溶液，其中的 Ag^+ 与 Cl^- 生成沉淀 $AgCl$，此时不能用 KCl，可改用 KNO_3 或 NH_4NO_3。

根据盐桥的作用，也可以用一个能够让离子通过的不施釉的素烧瓷或其他离子膜代替，目的是构成回路，使两个半电池无过剩电荷，氧化还原反应能继续进行。

实际使用的很多原电池，若氧化剂、还原剂均为固体，如锌锰原电池、铅酸蓄电池，氧化剂分别为石墨支撑的 MnO_2、PbO_2，还原剂分别为 Zn、Pb，氧化剂、还原剂不必分开在两个隔开的半电池中，安放时只要不直接接触，中间有电解液，就无需盐桥。

（3）外电路

用金属导线把一个灵敏电流计与两个电极串联起来，接通外电路。从电流计的转动和偏向可知氧化还原反应是否进行及电子流动的方向。

4.2.3　原电池的符号

原电池的装置可用符号来表示。按惯例，负极写在左边，正极写在右边，以双垂线（∥）表示盐桥，以单垂线（｜）表示两个相之间的界面。盐桥的两边应该是半电

池中的溶液。例如 Daniell 电池可用下列图式来表示，

$$(-)\ Zn\ |\ Zn^{2+}(c_1)\ \|\ Cu^{2+}(c_2)\ |\ Cu\ (+)$$

同一个铜电极，在铜锌原电池中作为正极，这时表示为 $Cu^{2+}(c_2)\ |\ Cu\ (+)$。但是在银铜原电池中作为负极，这时表示为 $(-)\ Cu\ |\ Cu^{2+}(c_2)$。下列反应：

$$2Fe^{2+}(c_1) + Cl_2(p_1) \Longrightarrow 2Fe^{3+}(c_2) + 2\ Cl^-(c_3)$$

因两电对分别是两种不同价态的金属离子和非金属及其离子，电对物质本身不能导电，需引进辅助电极。此原电池的图式为：

$$(-)\ Pt\ |\ Fe^{2+}(c_1), Fe^{3+}(c_2)\ \|\ Cl^-(c_3)\ |\ Cl_2(p_1)\ |\ Pt(+)$$

Fe^{2+}，Fe^{3+} 均在溶液相中，彼此无界面，不用表示界面的单垂线（ | ），只需用逗号分开即可。Pt 与 Cl_2 之间有些教材不写界面符号用逗号，实际上多孔状铂（铂黑）把 Cl_2 吸附得像该电极是 Cl_2 组成的一样。注意盐桥（ ‖ ）两边一定是两种溶液，表示盐桥连接两溶液。电对中的离子要标出浓度，气体要标出分压，因离子浓度或气体分压不同，电极电势不同（将在 4.3 节讲到）。

4.3　电极电势

4.3.1　电极电势的产生

测定锌铜原电池的电流方向时，可知 Cu 为正极，Zn 为负极。在中学化学中电极的正负极可依据金属活动顺序表来判断。但实际情况要稍复杂些，必须学习一些新的概念和新的方法。

1889 年，德国科学家 W. Nernst 首先提出，后经其他科学家的完善，建立了双电层理论，对电极电势产生的机理做了较好的解释。

当把金属插入其盐溶液时，在金属与其盐溶液的界面上会发生两种不同的过程。一是金属表面的正离子受极性水分子的吸引，有变成溶剂化离子进入溶液而将电子留在金属表面的倾向。金属越活泼，溶液中金属离子浓度越小，上述倾向就越大。二是溶液中的金属离子也有从溶液中沉积到金属表面的倾向。溶液中金属离子浓度越大，金属越不活泼，这种倾向就越大（图 4-2）。当溶解与沉积这两个相反过程的速率相等时，即达到动态平衡 [图 4-2(c)]。

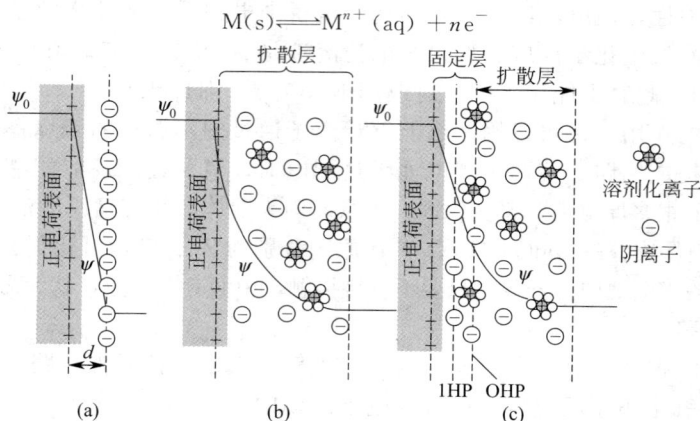

$$M(s) \Longrightarrow M^{n+}(aq) + ne^-$$

图 4-2　双电层图

当金属溶解倾向大于金属离子沉积倾向时，则金属表面带负电层，这些电荷集中在金属表面，靠近金属表面附近的溶液带正电层，这样便构成"双电层"。如图 4-2(a) 所示。

相反，若沉积倾向大于溶解倾向，则在金属表面形成正电层，金属附近的溶液带负电层，也形成"双电层"。如图 4-2（b）所示。

　　无论形成何种双电层，在金属与其盐溶液之间都产生电势差。这种电势差叫金属电极的平衡电极电势，也叫可逆电极电势，简称电极电势。可以看出，金属电极（或其他电极）的电极电势在温度一定的情况下主要取决于金属本身性质，此外还与其离子浓度有关。可以用电极电势来衡量金属失电子的能力。

4.3.2　标准电极电势

　　既然电极电势的大小反映了金属得失电子能力的大小，如果能确定电极电势的绝对值，就可以定量地比较金属在溶液中的活泼性。如锌铜原电池的电势差是 1.1V，由于盐桥把两溶液间的电势差拉平，则铜电极的电势比锌电极高 1.1V，那铜电极和锌电极的电极电势分别是多少呢？迄今为止，人们尚无法测定电极电势的绝对值。为了对所有电极的电极电势大小做系统的、定量的比较，按照 1953 年 IUPAC 的建议，采用标准氢电极作为标准电极，规定其电极电势为 0，以此来衡量其他电极的电极电势。这个建议已被接受和承认。

（1）标准氢电极

　　如图 4-3（a）所示，标准氢电极是将镀有一层海绵状铂黑的铂片浸入氢离子标准浓度的溶液中，并不断通入压力为 100kPa 的纯氢气，使铂黑吸附 H_2 至饱和，被铂黑吸附的 H_2 与溶液中的 H^+ 在 298.15K 时建立如下平衡：

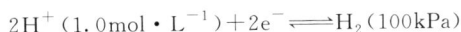

$$2H^+(1.0mol \cdot L^{-1}) + 2e^- \rightleftharpoons H_2(100kPa)$$

　　这样，在铂片上吸附的氢气与溶液中的 H^+ 组成电对 H^+/H_2，构成标准氢电极。此时，铂片吸附的氢气与酸溶液 H^+ 之间的电极电势称为氢电极的标准电极电势。并规定标准氢电极的电极电势为 0，即 $E^{\ominus}(H^+/H_2) = 0V$（氢电极与 H^+ 溶液间的电势差实际并不是没有）。

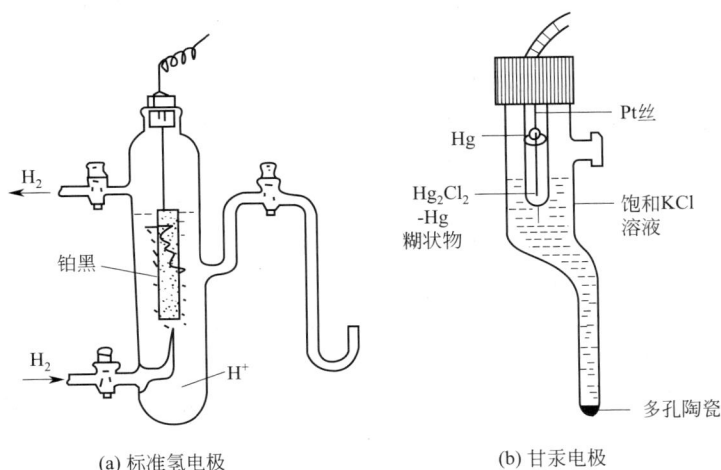

(a) 标准氢电极　　　　　　　　　(b) 甘汞电极

图 4-3　标准氢电极和甘汞电极

（2）标准电极电势的测定

　　欲测定某电极的标准电极电势，可把该标准态电极与标准氢电极组成原电池，测定该原电池的电动势，如图 4-4。由于标准氢电极的电极电势规定为零，通过计算就可确定待测电极的标准电极电势。测定时必须使待测电极处于标准态（即若为溶液，

其浓度为 $1.0\text{mol} \cdot \text{L}^{-1}$，若为气体，其压力为 100kPa），温度通常取 298.15K。例如，欲测锌电极的标准电极电势，可组成原电池：

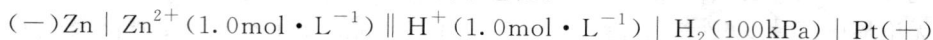

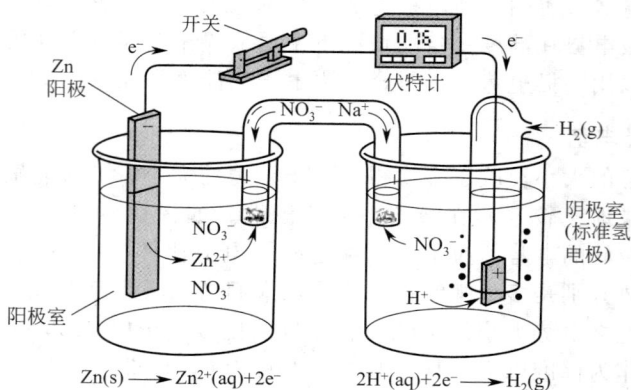

$$(-)\text{Zn} \mid \text{Zn}^{2+}(1.0\text{mol} \cdot \text{L}^{-1}) \parallel \text{H}^{+}(1.0\text{mol} \cdot \text{L}^{-1}) \mid \text{H}_2(100\text{kPa}) \mid \text{Pt}(+)$$

图 4-4　标准电极电势测定

测定时，通过电流计指针偏转方向，可知电子从锌电极流向氢电极。所以锌电极为负极，氢电极为正极。在 298.15K 时，测得该原电池的标准电动势 $E^{\ominus}$ 为 0.762V：

$$E^{\ominus} = E^{\ominus}(+) - E^{\ominus}(-) = E^{\ominus}(\text{H}^+/\text{H}_2) - E^{\ominus}(\text{Zn}^{2+}/\text{Zn}) = 0.762\text{V}$$

因为 $E^{\ominus}(\text{H}^+/\text{H}_2) = 0\text{V}$

所以 $E^{\ominus}(\text{Zn}^{2+}/\text{Zn}) = -0.762\text{V}$

用类似的方法可测得许多电极的标准电极电势，见附录6。附录6列出了标准电极电势。此表是按标准电极电势代数值由小到大的顺序排列的。查阅标准电极电势数据时，要与所给条件相符。

标准氢电极要求氢气纯度很高，压力要稳定，且铂要较好地镀黑，以便吸氢良好。但是铂在溶液中易吸附其他物质而中毒，失去活性，条件不易掌握。因此，在实际测定中常采用易于制备，使用方便且电极电势稳定的甘汞电极［图 4-3(b)］或氯化银电极作为参比电极（它们的电极电势也是通过与标准氢电极组成原电池测得的）。

(3) 标准电极电势表

把各种氧化还原电对及 $E^{\ominus}$ 值按一定顺序排列起来形成的表格叫标准电极电势表（见附录6）。我们现在的表是分成比 $E^{\ominus}(\text{H}^+/\text{H}_2)$ 正和比 $E^{\ominus}(\text{H}^+/\text{H}_2)$ 负的两个部分排列的。该表的第一栏是电对名称，第二栏是电极反应过程栏，以还原反应方程式表示，即反应物为氧化态，产物为还原态，$\text{M}^{n+} + ne^- \rightleftharpoons \text{M}$；第三栏为标准电极电势数值，其符号均为标准氢电极作负极，待测电极为正极时测得（或计算）的电动势符号。有的教材称此表为"标准还原电势表"，其还原的含义就是均作正极，发生还原反应。

标准电极电势表在使用中应注意：

① 只要两个电极的标准电极电势不相等，则这两电极就能组成电池，发生氧化还原反应。其方向总是表上端的电极（负极）发生氧化反应，表下端的电极（正极）发生还原反应，其电池电动势为下端电极的标准电极电势减去上端电极的标准电极电势。如标准铜极与标准锌极，如图 4-5 即电池反应方向为"Z"字形，反应发生在对角的 Cu^{2+} 与 Zn 之间，Cu^{2+} 为氧化剂，Zn 为还原剂。在此条件下 Cu 与 Zn^{2+} 则不能

发生氧化还原反应。

表中电对的电极电势数值相差越大，则发生氧化还原反应的趋势越大，电池电动势越高。表中越是右上边越是强还原剂，越是左下边越是强氧化剂。物质只要是右上位置遇到左下位置就能发生氧化还原反应。其方向如图 4-5 所示。当然表中给的数据均为标准态，若非标准态，还与其离子浓度（更确切地说是活度）有关，但主要还决定于物质本性，这些稍后还可从定量角度理解。

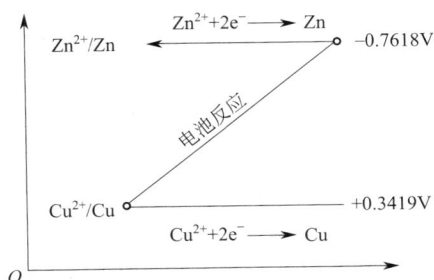

图 4-5　电池反应方向示意图

② 表中不同金属 $E^{\ominus}$ 值从小到大排列的顺序与中学所学金属活性顺序大致相同，但不完全一致。中学的金属活性顺序表是按金属原子第一电离能（即气态金属原子失去电子能力）由小到大排列；而按 $E^{\ominus}$ 值排列是根据金属原子在水溶液中变成水合离子的整个过程的化学势能降低量。

③ 表中的 $E^{\ominus}$ 值分为酸性介质 $[c(H^+)=1\text{mol}\cdot L^{-1}]$ 和碱性介质 $[c(OH^-)=1\text{mol}\cdot L^{-1}]$ 两种情况。同一电对，在不同介质条件下发生还原反应的 $E^{\ominus}$ 值并不相同，但可以换算。

例如：

$$F_2+2e^-\Longrightarrow 2F^- \qquad\qquad E^{\ominus}=+2.866V$$
$$F_2+2H^++2e^-\Longrightarrow 2HF \qquad\qquad E^{\ominus}=+3.053V$$

说明在酸性介质中 F_2 的氧化能力比在碱性条件下强。

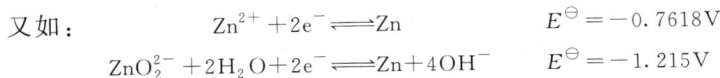

又如：

$$Zn^{2+}+2e^-\Longrightarrow Zn \qquad\qquad E^{\ominus}=-0.7618V$$
$$ZnO_2^{2-}+2H_2O+2e^-\Longrightarrow Zn+4OH^- \qquad\qquad E^{\ominus}=-1.215V$$

说明 Zn 在碱性条件下还原能力最强，故在实际应用中，首先要判断介质的酸碱性，然后查酸表或碱表。

④ 电极电势是强度性质，没有加和性。如：

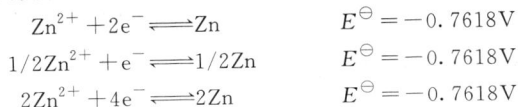

$$Zn^{2+}+2e^-\Longrightarrow Zn \qquad\qquad E^{\ominus}=-0.7618V$$
$$1/2Zn^{2+}+e^-\Longrightarrow 1/2Zn \qquad\qquad E^{\ominus}=-0.7618V$$
$$2Zn^{2+}+4e^-\Longrightarrow 2Zn \qquad\qquad E^{\ominus}=-0.7618V$$

⑤ 上面的讨论都是在水溶液中进行的反应，在非水溶液中及熔盐体系的 $E^{\ominus}$ 需要另行讨论。

4.4　影响电极电势的因素

标准电极电势是在标准状态下测得的数值，但实际上许多化学反应并非在标准状态下进行，而且随着反应的进行，溶液的浓度、温度或体系的压力都可能发生变化，这时电极电势的数值也必将随之发生变化。如实验室用 MnO_2 和 HCl 制备氯气，$E^{\ominus}$（MnO_2/Mn^{2+}）$=1.23V$，$E^{\ominus}$（Cl_2/Cl^-）$=1.36V$，$E^{\ominus}$（MnO_2/Mn^{2+}）$<E^{\ominus}$（Cl_2/Cl^-），但使用浓 HCl 时，MnO_2 把浓 HCl 中的 Cl^- 氧化成 Cl_2，显然，此时的 E（MnO_2/Mn^{2+}）$>E$（Cl_2/Cl^-）。同一电对在不同条件下的电极电势不同，这就是本节要讨论的问题——Nernst 方程式。

4.4.1　Nernst 方程式

德国科学家 Nernst 从理论上推导出电池的电动势和电极电势与溶液中离子浓度（或气体分压）、温度的关系。对于一般的化学半反应：

$$a\text{ 氧化态}+ne^- \longrightarrow b\text{ 还原态}$$

其电极电势 E 与标准电极电势 $E^\ominus$ 间的关系可用 Nernst 方程表示为：

$$E=E^\ominus+\frac{RT}{nF}\times\ln\frac{c(\text{氧化剂})^a}{c(\text{还原剂})^b} \tag{4-1}$$

式中，E 为电对物质在任一条件时的电极电势；$E^\ominus$ 为该电对的标准电极电势；n 为电极半反应的得失电子数；F 称为法拉第常数，其值为 $96500\text{C}\cdot\text{mol}^{-1}$；$R$ 为气体常数，其值为 8.315（$\text{mol}\cdot\text{K}^{-1}$）；$T$ 为开尔文温度；$c(\text{氧化剂})$、$c(\text{还原剂})$ 分别为电对中氧化态物质和还原态物质的相对浓度 $c/c^\ominus$（或相分压 $p/p^\ominus$）；a、b 分别为电极反应中氧化态物质和还原态物质的计量系数。

从式中可知，影响电极电势的因素主要有三个：①电极的本性，不同的电极反应，其标准电极电势 $E^\ominus$ 值不同；②氧化型物质和还原型物质的浓度（或分压）以及溶液的酸度；③反应温度。

由于水溶液中的化学反应通常是在常温下进行的，温度变化对电极电势的影响并不显著，因此，把温度固定为 298.15K。将上述三个常数 F、R、T 的值代入式（4-1）中，并进行对数底的换算，则式（4-1）可简化为：

$$E=E^\ominus+\frac{0.0592}{n}\times\lg\frac{c(\text{氧化剂})^a}{c(\text{还原剂})^b} \tag{4-1a}$$

在应用 Nernst 方程式时，应注意以下几点：

① 电极反应中各物质的计量系数为其相对浓度或相对分压的指数。

② 电极反应中的纯固体或纯液体，不列入 Nernst 方程式中。由于反应常在稀的水溶液中进行，H_2O 也可作为纯物质看待而不列入式中。

③ 若在电极反应中有 H^+ 或 OH^- 参加反应，则这些离子的相对浓度应根据半反应式计入 Nernst 方程式中。例如：

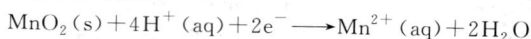

$$MnO_2(s)+4H^+(aq)+2e^- \longrightarrow Mn^{2+}(aq)+2H_2O$$

$$E(MnO_2/Mn^{2+})=E^\ominus(MnO_2/Mn^{2+})+\frac{0.0592}{2}\times\lg\frac{c(H^+)^4}{c(Mn^{2+})}$$

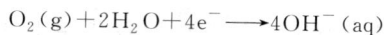

$$O_2(g)+2H_2O+4e^- \longrightarrow 4OH^-(aq)$$

$$E(O_2/OH^-)=E^\ominus(O_2/OH^-)+\frac{0.0592}{4}\times\lg\frac{p(O_2)/p^\ominus}{c(OH^-)^4}$$

4.4.2　浓度对电极电势的影响

从 Nernst 方程可知，对给定电对来讲，E 的大小只决定于氧化型物质和还原型物质浓度的比值。也就是说，任何能改变 $c(\text{氧化剂})/c(\text{还原剂})$ 比值的途径都可使 E 发生改变。改变离子浓度的途径有很多，例如配制不同浓度的溶液，加水稀释；加入沉淀剂、弱酸根离子（或非活泼金属阳离子）与电对离子生成弱电解质或配合剂（在配位平衡中讲），等等。因此，浓度对电极电势的影响可表现在以下几个方面：

(1) 氧化型物质或还原型物质本身浓度的改变

【例 4-2】 若 Cu^{2+} 浓度为 $0.01\text{mol}\cdot\text{L}^{-1}$，计算电对 Cu^{2+}/Cu 的电极电势。

解：从附录 6 中查得：

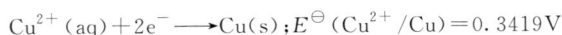

$$Cu^{2+}(aq)+2e^- \longrightarrow Cu(s); E^{\ominus}(Cu^{2+}/Cu)=0.3419V$$

$$E(Cu^{2+}/Cu)=E^{\ominus}(Cu^{2+}/Cu)+\frac{0.0592}{2}\times lg\,c(Cu^{2+})$$

$$=0.3419+\frac{0.0592}{2}\times lg(0.01)=0.2827V$$

计算结果表明，氧化型物质浓度减小时，电极电势的代数值减小，还原型物质的还原性增强，上述电极反应的平衡向左移动。若有还原性物质在该方程式中，因其在对数项的分母上，故还原型物质浓度减小时，电极电势增加。

（2）稀释溶液改变离子浓度

【例 4-3】　在 298K 时，将下列电极溶液用水稀释 10 倍，试分别计算稀释后各电极的电极电势。

(1) $Zn \mid Zn^{2+}$ $(1mol \cdot L^{-1})$　　　　　　　　$E^{\ominus}=-0.76V$

(2) $Pt \mid Hg^{2+}$ $(1mol \cdot L^{-1})$，Hg_2^{2+} $(1mol \cdot L^{-1})$　$E^{\ominus}=0.92V$

(3) $Pt \mid Fe^{3+}$ $(1mol \cdot L^{-1})$，Fe^{2+} $(1mol \cdot L^{-1})$　$E^{\ominus}=0.77V$

解：（1）电极反应为：$Zn^{2+}+2e^- \longrightarrow Zn$，电极溶液稀释 10 倍后，$c(Zn^{2+})=1/10=0.1mol \cdot L^{-1}$，代入 Nernst 方程：

$$E(Zn^{2+}/Zn)=E^{\ominus}(Zn^{2+}/Zn)+\frac{0.0592}{2}\times lg\,c(Zn^{2+})$$

$$=-0.76+\frac{0.0592}{2}\times lg(0.1)=-0.76+(-1)\times 0.0295=-0.79V$$

（2）电极反应为：$2Hg^{2+}+2e^- \longrightarrow Hg_2^{2+}$，电极溶液稀释 10 倍后，$c(Hg^{2+})=c(Hg_2^{2+})=1/10=0.1mol \cdot L^{-1}$，代入 Nernst 方程：

$$E(Hg^{2+}/Hg_2^{2+})=E^{\ominus}(Hg^{2+}/Hg_2^{2+})+\frac{0.0592}{2}lg\frac{c^2(Hg^{2+})}{c(Hg_2^{2+})}$$

$$=0.92+\frac{0.0592}{2}\times lg\frac{(0.1)^2}{0.1}=0.92+0.0296\times(-1)$$

$$=0.92-0.0296=0.890V$$

（3）电极反应为：$Fe^{3+}+e^- \longrightarrow Fe^{2+}$，电极溶液稀释 10 倍后，$c(Fe^{3+})=c(Fe^{2+})=1/10=0.1mol \cdot L^{-1}$，代入 Nernst 方程：

$$E(Fe^{3+}/Fe^{2+})=E^{\ominus}(Fe^{3+}/Fe^{2+})+\frac{0.0592}{2}lg\frac{c(Fe^{3+})}{c(Fe^{2+})}$$

$$=0.77+0.0592\times lg\frac{0.1}{0.1}=0.92+0=0.77V$$

计算结果说明，通过稀释电极溶液改变离子浓度，只有当 c^a（氧化剂）$/c^b$（还原剂）比值发生变化时，其电极电势才能发生相应的变化。对于电极反应 $Fe^{3+}+e^- \longrightarrow Fe^{2+}$，稀释后，$c(Fe^{3+})$ 和 $c(Fe^{2+})$ 虽减小，但两者的比值并没有变化，因此，其电极电势基本保持不变。

（3）产生沉淀改变离子浓度

金属离子加入沉淀剂后生成沉淀，留在溶液中的原金属离子浓度急剧减小，因此能较多地改变电极电势。

例如，电极反应：$Ag^++e^- \longrightarrow Ag$，$E^{\ominus}=0.799V$。向电极溶液中加入 NaCl，便产生 AgCl 沉淀，留在溶液中的 $c(Ag^+)$ 急剧减少，可根据 $K_{sp}^{\ominus}(AgCl)$ 计算出：

$$c(Ag^+)=K_{sp}^{\ominus}(AgCl)/c(Cl^-)$$ 此时,电极电势为:

$$E(Ag^+/Ag)=E^{\ominus}(Ag^+/Ag)+0.0592\times lgc(Ag^+)$$
$$=E^{\ominus}(Ag^+/Ag)+0.0592\times lg[K_{sp}^{\ominus}(AgCl)/c(Cl^-)]$$

假设达到平衡时, $c(Cl^-)=1mol\cdot L^{-1}$,则

$$E(Ag^+/Ag)=E^{\ominus}(Ag^+/Ag)+0.0592\times lgK_{sp}^{\ominus}(AgCl)$$
$$=0.799+0.0592lg(1.6\times10^{-10})=0.799-0.578=0.221V$$

因 $c(Cl^-)=1mol\cdot L^{-1}$,所以计算所得的电极电势就是下列电对的标准电极电势:

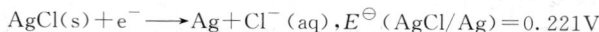

$$AgCl(s)+e^-\longrightarrow Ag+Cl^-(aq),E^{\ominus}(AgCl/Ag)=0.221V$$

即电极电势 $E^{\ominus}(AgCl/Ag)$ 本质上还是 $E(Ag^+/Ag)$,只是此标准态并非 $c(Ag^+)=1mol\cdot L^{-1}$,而是在 $c(Cl^-)=1mol\cdot L^{-1}$ 时的 $c(Ag^+)$。

用同样的方法,可以计算出 AgBr/Ag 和 AgI/Ag 电对的电极电势:

$$E(AgX/Ag)=E^{\ominus}(Ag^+/Ag)+0.0592lg\times[K_{sp}^{\ominus}(AgX)/c(X^-)]$$

当 $c(X^-)=1mol\cdot L^{-1}$ 时,所求得的电极电势就是相应电对的标准电极电势:

$$E^{\ominus}(AgX/Ag)=E^{\ominus}(Ag^+/Ag)+0.0592\times lgK_{sp}^{\ominus}(AgX)$$

现将这些电对及其 $E^{\ominus}(AgX/Ag)$ 值对比列于表 4-1。

表 4-1　电对及其 $E^{\ominus}(AgX/Ag)$ 值对比表

电对	$K_{sp}^{\ominus}(AgX)$	$c(Ag^+)$	$E(Ag^+/Ag)/V$
$Ag^++e^-\longrightarrow Ag$		1.0	0.799
$AgCl(s)+e^-\longrightarrow Ag+Cl^-(aq)$	1.6×10^{-10}	1.6×10^{-10}	0.221
$AgBr(s)+e^-\longrightarrow Ag+Br^-(aq)$	5.3×10^{-13}	5.3×10^{-13}	0.073
$AgI(s)+e^-\longrightarrow Ag+I^-(aq)$	1.5×10^{-16}	1.5×10^{-16}	-0.151

由上表可见,对同类型难溶电解质,随着 $K_{sp}^{\ominus}(AgX)$ 的逐渐减小,在 $c(X^-)$ 浓度一定时,留在溶液中的 $c(Ag^+)$ 逐渐减小, $E^{\ominus}(AgX/Ag)$ 降低, Ag^+ 的氧化能力减小。相反,如果电对中还原型物质生成沉淀(如 X_2/X^-),则沉淀物(AgX)的 $K_{sp}^{\ominus}$ 越小,它们的电极电势越高,氧化型物质(X_2)的氧化能力越强。

(4) 生成弱电解质改变电对物质的浓度

电对物质生成弱电解质后浓度急剧减小,电极电势也会产生较大的变化。

【例 4-4】 试求下列氢电极在25℃时的电极电势:(1) 100kPa氢气通入 0.2mol·L^{-1} 的 HAc 溶液中;(2) 在 1.0L (1) 的溶液中加入 0.1molNaOH 固体;(3) 在 1.0L 上述 (2) 的溶液中加入 0.1molNaOH 固体。

(1)
$$E(H^+/H_2)=E^{\ominus}(H^+/H_2)+0.0592lgc(H^+)$$
$$=E^{\ominus}(H^+/H_2)+0.0592\times lg\sqrt{cK_{HAc}^{\ominus}}$$
$$=0+0.0592\times lg\sqrt{0.2\times1.8\times10^{-5}}=-0.15V$$

(2) $HAc+NaOH\Longrightarrow NaAc+H_2O$,形成缓冲溶液 $c(HAc)=0.1mol\cdot L^{-1}$,

$$c(NaAc)=0.2-0.1=0.1mol\cdot L^{-1}$$

$$c(H^+)=K^{\ominus}(HAc)\frac{c(HAc)}{c(Ac^-)}=1.8\times10^{-5}\times\frac{0.1}{0.1}=1.8\times10^{-5}mol\cdot L^{-1}$$

$$E(H^+/H_2)=E^{\ominus}(H^+/H_2)+0.0592\times lgc(H^+)$$
$$=0+0.0592\times lg(1.8\times10^{-5})=-0.28V$$

（3）再加入 0.1mol NaOH，与 HAc 完全反应，溶液为 NaAc 溶液，$c(NaAc)=$
$0.2mol \cdot L^{-1}$

$$c(OH^-)=\sqrt{cK_h^\ominus}=\sqrt{c\frac{K_w^\ominus}{K_{HAc}^\ominus}}=\sqrt{0.2\times\frac{10^{-14}}{1.8\times10^{-5}}}=1.05\times10^{-5}mol \cdot L^{-1}$$
$$c(H^+)=K_w^\ominus/c(OH^-)=10^{-14}/(1.05\times10^{-5})=9.52\times10^{-10}mol \cdot L^{-1}$$
$$E(H^+/H_2)=E^\ominus(H^+/H_2)+0.0592\times\lg c(H^+)$$
$$=0+0.0592\times\lg(9.52\times10^{-10})=-0.53V$$

（5）酸度对电极电势的影响

如果电极反应式中包含着 H^+ 或 OH^-，由于 H^+ 或 OH^- 浓度可改变程度很大，所以，介质的酸度就会对电极电势产生较大影响。H^+（或 OH^-）浓度与电极电势的关系同样可以用 Nernst 方程表示。例如，重铬酸根在酸性溶液中的电极反应为：

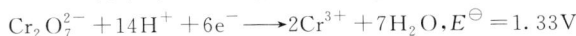

$$Cr_2O_7^{2-}+14H^++6e^-\longrightarrow 2Cr^{3+}+7H_2O,E^\ominus=1.33V$$
$$E=E^\ominus(Cr_2O_7^{2-}/Cr^{3+})+\frac{0.0592}{6}\times\lg\frac{c(Cr_2O_7^{2-})c^{14}(H^+)}{c^2(Cr^{3+})}$$

从上式可见，由于 $c(H^+)$ 的指数是 14，且在不同酸碱性时 $c(H^+)$ 变化幅度很大（可从 $10\sim10^{-15}mol \cdot L^{-1}$），因此介质的酸度对电极电势的影响很大，有时甚至成为控制氧化还原反应方向的决定因素。这就是说，重铬酸钾在酸性溶液中能氧化某些物质，在中性溶液中却不一定能氧化。

含氧酸盐和高价金属氧化物的半反应中氧化态一端均有 H^+ 参与反应，故这些物质在酸性条件下是强氧化剂，在中性或碱性时氧化性弱。若其他物质均处于标准态，$c(H^+)$ 用 pH 表示，重铬酸根的电极电势 E 和 pH 的关系为：

$$E=E^\ominus(Cr_2O_7^{2-}/Cr^{3+})-\frac{14\times0.0592}{6}pH$$

如作 E 与 pH 关系图，就是 pH-电势图。

【例 4-5】 反应 $MnO_2+4HCl\Longrightarrow MnCl_2+Cl_2(g)+2H_2O$ 问：①在标准状态下，该反应为什么不能发生？②若使反应发生，HCl 的浓度至少是多少？［已知 $E^\ominus(MnO_2/Mn^{2+})=1.23V,E^\ominus(Cl_2/Cl^-)=1.36V$］

解：电极反应为：$MnO_2(s)+4H^+(aq)+2e^-\longrightarrow Mn^{2+}(aq)+2H_2O(l)$
$$2Cl^-(aq)-2e^-\longrightarrow Cl_2(g)$$

① 在标准状态下，电动势
$$E=E^\ominus(MnO_2/Mn^{2+})-E^\ominus(Cl_2/Cl^-)=1.23-1.36=-0.13<0,$$
该反应不能发生。

② 要使该反应发生 $E(MnO_2/Mn^{2+})\geqslant E(Cl_2/Cl^-)$　即
$$E^\ominus(MnO_2/Mn^{2+})+\frac{0.0592}{2}\lg\frac{c^4(H^+)}{c(Mn^{2+})}\geqslant E^\ominus(Cl_2/Cl^-)+\frac{0.0592}{2}\lg\frac{p(Cl_2)/p^\ominus}{c^2(Cl^-)}$$

为方便起见，假设 $c(Mn^{2+})=1.0mol \cdot L^{-1}$，$p(Cl_2)=100kPa$，设 $c(HCl)=x\,mol \cdot L^{-1}$

则 $E^\ominus(MnO_2/Mn^{2+})+\frac{0.0592}{2}\lg x^4\geqslant E^\ominus(Cl_2/Cl^-)+\frac{0.0592}{2}\lg x^{-2}$

$$\lg x \geqslant [E^{\ominus}(Cl_2/Cl^-) - E^{\ominus}(MnO_2/Mn^{2+})] \times \frac{1}{3 \times 0.0592}$$

$$= (1.36 - 1.23) \times \frac{1}{3 \times 0.0592} = 0.732$$

$$c(HCl) = x = 5.39 \text{mol} \cdot L^{-1}$$

4.4.3　实际电对物质浓度不为标准态时的标准电极电势

书本上经常出现 $E^{\ominus}(AgCl/Ag)$、$E^{\ominus}(HAc/H_2)$、$E^{\ominus}(H_2O/H_2)$，这三组电对中真正的氧化态物质是 Ag^+ 和 H^+，这里的标准并非 Ag^+ 和 H^+ 浓度处于标准态，而是该电对半反应中的所有物质处于标准态，如 $E^{\ominus}(AgCl/Ag)$，电对反应为：

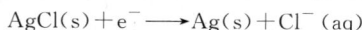

$$AgCl(s) + e^- \longrightarrow Ag(s) + Cl^-(aq)$$

AgCl、Ag 为固体，本身可作为标准态，这里就是 Cl^- 的浓度为标准态，即 $1.0 \text{mol} \cdot L^{-1}$。

$$E^{\ominus}(AgCl/Ag) = E^{\ominus}(Ag^+/Ag) + 0.0592 \lg c(Ag^+)$$
$$= E^{\ominus}(Ag^+/Ag) + 0.0592 \lg[K_{sp}^{\ominus}(AgCl)/c(Cl^-)]$$
$$= E^{\ominus}(Ag^+/Ag) + 0.0592 \lg K_{sp}^{\ominus}(AgCl)$$

对于 $E^{\ominus}(HAc/H_2)$，电对反应为：

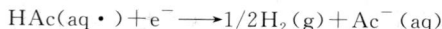

$$HAc(aq \cdot) + e^- \longrightarrow 1/2 H_2(g) + Ac^-(aq)$$

这里的标准是以 HAc、Ac^- 的浓度为标准态，即 $1.0 \text{mol} \cdot L^{-1}$，$H_2$ 的分压为 100kPa。

$$E^{\ominus}(HAc/H_2) = E^{\ominus}(H^+/H_2) + 0.0592 \lg \frac{c(H^+)}{[p(H_2)/p^{\ominus}]^{1/2}}$$
$$= E^{\ominus}(H^+/H_2) + 0.0592 \lg c(H^+)$$
$$= E^{\ominus}(H^+/H_2) + 0.0592 \lg \frac{K_{HAc}^{\ominus} c(HAc)}{c(Ac^-)}$$
$$= E^{\ominus}(H^+/H_2) + 0.0592 \lg K^{\ominus}(HAc)$$

对于 $E^{\ominus}(H_2O/H_2)$，电对反应为：

$$H_2O + e^- \longrightarrow 1/2 H_2(g) + OH^-(aq)$$

这里的标准是以 OH^- 的浓度为标准态，即 $1.0 \text{mol} \cdot L^{-1}$，$H_2$ 的分压为 100kPa。

$$E(H_2O/H_2) = E^{\ominus}(H_2O/H_2) + 0.0592 \lg \frac{c(H^+)}{[p(H_2)/p^{\ominus}]^{1/2}}$$
$$= E^{\ominus}(H^+/H_2) + 0.0592 \lg c(H^+)$$
$$= E^{\ominus}(H^+/H_2) + 0.0592 \lg \frac{K_w^{\ominus}}{c(OH^-)}$$
$$= E^{\ominus}(H^+/H_2) + 0.0592 \lg K_w^{\ominus}$$

4.5　电极电势的应用

电极电势在电化学中有广泛的应用，如计算原电池的电动势，判断氧化还原反应进行的方向以及比较氧化剂和还原剂的相对强弱等。

4.5.1 计算原电池的电动势

当电极中的物质均在标准状态时，电池中电极电势代数值大的为正极，代数值小的为负极，原电池的标准电动势为 $E^\ominus = E^\ominus(+) - E^\ominus(-)$；当电极中的物质为非标准状态时，应先用 Nernst 方程计算出正、负极的电极电势，再由 $E = E(+) - E(-)$ 求算出原电池的电动势。

【例 4-6】 在 298.15K 时，求下列原电池的电动势。

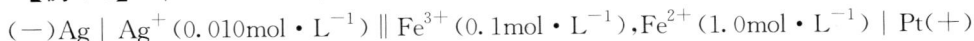

$(-)Ag \mid Ag^+ (0.010\text{mol} \cdot \text{L}^{-1}) \parallel Fe^{3+}(0.1\text{mol} \cdot \text{L}^{-1}), Fe^{2+}(1.0\text{mol} \cdot \text{L}^{-1}) \mid Pt(+)$

解：由所给原电池的符号可知：

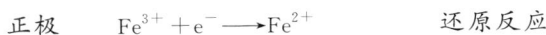

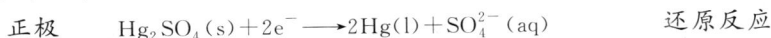

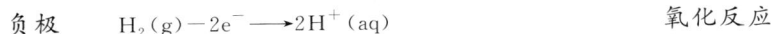

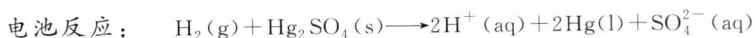

$$正极 \quad Fe^{3+} + e^- \longrightarrow Fe^{2+} \qquad 还原反应$$
$$负极 \quad Ag - e^- \longrightarrow Ag^+ \qquad 氧化反应$$

查附录 6 得： $\quad E^\ominus(Fe^{3+}/Fe^{2+}) = 0.770V \qquad E^\ominus(Ag^+/Ag) = 0.7396V$

$$E(Fe^{3+}/Fe^{2+}) = E^\ominus(Fe^{3+}/Fe^{2+}) + 0.0592 \times \lg \frac{c(Fe^{3+})}{c(Fe^{2+})}$$
$$= 0.770 + 0.0592 \times \lg(0.1/1.0)$$
$$= 0.7108V$$
$$E(Ag^+/Ag) = E^\ominus(Ag^+/Ag) + 0.0592 \times \lg c(Ag^+)$$
$$= 0.7396 + 0.0592 \times \lg 0.010$$
$$= 0.6112V$$

则
$$E = E(+) - E(-)$$
$$= 0.7108 - 0.6112$$
$$= 0.0996V$$

【例 4-7】 计算下列电池在 298.15K 时的电动势。

$(-)Pt \mid H_2(100kP) \mid H_2SO_4(0.017\text{mol} \cdot \text{L}^{-1}) \mid Hg_2SO_4(s), Hg(+)$

解：由所给原电池的符号可知：

$$正极 \quad Hg_2SO_4(s) + 2e^- \longrightarrow 2Hg(l) + SO_4^{2-}(aq) \qquad 还原反应$$
$$负极 \quad H_2(g) - 2e^- \longrightarrow 2H^+(aq) \qquad 氧化反应$$

电池反应： $\quad H_2(g) + Hg_2SO_4(s) \longrightarrow 2H^+(aq) + 2Hg(l) + SO_4^{2-}(aq)$

查附录 6 得： $\quad E^\ominus(Hg/Hg_2SO_4) = 0.615V \qquad E^\ominus(H^+/H_2) = 0.00V$

$$E(Hg/Hg_2SO_4) = E^\ominus(Hg/Hg_2SO_4) + \frac{0.0592}{2} \times \lg \frac{1}{c(SO_4^{2-})}$$
$$= 0.615 + \frac{0.0592}{2} \times \lg \frac{1}{0.017}$$
$$= 0.667V$$
$$E(H^+/H_2) = E^\ominus(H^+/H_2) + \frac{0.0592}{2} \times \lg \frac{c(H^+)^2}{p(H_2)/p^\ominus}$$
$$= 0 + \frac{0.0592}{2} \times \lg \frac{(2 \times 0.017)^2}{1}$$
$$= -0.0869V$$
$$E = E(+) - E(-)$$
$$= 0.667 - (-0.0869)$$
$$= 0.7539V$$

4.5.2　判断氧化还原反应能否进行及其进行的方向

可知当 $E=E（+）-E（-）>0$ 时，反应自发进行；

当 $E=E（+）-E（-）<0$ 时，反应非自发进行。

若电池反应中，各物质均处于标准状态，或 $E^{\ominus}（+）$、$E^{\ominus}（-）$ 相差较大（一般大于 0.2V），则可用标准电池电动势和标准电极电势来判断。

当 $E^{\ominus}=E^{\ominus}（+）-E^{\ominus}（-）>0$ 时，反应自发进行；

当 $E^{\ominus}=E^{\ominus}（+）-E^{\ominus}（-）<0$ 时，反应非自发进行。

【例 4-8】　判断在 298.15K 的标准状态下，Fe^{3+} 滴入含有较多 Br^-、I^- 的溶液，会发生什么反应？

解：按有关物质氧化态可知，Br^-、I^- 可作还原剂，Fe^{3+} 是氧化剂。

查附录 6 得：$E^{\ominus}（Fe^{3+}/Fe^{2+}）=0.771V$，$E^{\ominus}（Br_2/Br^-）=1.066V$，$E^{\ominus}（I_2/I^-）=0.536V$

$E^{\ominus}（Fe^{3+}/Fe^{2+}）<E^{\ominus}（Br_2/Br^-）$，$Fe^{3+}$ 不能氧化 Br^-。

$E^{\ominus}（Fe^{3+}/Fe^{2+}）>E^{\ominus}（I_2/I^-）$，$Fe^{3+}$ 能氧化 I^-，反应为：$2Fe^{2+}+2I^- \longrightarrow 2Fe^{3+}+I_2$。

判断时，要注意是电极电势高的氧化态物质氧化电极电势低的还原态物质，即电极电势高的左上角物质与电极电势低的右下角物质反应。虽有 $E^{\ominus}（Br_2/Br^-）>E^{\ominus}（Fe^{3+}/Fe^{2+}）$，但该系统中只有 Fe^{3+} 和 Br^-，没有 Br_2 与 Fe^{2+}，氧化还原反应不会发生。

对于标准电极电势相差较大的物质间反应，电对物质浓度的改变很难对电动势的正、负方向进行改变，故在没有标明物质浓度时，一律以标准电极电势进行比较。若标准电极电势相差较小的物质间反应，电对物质浓度的改变可对电动势的正、负方向进行改变，如下例：

【例 4-9】　当 $c（Pb^{2+}）=0.010mol \cdot L^{-1}$，$c（Sn^{2+}）=0.5mol \cdot L^{-1}$ 时，下述反应能否发生？

$$Sn(s)+Pb^{2+}(aq)\longrightarrow Sn^{2+}(aq)+Pb(s)$$

解：按已知反应可知，Sn 是还原剂，可作负极，Pb^{2+} 是氧化剂，可作正极，且 $E^{\ominus}（Pb^{2+}/Pb）=-0.1263V$，$E^{\ominus}（Sn^{2+}/Sn）=-0.1364V$

$$E（+）=E（Pb^{2+}/Pb）=E^{\ominus}（Pb^{2+}/Pb）+\frac{0.0592}{2}\times \lg c（Pb^{2+}）$$

$$=-0.1263+\frac{0.0592}{2}\times \lg 0.010$$

$$=-0.186V$$

$$E（-）=E（Sn^{2+}/Sn）=E^{\ominus}（Sn^{2+}/Sn）+\frac{0.0592}{2}\times \lg c（Sn^{2+}）$$

$$=-0.1364+\frac{0.0592}{2}\times \lg 0.50$$

$$=-0.145V$$

故　　$E=E（+）-E（-）=-0.186-（-0.145）=-0.041V<0$

因此，上述反应为非自发反应，相反，其逆反应是自发的。

4.5.3　比较氧化剂和还原剂的相对强弱

氧化剂和还原剂的相对强弱，可通过电极电势数值大小进行比较。一般地，标准电极电势 $E^{\ominus}$ 的代数值越大，电对中的氧化态物质越易得到电子，是越强的氧化剂；

对应的还原态物质越难失去电子，是越弱的还原剂。反之，标准电极电势 $E^{\ominus}$ 的代数值越小，该电对中的还原态物质越易失去电子，是越强的还原剂；对应的氧化态物质越难得到电子，是越弱的氧化剂。

例如：

$$F_2(g) + 2e^- \longrightarrow 2F^-(aq) \quad E^{\ominus} = 2.87V$$

氧化态物 F_2 容易得 2 个电子，F_2 是强氧化剂；还原态物质 F^- 难失去电子，F^- 是弱还原剂。

$$Li^+(aq) + 2e^- \longrightarrow Li \quad E^{\ominus} = -3.045V$$

还原态物质 Li 容易失去 1 个电子，Li 是强还原剂；氧化态物质 Li^+ 难得到 1 个电子，Li^+ 是弱氧化剂。

【例 4-10】　在标准态时，下列电对中，哪种是最强的氧化剂？哪种是最强的还原剂？列出各氧化态物质氧化能力和各还原态物质还原能力的强弱次序。

$$MnO_4^-/Mn^{2+} \qquad Fe^{3+}/Fe^{2+} \qquad Fe^{2+}/Fe \qquad S_2O_8^{2-}/SO_4^{2-} \qquad I_2/I^-$$

解：查附录 6 得各电对的 $E^{\ominus}$ 值分别为：

$E^{\ominus}(MnO_4^-/Mn^{2+}) = 1.51V$，$E^{\ominus}(Fe^{3+}/Fe^{2+}) = 0.770V$，$E^{\ominus}(Fe^{2+}/Fe) = -0.447V$，$E^{\ominus}(S_2O_8^{2-}/SO_4^{2-}) = 1.96V$，$E^{\ominus}(I_2/I^-) = 0.535V$

比较可知，$E^{\ominus}(S_2O_8^{2-}/SO_4^{2-})$ 的代数值最大，$E^{\ominus}(Fe^{2+}/Fe)$ 的代数值最小，故 $S_2O_8^{2-}$ 是最强的氧化剂，Fe 是最强的还原剂。各氧化态物质氧化能力由强到弱的次序为：

$$S_2O_8^{2-} > MnO_4^- > Fe^{3+} > I_2 > Fe^{2+}$$

各还原态物质还原能力由强到弱的次序为：

$$Fe > I^- > Fe^{2+} > Mn^{2+} > SO_4^{2-}$$

4.5.4　氧化剂或还原剂的选择

当体系中存在多种还原剂，要选择性地氧化某些还原剂，而其他还原剂不变化；或体系中存在多种氧化剂，要选择性地还原某些氧化剂，而其他氧化剂不变。这就需要根据标准电极电势数据，选择适当的氧化剂或还原剂。

【例 4-11】　溶液中存在 Br^-、I^-，要使 I^- 被氧化而 Br^- 不被氧化，可选择下列何种氧化剂？Cl_2、$KMnO_4$、$FeCl_3$。

解：查出有关电对的电极电势：$E^{\ominus}(MnO_4^-/Mn^{2+}) = 1.51V$，$E^{\ominus}(Cl_2/Cl^-) = 1.36V$，$E^{\ominus}(Fe^{3+}/Fe^{2+}) = 0.770V$，$E^{\ominus}(Br_2/Br^-) = 1.065V$，$E^{\ominus}(I_2/I^-) = 0.53V$。

要氧化 I^-，氧化剂的标准电极电势应大于 0.53V，不能氧化 Br^-，标准电极电势应小于 1.065V，即所选氧化剂的标准电极电势 $0.53V < E^{\ominus} < 1.065V$，故只能选择 $E^{\ominus}(Fe^{3+}/Fe^{2+}) = 0.770V$ 的 $FeCl_3$。若选 Cl_2 或 $KMnO_4$，由于它们的标准电极电势均大于 $E^{\ominus}(Br_2/Br^-)$ 和 $E^{\ominus}(I_2/I^-)$，会把 Br^- 和 I^- 一起氧化。

若要选择性还原体系中某种氧化剂，则还原剂的标准电极电势要小于被选择还原的氧化剂，又要大于不被还原的氧化剂。一般原则总是电极电势高的氧化剂被还原。若要使标准电极电势低的氧化剂被还原，电极电势高的氧化剂不被还原，在热力学上是做不到的。

在工业生产上，选择氧化剂或还原剂除考虑标准电极电势外，还要考虑外加氧化剂或还原剂的反应产物的分离等因素，用 H_2O_2 作氧化剂时无杂质离子引入，用 NaClO 作氧化剂仅有 Na^+ 被引入。

4.5.5　确定氧化还原反应进行的程度

确定氧化还原反应可能进行的最大程度也就是计算该氧化还原反应的标准平衡常

数。氧化还原反应的平衡常数可从两个电对的标准电极电势求得。从电极电势的观点看，只要两个氧化还原电对存在电势差，就会因电子转移发生氧化还原反应。随着反应的进行，反应物（电极电势高的氧化态和电极电势低的还原态）浓度不断减小，产物浓度（电极电势高的还原态和电极电势低的氧化态）不断升高，原电极电势高的电对电极电势下降，原电极电势低的电对电极电势升高，到一定的程度两电极电势相等，这就达到了化学平衡。如反应：

$$Zn+Cu^{2+} \rightleftharpoons Zn^{2+}+Cu$$

随着反应的进行，$c(Cu^{2+})$ 不断降低，$c(Zn^{2+})$ 不断升高，

$$E(Cu^{2+}/Cu)=E^{\ominus}(Cu^{2+}/Cu)+\frac{0.0592}{2}\times \lg c(Cu^{2+}) \text{逐渐降低，}$$

$$E(Zn^{2+}/Zn)=E^{\ominus}(Zn^{2+}/Zn)+\frac{0.0592}{2}\times \lg c(Zn^{2+}) \text{逐渐升高，到了一定的程度，}$$

$E(Cu^{2+}/Cu)=E(Zn^{2+}/Zn)$，即达到了化学平衡，得：

$$E^{\ominus}(Cu^{2+}/Cu)+\frac{0.0592}{2}\times \lg c(Cu^{2+})=E^{\ominus}(Zn^{2+}/Zn)+\frac{0.0592}{2}\times \lg c(Zn^{2+}),$$

移项得：

$$\lg \frac{c(Zn^{2+})}{c(Cu^{2+})}=[E^{\ominus}(Cu^{2+}/Cu)-E^{\ominus}(Zn^{2+}/Zn)]\times \frac{2}{0.0592}$$

$$\lg K^{\ominus}=\frac{2[E^{\ominus}(Cu^{2+}/Cu)-E^{\ominus}(Zn^{2+}/Zn)]}{0.0592}$$

$$=\frac{2E^{\ominus}}{0.0592}=\frac{2\times[0.34-(-0.76)]}{0.0592}=37.3$$

$$K^{\ominus}=2.00\times10^{37}$$

上式可推广到一般的氧化还原反应，得：

$$\lg K^{\ominus}=\frac{nE^{\ominus}}{0.0592} \tag{4-2}$$

式中，n 为氧化还原反应中转移的电子数。若两半反应转移的电子数不相同，n 为乘最小公倍数后转移的电子数。

从式（4-2）可以看出，在 298.15K 时氧化还原反应的标准平衡常数只与标准电动势有关，而与溶液的起始浓度（或分压）无关。也就是说，只要知道氧化还原反应所组成的原电池的标准电动势，就可以确定氧化还原反应可能进行的最大限度。

有些教材上写根据电极电势的大小可以判断反应进行的快慢或先后，如 $KMnO_4$ 溶液中同时加入 Fe^{2+} 和 Sn^{2+} 溶液，由于 $KMnO_4$ 与 Sn^{2+} 的反应电动势为：

$$E^{\ominus}=E^{\ominus}(MnO_4^-/Mn^{2+})-E^{\ominus}(Sn^{4+}/Sn^{2+})=1.51-0.151=1.359V$$

而 $KMnO_4$ 与 Fe^{2+} 的反应电动势为：

$$E^{\ominus}=E^{\ominus}(MnO_4^-/Mn^{2+})-E^{\ominus}(Fe^{3+}/Fe^{2+})=1.51-0.771=0.739V$$

$KMnO_4$ 与 Sn^{2+} 的反应电动势大，所以 $KMnO_4$ 与 Sn^{2+} 首先反应，这与实际相符。但在上述溶液中同时加入锌粉，则 $KMnO_4$ 与 Zn 反应的电动势为：

$$E^{\ominus}=E^{\ominus}(MnO_4^-/Mn^{2+})-E^{\ominus}(Zn^{2+}/Zn)=1.51-(-0.7618)=2.2718V$$

其反应的电动势最大，但反应最慢。实际上反应电动势越大，反应趋势越大或平衡时转化越完全，但不能判断反应速率的快慢，反应速率主要由反应活化能决定。上述反应中 Fe^{2+}、Sn^{2+} 都在溶液中，和 $KMnO_4$ 反应的活化能相差很小，这时

$KMnO_4$ 与 Sn^{2+} 反应的趋势大，首先进行；但锌粉是固体，与 $KMnO_4$ 溶液处于不同相，活化能大，即使此时反应趋势大，但由于活化能大，反应速率仍很小。

4.5.6　计算一系列平衡常数

前面讲到离子浓度对电极电势有影响，如有关离子生成沉淀、生成弱电解质或配位化合物后电极电势有较大变化，在这些计算中分别用到了溶度积常数、解离常数或水解常数、配合物稳定常数等。现在倒过来，测定出电极电势后，可计算出那些平衡常数。

【例 4-12】　已知下面电池在 298K 时测量的电动势为 $E = 0.551V$，计算该弱酸的解离常数。

$$(-)Pt \mid H_2(100KPa) \mid HA(1.0mol \cdot L^{-1}),$$
$$A^-(1.0mol \cdot L^{-1}) \parallel H^+(1.0mol \cdot L^{-1}) \mid H_2(100kPa) \mid Pt(+)$$

解：
$$E = E(+) - E(-) = E^{\ominus}(H^+/H_2) - [E^{\ominus}(H^+/H_2) + 0.0592 \lg c(H^+)]$$
$$= -0.0592 \lg c(H^+)$$
$$= -0.0592 \lg \{K_{HA}^{\ominus}[c(HA)/c(A^-)]\} = -0.0592 \lg[K_{HA}^{\ominus}(1.0/1.0)]$$
$$= -0.0592 \lg K_{HA}^{\ominus}$$
$$\lg K_{HA}^{\ominus} = -E/0.0592 = -0.551/0.0592 = -9.307$$
$$K_{HA}^{\ominus} = 4.93 \times 10^{-10}$$

【例 4-13】　已知 $E^{\ominus}(Ag_2SO_4/Ag) = 0.654V$，$E^{\ominus}(Ag^+/Ag) = 0.799V$，计算 Ag_2SO_4 的 $K_{sp}^{\ominus}$（H_2SO_4 作为两元强酸处理）。

解：
$$E^{\ominus}(Ag_2SO_4/Ag) = E(Ag^+/Ag) = E^{\ominus}(Ag^+/Ag) + 0.0592 \times \lg c(Ag^+)$$
$$= E^{\ominus}(Ag^+/Ag) + 0.0592 \times \lg \sqrt{\frac{K_{sp}^{\ominus}}{c(SO_4^{2-})}}$$
$$0.654 = 0.799 + \frac{0.0592}{2} \times \lg K_{sp}^{\ominus}$$
$$K_{sp}^{\ominus} = 1.3 \times 10^{-5}$$

4.5.7　高氧化还原电势酸性水的杀菌作用

高氧化还原电势酸性水是通过强电解水生成装置，即酸性电势生成的。此装置的主要部件为一个带有阳离子交换膜的电解槽，槽内膜两侧有铂钛合金电极。将含有少量食盐（通常为浓度 0.05% 的食盐水）的自来水或纯水加入槽内，通以高压电流。在阳极发生氧化反应，产生氧化还原电势较高的酸性水；阴极发生还原反应，产生氧化还原电位较低的碱性水。其反应为：

阳极　　　　　　　　　$2Cl^- \longrightarrow Cl_2 + 2e^-$

　　　　　　　　　　　$H_2O \longrightarrow 1/2O_2 + 2H^+ + 2e^-$

阴极　　　　　　　　　$H_2O + 2e^- \longrightarrow 1/2H_2 + 2OH^-$

高氧化还原电位酸性水的 pH 在 2.3～2.7 之间，氧化还原电势为 1000～1150mV。因其 pH 较低，氧化还原电势较高，故氧化能力较强。

高氧化还原电势水具有广谱杀菌作用，可杀灭细菌繁殖体、病毒、真菌、细菌芽孢，可破坏乙型肝炎表面抗原（HbsAg）。一般作用 1～2min 即可杀灭细菌繁殖体，20～40min 内可杀灭细菌芽孢；10～30℃ 范围内随着温度的升高，或氧化还原电势升高，高氧化还原电位酸性水的杀菌作用增强；水中含有机物则明显降低其杀菌作用。

医学上主要适用于皮肤黏膜消毒、空气消毒、医疗器械及其他物品表面的消毒灭菌。

4.6　元素电势图

4.6.1　元素标准电势图

许多元素具有多种氧化数，可以组成多种氧化还原电对。不同电对间氧化还原能力是不同的。例如 Fe 有 0、+2、+3 和 +6 等氧化态，它们可以组成下列电对：

$$Fe^{2+}+2e^- \rightleftharpoons Fe \qquad\qquad E^{\ominus}(Fe^{2+}/Fe)=-0.44V$$

$$Fe^{3+}+3e^- \rightleftharpoons Fe \qquad\qquad E^{\ominus}(Fe^{3+}/Fe)=-0.036V$$

$$Fe^{3+}+2e^- \rightleftharpoons Fe^{2+} \qquad\qquad E^{\ominus}(Fe^{3+}/Fe^{2+})=0.77V$$

$$FeO_4^{2-}+8H^++3e^- \rightleftharpoons Fe^{3+}+4H_2O \qquad E^{\ominus}(FeO_4^{2-}/Fe^{3+})=1.90V$$

同一元素任两个不同氧化态间均可组成电对，除了上述电对外，还可以有 FeO_4^{2-}/Fe^{2+}、FeO_4^{2-}/Fe 等电对。把半反应式一一写出较麻烦，若将各种氧化态按照由高到低的顺序，从左到右进行排列，并把各电对的标准电极电势写在连接两氧化态间的横线上，写起来较方便，看起来也一目了然。如上面一系列铁的不同氧化态间的电势可表示为：

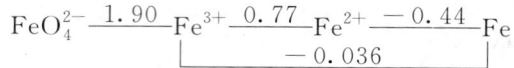

$$FeO_4^{2-} \xrightarrow{1.90} Fe^{3+} \xrightarrow{0.77} Fe^{2+} \xrightarrow{-0.44} Fe$$
$$\underset{-0.036}{\underline{\qquad\qquad\qquad}}$$

这种表示某一元素各种氧化态之间标准电极电势变化的关系图叫做元素的标准电势图，简称元素电势图。因为这种图由 Latimer 首先提出，故亦称 Latimer 图。

由于两种元素各电对在酸性和碱性溶液中测得的 $E^{\ominus}$ 值不同，因此元素电势图可分为两种：$E_a^{\ominus}$ 图和 $E_b^{\ominus}$ 图。例如，铜的电势图，先把铜可能有的氧化态按氧化数的高低从左到右进行排列，把它们两两用直线连接起来组成电对，把在酸性溶液中测得的 $E_a^{\ominus}$ 值标在横线上就是 $E_a^{\ominus}$ 电势图；把在碱性溶液中测得的 $E_b^{\ominus}$ 值标在横线上就是 $E_b^{\ominus}$ 电势图。

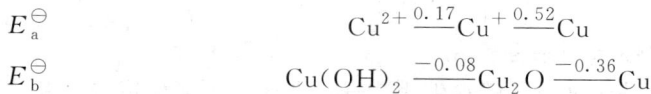

$$E_a^{\ominus} \qquad\qquad Cu^{2+} \xrightarrow{0.17} Cu^+ \xrightarrow{0.52} Cu$$

$$E_b^{\ominus} \qquad\qquad Cu(OH)_2 \xrightarrow{-0.08} Cu_2O \xrightarrow{-0.36} Cu$$

4.6.2　元素电势图的应用

(1) 从已知标准电极电势计算未知标准电极电势

当我们需要某电对的标准电极电势，但在表中又查不到时，可利用图中有关的已知标准电极电势计算得到。假设有下列元素电势图：

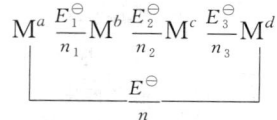

$$M^a \xrightarrow[n_1]{E_1^{\ominus}} M^b \xrightarrow[n_2]{E_2^{\ominus}} M^c \xrightarrow[n_3]{E_3^{\ominus}} M^d$$
$$\underset{n}{\underline{\qquad\qquad E^{\ominus} \qquad\qquad}}$$

图中 $E^{\ominus}$ 为电对 M^a/M^d 的未知标准电极电势；$E_1^{\ominus}$、$E_2^{\ominus}$、$E_3^{\ominus}$ 分别为依次相邻电对 M^a/M^b、M^a/M^c、M^c/M^d 的已知标准电极电势；n_1、n_2、n_3 分别表示电极电势为 $E_1^{\ominus}$、$E_2^{\ominus}$、$E_3^{\ominus}$ 的电对中转移的电子数，n 表示电对 M^a/M^d 中转移的电子数，且 $n=n_1+n_2+n_3$。另外 n 是氧化数变化的一个原子所转移的电子数，如 $Cr_2O_7^{2-}/Cr^{3+}$ 中，n 值是 3 不是 6。

电极反应 $M^a + ne^- \rightleftharpoons M^d$ 可以拆成从 M^a，经 M^b、M^c 到 M^d 的三个氧化还原反应，根据热力学定律，可推导出下列公式：

$$-nFE^\ominus = -n_1FE_1^\ominus - n_2FE_2^\ominus - n_3FE_3^\ominus$$

$$E^\ominus = \frac{n_1E_1^\ominus + n_2E_2^\ominus + n_3E_3^\ominus}{n} = \frac{n_1E_1^\ominus + n_2E_2^\ominus + n_3E_3^\ominus}{n_1 + n_2 + n_3} \tag{4-3}$$

【例 4-14】 已知氯在酸性介质中的标准电极电势图：

$$E_a^\ominus \qquad ClO_3^- \xrightarrow{1.21} HClO_2 \xrightarrow{?} HClO$$
$$\underset{1.43}{\lfloor\underline{\qquad\qquad}\rfloor}$$

试计算 $E^\ominus(HClO_2/HClO)$。

解：首先把各电对中转移的电子数分别写在横线下面，然后把有关数据代入

$$E_a^\ominus \qquad ClO_3^- \xrightarrow[2]{1.21} HClO_2 \xrightarrow[2]{?} HClO$$
$$\underset{\underset{4}{1.43}}{\lfloor\underline{\qquad\qquad}\rfloor}$$

$$4E^\ominus(HClO_2/HClO) = 2E^\ominus(ClO_3^-/HClO_2) + 2E^\ominus(HClO_2/HClO)$$

$$E^\ominus(HClO_2/HClO) = \frac{4E^\ominus(ClO_3^-/HClO) - 2E^\ominus(ClO_3^-/HClO_2)}{2}$$

$$= \frac{4 \times 1.43 - 2 \times 1.21}{2} = 1.65V$$

(2) 判断物质能否发生歧化反应

具有多种氧化态的元素，当它处于中间氧化态时，在适当条件下，其中一部分转变为较高氧化态的物质，另一部分转变为较低氧化态的物质，这类反应叫歧化反应或自身氧化还原反应。例如：

$$2Cu^+ \rightleftharpoons Cu^{2+} + Cu$$

在这一反应中，反应物 Cu^+ 处于中间氧化态，一部分 Cu^+ 氧化成 Cu^{2+}，另一部分 Cu^+ 还原成金属 Cu，这就是歧化反应。

歧化反应的发生与物质的稳定性有一定的关系。如果某物质不能发生歧化反应，表明该物质本身能稳定地存在，如果某物质在一定条件下能发生歧化反应，表明该物质在给定条件下不能稳定地存在。因此判断歧化反应能否发生，对认识物质的性质和确定制备物质的条件都具有重要意义。

判断物质能否发生歧化反应的一般规律是：

① 某物质有多种氧化态，把它们按氧化态从高到低的次序，从左到右排列（与元素电势图一样）。

$$M^a \xrightarrow{E^\ominus(\text{左})} M^b \xrightarrow{E^\ominus(\text{右})} M^c$$

三种物质组成两个电对，分别查出标准电极电势 $E^\ominus(\text{左})$、$E^\ominus(\text{右})$，并分别写在横线上。

② 比较 $E^\ominus(\text{左})$ 和 $E^\ominus(\text{右})$。

若 $E^\ominus(\text{右}) > E^\ominus(\text{左})$，就能发生歧化反应。

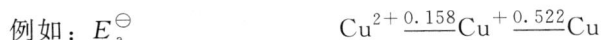

例如：$E_a^\ominus \qquad Cu^{2+} \xrightarrow{0.158} Cu^+ \xrightarrow{0.522} Cu$

$E^\ominus(\text{右}) = E^\ominus(Cu^+/Cu) = 0.522V$

$E^\ominus(\text{左}) = E^\ominus(Cu^{2+}/Cu^+) = 0.158V$

显然，$E^\ominus(Cu^+/Cu) > E^\ominus(Cu^{2+}/Cu^+)$，即电极电势高的氧化态物质 Cu^+ 氧化

电极电势低的还原态物质 Cu^+，反应为：

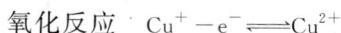

还原反应　$Cu^+ + e^- \Longrightarrow Cu$

氧化反应　$Cu^+ - e^- \Longrightarrow Cu^{2+}$

总反应　　$2Cu^+ \Longrightarrow Cu^{2+} + Cu$

电动势　$E^\ominus = E^\ominus(右) - E^\ominus(左) = 0.522 - 0.158 = 0.346V$

$E^\ominus(右) > E^\ominus(左)$ 时，氧化态处于中间状态的物质既是电极电势高的电对的氧化态物质，同时又是电极电势低的还原态物质，该物质的一部分氧化该物质的另外一部分，就发生歧化反应。

若 $E^\ominus(右) < E^\ominus(左)$，就不能发生歧化反应。若有高价和低价氧化态物质存在，就会发生生成中间氧化态物质的反歧化反应。

例如：$E_a^\ominus$　　　$Fe^{3+} \xrightarrow{0.770} Fe^{2+} \xrightarrow{-0.44} Fe$

$E^\ominus(右) < E^\ominus(左)$，$Fe^{2+}$ 不能发生歧化反应，若体系中存在 Fe^{3+} 和 Fe，则 $E^\ominus(Fe^{3+}/Fe^{2+}) > E^\ominus(Fe^{2+}/Fe)$，体系中电极电势高的氧化态物质 Fe^{3+} 氧化电极电势低的还原态物质 Fe，即发生了反歧化反应。

$$2Fe^{3+} + Fe \Longrightarrow 3Fe^{2+}$$

因此，在 Fe^{2+} 盐溶液中，加入少量 Fe，能使被氧化成的 Fe^{3+} 重新还原为 Fe^{2+}。

(3) 比较各氧化态物质的氧化性强弱

在比较同种元素不同氧化态物质的氧化性时，必须把它们与另一氧化态（较低或最低氧化态）物质组成电对，计算并比较各电对的 $E^\ominus$ 值，从而确定它们氧化性的相对强弱。如氯的各种氧化态，一般会误认为氯的氧化态越高，其氧化性越强，实际上从电极电势数据可知，氧化态最高的 ClO_4^-，其氧化性其实最弱。

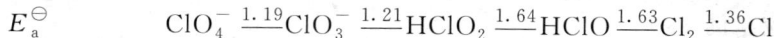

$E_a^\ominus$　　$ClO_4^- \xrightarrow{1.19} ClO_3^- \xrightarrow{1.21} HClO_2 \xrightarrow{1.64} HClO \xrightarrow{1.63} Cl_2 \xrightarrow{1.36} Cl$

根据 $E^\ominus$ 值的大小，氯的含氧酸氧化性从强到弱的次序为：$HClO \approx HClO_2 > ClO_3^- > ClO_4^-$。

思 考 题

1. 什么是氧化数？如何计算分子或离子中元素的氧化数？

2. 指出下列分子、化学式或离子中划线元素的氧化数：

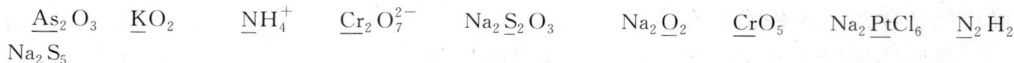

$\underline{As}_2O_3$　　$\underline{K}O_2$　　$\underline{N}H_4^+$　　$\underline{Cr}_2O_7^{2-}$　　$Na_2\underline{S}_2O_3$　　$Na_2\underline{O}_2$　　$\underline{Cr}O_5$　　$Na_2\underline{Pt}Cl_6$　　$\underline{N}_2H_2$　　$Na_2\underline{S}_5$

3. 原电池正极发生 _____ 反应，负极发生 _____ 反应，原电池电流由 _____ 极流向 _____ 极。

4. 下列说法是否正确？

(1) 电池正极所发生的反应是氧化反应；

(2) $E^\ominus$ 值越大则电对中氧化型物质的氧化能力越强；

(3) $E^\ominus$ 值越小则电对中还原型物质的还原能力越弱；

(4) 电对中氧化型物质的氧化能力越强则还原型物质的还原能力越强。

5. 书写电池符号应遵循哪些规定？

6. 怎样利用电极电势来确定原电池的正、负极以及计算原电池的电动势？

7. 举例说明电极电势与有关物质浓度（气体压力）之间的关系。

8. 标准氢电极，其电极电势规定为 0，那么为什么作为参比电极常采用甘汞电极而不用标准氢电极？

9. 同种金属及其盐溶液能否组成原电池？若能组成，盐溶液的浓度必须具备什么条件？

10. 填写下列空白。

（1）下列氧化剂：$KClO_3$、Br_2、$FeCl_3$、$KMnO_4$、H_2O_2，当溶液中 H^+ 浓度增大时，氧化能力增加的是 _____，不变的是 _____；

（2）下列电对中，$E^{\ominus}$ 值最小的是 _____。

H^+/H_2，H_2O/H_2，HF/H_2，HCN/H_2

11. 由标准锌半电池和标准铜半电池组成原电池：

$$(-)Zn \mid ZnSO_4(1mol \cdot L^{-1}) \parallel CuSO_4(1mol \cdot L^{-1}) \mid Cu(+)$$

（1）改变下列条件时电池电动势有何影响？

a. 增加 $ZnSO_4$ 溶液的浓度；

b. 增加 $CuSO_4$ 溶液的浓度；

c. 在 $CuSO_4$ 溶液中通入 H_2S。

（2）当电池工作 10min 后，其电动势是否发生变化？为什么？

（3）在电池的工作过程中，锌的溶解与铜的析出，质量上有什么关系？

12. 用标准电极电势解释：

（1）将铁钉投入 $CuSO_4$ 溶液时，Fe 被氧化为 Fe^{2+} 而不是 Fe^{3+}；

（2）铁与过量的氯气反应生成 $FeCl_3$ 而不是 $FeCl_2$。

13. 一个电对中氧化型或还原型物质发生下列变化时，电极电势将发生怎样的变化？

（1）还原型物质生成沉淀；

（2）氧化型物质生成配离子；

（3）氧化型物质生成弱电解质；

（4）氧化型物质生成沉淀。

习　　题

1. 写出下列反应中的氧化还原电对：

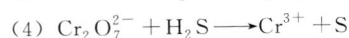

（1）$MnO_4^- + Cl^- \longrightarrow Mn^{2+} + Cl_2$

（2）$Mn^{2+} + NaBiO_3 \longrightarrow MnO_4^- + Bi^{3+}$

（3）$Cr^{3+} + PbO_2 \longrightarrow Cr_2O_7^{2-} + Pb^{2+}$

（4）$Cr_2O_7^{2-} + H_2S \longrightarrow Cr^{3+} + S$

（5）$I^- + H_2O_2 \longrightarrow I_2 + H_2O$

（6）$MnO_4^- + H_2O_2 \longrightarrow Mn^{2+} + O_2 + H_2O$

2. 下列物质在一定条件下均可作为氧化剂：$KMnO_4$、$K_2Cr_2O_7$、$FeCl_3$、H_2O_2、I_2、Cl_2、$SnCl_4$、PbO_2、$NaBiO_3$，还原产物分别为 Mn^{2+}、Cr^{3+}、Fe^{2+}、H_2O、I^-、Cl^-、Sn^{2+}、Pb^{2+}、Bi^{3+}，根据它们在酸性介质中对应的标准电极电势数据，把上述物质按其氧化能力递增顺序重新排列。〔已知 $E^{\ominus}(NaBiO_3/Bi^{3+}) = 1.80V$〕

3. 将下列氧化还原反应设计成原电池，并写出两电极反应：

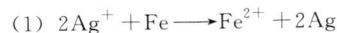

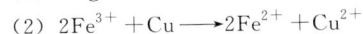

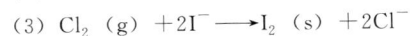

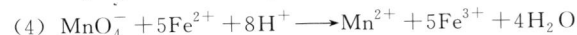

（1）$2Ag^+ + Fe \longrightarrow Fe^{2+} + 2Ag$

（2）$2Fe^{3+} + Cu \longrightarrow 2Fe^{2+} + Cu^{2+}$

（3）$Cl_2(g) + 2I^- \longrightarrow I_2(s) + 2Cl^-$

（4）$MnO_4^- + 5Fe^{2+} + 8H^+ \longrightarrow Mn^{2+} + 5Fe^{3+} + 4H_2O$

4. 根据标准电极电势 $E^{\ominus}$，判断下列反应的方向：

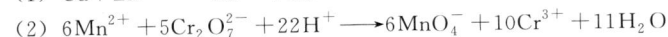

（1）$Cd + Zn^{2+} \longrightarrow Cd^{2+} + Zn$

（2）$6Mn^{2+} + 5Cr_2O_7^{2-} + 22H^+ \longrightarrow 6MnO_4^- + 10Cr^{3+} + 11H_2O$

（3）$K_2S_2O_8 + 2KCl \longrightarrow 2K_2SO_4 + Cl_2$

5. 计算下列原电池的电动势，写出相应的电池反应：

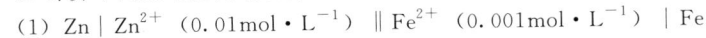

（1）$Zn \mid Zn^{2+}(0.01mol \cdot L^{-1}) \parallel Fe^{2+}(0.001mol \cdot L^{-1}) \mid Fe$

（2）$Pt \mid Fe^{2+}$（$0.01mol \cdot L^{-1}$），Fe^{3+}（$0.001mol \cdot L^{-1}$）$\parallel Cl^-$（$2.0mol \cdot L^{-1}$）$\mid Cl_2$（$p^{\ominus}$）$\mid Pt$

（3）$Ag \mid Ag^+$（$0.01mol \cdot L^{-1}$）$\parallel Ag^+$（$0.1mol \cdot L^{-1}$）$\mid Ag$

6. 电池反应：$Zn + 2H^+ \Longrightarrow Zn^{2+} + H_2$，其中 c（Zn^{2+}）$= 1.00mol \cdot L^{-1}$，p（H_2）$= 100kPa$，298.15K 时测得其电池的电动势为 0.460V，求氢电极溶液中的 pH 值是多少？

7. 假定其他离子的浓度为 $1.0mol \cdot L^{-1}$，气体的分压为 $1.00 \times 10^5 Pa$，欲使下列反应能自发进行，要求 HCl 的最低浓度是多少？已知 $E^{\ominus}$（$Cr_2O_7^{2-}/Cr^{3+}$）$= 1.33V$，$E^{\ominus}$（Cl_2/Cl^-）$= 1.36V$，$E^{\ominus}$（MnO_2/Mn^{2+}）$= 1.23V$。

（1）$MnO_2 + HCl \longrightarrow MnCl_2 + Cl_2 + H_2O$；

（2）$K_2Cr_2O_7 + HCl \longrightarrow KCl + CrCl_3 + Cl_2 + H_2O$。

8. 求下列情况下在 298.15K 时有关电对的电极电势：

（1）$100kPa$ 氢气通入 $0.10mol \cdot L^{-1}$ HCl 溶液中，E（H^+/H_2）$= ?$

（2）在 1.0L 上述（1）溶液中加入 0.10mol 固体 NaOH，E（H^+/H_2）$= ?$

（3）在 1.0L 上述（1）溶液中加入 0.10mol 固体 NaAc，E（H^+/H_2）$= ?$

（4）在 1.0L 上述（1）溶液中加入 0.20mol 固体 NaAc，E（H^+/H_2）$= ?$

9. 已知 $H_3AsO_3 + H_2O \Longrightarrow H_3AsO_4 + 2H^+ + 2e^-$　　$E^{\ominus} = 0.599V$，

$3I^- \Longrightarrow I_3^- + 2e^-$　　$E^{\ominus} = 0.535V$

（1）计算反应 $H_3AsO_3 + I_3^- + H_2O \Longrightarrow H_3AsO_4 + 3I^- + 2H^+$ 的平衡常数；

（2）若溶液的 pH=7，反应朝哪个方向自发进行？

（3）溶液中 $[H^+] = 6mol \cdot L^{-1}$ 反应朝哪个方向自发进行？

10. 已知：$E_B^{\ominus}/V$：$H_2PO_2^- \overset{-1.82}{\underset{\underline{\quad -1.11 \quad}}{\longrightarrow}} P_4 \longrightarrow PH_3$

（1）计算电极 $1/4P_4 + 3H_2O + 3e^- \Longrightarrow PH_3 + 3OH^-$ 的 $E^{\ominus}$；

（2）判断 P_4 能否发生歧化反应。

第5章　原子结构和元素周期律

随着科技的发展，人们认识到生命过程本质上是化学反应，生物医学已经发展到了分子水平，这就要求在电子、原子水平上认识生命现象的内在实质，要从根本上掌握其规律性，就必须从研究原子结构入手。从 1803 年道尔顿提出原子论以来，科学家们经过两个多世纪的探索，现在已能用扫描隧道显微镜看到氢原子的模糊形象。原子很小，其直径约为 10^{-10} m，卢瑟福的实验证实，原子由原子核和核外电子组成，原子核更小，其直径约为 $10^{-14} \sim 10^{-15}$ m，是原子直径的万分之一，根据球体积公式 $V = \frac{4}{3}\pi r^3$ 可知，其体积更是原子体积的几千亿分之一，但它几乎集中了原子的全部质量，见图 5-1。

我们知道，在化学反应中，原子核的组成并不发生变化，即不会由一种原子变成另一种原子，但核外电子运动状态是可以改变的，这是化学反应的实质。为了更好地掌握化学变化规律，我们要研究原子核外电子的运动状态。

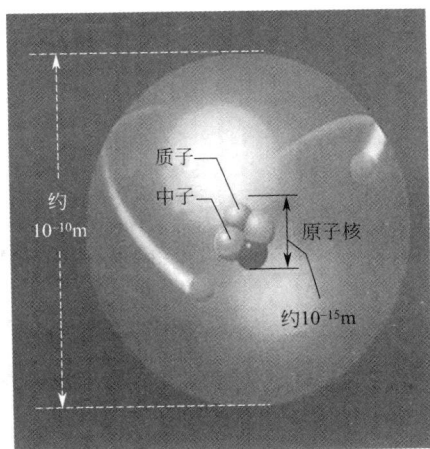

图 5-1　原子的尺寸（未按比例）

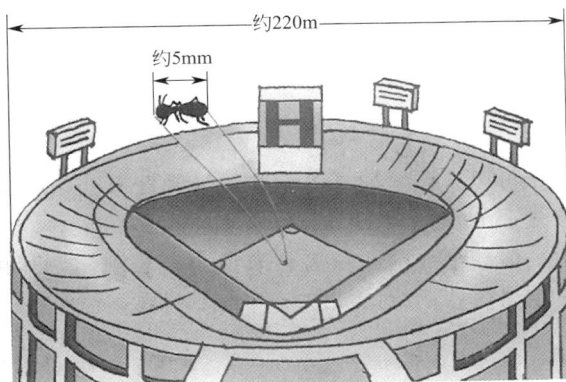

图 5-2　原子核与原子相对大小

前面已提到，原子核的体积只占原子体积的几千亿分之一，所以原子内部十分空旷。想象一下，如果把整个原子慢慢放大，直至放大到教室一样大，原子核也只是像一粒芝麻大小在教室的中央，在其周围很大的空域中，电子在作高速的运动，见图5-2。这就是 1911 年卢瑟福提出的原子结构"行星式模型"。这种"行星式模型"有两个问题困扰着我们，按经典理论：

① 核外电子做高速绕核运动具有加速度，会不间断地辐射电磁波，得到连续光谱。

② 由于电磁波的辐射，消耗了能量，将使电子离核距离螺旋式下降，最终会落到原子核里，使原子毁灭。

但这些推论与原子的稳定存在和具有不连续光谱的现象不符。1913 年，年轻的丹麦物理学家玻尔为解释氢原子光谱，并试图解决卢瑟福模型所遇到的困难，综合了普朗克的量子论、爱因斯坦的光子说和卢瑟福的原子模型，提出了玻尔原子模型。

5.1　玻尔理论与微观粒子特性

5.1.1　光谱及氢原子光谱

把一束日光通过棱镜色散，可看到不同颜色（即不同波长）的连续光从红色一直到紫色的连续变化图（用仪器还能测到红外和紫外光）。当用火焰、电弧或其他方法灼热气体或蒸气时，气体就会发射出不同频率（不同波长）的光线，利用棱镜折射，可把它们分成一系列按波长长短次序排列的线条，称为谱线。原子一系列谱线的总和叫该原子的光谱图。氢原子的光谱图（图 5-3）由一系列跳跃式的谱线组成，这种光谱叫线状光谱。

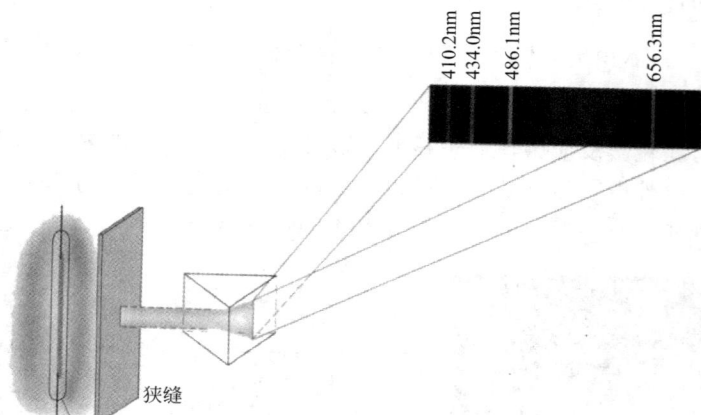

图 5-3　氢原子光谱示意图

可以看到氢原子光谱在可见光区有四条明显的谱线：一条红线、一条蓝线和两条紫线，分别标以 H_α、H_β、H_γ 和 H_δ。

这些谱线间的距离愈来愈小，表现出明显的规律性，1885 年，瑞士学者巴尔麦总结出这些谱线的波数 σ 符合下列规律：

$$\sigma=\frac{1}{\lambda}=R_\infty\left(\frac{1}{2^2}-\frac{1}{n^2}\right)$$

式中，$n=3，4，5，\cdots$，是对每一条光线的自然数连续编号，$R_\infty=1.09677581\times10^7\,\mathrm{m}^{-1}$，称为里德堡常数。后来在氢光谱的紫外区、红外区也发现一系列谱线系，都有类似的关系。1890 年，瑞典学者里德堡归纳成统一的公式：

$$\sigma=\frac{1}{\lambda}=R_\infty\left(\frac{1}{n_1^2}-\frac{1}{n_2^2}\right)$$

式中，n_1、n_2 均为正整数，且 $n_2>n_1$。

其他原子光谱虽然还要复杂，但也都是线状光谱。这些问题促使人们寻找原子光谱与原子内部结构的关系。

5.1.2　玻尔理论

针对这些情况，玻尔（图 5-4）提出了三条进一步假定：

① 定态规则：电子绕核作圆形轨道运动，在一定轨道上运动的电子具有一定的能量，称为定态。在定态下运动的电子既不放出能量，也不吸收能量。原子中存在一

系列定态，其中能量最低的定态叫做基态，其余为激发态。

② 频率规则：当电子由一个定态跃迁到另一个定态时，就会以光子形式吸收或放出能量，其频率 ν 由两定态间的能量差决定（图 5-5）：

$$h\nu = \mid E_{n2} - E_{n1} \mid = \Delta E$$

③ 量子化条件：对原子可能存在的定态有一定的限制，即电子轨道运动的角动量 L 必须等于 $\dfrac{h}{2\pi}$ 的整数倍：

$$L = n\frac{h}{2\pi} \qquad n = 1, 2, 3, \cdots$$

n 称为主量子数，h 为普朗克常数，其值为 6.626×10^{-34} J·s。根据量子化条件，轨道能量只能取某些分立的数值。"量子"就是不连续的意思。

可见，玻尔原子模型是电子在以原子核为圆心的一系列同心圆轨道上运动。根据以上假定，玻尔从经典力学计算了氢原子的各个定态轨道的能量和半径：

$$E_n = -R\,\frac{1}{n^2} \qquad R = 2.1799 \times 10^{-18} \text{J} = 13.606 \text{eV}$$

$$r_n = 52.9 \times n^2 \text{pm}$$

氢原子处于基态时，$n = 1$，$E_1 = 13.6$eV，$r_1 = 52.9$pm，称为玻尔半径，用符号 a_0 表示。

图 5-4　丹麦科学家玻尔

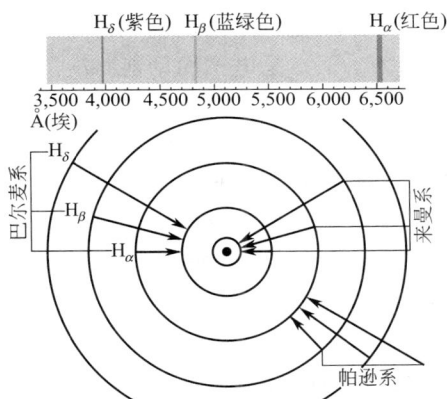

图 5-5　氢原子电子跃迁与光谱

5.1.3　玻尔理论的成功和缺陷

玻尔理论成功的解释了氢原子和类氢离子（核外只有一个电子的离子，如 He^+、Li^{2+}）的光谱，其计算结果和实验事实惊人地吻合；他提出用轨道描述核外电子的运动，揭示了核外电子运动量子化的特征，使原子光谱成为探索原子内部结构的一个窗口，在科学发展中起了重大作用。玻尔计算得到的氢原子半径数据与后来量子力学处理氢原子得到的数据惊人的一致。

但是，当把玻尔模型应用到其他多电子原子光谱时，则与实验结果相差甚远；它也不能解释原子光谱的精细结构，对化学键的形成更无能为力，这说明该模型有缺陷。从理论上看，玻尔理论本身就存在着矛盾。它一方面把电子运动看作服从经典力学的微粒，另一方面又人为地加入量子化条件，这与经典力学相矛盾。因为做圆周运动的电荷一定会辐射能量，原子就不能稳定存在。所以这一理论有很大的局限性。究其原因，是由于原子或分子中的电子具有波粒二象性，它的运动规律不遵循经典力学规律，而服从量子力学规律。

20 世纪 20 年代建立起来的原子结构的量子论模型，或称电子云模型，使人类对原子结构的认识进入到一个崭新阶段。

5.2 核外电子运动状态描述

玻尔理论之所以无法解释其他原子的光谱，是因为微观粒子除了具有微粒性外，还具有像光波和电磁波一样的波动性，还有其动量和位置不能同时测定的特性（海森堡测不准原理），像电子这样的微观粒子就无法用由经典力学导出的玻尔理论公式来描述。

5.2.1 薛定谔方程

既然有波动性，奥地利物理学家薛定谔（图 5-6）就把波动方程引入到电子在原子核势场中的运动中来，建立了实物微粒的波动方程，叫做薛定谔方程。薛定谔方程是一个偏微分方程，对单电子体系可写成下列形式。

$$\frac{\partial^2 \psi}{\partial x^2} + \frac{\partial^2 \psi}{\partial y^2} + \frac{\partial^2 \psi}{\partial z^2} + \frac{8\pi^2 m}{h^2}(E-V) = 0$$

式中，m 是电子的质量，E 是电子的总能量，V 是电子的势能，$(E-V)$ 是电子的动能，h 是普朗克常数，x、y、z 为空间坐标，是一个三维微分方程，求解很复杂。求解出的答案 ψ 也是个函数，叫做波函数。

图 5-6 奥地利
科学家薛定谔

5.2.2 波函数、原子轨道和电子云

由于求解薛定谔方程很复杂，在求解中需把直角坐标转化为球坐标，又通过变分法分为径向方程和两个角度方程（分别是与 OR 径向和其与平面的角度），在径向和两个角度上都具有微观粒子的量子化特性，在三个量子数确定后解出的答案就是一个描述核外电子运动状态的普通函数，就是波函数 ψ，即原子轨道。

（1）每一种波函数代表一种原子轨道

从薛定谔方程解得的各种波函数写起来也很复杂，因为三个量子数确定后，其解波函数 ψ 也确定了，为了处理方便，把解简写为波函数 ψ 再加三个确定的量子数，如 $\psi_{(1,0,0)}$、$\psi_{(2,1,1)}$ 等，每一种波函数都描述了电子一定的空间运动状态，一种确定的原子轨道。这里所说的"轨道"是指 ψ 分布的空间范围和概率，也就是电子运动的空间范围和概率，绝不能把"轨道"理解为宏观物体的运动轨迹。

这里第二个量子数常用英语小写字母来表示，例如：1、2、3、4 分别用 s、p、d、f 表示。第三个量子数也用字母来表示，根据第一个量子数的不同也有不同。氢原子核外电子处于基态（能量最低状态）时，用波函数 ψ_{1s} 描述，称为 1s 轨道。同理，波函数 ψ_{2s}、ψ_{2p_x}、$\psi_{3d_{xy}}$ 分别称为 2s 轨道，$2p_x$ 轨道和 $3d_{xy}$ 轨道。可见波函数和原子轨道是同义词，两者的性状都由三个量子数决定。

（2）原子轨道的图形

每一个原子轨道都有相应的波函数，把每一个波函数在三维空间或球坐标中描绘出来的图形就是原子轨道的图形。波函数 $\psi(r, \theta, \phi)$ 是含有 r、θ、ϕ 三个变量的函数，很难绘出其空间图像。但是我们可以从下式出发：

$$\psi(r,\theta,\phi)=R(r)Y(\theta,\phi)$$

固定径向 R（r）部分来讨论角度部分 Y（θ，ϕ）的分布，或固定 Y（θ，ϕ）去讨论 R（r）的分布。通过径向分布和角度分布可以了解原子轨道的形状和方向。图 5-7 就是用这种方法画出的部分原子轨道角度分布图。

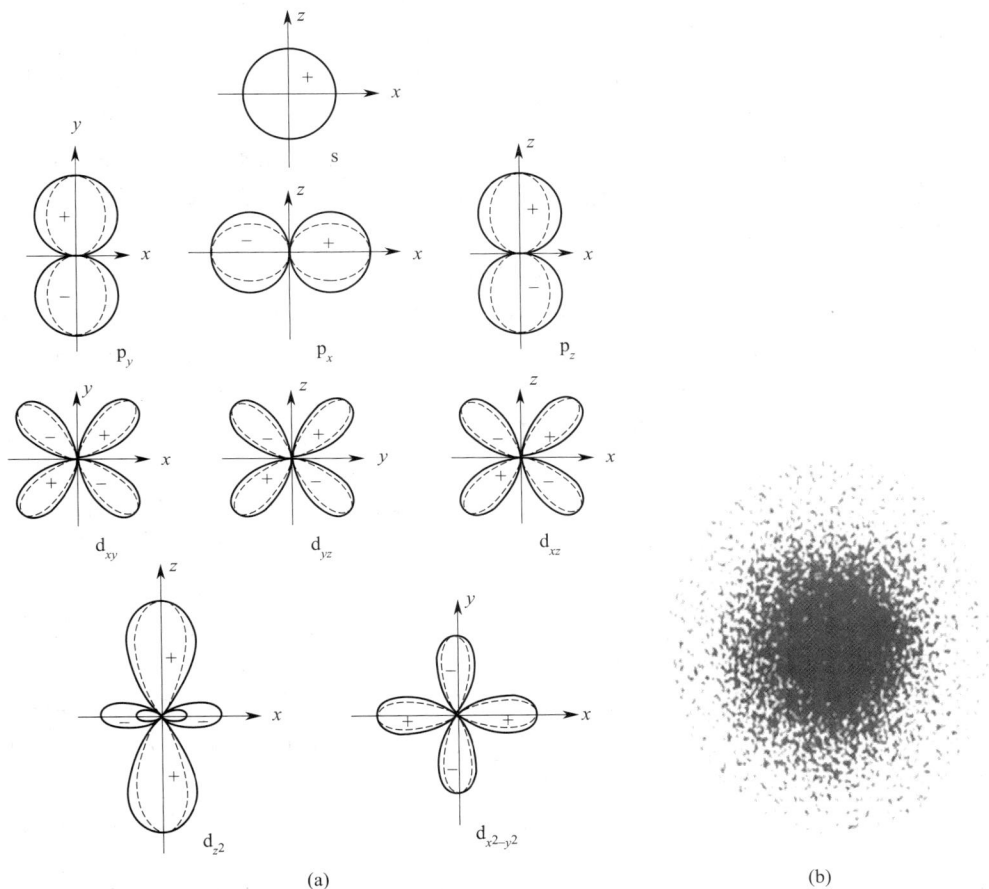

图 5-7　s，p，d 原子轨道（实线部分）、电子云（虚线部分）角度分布图（平面图）

从图 5-7 可见，s 轨道是球形对称的，p 轨道是无柄哑铃形，d 轨道是花瓣形。另外，图 5-7 中有的部分标正号，有的部分标负号，这表明在该区域的波函数 ψ 是正值或负值，切不要误认为它带正电荷或带负电荷。波函数的正、负对于原子轨道重叠而形成共价键有重要意义。

（3）概率密度和电子云

在经典力学中，用波函数 u（x，y，z）来表示的电磁波 u 在空间（x，y，z）点的电场或磁场，$|u|^2$ 代表 t 时刻在空间（x，y，z）点电场或磁场波的强度。物质波也是如此，量子力学的一个基本假设就是原子核外的电子（能量有一定值的稳定态体系）的运动状态可以用一个波函数 ψ（r，θ，ϕ）来表示，附近的概率与波函数模数的平方 $|\psi|^2$ 成正比。$|\psi|^2$ 代表电子在（r，θ，ϕ）附近单位体积中出现的概率，即概率密度。所以概率和概率密度的关系是电子在核外空间某区域出现的

概率等于概率密度与该区域总体积的乘积。

空间各点$|\psi|^2$数值的大小，反映电子在各点附近同样大小的体积中出现概率的大小。通常用小黑点的疏密程度来表示$|\psi|^2$在空间的分布，形象地称为电子云。小黑点较密的地方，表示概率密度较大，亦即电子云较密集；小黑点较疏的地方，表示概率密度较小，亦即电子云较稀疏。

例如，氢原子基态$|\psi|^2$只是r的函数，空间分布呈球形对称，即电子云分布是球对称的，图5-7（b）为其示意图。图5-7（b）中密集的小黑点是对核外一个电子（基态）运动情况多次重复实验所得的统计结果。离核愈近，小黑点愈密，即电子云愈密集，电子在该处单位体积内出现的机会愈多；反之亦然。总之，哪里的小黑点密集，哪里电子的概率密度就大，只不过电子云是从统计的概念出发对核外电子的概率密度作形象化的图示，而概率密度$|\psi|^2$可从理论上计算而得。所以说电子云是概率密度$|\psi|^2$的具体图像。

应当注意，电子云只是电子行为具有统计性的一种形象化描述，这并不是说电子真的像云雾那样分散在原子核周围，而不再是一个粒子。在观测原子的实验中，实际上并不能观察到电子正在什么地方，观察到的正是电子在空间的概率分布即电子云分布。图5-7（b）中密集的小黑点并不代表许许多多电子在氢原子核外的运动情况，实际上只是说明核外一个电子的空间运动状态。

（4）角度分布图

与原子轨道的角度分布函数$Y(\theta, \phi)$相对应，亦有电子云的角度分布函数$|Y(\theta, \phi)|^2$，如图5-7（a），它表示各个角度方向电子概率密度的相对大小，如p电子云角度分布呈"8"字形封闭曲面，并不是说电子真的是在走"8"字，而是表示一个以原子核为球心，到曲面上的距离长短表示电子云在该方向上的概率。p电子在其对称轴方向上的概率密度最大，如p_x在x轴方向上长度最大，表示在x轴方向概率密度最大；在y或z轴方向长度为0，表示在y或z轴方向分布概率为0，称为节点，yOz平面为节面。"8"字形封闭曲面上任一点与原点连线的长度表示电子云在此连线与坐标轴夹角方向上的概率密度。

从图5-7可见，电子云的角度分布与原子轨道角度分布图形相似，不过前者要"瘦"一些，后者要"胖"一些；前者没有正负号，后者有正负号。这是因为电子云函数是原子轨道函数的平方。原子轨道在其伸展方向轴上的概率密度定为最大值1，其他角度方向概率密度均小于1，其平方值则更小，故电子云图形比原子轨道要"瘦"一些。

5.2.3　四个量子数的物理意义

由解薛定谔方程知道，对于薛定谔方程的合理解（因电子的各种运动都是量子化的），必须有一套与之相应的量子数n、l、m，此时电子运动的轨道［原子轨道$\psi_{(n,l,m)}$］就确定了，电子云概率分布$|\psi_{(n,l,m)}|^2$也确定了。因此，量子力学中常简化用三个量子数n、l、m来描述电子的运动状态，后来发现电子还有自旋，故又引进了第四个量子数m_s，那么，这四个量子数又具体指什么呢？

（1）主量子数（n）

氢原子和一切元素的原子都能产生线状光谱，证明原子中电子是分层排布的，习惯上叫做电子层。一个原子中有许多个电子层，电子究竟处于哪个电子层，由主量子数n决定，n是电子层的编号，主量子数的取值为$n=1$、2、3、4、5、6等正整数，

在光谱学上常用 K、L、M、N、O、P 等符号依次表示各电子层。主量子数不同（处于不同电子层）的电子有些什么差别呢？

① 主量子数是决定电子与原子核平均距离的参数。壳层概率最大的区域和原子核的平均距离 r 与主量子数 n 的关系为（氢原子）：

$$r_{ns}=0.53\times\frac{n^2}{Z}\times10^{-10}(\text{m})$$

对给定原子来说，Z 值一定，n 值越大，电子在核外空间所占的有效体积也越大。例如，氢原子的 $Z=1$，$n=1$（处于第一电子层）的电子离核最近（$r_{1s}=$ 53pm）；$n=2$（处于第二电子层）的电子离核稍远（$r_{2s}=212$pm），n 值越大电子离核越远。

② 主量子数是决定电子能量的主要因素。电子（氢原子）能量与主量子数的关系为：

$$E_n=-13.6\frac{Z^2}{n^2}(\text{eV})$$

可见 n 值越大，E_n 负值越小，能量越高。这说明电子的能量随主量子数的增大而升高。

（2）角量子数或副量子数（l）

在分辨力较高的分光镜下观察一些元素的原子光谱时，发现每一条谱线都是由一条或几条波长相差较小的谱线组成的。这说明在同一电子层内电子的运动状态和所具有的能量并不完全相同，由此推断：在同一电子层中，还包含若干个亚层（层中再分层或能级）。为了反映核外电子在运动状态和能量上的微小差异，除主量子数外，还需要另一种量子数——角量子数。角量子数决定原子轨道或电子云的形状。

角动量越大，电子出现的概率最大的区域向外扩展的趋势越大，因而原子轨道或电子云发生变形的程度越大。简言之，角量子数不同，角动量不同，电子沿角度分布的概率不同，因而原子轨道或电子云的形状也不同。

角量子数（l）的取值范围受主量子数（n）的制约。当主量子数的数值为 n 时，角量子数的数值限于从 0 到 $(n-1)$ 的正整数：$l=0$、1、2、3、…、$(n-1)$，最大不得超过 $(n-1)$。这些数值在光谱学上依次用 s、p、d、f…表示，它们分别代表一定的轨道形状和能量状态。如果两个电子的 n 值和 l 值均相同，说明这两个电子不仅在同一电子层，而且在同一亚层（或能级）中。反之，若两个电子的 n 值相同而 l 值不同，则说明这两个电子虽属同一电子层，但处于不同的亚层（或能级）中，两者的轨道形状和能量状态均不同。现将 n、l 等项归纳于表 5-1 中。

表 5-1　各电子层中亚层的数目

n	1	2		3			4			
l	0	0	1	0	1	2	0	1	2	3
亚层符号	1s	2s	2p	3s	3p	3d	4s	4p	4d	4f
亚层数目	1	2		3			4			

从表 5-1 中可见，每一个 l 值代表一个电子亚层（或能级），在给定的电子层中，亚层的数目与 n 值相等，也就是说，属于第几电子层，该电子层就包含几个亚层。例如，当 $n=1$ 时，l 值只能为 0，表明第一电子层只有一个亚层：1s 亚层。当 $n=2$ 时，l 可能有 0 和 1 两个值，表明第二电子层有两个亚层：2s 亚层和 2p 亚层。其余以此类推。

（3）磁量子数（m）

在外加磁场作用下，原子光谱中某几条靠得很近的谱线，又分裂出若干条新的谱线，当外加磁场消除时，这几条新谱线又合并成原来的谱线。这种现象一方面说明某些原子轨道在核外空间有不同的伸展方向（同一方向磁场对它们影响不同），另一方面说明这些原子轨道核外空间的取向是量子化的。表征原子轨道上述性质的量子数叫做磁量子数（m）。

磁量子数的取值范围受角量子数的限制。当角量子数为 l 值时，则磁量子数的数值可以是从 $-l$ 经 0 到 $+l$ 的所有整数，即 $m=0$、± 1、± 2、…、$\pm l$，由此可见，m 的取值个数与 l 的关系是 $2l+1$。在量子力学中，电子绕核运动的角动量在空间给定方向 Z 轴上的量大小由磁量子数 m 决定。由量子力学可得原子轨道在空间的取向也是量子化的。

磁量子数 m 的每一个数值代表原子轨道的一种伸展方向或一个原子轨道，因此一个亚层中 m 有几个数值，该亚层中就有几个伸展方向不同的原子轨道。例如，当 l 为 1（代表 p 亚层）时，m 可有三个取值（$m=-1$、0、$+1$），表明 p 亚层有三个伸展方向不同的原子轨道，即 p_x、p_y、p_z。这三个轨道彼此相互垂直，它们的轴互成 $90°$。前面已经指出，核外电子的能量仅决定于主量子数 n 和角量子数 l，而与磁量子数 m 无关，也就是说，原子轨道在空间的伸展方向虽然不同，但这并不影响电子的能量。例如，三个 p 轨道（$2p_x$、$2p_y$、$2p_z$）的能量是完全相同的。像这种 n 和 l 相同，而 m 不同的各能量相同的轨道，叫做简并轨道或等价轨道。

由 n、l、m 三个量子数所确定的状态就是一个原子轨道。每一能级上的轨道数为 n 个，则每一电子层上的轨道数为 n^2：

$$\sum_{l=0}^{n-1}(2l+1)=\{1+[2(n-1)+1]\}\times\frac{n}{2}=n^2$$

（4）自旋量子数（m_s）

1921 年，史特恩和盖拉赫（C. Stern 和 W. Gerlach）的实验发现：银原子射线在磁场作用下分裂成两条，而且它们的偏转方向是左右对称的。他们为了解释这种现象，提出电子自旋的假说。他们认为电子除绕核高速运动外，还绕自身的轴旋转，叫做电子的自旋。用 m_s 表示自旋量子数。其可能取值只有两个：$m_s=+1/2$ 或 $m_s=-1/2$。这说明电子自旋的方向只有顺时针和逆时针两种，分别用"↑"和"↓"表示。

在原子中处于同一电子层、同一亚层和同一轨道上的电子，其状态还因自旋方向不同而异。在同一轨道中，如果两个电子的 m_s 值分别为 $+1/2$ 和 $-1/2$，表明它们处于自旋相反状态，但能量相等，称这两个电子为"成对电子"，可用"↑↓"或"↓↑"表示。由于自旋量子数只有两个取值，因此每个原子轨道最多只能容纳 2 个电子。自旋量子数决定了电子自旋角动量在磁场方向上的分量，描述了电子自旋运动的方向，限定了原子轨道的最大容量。

我们已经讨论了四个量子数的意义和它们之间的关系。有了这四个量子数就能够比较全面地描述一个核外电子的运动状态。其中前三个量子数 n、l、m 能够确定原子轨道的类型（原子轨道的大小、能量的高低；轨道的形状和伸展方向）和电子在核外空间的运动状态（电子处于哪个电子层、哪个亚层、哪个轨道）；第四个量子数 m_s 能够确定电子的自旋状态。此外，根据四个量子数还可以推算出各电子层有几个亚层（或能级），各层中有几个轨道，每个轨道能容纳几个电子和各电子层中电子的最大容量。

5.3　核外电子排布

5.3.1　多电子原子的能级

氢原子（或类氢离子）核外只有一个电子，它的原子轨道能级只取决于主量子数 n。但是对于多电子原子来说，由于电子间的互相排斥作用，原子轨道能级关系较为复杂。

(1)　屏蔽效应

多电子原子中，每个电子除受核对它的吸引，也受到其他电子对它的排斥作用。若将某个电子 i 受到其他电子的排斥作用，看成相当于有 σ 个来自原子中心的电子起着抵消核电荷对电子 i 的作用，使核电荷数减少到 $(Z-\sigma)$。这种把某一电子受到其他核外电子的排斥作用归结为抵消一部分核电荷的作用，称屏蔽效应。内层电子对外层电子的屏蔽作用大；n 相同时，l 愈小的电子屏蔽作用愈强，如 3s＞3p＞3d。

故① l 相同时，n 值越大的轨道能级越高。如 $E_{1s}<E_{2s}<E_{3s}<E_{4s}\cdots$

② n 值相同时，l 值越大的轨道能级越高。如 $E_{ns}<E_{np}<E_{nd}<E_{nf}\cdots$

(2)　钻穿效应

在核附近出现概率较大的电子，可较多地回避其他电子的屏蔽作用，直接感受较大的有效核电荷的吸引，因而能量较低。对于给定的主量子数，从电子云径向分布图可见，角量子数愈小，峰数愈多，钻穿能力愈强，轨道能量愈低。由于径向分布的原因，角量子数 l 小的电子钻穿到核附近，回避其他电子屏蔽的能力较强，从而使自身的能量降低。这种作用称为钻穿效应（或穿透效应）。有时外层电子的能量低于内层电子甚至倒数第三层电子的能量，引起能级交错。

如
$$E_{4s}<E_{3d}$$
$$E_{6s}<E_{4f}<E_{5d}$$

(3)　原子轨道近似能级图和能级组

由上述讨论可见，单电子原子的轨道能量只与主量子数有关；而多电子原子的轨道能量还与电子的屏蔽和钻穿效应有关，即与核电荷 Z、主量子数 n 和角量子数 l 有关。从光谱实验结果及理论计算可得到多种原子轨道近似能级图。图 5-8 给出了最常用到的鲍林近似能级图，是著名的美国化学家鲍林从光谱实验结果中得到的。图 5-8 中每个小圆圈代表一个原子轨道，把能量相近的轨道划为一个能级组，共分为六个能级组。

我国化学家徐光宪从光谱数据总结归纳出 $(n+0.7l)$ 的规则，根据主量子数和角量子数近似确定能级的相对高低顺序，并将 $(n+0.7l)$ 第一位数字相同的划为一个能级组。每种轨道的 $(n+0.7l)$ 值只表示轨道间能量相对高低，并非与该值大小成一定比例；$(n+0.7l)$ 值整数位相同的轨道能量接近，属于同一能级组。整数位不同时，即使 $(n+0.7l)$ 值相差很小，实际能量差也是很大的。

5.3.2　核外电子排布原则与基态原子的电子构型

原子处于基态时，核外电子排布遵循下面三个原则。

(1)　泡利不相容原理

在一个原子中不可能有两个电子具有完全相同的四个量子数，也就是说在一个原

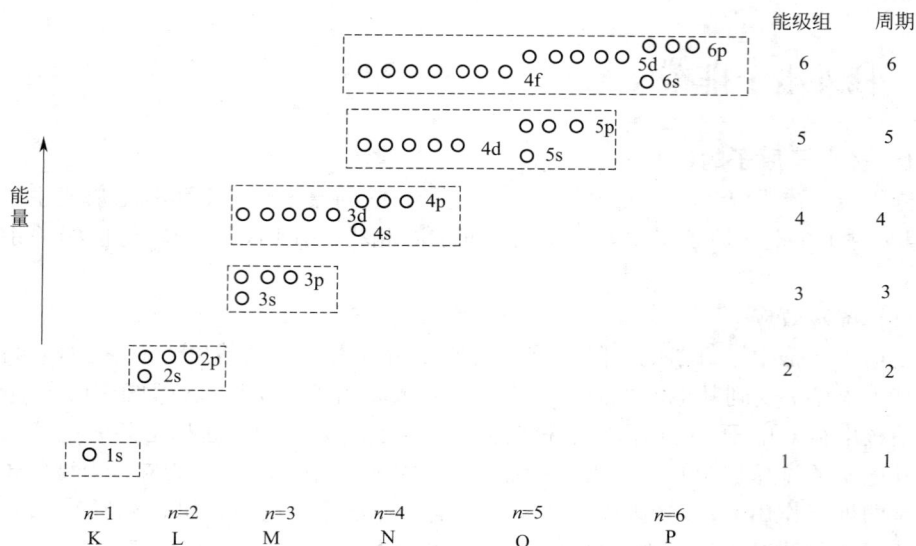

图 5-8　原子轨道近似能级图

子轨道中最多容纳两个自旋相反的电子。泡利原理表明，自旋相同的两个电子在同一轨道出现的概率为 0，它们将尽可能相互远离，使体系能量降低。因此，自旋相同的电子之间就显示有一种斥力，称为"泡利斥力"，它和静电斥力本质不同，是一种量子力学效应。

（2）能量最低原理

在不违背泡利原理的前提下，各个电子将优先占据能量较低的原子轨道，使体系的能量最低，原子处于基态。

能量最低原理是自然界的一个普遍规律，原子分子中的电子亦如此。

根据上述两原理，我们可以试着对一些元素的原子写电子排布式，先写轨道，其右上标的数字是在该类轨道中所填入的电子数。

如　　　　　$_{26}$Fe　　　　　$1s^2 2s^2 2p^6 3s^2 3p^6 3d^6 4s^2$

　　　　　　　$_{35}$Br　　　　　$1s^2 2s^2 2p^6 3s^2 3p^6 3d^{10} 4s^2 4p^5$

在写核外电子排布式时，我们发现，其内层电子排布是不变的，若每次从内层到最外层都完全写出来，既麻烦又没必要，可用元素前一周期的稀有气体的元素符号表示原子内层电子全部排满，称为"原子实"。这样，上述两电子排布可简写为：

　　　　　$_{26}$Fe，[Ar]$3d^6 4s^2$　　　　　$_{35}$Br　[Ar]$3d^{10} 4s^2 4p^5$

简便方法为：原子序数减去其前一周期的稀有气体原子序数作为"原子实"，剩下的电子，在 $(n-2)f(n-1)dnsnp$ 轨道按能量高低和 ns，$(n-2)f$，$(n-1)d$，np 顺序排布，如 113 号元素，先减去上一周期稀有气体电子数 86 作"原子实"，剩下的 $113-86=27$ 个电子在 5f6d7s7p 轨道中排布，[Rn] $5f^{14} 6d^{10} 7s^2 7p^1$。在 $n \geqslant 4$ 时才有 d 轨道，在 $n \geqslant 6$ 时才有 f 轨道。

原子失去电子时，并非按照上述能级交错、能级高的电子先失去，而是严格按外层电子先失去的原则，如 Fe 先失去最外层 s 的电子。

$$Fe(3d^6 4s^2) \xrightarrow{-2e^-} Fe^{2+}(3d^6)$$

在核外电子中，能参与成键的电子称为价电子，而价电子所在的亚层通称价层。

由于化学反应只涉及价层电子的改变，因此一般不必写出完整的电子排布式，而只需写出价层电子排布即可。对于主族元素，价层电子就是最外层电子，对于副族元素，最外层 s 电子、次外层 d 电子和倒数第三层 f 电子都可作为价电子。例如溴原子的价电子层构型是 $4s^2 4p^5$，铁原子的价电子层构型是 $3d^6 4s^2$。

但按上述规律排 $_{24}Cr$ 和 $_{29}Cu$ 等元素原子时与实验观察到的现象不符。$_{24}Cr$ 不是按轨道能量最低的 ［Ar］$3d^4 4s^2$ 排布，而是 ［Ar］$3d^5 4s^1$ 排布，$_{29}Cu$ 不是按轨道能量最低的 ［Ar］$3d^9 4s^2$ 排布，而是 ［Ar］$3d^{10} 4s^1$ 排布。那么到底哪种电子排布能量更低呢？

这里需要强调一点，电子在轨道中的填充顺序，并不一定是轨道能级高低的顺序，而是使整个原子所处的状态能量为最低。

(3) 洪特规则及其特例

① 在能量相同的轨道上的电子排布，将尽可能以自旋相同的状态分占不同的轨道，此即洪特规则。因电子之间有静电斥力，当某一轨道中已有一个电子，要使另一个电子与其配对，必须对电子提供能量（这种能量叫做电子成对能），以克服电子间的斥力。可见一个电子对的能量，要比两个成单电子的能量高。所以，在简并轨道中总是倾向于拥有最多的自旋平行的成单电子，使体系处于能量最低的稳定状态。

② 在能量相同的轨道上电子排布为全充满、半充满或全空时较稳定，此即恩晓定理。洪特规则和恩晓定理都是讨论简并轨道上电子排布的问题，所以我们把它们合并在一起称为洪特规则及其特例。洪特规则可以看作是能量最低原理的结果，这种状态排布的电子，使体系的能量较低。而全充满（p^6，d^{10}，f^{14}），半充满（p^3，d^5，f^7）及全空（p^0，d^0，f^0）状态的电子云分布近于球对称，为高对称性结构，体系能量也较低。

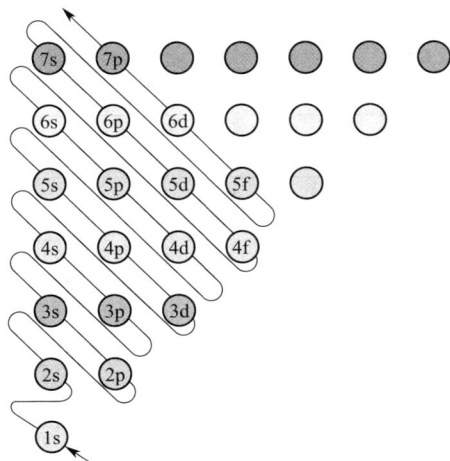

图 5-9　电子填入轨道顺序图

根据上述三原则，电子按近似能级图逐一填入原子中各个能级的轨道。图 5-9 给出了一个便于记忆的方阵图，图中箭头指向电子填充顺序。表 5-2 列出 1～118 号元素的基态原子的电子构型。从表 5-2 中可见，有一些元素原子的最外层电子排布出现不规则现象，有些目前很难确切说明其原因。这是因为核外电子排布三原则是一般规律。随着原子序数的增大，核外电子数增多，电子间相互作用复杂，电子排布常出现例外情况。因此，一个元素原子的电子排布情况，应尊重事实，不能用理论去死搬硬套，对一些例外还有待深入研究。

表 5-2　基态原子中的电子构型

周期	原子序数	元素名称	元素符号	电子层结构	周期	原子序数	元素名称	元素符号	电子层结构
1	1	氢	H	$1s^1$		46	钯	Pd	$[Kr]4d^{10}$
	2	氦	He	$1s^2$		47	银	Ag	$[Kr]4d^{10}5s^1$
2	3	锂	Li	$[He]2s^1$		48	镉	Cd	$[Kr]4d^{10}5s^2$
	4	铍	Be	$[He]2s^2$	5	49	铟	In	$[Kr]4d^{10}5s^25p^1$
	5	硼	B	$[He]2s^22p^1$		50	锡	Sn	$[Kr]4d^{10}5s^25p^2$
	6	碳	C	$[He]2s^22p^2$		51	锑	Sb	$[Kr]4d^{10}5s^25p^3$
	7	氮	N	$[He]2s^22p^3$		52	碲	Te	$[Kr]4d^{10}5s^25p^4$
	8	氧	O	$[He]2s^22p^4$		53	碘	I	$[Kr]4d^{10}5s^25p^5$
	9	氟	F	$[He]2s^22p^5$		54	氙	Xe	$[Kr]4d^{10}5s^25p^6$
	10	氖	Ne	$[He]2s^22p^6$		55	铯	Cs	$[Xe]6s^1$
3	11	钠	Na	$[Ne]3s^1$		56	钡	Ba	$[Xe]6s^2$
	12	镁	Mg	$[Ne]3s^2$		57	镧	La	$[Xe]5d^16s^2$
	13	铝	Al	$[Ne]3s^23p^1$		58	铈	Ce	$[Xe]4f^15d^16s^2$
	14	硅	Si	$[Ne]3s^23p^2$		59	镨	Pr	$[Xe]4f^36s^2$
	15	磷	P	$[Ne]3s^23p^3$		60	钕	Nd	$[Xe]4f^46s^2$
	16	硫	S	$[Ne]3s^23p^4$		61	钷	Pm	$[Xe]4f^56s^2$
	17	氯	Cl	$[Ne]3s^23p^5$		62	钐	Sm	$[Xe]4f^66s^2$
	18	氩	Ar	$[Ne]3s^23p^6$		63	铕	Eu	$[Xe]4f^76s^2$
4	19	钾	K	$[Ar]4s^1$		64	钆	Gd	$[Xe]4f^75d^16s^2$
	20	钙	Ca	$[Ar]4s^2$		65	铽	Tb	$[Xe]4f^96s^2$
	21	钪	Sc	$[Ar]3d^14s^2$		66	镝	Dy	$[Xe]4f^{10}6s^2$
	22	钛	Ti	$[Ar]3d^24s^2$		67	钬	Ho	$[Xe]4f^{11}6s^2$
	23	钒	V	$[Ar]3d^34s^2$		68	铒	Er	$[Xe]4f^{12}6s^2$
	24	铬	Cr	$[Ar]3d^54s^1$		69	铥	Tm	$[Xe]4f^{13}6s^2$
	25	锰	Mn	$[Ar]3d^54s^2$	6	70	镱	Yb	$[Xe]4f^{14}6s^2$
	26	铁	Fe	$[Ar]3d^64s^2$		71	镥	Lu	$[Xe]4f^{14}5d^16s^2$
	27	钴	Co	$[Ar]3d^74s^2$		72	铪	Hf	$[Xe]4f^{14}5d^26s^2$
	28	镍	Ni	$[Ar]3d^84s^2$		73	钽	Ta	$[Xe]4f^{14}5d^36s^2$
	29	铜	Cu	$[Ar]3d^{10}4s^1$		74	钨	W	$[Xe]4f^{14}5d^46s^2$
	30	锌	Zn	$[Ar]3d^{10}4s^2$		75	铼	Re	$[Xe]4f^{14}5d^56s^2$
	31	镓	Ga	$[Ar]3d^{10}4s^24p^1$		76	锇	Os	$[Xe]4f^{14}5d^66s^2$
	32	锗	Ge	$[Ar]3d^{10}4s^24p^2$		77	铱	Ir	$[Xe]4f^{14}5d^76s^2$
	33	砷	As	$[Ar]3d^{10}4s^24p^3$		78	铂	Pt	$[Xe]4f^{14}5d^96s^1$
	34	硒	Se	$[Ar]3d^{10}4s^24p^4$		79	金	Au	$[Xe]4f^{14}5d^{10}6s^1$
	35	溴	Br	$[Ar]3d^{10}4s^24p^5$		80	汞	Hg	$[Xe]4f^{14}5d^{10}6s^2$
	36	氪	Ke	$[Ar]3d^{10}4s^24p^6$		81	铊	Tl	$[Xe]4f^{14}5d^{10}6s^26p^1$
5	37	铷	Rb	$[Kr]5s^1$		82	铅	Pb	$[Xe]4f^{14}5d^{10}6s^26p^2$
	38	锶	Sr	$[Kr]5s^2$		83	铋	Bi	$[Xe]4f^{14}5d^{10}6s^26p^3$
	39	钇	Y	$[Kr]4d^15s^2$		84	钋	Po	$[Xe]4f^{14}5d^{10}6s^26p^4$
	40	锆	Zr	$[Kr]4d^25s^2$		85	砹	At	$[Xe]4f^{14}5d^{10}6s^26p^5$
	41	铌	Nb	$[Kr]4d^45s^1$		86	氡	Rn	$[Xe]4f^{14}5d^{10}6s^26p^6$
	42	钼	Mo	$[Kr]4d^55s^1$	7	87	钫	Fr	$[Rn]7s^1$
	43	锝	Tc	$[Kr]4d^55s^2$		88	镭	Ra	$[Rn]7s^2$
	44	钌	Ru	$[Kr]4d^75s^1$		89	锕	Ac	$[Rn]6d^17s^2$
	45	铑	Rh	$[Kr]4d^85s^1$		90	钍	Th	$[Rn]6d^27s^2$

续表

周期	原子序数	元素名称	元素符号	电子层结构	周期	原子序数	元素名称	元素符号	电子层结构
7	91	镤	Pa	$[Rn]5f^2 6d^1 7s^2$	7	105	𬭊	Db	$[Rn]5f^{14} 6d^3 7s^2$
	92	铀	U	$[Rn]5f^3 6d^1 7s^2$		106	𬭳	Sg	$[Rn]5f^{14} 6d^4 7s^2$
	93	镎	Nb	$[Rn]5f^4 6d^1 7s^2$		107	𬭛	Bh	$[Rn]5f^{14} 6d^5 7s^2$
	94	钚	Pu	$[Rn]5f^6 7s^2$		108	𬭶	Hs	$[Rn]5f^{14} 6d^6 7s^2$
	95	镅	Am	$[Rn]5f^7 7s^2$		109	鿏	Mt	$[Rn]5f^{14} 6d^7 7s^2$
	96	锔	Cm	$[Rn]5f^7 6d^1 7s^2$		110	𫟼	Ds	$[Rn]5f^{14} 6d^8 7s^2$
	97	锫	Bk	$[Rn]5f^9 7s^2$		111	𬬭	Rg	$[Rn]5f^{14} 6d^9 7s^2$
	98	锎	Cf	$[Rn]5f^{10} 7s^2$		112	鎶	Cn	$[Rn]5f^{14} 6d^{10} 7s^2$
	99	锿	Es	$[Rn]5f^{11} 7s^2$		113	鉨	Nh	$[Rn]5f^{14} 6d^{10} 7s^2 7p^1$
	100	镄	Fm	$[Rn]5f^{12} 7s^2$		114	𫓧	Fl	$[Rn]5f^{14} 6d^{10} 7s^2 7p^2$
	101	钔	Md	$[Rn]5f^{13} 7s^2$		115	镆	Mc	$[Rn]5f^{14} 6d^{10} 7s^2 7p^3$
	102	锘	No	$[Rn]5f^{14} 7s^2$		116	𫟷	Lv	$[Rn]5f^{14} 6d^{10} 7s^2 7p^4$
	103	铹	Lw	$[Rn]5f^{14} 6d^1 7s^2$		117	鿬	Ts	$[Rn]5f^{14} 6d^{10} 7s^2 7p^5$
	104	𬬻	Rf	$[Rn]5f^{14} 6d^2 7s^2$		118	鿫	Og	$[Rn]5f^{14} 6d^{10} 7s^2 7p^6$

（4）最外层和次外层电子数的限制

我们知道最外层电子数不能超过 8 个，次外层电子数不能超过 18 个。这是原子轨道能级交错的必然结果。当原子最外层已排满 8 个电子时，按基态能量最低原理，这 8 个电子排布的轨道肯定是 $ns^2 np^6$，若还有电子要进入原子轨道，由于 nd 的能量大于的 $(n+1)s$ 能量，电子排在新开辟的 $(n+1)s$ 轨道，在 $(n+1)s$ 轨道排满 2 个电子后，电子再依次进入 nd 轨道，这时 n 层是次外层，所以最外层电子不会超过 8 个电子。当次外层 d 轨道的 10 个电子排满后，也是由于能级交错的原因，新增的电子进入到能量较低的 $(n+2)s$ 轨道，只有 $(n+2)s$ 轨道排满 2 个电子后，电子再依次进入 nf 轨道，这时 n 层是倒数第三层，所以次外层电子不会超过 18 个电子。

5.3.3 原子结构和元素周期的关系

1869 年，俄国化学家门捷列夫将已发现的 63 种元素按照其相对原子质量及化学、物理性质的周期性和相似性排列成表，称为元素周期表。在元素周期表中，具有相似性质的化学元素按一定的规律周期性地出现，体现出元素排列的周期性特征。

① 原子序数等于核电荷数（核中质子数），也等于核外电子数。

② 周期数等于电子层数，即等于主量子数，也等于基态原子填充电子的最高能级组数。每一周期元素的数目与该能级组中最多容纳的电子数相等。

第 1 周期只有 1s 轨道，只能容纳两种元素 H 与 He，称为特短周期。其他周期都从碱金属元素开始至稀有气体为止。第 2，3 周期有 $ns np$ 轨道，能容纳 8 个电子，故各有 8 种元素，称为短周期。第 4，5 周期的能级组有了 $(n-1)d$ 轨道，又增加了 10 个电子的容量，故各有 18 种元素，称为长周期。第 6 周期又有 f 轨道的 14 个电子容量加入，故有 32 种元素，称为特长周期。第 7 周期目前尚未完成，称未完成周期，预计也应该是含有 32 种元素的特长周期。第 8 周期也已发现，预言是含有 50 种元素的超长周期。

除第一周期外，每一个周期都是从一个非常活泼的金属元素开始，从左到右，元素的金属性逐渐减弱，最后递变成非金属元素，即以碱金属元素开始，以稀有气体元素结束。元素的性质呈现这种周期性变化的原因是在周期表上（除第一周期外），从左到右每一周期元素原子的最外层电子数都是由 1 递增到 8，相应地，主要决定元素性质的最外层电子排布重复着 ns^1 到 ns^2np^6 的变化规律，所以元素周期律是原子内部结构周期性变化的反映。

（3）原子的电子层结构与族的关系

元素周期表中，把最外层电子排布（或外围电子构型）相同的元素排成纵列，称为族。元素周期表共有 18 个纵行，共分为 16 个族，其中有 7 个主族（A 族），7 个副族（B 族），1 个零族和 1 个第Ⅷ族。同一族中，虽然不同元素的原子核外电子层数是不同，但它们的最外层电子构型是相同的，因此它们的化学性质相似。

主族元素和ⅠB、ⅡB 的族数等于原子的最外层电子数（$ns+np$）；副族元素ⅢB～ⅦB，族数等于原子的外围构型电子数 $[(n-1)d+ns]$；第Ⅷ族按横行分成三组：铁系、轻铂系和重铂系，族序数等于每组第一个元素中外围构型电子数。

副族元素（除ⅠB、ⅡB 族）最外层电子为 1～2 个，次外层上的电子数目多于 8 个而少于 18 个，随原子序数增加而增加的电子排在次外层，都是金属元素，但元素性质变化较小，被称为"过渡元素"。

（4）元素周期表中元素的分区

根据基态原子中最后一个电子的填充轨道，可把元素分为 s、p、d、ds、f 五个区（图 5-10）。s 区为ⅠA、ⅡA 族金属元素；p 区为ⅢA～ⅦA 和零族元素；d 区为ⅢB～ⅦB 和Ⅷ金属元素；ds 区为ⅠB、ⅡB 族金属元素；f 区为元素周期表下方的镧系和锕系元素。

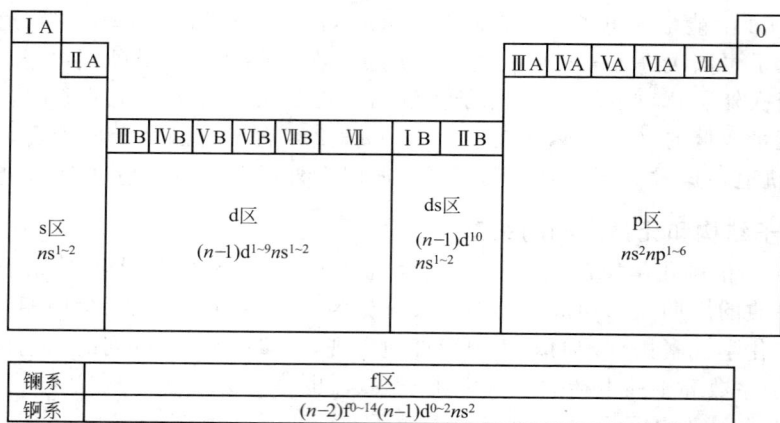

图 5-10　元素周期表中元素的分区

5.4　原子结构和元素某些性质的周期性变化

元素的性质是其内部结构的反映。随着原子序数的递增，电子排布呈周期性变化，与之有关的原子结构本身及元素基本性质如有原子半径、电离能、电负性及金属性和非金属性等，亦应呈现明显的周期性。

5.4.1　原子半径

由前述电子云的讨论可知，孤立原子并无明确的边界，且根据测不准原理，电子的确切位置无法测定，故要确切知道原子半径的大小是困难的。一般所谓的原子半径是实验测得类单质分子（或晶体）中相邻原子核间距离的一半，有共价半径、金属半径及范德华半径，如图 5-11 及表 5-3 所示。

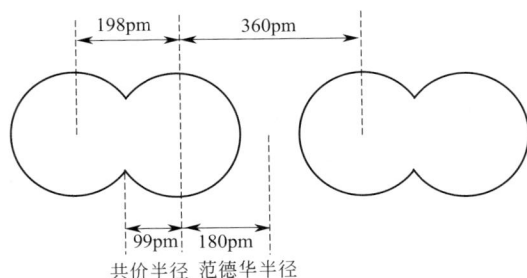

图 5-11　氯原子的共价半径与范德华半径

共价半径是单质分子中原子以共价单键结合时核间距离的一半；金属半径是金属晶体中相邻原子核间距离的一半，它与晶体结构有关；而范德华半径是单质分子间只靠分子间作用力相互接近时两个原子核间距的一半。一般原子的金属半径比它的共价半径大 $10\%\sim15\%$；而范德华半径比上述二者大得多。各元素原子半径数据见表 5-3。

表 5-3　原子半径数据

1A H,37						
1A Li,152	2A Be,113	3A B,83	4A C,77	5A N,71	6A O,66	7A F,77
Na,186	Mg,160	Al,143	Si,117	P,115	S,104	Cl,99
K,227	Ca,197	Ga,122	Ge,123	As,125	Se,117	Br,114
Rb,248	St,215	In,163	Sn,141	Sb,141	Te,143	I,133
Cs,265	Ba,217	Tl,170	Pb,154	Bi,155	Po,167	

由表 5-3 可见，原子半径有如下规律：

同一周期内，随着原子序数的增加原子半径逐渐减小，到本周期的最后一个元素原子的半径应最小，但最后一个原子为稀有气体原子，一般只能测其范德华半径，故数据大，实际上该数据不能和其他半径数据比较。不同的周期，减小的幅度不同。两相邻主族元素原子半径减小的平均幅度，约为 10pm，显著减小；对于副族元素约为 5pm，不太显著；f 区元素小于 1pm，几乎不变。

5.4.2　电离能（I）

一个气态的基态原子失去一个电子成为气态的一价离子所需的最少能量，称为该原子的第一电离能（I_1），单位为 $kJ\cdot mol^{-1}$：

$$A(g) \longrightarrow A^+(g) + e^- \quad 第一电离能(I_1)$$

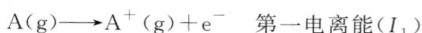

气态的基态正一价离子再失去一个电子成为气态正二价离子所需要的最少能量，称第二电离能（I_2）：

$$A^+(g) \longrightarrow A^{2+}(g) + e^- \quad 第二电离能(I_2)$$

其余以此类推。表 5-4 给出了周期表中各元素原子的第一电离能。

表 5-4　元素的第一电离能 I_1/(kJ·mol^{-1})

IA	IIA	IIIB	IVB	VB	VIB	VIIB	VIII	VIII	VIII	IB	IIB	IIIA	IVA	VA	VIA	VIIA	0
H 1312.0																	He 2372.3
Li 520.3	Be 899.5											B 800.6	C 1086.4	N 1402.3	O 1314.0	F 1681.0	Ne 2080.7
Na 495.8	Mg 737.7											Al 577.6	Si 786.5	P 1011.8	S 999.6	Cl 1251.1	Ar 1520.5
K 413.9	Ca 589.8	Sc 631	Ti 658	V 650	Cr 652.8	Mn 717.4	Fe 759.4	Co 758	Ni 736.7	Cu 745.5	Zn 906.4	Ga 578.8	Ge 762.2	As 944	Se 940.9	Br 1140	Kr 1350.7
Rb 403.0	Sr 549.5	Y 616	Zr 660	Nb 664	Mo 685.0	Tc 702	Ru 711	Rh 720	Pd 805	Ag 731.0	Cd 867.7	In 558.3	Sn 708.6	Sb 831.6	Te 869.3	I 1008.4	Xe 1170.4
Cs 375.7	Ba 502.9		Hf 654	Ta 761	W 770	Re 760	Os 840	Ir 880	Pt 870	Au 890.1	Hg 1007.0	Tl 589.3	Pb 715.5	Bi 703.3	Po 812	At	Rn 1037.6
Fr	Ra 509.4																

元素的第一电离能愈小，原子就愈易失去电子，该元素的金属性就愈强。反之亦然。因此，元素的第一电离能可作为衡量该元素金属活泼性的尺度。

电离能变化的规律如下：

（1）对同一元素

$I_1 < I_2 < I_3 < I_4 < \cdots$，这是由于原子每失去一个电子后，其余电子受核的引力增大，与核结合得更牢固。另外，电离能增加的幅度也不同，失去内层电子时，电离能增加的幅度会突然变大。因此，由实验测定电离能数据，可以研究核外电子分层排布的情况。

（2）对同一周期元素

同一周期主族元素，第一电离能从左向右总趋势是增大的。从左至右元素的核电荷数增多，原子半径减小，核对外层电子的引力增强，失去电子的能力减弱，因此 I_1 明显增大。但 I_1 不是直线增大，而是出现了一些曲折变化，如第二周期、第三周期ⅡA族和ⅤA族（Be、N、Mg、P）外层电子排布分别为 ns 全充满和 np 半充满，属于较稳定状态，要夺取其电子需较多的能量，故这几个元素原子 I_1 的数据反常，比其右边原子的 I_1 要高。

（3）对同一族元素

同族中自上而下，有互相矛盾的两种因素影响电离能变化。

① 核电荷数 Z 增大，核对电子吸引力增大。将使电离能 I_1 增大；

② 电子层增加，原子半径增大，电子离核远，核对电子吸引力减小，将使电离能 I_1 减小。在①和②这对矛盾中，以②为主导。所以同族中自上而下，元素的第一电离能逐渐减小。

5.4.3　电负性（X）

为了较全面地描述不同元素原子在分子中吸引电子的能力，鲍林首先提出元素电负性的概念。他把原子在分子中吸引电子的能力定义为元素的电负性。1932 年，鲍林根据热化学数据和分子的键能，指定最活泼的非金属元素氟的电负性值 $X_F = 4.0$，计算求得其他元素的相对电负性值。后经许多人努力，做了更精确的计算，成为现在最流行的一种电负性值。

由表 5-5 中数据可见，随着原子序数递增，元素的电负性呈现明显的周期性变化：

① 同一周期元素从左向右，电负性递增；同一主族元素从上到下，电负性通常递减。因此电负性大的元素集中在周期表的右上角，F 的电负性最大，而电负性小的元素集中在周期表的左下角，Cs 的电负性最小（不包括放射性元素）。

② 金属元素的电负性较小，非金属元素的较大，$X = 2.0$ 近似地标志着金属和非金属的分界点。但是，元素的金属性和非金属性之间并无严格的界限。

表 5-5　元素的电负性值（X）

H 2.20							He —
Li 0.98	Be 1.57	B 2.04	C 2.55	N 3.04	O 3.44	F 3.98	Ne —
Na 0.93	Mg 1.31	Al 1.61	Si 1.90	P 2.19	S 2.58	Cl 3.16	Ar —
K 0.82	Ca 1.00	Ga 1.81	Ge 2.01	As 2.18	Se 2.55	Br 2.96	Kr
Rb 0.82	Sr 0.95	In 1.78	Sn 1.96	Sb 2.05	Te 2.10	I 2.66	Xe

Sc 1.36	Ti 1.54	V 1.63	Cr 1.66	Mn 1.55	Fe 1.83	Co 1.88	Ni 1.91	Cu 1.90	Zn 1.65

电负性数据在判断化学键型方面是一个重要参数。一般来说，电负性相差大的元素之间易化合成离子键；电负性相同或相近的非金属元素之间以共价键结合，而金属元素则以金属键结合。但应了解，电负性是个相对概念，同一元素处于不同氧化态时，其电负性随氧化态升高而增加。

5.4.4　金属性和非金属性

从化学角度讲，元素的非金属性与金属性是指原子在化学反应中得失电子的能力。一般来说，原子易失电子，该元素的金属性强；原子易得电子，该元素的非金属性强。标志着元素得失电子能力的电子亲和能、电离能和电负性都有周期性变化，因此元素的金属性与非金属性也呈周期性变化，并与原子结构的周期性直接有关，其规律如下：

① 同一周期元素从左至右，I_1 增大，X 增大，金属性减弱，非金属性增强，由活泼金属过渡到活泼非金属。这是由于同周期元素电子层数相同，外层电子数增多，有效核电荷数增大，原子半径减小，核对外层电子的引力增强。

② 同一主族元素从上向下，I_1 减小，X 减小，金属性增强，非金属性减弱。这是由于同族元素外层电子构型相同，电子层数增加，有效核电荷数增大，而原子半径显著增大，核对外层电子吸引力减弱。

③ 金属与非金属之间没有严格界限，周期表中存在一斜对角线区域，位于这一区域的元素性质介于金属和非金属之间，它们为两性金属或准金属。

【阅读资料】

微观物质的深层次剖示

（1）关于基本粒子概念的演化

约在公元前三百多年古希腊哲学家德谟克利特（Democritus）认为万物都是由被称为原子的不可分割的粒子组成的；1897 年英国人汤姆逊（J. J. Thomson）通过阴极射线实验发现了从原子中释放出来的电子；1911 年英国物理学家卢瑟福（E. Rutherford）用 α 射线"轰开"了原子的大门，科学家们先后从原子核中发现了质子（1919 年）和中子（1932 年）。质子和中子被称为核子，当时与电子、光子一起被认为是构成物质的基本粒子。但是，后来随着天体物理学的研究和高能加速器的应用，科学家们陆续发现了一大批（至今多达三百多种）比原子核更小，像质子、中子那样的下一个物质层次的粒子称为亚原子。这些粒子绝大多数在自然界中不存在，是在高能实验室内"制造"出来的。

根据作用力不同，这些亚原子粒子被分为强子、轻子和传播子三大类，见下表。

亚原子粒子的分类

类别	作用力	粒子名称（发现年代）
强子	参与强力（或核力）作用	现有的绝大部分亚原子粒子，如质子（1919 年）、中子（1932 年）、л 介子（1947 年）
轻子	参与弱力、电磁力、引力作用	电子（1897 年）　电子中微子（1956 年） μ 子（1936 年）　μ 子中微子（1988 年） τ 子（1975 年）　τ 子中微子（1998 年）
传播子	传递强作用和弱作用	强作用：8 种胶子（1979 年） 弱作用：W^+、W^-、Z^0 中间波色子（1983 年）

进一步研究发现，强子类的亚原子粒子是由更小的夸克和胶子组成的。夸克已发现 6 种：上夸克、下夸克、奇异夸克（1964 年提出），粲夸克（1974 年），底（或称美）夸克（1977 年），顶夸克（1994 年）。例如，质子是由两个上夸克和 1 个下夸克组成的。

夸克、胶子在自然界中不能以自由的、孤立的形式存在。事实上宇宙中超过 99.9% 的可见物质是以原子核的形式凝聚的。综上所述，由粒子物理学理论建立起来的标准模型，就目前的认识水平，只把夸克、轻子看作基本粒子。然而，夸克、轻子是否还能再"分"下去，有待于粒子物理学的进一步研究。

（2）关于反粒子

1928 年英国物理学家保罗·狄拉克（Paul Dirac）应用波动方程描述电子时，产生反物质的概念，即每个粒子都有它的反粒子，反粒子与它的（正）粒子有相同的质量，但其他所有量（如电荷、自旋）的符号却相反。

1932 年美国物理学家卡尔·安德森（C. Anderson）在宇宙线实验中发现了与电子质量相同但带单位正电荷的粒子——反电子（e^+）；1956 年美国物理学家张伯伦（O. Chamberlain）等在加速器实验中发现了质量与正质子（p^+）相同但带单位负电荷的粒子——反质子（p^-）。以后又陆续发现了许多类似的情况，证实一切粒子都有与之相对应的反粒子。例如，中子不带电荷但有一定的磁性，反中子则呈相反的磁性；又如 1974 年丁肇中和美国物理学家伯顿·里克特（Burton Richter）分别独立发现的 J（ψ）粒子，是由粲夸克和反粲夸克组成的。

据报道，欧洲核子研究中心的德国和意大利科学家从 1995 年 9 月开始的实验，已经成功地获得了反氢原子（由一个反质子 p^- 和一个反电子 e^+ 结合而成），亦即获得了反物质。尽管这种反氢原子只能存在极短的瞬间，但这项实验不仅为系统地探索反物质世界打开了大门，而且为自然辩证法提供了极为有力的佐证，具有重大的理论和实际意义。从哲学的角度而言，往小处看物质是无限可分的，往大处看宇宙是无限延伸的。微观粒子之小与宇宙之大是物质世界的两个极端。

思　考　题

1. 氢原子为什么是线状光谱? 谱线波长与能级间的能量差有什么关系?

2. 原子中电子的运动有什么特点?

3. 量子力学的轨道概念与玻尔原子模型的轨道有什么区别和联系?

4. 波粒二象性是指物质既具有_____又具有_____。

5. 说明四个量子数的物理意义和取值范围。哪些量子数决定了原子中电子的能量?

6. 原子核外电子的排布遵循哪些原则? 举例说明。

7. 为什么任何原子的最外层均不超过 8 个电子? 次外层均不超过 18 个电子? 为什么周期表中各周期所包含的元素数不一定等于相应电子层中电子的最大容量 $2n^2$?

8. 量子数 $n=3$, $l=1$ 的原子轨道的符号是什么? 该类原子轨道的形状如何? 有几个空间取向? 共有几根轨道? 可容纳多少个电子?

9. 同一周期从左到右, 原子半径逐渐减小, 到了最后一个原子(稀有气体)半径又突然增加, 对吗?

10. 同一族从上到下, 核电荷数增加, 为什么最外层电子反而容易失去?

习　题

1. 下列各组量子数中哪几组是正确的? 将正确的各组量子数用原子轨道表示, 并指出其他几组量子数的错误之处。

(1) $n=3$, $l=2$, $m=0$; (2) $n=4$, $l=1$, $m=0$; (3) $n=4$, $l=1$, $m=-2$; ④ $n=3$, $l=3$, $m=-3$。

2. $3p^1$ 表示 (　　) 的一个电子。

A. $n=3$　　　B. $n=3$, $l=1$　　　C. $n=3$, $l=1$, $m=0$　　　D. $n=3$, $l=1$, $m=0$, $m_s=1/2$

3. 写出与下列量子数相应的各类轨道符号。

(1) $n=2$, $l=1$　　(2) $n=3$, $l=2$　　(3) $n=4$, $l=0$　　(4) $n=4$, $l=3$

4. 分别用 4 个量子数表示 P 原子最外层的 5 个电子的运动状态: $3s^2 3p^3$。

5. 一个原子中, 量子数为 $n=3$, $l=2$ 时可允许的电子数是多少?

6. 下列各组电子分布中哪种属于原子的基态? 哪种属于原子的激发态? 哪种纯属错误?

(1) $1s^2 2s^1$　　(2) $1s^2 2s^2 2d^1$　　(3) $1s^2 2s^2 2p^3 4s^1$　　(4) $1s^2 2s^3 2p^2$

7. 试填写下表:

原子序数	电子分布式	价层电子分布式	周期	族	区	是否金属
12						
21						
35						
53						
80						

8. 写出下列元素原子的电子排布式, 并给出原子序数和元素名称。

(1) 第三个稀有气体　　　　　　(2) 第四周期的第六个过渡元素

(3) 电负性最大的元素　　　　　(4) 4p 半充满的元素

(5) 4f 填 4 个电子的元素

9. 有 A、B、C、D 四种元素。其中 A 为第四周期元素, 与 D 可形成 1∶1 和 1∶2 原子比的化合物。B 为第四周期 d 区元素, 最高氧化数为 7。C 和 B 是同周期元素, 具有相同的最高氧化数。D 为所有元素中电负性第二大元素。给出四种元素的元素符号, 并按电负性由大到小排列。

10. 有 A、B、C、D、E、F 元素, 试按下列条件推断各元素在周期表中的位置、元素符号, 给出各元素的价电子构型。

（1）A、B、C 为同一周期活泼金属元素，原子半径满足 A>B>C，已知 C 有 3 个电子层。

（2）D、E 为非金属元素，与氢结合生成 HD 和 HE。室温下 D 的单质为液体，E 的单质为固体。

（3）F 为金属元素，它有 4 个电子层并且有 6 个单电子。

11. 由下列元素在周期表中的位置，给出元素名称、元素符号及其价层电子构型。

（1）第四周期第ⅥB族　　　　　　　（2）第五周期第ⅠB族

（3）第五周期第ⅣA族　　　　　　　（4）第六周期第ⅡA族

（5）第四周期第ⅦA族

12. A、B、C 三种元素的原子最后一个电子填充在相同的能级组轨道上，B 的核电荷数比 A 大 9 个单位，C 的质子数比 B 多 7 个；1mol 的 A 单质同酸反应置换出 1gH$_2$，同时转化为具有氩原子的电子层结构的离子。判断 A、B、C 各为何元素，A、B 同 C 反应时生成的化合物的分子式。

13. 比较大小并简要说明原因。

（1）第一电离能：Na 与 Mg，P 与 S，N 与 P，Mg 与 K；

（2）原子半径：C 与 N，O 与 S，Si 与 N；

（3）电负性：N 与 O，Ca 与 Sr，Si 与 N。

第6章　分子结构和晶体

除稀有气体外，绝大多数单个原子都是不稳定的，而是要相互结合成分子或晶体才能稳定存在。目前，物质虽有几千万种，然而组成这些物质的元素仅有一百多种，即这些元素原子间通过不同的排列组合组成了几千万种不同结构的物质。这些原子组合不同于数学上的组合，原子间要有足够大的吸引力才能稳定地排列在一起组成分子，化学键理论就是原子排列和组合的规则。

化学键是分子或晶体内原子（或离子）间强烈的相互作用，它把原子或离子连接成分子或晶体。物质的主要性质就是由组成物质的原子和原子间的化学键决定。根据原子间作用方式的不同，化学键分为离子键、共价键和金属键。除了原子间这种强作用力，分子间还存在着一种较弱的称为范德华力的相互作用，它决定某些物质的熔点、沸点、溶解度等物理性质。

6.1　离子键

1916 年，柯塞尔（W. Kossel）从稀有气体性质与原子结构的关系中得到启发，首先提出了离子键理论。他认为，稀有气体的化学性质之所以非常稳定，是因为它们的原子具有 8 电子稳定结构。其他不具有这种稳定结构的原子，在化学反应中，都有失去或获得电子使各自的电子排布达到稳定结构的趋势，得失电子后形成了阴、阳离子，这种阴、阳离子间的静电引力就是离子键。

6.1.1　离子键的形成

① 当活泼金属原子和活泼非金属原子，如钠原子（$X = 0.93$）和氯原子（$X = 3.0$），在一定条件下相遇时，由于两者的电负性相差较大，容易发生电子转移，形成带相反电荷的离子，使各自的电子层达到稀有气体的稳定结构：

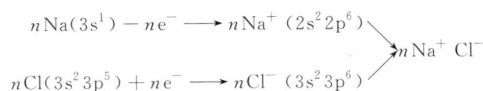

$$n\mathrm{Na}(3s^1) - ne^- \longrightarrow n\mathrm{Na}^+ (2s^2 2p^6) \\ n\mathrm{Cl}(3s^2 3p^5) + ne^- \longrightarrow n\mathrm{Cl}^- (3s^2 3p^6) \Big\} n\mathrm{Na}^+ \mathrm{Cl}^-$$

② 离子键的形成条件。两原子相遇时只有电负性相差足够大（$\Delta X \geqslant 1.7$）才能得失电子形成离子。一般是活泼的金属原子和活泼的非金属原子间能形成离子键。有些复杂的离子（如 $\mathrm{NH_4^+}$、$\mathrm{NO_3^-}$、$\mathrm{SO_4^{2-}}$）间也能形成正、负电荷离子相吸引的离子键。

③ 阴阳离子靠静电引力相互接近，但是，异号离子之间除了有静电引力之外，还有电子与电子、原子核与原子核之间的斥力。当异号离子接近到一定距离时，吸引力和排斥力达到暂时的平衡，整个体系的能量降到最低点，阴、阳离子在平衡位置上振动，形成稳定的离子键。

6.1.2　离子键的特点

（1）离子键的强度

阴、阳离子间的作用力类似于点电荷之间的静电作用，可用库仑公式：

$$f = K \frac{q^+ q^-}{d^2}$$

静电作用力 f 与离子电荷的乘积成正比，与阴、阳离子核间距离的平方成反比。可见，离子电荷愈大，离子核间距愈小（在一定范围内），离子间引力则愈强。如 MgO 与 CaO 比较，电荷数相同，但 MgO 中离子间距离较小，离子键引力较大，熔、沸点就较高。

（2）无方向性

由于离子电荷的分布是球形对称的，离子的电场可施加于各方向，即一种离子可以在空间任何方向上（即无特定方向）与异电荷离子以同等强度（相同距离）互相吸引以形成离子键。因此，离子键没有方向性。

（3）无饱和性

在离子的电场作用下，只要其周围空间允许，它将尽可能多地吸引异电荷离子以形成更多的离子键，而不受其电荷数的影响。因此，离子键没有饱和性。例如，Na^+ 与 Cl^- 彼此能从各个方向接近对方，这样就可以在空间各个方向上相互结合，形成肉眼可见的 NaCl 晶体，同时由于 Cl^- 的空间效应及 Cl^- 间的相互斥力，每个 Na^+ 周围最多排列六个最近的 Cl^-，而每个 Cl^- 周围也只能排列六个最近的 Na^+。因此在 NaCl 晶体中不存在着单个的 NaCl 分子，Na^+ 与 Cl^- 数目比为 1∶1，故用化学式 NaCl 来表示其晶体的组成。不同的离子晶体，其阴阳离子半径、电荷数等不同，每个离子周围允许存在的异电荷离子的数目亦不同。

6.2　共价键

离子键对离子型化合物的形成和特性给予了较好的解释，它是阐明价键本质的一种重要理论。但这种理论有很大的局限性，它只能说明电负性相差很大的原子间形成了离子键和离子型化合物，而不能说明电负性相等或相差不大的原子间所形成的价键的本质。

6.2.1　路易斯理论

1916 年，美国科学家 Lewis 提出共价键理论。认为分子中的原子都有形成稀有气体电子结构的趋势，求得本身的稳定。而达到这种结构，可以不通过电子转移形成离子和离子键来完成，而是通过共用电子对来实现。

例如：H＋H＝H－H，通过共用一对电子，每个 H 均成为 He 的电子构型，形成一个共价键。

$$H+Cl=H-Cl, \qquad H+O+H=H-O-H, \qquad H+N+H+H=H-\overset{\displaystyle |}{\underset{\displaystyle H}{N}}-H$$

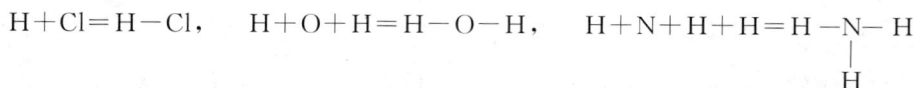

上述例子中的 Cl、O、N 均达到了最外层 8 电子的稳定结构。

Lewis 的贡献，在于提出了一种不同于离子键的新的键型，解释了 ΔX 比较小的元素原子之间的成键事实。

但 Lewis 没有说明这种键的实质，所以适应性不强。在解释 BCl_3 和 PCl_5 等分子中的 B、P 原子未全部达到稀有气体结构的分子时，遇到困难。Lewis 理论也不能说明共价键的特性，如方向性、饱和性等；更不能阐明共价键的本质，如为什么电性相同的两个电子不相斥而配对成键呢？直到 1927 年，海特勒和伦敦应用量子力学成功地研究了氢分子结构，对共价键的本质才有了初步了解。

6.2.2　现代共价键理论

现代共价键理论是以量子力学为基础的。采用某些近似的假定简化计算薛定谔方程，认为成键电子局限在以化学键相连的两原子间的区域内运动，发展成为现代共价键理论（简称电子 VB 法）。1927 年，海特勒和伦敦用量子力学处理氢气分子 H_2，解决了两个氢原子之间的化学键的本质问题，在此基础上，共价键理论从经典的 Lewis 理论发展到今天的现代共价键理论。

6.2.3　共价键的形成

海特勒和伦敦用量子力学的方法近似解出了两个氢原子所组成的体系的波函数 ψ_A 和 ψ_s，它们描述了 H_2 分子可能出现的两种状态。ψ_A 称为推斥态，此时 H_2 分子处于不稳定状态，两个氢原子的电子自旋方向相同；ψ_s 称为基态，是 H_2 分子的稳定状态，两个氢原子的电子自旋方向相反。图 6-1 描述了氢分子能量与核间距的关系，图 6-2 绘出了基态时 H_2 分子中两核的间距。

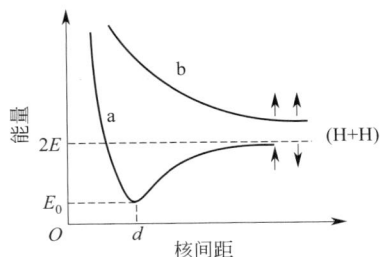

图 6-1　H_2 分子的能量曲线　　　　图 6-2　基态时 H_2 分子的核间距

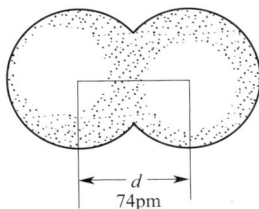

在推斥态，两个氢原子的电子自旋方向相同。由图 6-3（a）可以看出，两个氢原子的核间电子云密度较小，两个带正电荷的核互相排斥。从能量曲线可见，在核间距 R 为无穷远处 $E=0$，为孤立的两个氢原子。随着 R 的减小，体系能量 E 不断上升，不能形成稳定的共价键。

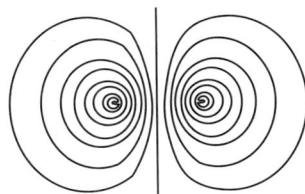

在基态，两个氢原子的电子自旋方向相反。由图 6-3（b）可以看出，在两个氢原子的核间电子云密度较大，形成负电荷"重心"，增加了对两个核的吸引作用。这是由于两个氢原子的 1s 原子轨道相互地叠加，叠加后两核间 ψ 增大、ψ^2 增大的结果。原子轨道重叠越多，核间 ψ^2 越大，形成的共价键越牢固，分子越稳定。从能量曲线（图 6-1）来看，在 $R=74pm$ 处（小于两氢原子的半径之和，显然，电子云发生了交盖），E_s 有一个极小值，它比两个孤立的氢原子的总能量低 $458kJ \cdot mol^{-1}$。所以，两个氢原子接近平衡距离 R 时，可形成稳定的 H_2 分子。这个核间平衡距离就叫做 H—H 键的键长。

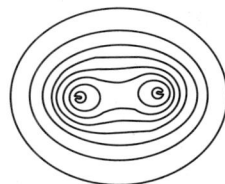

图 6-3　氢分子电子云分布

6.2.4　共价键理论要点

应用量子力学研究 H_2 分子的结果，从个别到一般，可推广到其他分子体系，从而发展为共价键理论，该价键理论（俗称电子配对法）的基本要点是：

① 自旋方向相反的未成对电子相互接近时，由于两个原子轨道的重叠，核间电子云密度较大，可以形成稳定的共价键。例如，两个氯原子各有一个未成对电子，而且它们的自旋方向相反，因此可偶合配对，形成 Cl_2 分子。

② 原子形成分子时，原子轨道重叠越多，两核间的电子云密度越大，所形成的共价键越稳定。由此可以推知，共价键的形成在可能范围内将沿着原子轨道最大重叠的方向，叫做最大重叠原理。

6.2.5 共价键的特征

（1）共价键的饱和性

由于共价键是由未成对的自旋反向电子配对、原子轨道重叠而形成的，所以一个原子的一个未成对电子（一轨道内只有一个电子，亦称单电子）只能与另一个原子的未成对电子配对，形成一个共价单键。一个原子有几个单电子（包括激发后形成的单电子）便可与几个自旋反向的单电子配对成键。这就是共价键的饱和性。例如，一个 H 原子的电子和另一个 H 原子的电子配对后，形成 H_2，H_2 则不能再与第三个 H 原子配对，不可能有 H_3 生成。在 HCl 分子中，氯原子的一个单电子和氢原子的一个单电子已构成共价键，那么 HCl 分子就不能继续与第二个氢原子或氯原子结合了。He 原子没有单电子，则不能形成双原子分子。共价键的饱和性是区别离子键的一种特征。

（2）共价键的方向性

根据原子轨道最大重叠原理，成键原子轨道重叠越多，两核间的电子云密度越大，形成的共价键越稳定。因此，要形成稳定的共价键，两个原子轨道必须沿着电子云密度最大的方向重叠，这就是共价键的方向性，也是共价键区别于离子键的又一种特征。

例如，氢原子与氯原子形成氯化氢分子时，氢原子的 1s 和氯原子的 3p 轨道有四种可能的重叠方式。图 6-4（a）、（b）为同号重叠，是有效的，而（a）中 s 轨道是沿着 p 轨道极大值的方向重叠的，有效重叠最大，ψ^2 增加最大，故 HCl 分子是采取（a）方式重叠成键的。（c）为异号重叠，ψ 相减，是无效的。（d）由于同号和异号两个部分互相抵消，仍然是无效的。又如在形成 H_2S 分子时，S 原子最外层有两个未成对的 p 电子，其

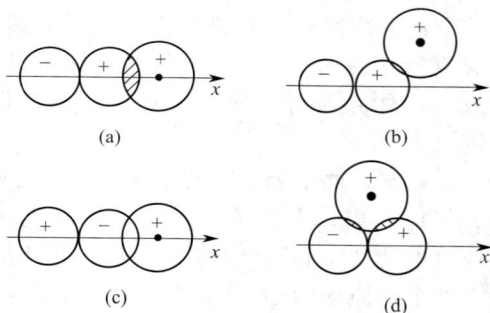

图 6-4 HCl 分子成键示意图

轨道夹角为 $90°$。两个氢原子只有沿着 p 轨道极大值的方向才能实现有效的最大重叠，在 H_2S 分子中的两个 S—H 键间的夹角（键角）近似等于 $90°$（实测为 $92°$）。

6.2.6 共价键的类型

（1）按极性

根据组成共价键的两原子电负性差别，共用电子对在两原子间的偏向，可分为非极性共价键和极性共价键两大类型。

① 极性共价键：成键的两原子不同，电负性不同，共用电子对偏向电负性较大的原子，使该端带部分负电荷，另一端带部分正电荷，这种共价键叫极性共价键。如：H—Cl，H—O，F—H。两原子电负性相差越大，键的极性也越大。如 H—O 的极性大于 H—Cl 的极性。

② 非极性共价键：成键的两原子相同，共用电子对不偏向任何一个原子，这种

共价键叫非极性共价键。

（2）按重叠类型

另外我们可根据原子轨道重叠部分所具有的对称性进行分类。

对于 s 电子和 p 电子，它们的原子轨道有两种不同类型的重叠方式，故可以形成两种类型的共价键：σ 键和 π 键。

如图 6-5（a）所示，如 H_2 分子中的 s-s 重叠、HCl 分子中的 p_x-s 重叠、Cl_2 分子中的 p_x-p_x 重叠等，原子轨道是沿着键轴（两核间连线）的方向重叠，形象地称为"头碰头"方式，成键后电子云沿两个原子核间的连线，即键轴的方向呈圆柱形的对称分布。这种键叫做 σ 键，形成 σ 键的电子叫 σ 电子。

在共价双键的化合物（如乙烯）中 C 与 C 之间除有一个 σ 键外还有一个 π 键，共价三键则由一个 σ 键和两个 π 键组成。π 键的特征是成键的原子轨道沿键轴以"肩并肩"的方式重叠，成键后电子云有一个通过键轴的对称节面，节面上电子云密度为 0，电子云的界面图好像两个椭球形的冬瓜分置在节面上、下，如图 6-5（b）所示。由于 π 键的电子云不像 σ 键那样集中在两核间的连线上，核对 π 电子的束缚力较小，π 键的能量较高，易于参加化学反应（不饱和烃就是因 π 键的存在，易于加成）。

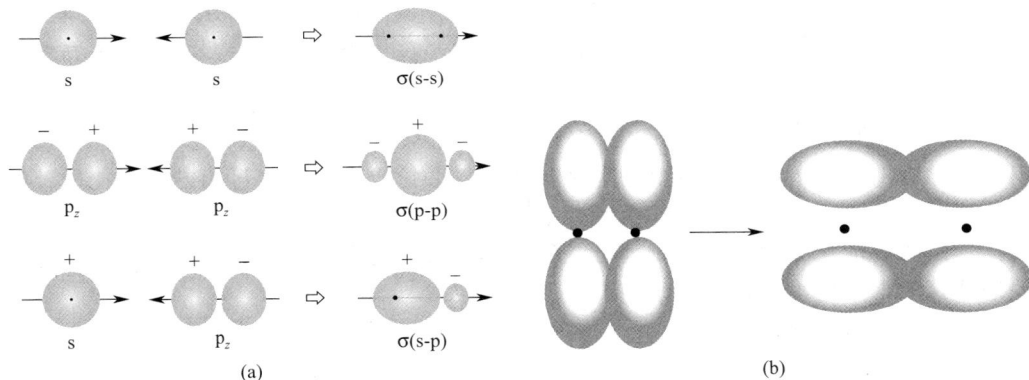

图 6-5　σ 键（重叠方式）和 π 键（重叠方式）示意图

一般情况下，若两原子间形成共价键，根据最大重叠原理，首先形成的键应为"头碰头"的 σ 键，故原子间若为单键一般为 σ 键；但原子间"头碰头"后两原子核的相对位置就确定了，故"头碰头"只能碰一次。两原子间若形成多重键，余下的键为"肩并肩"的不影响两核相对位置的 π 键，两原子间 π 键可有两个，如 N_2 分子中就有两个 π 键。除 σ 键和 π 键这两种主要键型之外，近年来在重金属原子之间又发现了两个原子的 d 轨道以"面对面"方式发生重叠所形成的 δ 键，这里就不作介绍了。

（3）单键与多重键

按键合原子间共用电子对的数目，常将共价键分为单键和多重键。单键是键合原子间只共用一对电子，一般由 σ 键构成。多重键则是键合原子间共用两对或三对电子，分别称为双键或三键。双键一般由（σ＋π）构成，如乙烯分子中的 C＝C 双键；三键由（σ＋$π_y$＋$π_z$）构成，如 N_2 分子中的 N≡N 三键。

（4）配位键

按键合原子提供电子的情况，可分为正常共价键与配位共价键。前面介绍的都是正常共价键，即共用电子对是由键合原子各提供一个电子组成。如果仅由键合原子之一的一方提供共用电子，所形成的共价键称为配位共价键，简称配位键（或配键）。

配位键亦有 σ 键和 π 键之分。如 NH_3 分子中，N 原子的一个未共用电子对（又称孤对电子）可进入 H^+ 空的 1s 轨道，为双方所共有，形成一个 σ 配键，常用箭号"→"表示：

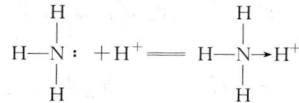

$$H-\overset{\underset{|}{H}}{\underset{\underset{H}{|}}{N}}: + H^+ === H-\overset{\underset{|}{H}}{\underset{\underset{H}{|}}{N}} \rightarrow H^+$$

CO 分子中，C 原子的两个成单的 2p 电子可与 O 原子的两个 2p 电子形成一个 σ 键和一个 π 键。此外，O 原子的一个 2p 孤电子对可进入 C 原子的一个 2p 空轨道，形成一个 π 配键，其价键结构式可写成 $C\overset{\leftarrow}{=}O$。

由此可见，形成配位键必须具备两个条件：一个是原子价层有孤电子对（最外层轨道上的成对电子）；另一个是原子价层有空轨道可接受孤电子对。前者称为电子对的给予体（或授体），后者称为电子对的接受体（或受体）。满足上述条件，在一定情况下，不仅分子内原子之间可形成配键，而且分子间也可以形成配键，如 NH_3 与 BF_3 可形成 $H_3N\rightarrow BF_3$ 化合物。由配位结合而成的化合物统称为配位化合物（简称配合，将在第 7 章中进一步介绍）。

需要说明一点，共价键与配位键形成后没有本质区别，其差别仅仅表现在键的形成过程中，一旦成键之后，就完全相同了。故 NH_4^+ 中的四个 N—H 键，CO 分子中的两个 π 键是完全等同的。

6.2.7　几个重要的键参数

化学键的性质可以用某些物理量来描述。例如比较键的强度可用键能；比较键的极性强弱大致可用元素电负性差衡量；描述分子几何构型可用键长和键角；等等。总之，凡是能表征化学键性质的物理量统称为键参数。它们可由实验测定，也可以通过理论计算求得，这里着重介绍几种重要的键参数。

（1）键能与解离能

键能表示拆开某个键所需要的能量。对双原子分子 AB，在 100kPa、298.15K 下，拆开 1mol 气态分子成为气态原子所需要的能量为 AB 分子的解离能，也就是键能，可近似地等于反应体系的焓变。例如：

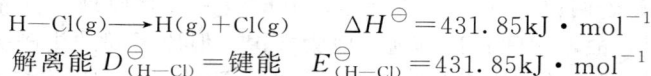

$$H-Cl(g) \longrightarrow H(g) + Cl(g) \qquad \Delta H^{\ominus} = 431.85 \text{kJ} \cdot \text{mol}^{-1}$$

$$\text{解离能 } D^{\ominus}_{(H-Cl)} = \text{键能 } E^{\ominus}_{(H-Cl)} = 431.85 \text{kJ} \cdot \text{mol}^{-1}$$

对多原子分子来说，由于包含了不止一个键，键能与解离能是有区别的。这时解离能是拆开每个键所需的能量，其数值是不同的，因此键能为每一种键的平均解离能。例如，100kPa 与 298.15K 下：

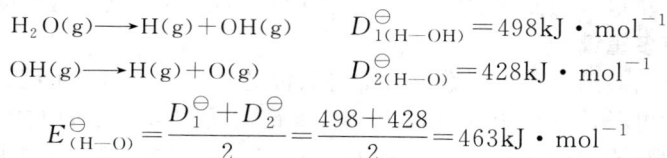

$$H_2O(g) \longrightarrow H(g) + OH(g) \qquad D^{\ominus}_{1(H-OH)} = 498 \text{kJ} \cdot \text{mol}^{-1}$$

$$OH(g) \longrightarrow H(g) + O(g) \qquad D^{\ominus}_{2(H-O)} = 428 \text{kJ} \cdot \text{mol}^{-1}$$

$$E^{\ominus}_{(H-O)} = \frac{D^{\ominus}_1 + D^{\ominus}_2}{2} = \frac{498 + 428}{2} = 463 \text{kJ} \cdot \text{mol}^{-1}$$

键能为某一特定分子每种相同键解离能总和的平均值，故为近似值。可以通过光谱法测定解离能从而确定键能，也可以利用生成焓计算键能。拆开一个键所需的能量与形成该键时所释放的能量数值上是相同的。因此，键能愈大，键愈牢固，含有该键的分子愈稳定。

由表 6-1 数据，可看出键能的一些变化规律：

① 键能一般随键数增大而增大：三键＞双键＞单键。成键电子对数愈多，键能愈大，该键愈稳定。

② 键能一般随原子半径增大而减小。随原子半径的增加，核对外层电子的吸引力减弱，故键能减小。但第二周期的 F_2、O_2、N_2 分子由于本身原子半径小，当原子靠得很近时，孤对电子之间显示过大的斥力，它们的键能分别比同族的 Cl_2、S_2、P_2 分子的键能小。

③ 异核键键能一般大于相应的同核键键能的平均值。异核键中两原子的电负性差使键有极性，增加了额外的吸引力，故键能增大。

表 6-1　若干共价键的键长及键能

化学键	C—C	C=C	C≡C	N—N	N=N	N≡N	C—N	C=N
键长/pm	154	134	120	146	125	110	147	116
键能/kJ·mol^{-1}	346	610	835	160	418	941	285	889

（2）键长与共价半径

键长是指成键原子的核间距离。同核双原子分子单键键长的一半即为该原子的共价半径（表 6-1），异核原子间键长一般比共价半径之和稍小，这与键的极性有关。用衍射或光谱法可以测定许多复杂分子中共价键的键长，表 6-1 列出了若干化学键的键长数据。

由表可知，键长与键能之间有联系。两原子间键长愈短，表明轨道重叠程度愈大，其键能愈高，键愈牢固。因此在某种情况下键长亦可表征化学键的强度。实验测定表明，同一种键在不同分子中的键长数值基本上是定值，键能也近于一个常数。这说明一个键的性质主要取决于键合原子的本性。

（3）键角与几何构型

键角是指共价分子中某个原子与其键合原子的核间连线之间的夹角，即所形成的化学键之间的夹角。对于简单的 AB_n 型分子，键角直接表示了分子的几何构型（因现物理仪器能确定原子核的位置，键合原子间用一短线连接，可勾画出分子的轮廓，表 6-2）。键角亦可用衍射及光谱法确定。如果知道了一个分子中所有化学键的键长和键角，则其空间构型就可以确定。

表 6-2　若干 AB_n 型分子的键角和分子的几何构型

AB_n		AB_2	AB_3		AB_4	AB_6
键角	180°	＜180°	120°	＜120°	109.5°	90°,180°
几何构型	直线型	V 型	正三角形	三角锥形	正四面体	正八面体
实例	CO_2	H_2O	BCl_3	NH_3	CH_4	SF_6

（4）键的极性

键的极性强弱一般可由成键的两个原子间的电负性来衡量。Δx 越大，键的极性越强。

共价键的极性是由成键元素的电负性差造成的。成键元素的电负性差愈大，共用电子对偏向电负性大的一方的程度增大，键的极性增加。当键的极性增加到一定程度时，共用电子对有可能完全转移到电负性大的元素原子一方，从而发生质变成为离子键。因此，键的极性亦即键的离子性，是指成键电子对该键中离子性成分的贡献。非极性键和离子键是两种极限情况，极性键是介于二者之间的一种过渡状态。从这一意义上讲，共价键和离子键既有区别又有联系，所谓离子型或共价型化合物只具有相对的意义。一般认为，电负性差为 1.7 时，键有 51% 的离子性，大于此值可形成离子键。

6.3　杂化轨道理论

价键理论成功地说明了许多共价分子的形成，阐明了共价键的本质及饱和性、方向性等特点。但在精确解释许多分子的空间结构方面遇到了困难。随着近代实验技术的发展确定了许多分子的空间结构，如实验测定表明甲烷（CH_4）是一个正四面体的空间结构，C 位于正四面体的中心，四个 H 原子占据四个顶点，四个 C—H 键的强度相同，键能为 413.4kJ·mol^{-1}，键角∠HCH 为 109°28′。但根据价键理论，考虑到将 C 原子的 1 个 2s 电子激发到 2p 轨道上，有 4 个未成对电子，其中 1 个 2s 电子，3 个 2p 电子，它可以与 4 个 H 原子的 1s 电子配对形成 4 个 C—H 键。由于 C 原子的 2s 电子与 2p 电子能量不同，那么形成的 4 个 C—H 键也应该是不等同的。这与实验事实不符。鲍林（L. Pauling）和斯莱特（J. C. Slater）于 1931 年提出了杂化轨道理论，进一步发展了价键理论，比较满意地解释了这类问题。

6.3.1　杂化轨道理论的基本要点

（1）杂化轨道的形成

在共价键的形成过程中，受周围原子的影响，该原子的状态可能会发生一些变化，即同一个原子中能量相近的若干不同类型的原子轨道可以"混合"起来（即"杂"）组成成键能力更强的一组新的原子轨道（即"化"）。这个过程称为原子轨道的杂化，所组成的新的原子轨道称为杂化轨道。轨道杂化时所吸收的能量会从成键时放出的能量中得到补偿。故只有能量相近的原子轨道才能发生杂化（如 2s 与 2p）。

（2）杂化轨道的特点

① 杂化前后轨道总数不变

对于等性杂化来说，有几个单电子的原子轨道，就组成有相同个数含单电子的杂化轨道。每个杂化轨道中所含原轨道的成分相等。例如，在形成 CH_4 分子时，C 原子的一根 2s 轨道和三根 2p 轨道进行杂化，参加杂化的轨道共有四根，杂化后组成四根 sp^3 杂化轨道，轨道符号右上角的数字是参与杂化的该轨道数。对于等性杂化，每个杂化轨道中都含有 1/4s 成分和 3/4p 成分。

② 杂化轨道的成键能力比原来轨道增强。这主要有两个原因。

a. 杂化轨道的形状发生改变。对于 s-p 型杂化来说，由于 s 轨道是正值，p 轨道一半为正一半为负，两者杂化后使正瓣扩大，负瓣缩小，得到的两个 sp 杂化轨道是一头大一头小的葫芦形轨道（图 6-6），更有利于和其他原子轨道重叠，从而增强了杂化轨道的成键能力。

b. 杂化轨道的方向发生改变。轨道杂化后，由于电子云的空间伸展方向发生改变，使成对电子间的距离变远，斥力减弱，体系的能量降低，形成的共价键变得更加稳定。

6.3.2　杂化类型与分子几何构型

（1）sp 杂化

以 $HgCl_2$ 为例。Hg 原子的外层电子构型为 $6s^2$，在形成分子时，6s 的一个电子被激发到 6p 空轨道上，然后一个 6s 轨道和一个 6p 轨道进行组合，构成两个等价的

互成 $180°$ 的 sp 杂化轨道。轨道右上角数字表示形成杂化轨道的原组成轨道。

Hg 原子的两个 sp 杂化轨道，分别与两个 Cl 原子的 $3p_x$ 轨道重叠（假设三个原子核连线方向是 x 方向），形成两个 σ 键，$HgCl_2$ 分子是直线型（图示 6-6）。除 Hg 原子外，Be 原子也经常形成以 sp 杂化的直线型分子，如 $BeCl_2$、BeF_2，乙炔中的 C 原子也是以 sp 杂化的形式与另一个碳原子连接。

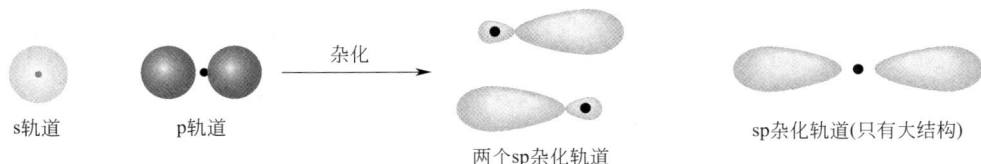

图 6-6　sp 杂化轨道的分布与分子几何构型

（2）sp^2 杂化

以 BF_3 分子为例。中心原子 B 的外层电子构型为 $2s^2 2p^1$，在形成 BF_3 分子的过程中，B 原子的 1 个 2s 电子被激发到空的 2p 轨道上，然后 1 个 2s 轨道和 2 个 2p 轨道杂化，形成 3 个 sp^2 杂化轨道。

这 3 个杂化轨道互成 $120°$ 的夹角并分别与 F 原子的 2p 轨道重叠，形成 σ 键，构成平面正三角形分子（图 6-7）。

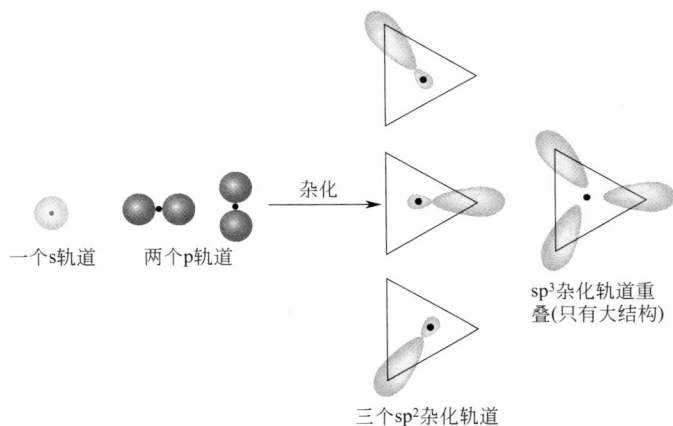

图 6-7　sp^2 杂化轨道的分布与分子几何构型

又如乙烯分子。乙烯分子中的 2 个 C 原子皆以 sp^2 杂化形成 3 根 sp^2 杂化轨道，2 个 C 原子各出 1 根 sp^2 杂化轨道重叠形成 1 个 σ 键；而每一个 C 原子余下的 2 个 sp^2 杂化轨道分别与 H 原子的 1s 轨道重叠形成 σ 键；每个 C 原子还各剩一个未参与杂化的 2p 轨道，它们垂直于 C、H 原子所在的平面，并彼此重叠形成 π 键。

（3）sp^3 杂化

以 CH_4 分子为例。处于激发状态的 C 有 4 个未成对电子，各占一个原子轨道，即 $2s^1$、p_x^1、p_y^1 和 p_z^1。这 4 个原子轨道在成键过程中发生杂化，重新组成 4 个新的能量完全相同的 sp^3 杂化轨道。

这 4 个 sp^3 杂化轨道对称地分布在 C 原子周围，互成 $109°28'$，每一个杂化轨道都含有 1/4s 成分和 3/4p 成分。C 原子的这 4 个 sp^3 杂化轨道各自和一个氢原子的 1s

轨道重叠，形成 4 个 sp^3-s 的 σ 键，构成 CH_4 分子，如图 6-8 所示。由于杂化原子轨道的角度分布在上述 4 个方向从而大大增加，故可使成键的原子轨道重叠部分增大，成键能力增强，所以 CH_4 分子相当稳定，这与实验事实是一致的。

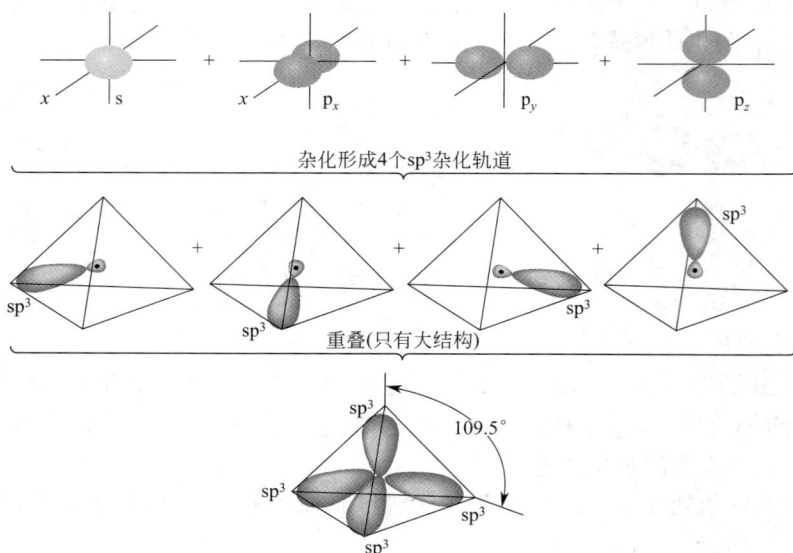

图 6-8　sp^3 杂化轨道的分布与分子几何构型

除 CH_4 以外，其他烷烃、SiH_4、NH_4^+ 等的中心原子都是以 sp^3 杂化轨道与其他原子成键的。

（4）不等性杂化

所谓等性杂化是指参与杂化的原子轨道在每个杂化轨道中的贡献相等，或者说每个杂化轨道中的成分相同，形状也完全一样，否则就是不等性杂化了。我们用 NH_3 和 H_2O 分子的结构予以说明。

NH_3 的分子结构通过实验测定是三角锥形，$\angle HNH = 107.18°$，如图 6-9（a）所示。

N 原子的电子层结构是 $1s^2 2s^2 2p^3$，在最外层两个 2s 电子已成对，称孤对电子。按价键理论，这一对孤对电子不参与成键，三个未成对的 p 电子的轨道互成 90°，可与三个 H 的 1s 电子配对成键，那么键角 $\angle HNH$ 似乎应为 90°，但这与事实不符，更接近于正四面体的 109°28′。根据杂化理论，N 原子在与 H 的成键过程中发生杂化，形成 4 个 sp^3 杂化轨道。如果是 sp^3 等性杂化，键角应为 109°28′，这也与事实不符。由此提出了不等性杂化的概念。在 NH_3 分子中有一个 sp^3 杂化轨道被未参与成键的孤对电子占据，正因为它不参与成键，电子云密集在 N 原子周围，其形状更接近于 s 轨道，s 成分比其他三个杂化轨道要多一些。那三个成键电子占据的杂化轨道 s 成分相对少些，p 成分相对多一些。因为纯 p 轨道间夹角为 90°，所以随着 p 成分的增多，杂化轨道间的夹角相应减小，所以 NH_3 中键角 $\angle HNH = 107°18′$，稍小于 109°28′，远大于 90°。这种由于孤对电子存在，各个杂化轨道中所含成分不等的杂化叫做不等性杂化。

H_2O 的结构如图 6-9（b）所示，也可以用 sp^3 不等性杂化来予以说明，O 的电子层结构 $1s^2 2s^2 2p^4$，在最外层有两对孤对电子。同样，采取不等性杂化 sp^3，有两

个 sp^3 杂化轨道被未参与成键的孤对电子占据，使成键的杂化轨道成分 s 更少，p 成分更多，使得键角∠HOH 进一步减小为 $104°45'$。

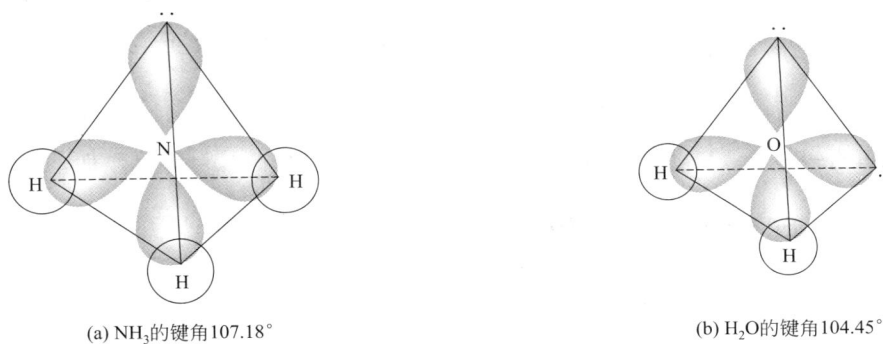

(a) NH_3的键角107.18°   (b) H_2O的键角104.45°

图 6-9 H_2O 和 NH_3 的不等性杂化

以上介绍了 s 轨道和 p 轨道的三种杂化形式，现简要归纳于表 6-3 中。

表 6-3   s-p 杂化轨道与分子几何构型

杂化类型	sp	sp^2	sp^3 及不等性 sp^3		
杂化轨道几何构型	直线形	三角形	四面体		
杂化轨道中孤对电子数	0	0	0	1	2
分子几何构型	直线形	三角形	正四面体	三角锥形	折线形
实例	$BeCl_2$、CO_2	BF_3、SO_3	CH_4、CCl_4	NH_3、PCl_3	H_2O
键角	180°	120°	109°28′	107°18′	104°45′

6.4   金属键理论

为了说明金属键的本质，目前有两种主要的理论：金属键的改性共价键理论和金属键的能带理论。这里介绍金属的改性共价键理论。

金属原子容易失去电子，所以在金属晶格中既有金属原子又有金属离子。在这些原子和离子之间，存在着从原子上脱落下来的电子。这些电子可以自由地在整个金属晶格内运动，常称之为"自由电子"。由于自由电子不停地运动，把金属的原子和离子"粘合"在一起，而形成金属键（metallic bond），见图 6-10。

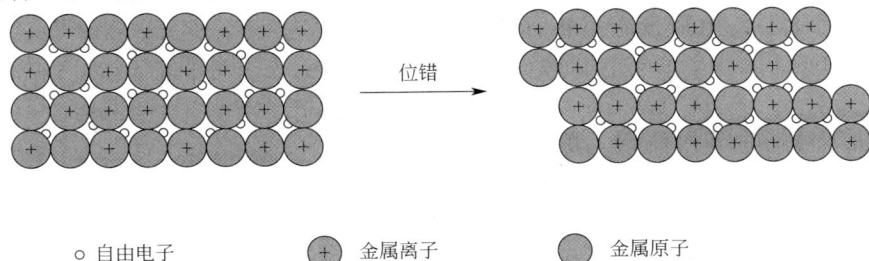

○ 自由电子   ⊕ 金属离子   ◯ 金属原子

图 6-10   金属键模型

一般的共价键是二电子二中心键，而金属键可看作多电子多中心键。从这个意义上讲，可以认为金属键是改性的共价键，但是金属键不具有方向性和饱和性。金属键理论可以较好地解释金属的共性。

① 金属中自由电子可以吸收可见光，又把大部分各种波长的光反射出去，因而

金属一般不透明且呈银白色。

　　② 金属有良好的导电和导热性，这与自由电子的运动有关。大量的自由电子，在外加电场（电压）作用下定向运动，就是导电。若金属某区域受热，则该区域微粒运动加剧，大量电子的自由运动，以碰撞的形式向四周传递能量，这就是金属的导热性。

　　③ 由于金属中的金属键原子间不一一对应，金属受外力发生变形时，电子也跟随着一起运动，金属键未被破坏。故金属有很好的延展性和良好的机械加工性能。

6.5　分子间作用力和氢键

　　化学键理论不能说明微粒间的所有作用力。如水蒸气可凝聚成水，水凝固成冰，这一过程中化学键并没有发生变化，表明分子间还存在着一种非化学键的相互吸引作用。范德华对这种作用力进行了卓有成效的研究，所以后人将这种分子间力叫做范德华力。这种分子间力是决定物质的沸点、熔点、汽化热、熔化热、溶解度、表面张力以及黏度等物理性质的主要因素。

6.5.1　分子的极性和变形性

　　分子是电中性的，它们之间靠什么相互吸引呢，需要首先研究一下分子的情况。

（1）分子的极性与偶极矩

　　虽然分子总体来说是电中性的，但就分子内部正、负电荷分布情况看，可将分子分成极性分子和非极性分子两类（图 6-11）。把正电荷和负电荷分别集中于一点，此点分别称为正电荷重心和负电荷重心。若正、负电荷重心不重合，分子就有正、负两极，分子就具有极性，称为极性分子。反之，若正、负电荷重心是重合的，整个分子并不存在正、负两极，即分子没有极性，则为非极性分子。如图 6-12 所示 H_2 和 HCl 分子极性情况。

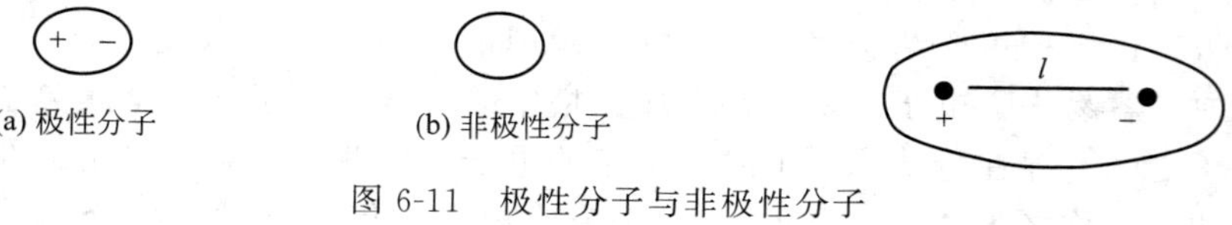

(a) 极性分子　　　　　　(b) 非极性分子

图 6-11　极性分子与非极性分子

　　表征极性强弱的物理量偶极矩 μ 定义为分子中电荷重心的电荷量 q 与正、负电荷重心间距离 d 之积。

$$\mu = qd$$

　　偶极矩可通过实验测出，单位为库·米（C·m）。显然，非极性分子的 $\mu = 0$，极性分子的 $\mu \neq 0$，且 μ 愈大，分子的极性愈强。因而可以根据偶极矩的大小来比较分子极性的强弱。例如：

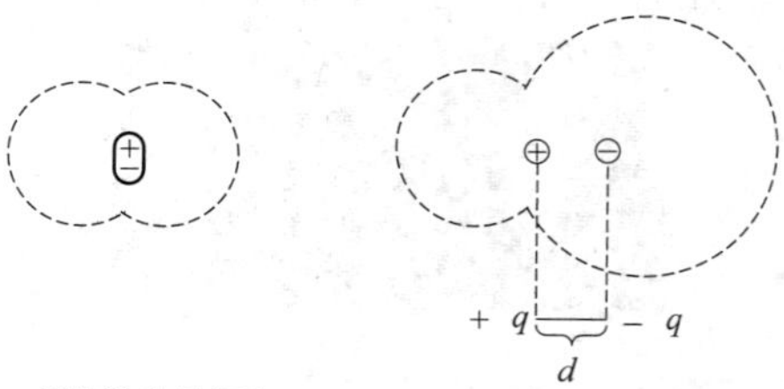

非极性分子(H_2)　　　极性分子(HCl)

图 6-12　分子的极性

HX(g)	HF	HCl	HBr	HI
$\mu/10^{-30}$C·m	6.37	3.57	2.67	1.40

分子极性　　　　　强 $\xrightarrow{\text{递减}}$ 弱

一般来说，双原子分子的极性与键的极性一致。同核双原子因形成的键为非极性键，故分子为非极性分子；异核双原子分子因形成的键为极性键，分子为极性分子。多原子分子的极性与分子的几何构型有关，通常价电子对全部成键，分子形状与理想构型（极性键对称，极性相互抵消）相同的分子，如 CO_2、SO_3、CH_4 等，尽管键有极性，但分子中正、负电荷重心重合，为非极性分子；而含有孤对电子的分子，理想构型与分子形状不同，如 H_2O、NH_3、SO_2 等，键有极性，分子也有极性。可见，分子的极性既与键的极性有关，又与分子的几何构型有关。反之，通过分子极性的测量有助于判断分子的形状。

（2）分子的变形性与极化率

前面讨论分子的极性时，只考虑孤立分子中电荷的分布情况，如果将其置于外加电场中，则其电荷分布可能发生某些变化。如果把一个非极性分子置于场强为 E 的电场中，分子中带正电荷的核会被吸引向负电极，而电子云则被吸引向正电极，结果与核发生相对位移，造成分子外形发生变化。这种性质的变形，使分子出现了诱导偶极，这一过程称为分子的变形极化。电场愈强，分子的变形愈显著，诱导偶极愈大。当外电场撤除时，诱导偶极自行消失，分子重新复原为非极性分子。

对于极性分子，本身就存在的偶极，为固有偶极或永久偶极。在气、液态时，它们一般都做不规则的热运动。但在外电场作用下，极性分子将发生异极相邻，都顺着电场方向整齐排列，这一过程叫做分子的定向极化。在电场的进一步作用下，极性分子也会发生变形，产生诱导偶极。这时，分子的偶极增大，极性增强（图 6-13）。可见，极性分子在电场中的极化包括分子的定向极化和变形极化。

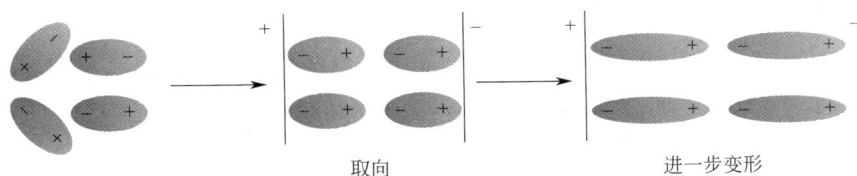

图 6-13　极性分子在电场中被进一步极化

分子的变形性大小，可用物理量极化率 α 来衡量。它定义为单位外电场强度（E）所引起的诱导偶极（μ'）：

$$\alpha = \mu'/E$$

一定场强下，α 愈大，分子的变形性愈大，分子愈易被极化变形。例如：

HX(g)	HF	HCl	HBr	HI
$\alpha(10^{-30} m^3)$	0.80	2.56	3.49	5.20

变形性　　小 —沿 z 递增→ 大

一般来说，分子中的原子数愈多，原子半径愈大，电子数愈多，分子的变形性愈大，α 就愈大。

6.5.2　分子间作用力

根据不同性质的异性偶极间的相互吸引情况，分子间作用力可分为取向力、诱导力和色散力三种。

（1）取向力

取向力产生在两个极性分子之间。极性分子都有正、负两极，当两个极性分子相互接近时，同极相斥，异极相吸，使分子发生相对的转动，结果处于异极相对的状态（图 6-14），这种由于异极相吸使极性分子有序排列的定向过程叫做取向，这种作用力叫取向力。已经定向的极性分子，由于静电引力的定向作用，使偶极分子进一步接近，当接近到一定距离时，吸引力和排斥力相平衡，从而使体系的能量最低，处于最稳定的状态。这种由极性分子的取向而产生的分子间引力叫做取向力。

分子离得较远
图 6-14　两个极性分子间产生取向力示意图

由于取向力本质上还是静电引力，故分子的极性越强，偶极矩越大，分子间的取向力也越大。只有极性分子才有固有偶极，故取向力只存在于极性分子间。

（2）诱导力

当极性分子和非极性分子相互接近时，非极性分子处于极性分子产生的电场中，由于极性分子的偶极使非极性分子的电子云与原子核发生相对位移，正、负电荷重心由重合变成不重合，产生了分子的变形，从而产生了诱导偶极。诱导偶极与固有偶极间的作用力叫做诱导力（图 6-15）。极性分子和极性分子相互接近时，除取向力外，在固有偶极的相互影响下，每个分子都会发生变形，产生诱导偶极，其结果是使极性分子的偶极矩增大，从而使极性分子间出现额外的吸引力，这也是诱导力。故诱导力不仅存在于极性分子与非极性分子之间，也存在于极性分子之间。诱导力的大小与极性分子偶极矩、被诱导分子的变形性有关。

分子离得较远　　　　　　　　　　分子靠近时
图 6-15　极性分子与非极性分子的相互作用

（3）色散力

非极性分子没有偶极，它们之间为什么会产生吸引力呢？非极性分子中虽然从一段时间里测得的电偶极矩为 0，但由于每个分子中的电子和原子核都在不断运动着，不可能每一个瞬间正、负电荷中心都完全重合。在某一瞬间总会有一个偶极存在，这种偶极叫做瞬时偶极。靠近的两个分子间由于同极相斥异极相吸，瞬时偶极间总是处于异极相邻的状态。我们把瞬时偶极间产生的分子间力叫做色散力。

1930 年，伦敦（F. London）用量子力学的近似计算法证明分子间存在这种作用力，并且计算这种力的精确表示式与光的色散公式相似，故把这种作用力叫做色散力，实际上分子间的色散力和光的色散现象没有任何关系。

虽然瞬时偶极存在的时间极短，但偶极异极相邻的状态，总是不断地重复着，所以任何分子（不论极性与否）相互靠近时，都存在着色散力。非极性分子相互作用的情况如图 6-16 所示。同族元素单质及其化合物，分子量增加，分子体积越大，瞬时偶极矩也越大，色散力越大。

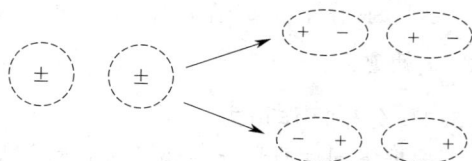

图 6-16　非极性分子间产生色散力

总之，在非极性分子间只存在着色散力；极性分子与非极性分子间存在着诱导力和色散力；极性分子间既存在着取向力，还有诱导力和色散力。分子间力就是这三种力的总称。分子间力永远存在于一切分子之间，是相互吸引作用，无方向性，无饱和性。其强度比化学键小 1～2 个数量级，并随分子间距离的增大而迅速减小。大多数分子，其分子间力是以色散力为主，只有极性很强的分子（如水分子）才是以取向力为主（表 6-4）。

表 6-4　分子间力（两分子间距离 $d=500pm$，温度 $T=298K$）

分子	$E_{取向}/kJ \cdot mol^{-1}$	$E_{诱导}/kJ \cdot mol^{-1}$	$E_{色散}/kJ \cdot mol^{-1}$	$E_{总}/kJ \cdot mol^{-1}$
Ar	0.0000	0.0000	8.49	8.49
CO	0.003	0.0084	8.74	8.75
HCl	3.305	1.004	16.82	21.13
HBr	0.686	0.502	21.92	13.11
HI	0.025	0.1130	25.86	26.00
NH_3	13.31	1.548	14.94	29.80
H_2O	36.38	1.929	8.996	47.30

6.5.3　范德华力与物理性质的关系

（1）物质的熔点和沸点

共价化合物的气体凝聚成液体或固体，是范德华力作用的结果。因此，物质的范德华力越大，液体越不易汽化，沸点越高，汽化热越大。固体熔化为液体时，要部分地克服范德华力，所以分子间吸引力越大，熔点越高，熔化热越大。例如，稀有气体和简单非极性分子间只有色散力，它们的沸点和汽化热都随着原子量或分子量的增大而升高。即使是极性分子，由于大多数物质的范德华力以色散力为主，所以同类型极性化合物的沸点和熔点，一般也随着分子量的增大而升高。

（2）物质的溶解度

离子化合物在溶剂中的溶解度与溶剂介电常数有关，例如，KCl 的溶解度随溶剂的介电常数的增大而增大（表 6-5）。共价化合物在溶剂中的溶解度则与范德华力有关，例如，稀有气体和 H_2、O_2 等非极性分子在水中的溶解度，随着溶质的极化率的增大而增大（表 6-6）

表 6-5　氯化钾在某些溶剂中的溶解度

溶剂	介电常数(ε)	溶解度(g/100g溶剂,18～20℃)
乙醇	25.2	0.0034
甲醇	32.6	0.5
甘油	42.5	6.4
水	79.5	34.0

表 6-6　稀有气体、H_2、O_2 在水中的溶解度

溶质	极化率($10^{-24}cm^3$)	溶解度(g/100gH_2O,1atm)
He	0.20	0.00025
Ne	0.39	0.00133
Ar	1.63	0.00676
Kr	2.46	0.02730
H_2	0.81	0.00016
O_2	1.57	0.00434

从表 6-6 可以看出，非极性分子在水中的溶解度都很小，如把苯加入水中，由于水是强极性溶剂，水分子间的引力（主要是氢键）比与苯分子强得多，水分子相遇时很快会聚集到一起，非极性分子很难"挤"进去，最终形成两个液层。所以非极性溶

质几乎不溶于水，而强极性溶质的分子与水分子之间，存在着很强的取向力，相互吸引，相互渗透，所以可以互溶，这就是所谓的"相似相溶"规律。例如，NH_3 极易溶解于水。而非极性分子间色散力较大，也可以互溶。例如，I_2 易溶于 CCl_4，而难溶于水。像这种结构和极性相似的化合物彼此互溶的规律叫做"相似相溶"原理，这也与范德华力有关。

"相似相溶"规律，在钢铁冶炼过程中也可得到应用。炼钢脱硫一般用石灰石，它在熔融铁液的高温（1400℃）下发生分解：

$$CaCO_3 \longrightarrow CaO + CO_2 \uparrow$$

生成的 CaO 与铁水前期吹氧产生的 SiO_2 和 P_2O_5 等酸性氧化物形成熔渣，浮于铁液之上。CaO 还可以和铁液中存在的 FeS 发生复分解反应：

$$FeS + CaO \Longrightarrow FeO + CaS$$

所生成的 CaS 溶入熔渣，其原因是 CaS 有很强的离子性（极性），更容易溶解于由盐类组成的熔渣之中，从而使钢液得以进一步脱硫。

另外，分子间力的大小对气体分子的可吸附性也有影响。用防毒面具能滤去空气中分子量较大的毒气（如氯气、光气、甲苯等），原因就是这些毒气的分子量比 O_2、N_2 分子大得多，变形性显著，与活性炭间的吸附作用强。现在广泛使用的气相色谱分析仪，原理是样品中各种极性稍有不同的被汽化的物质在载气的驱赶下，在色谱柱的填料上不断地脱附吸附，分子极性不同，填料对其吸引力不同，最后到达检测口的时间不同，从而分离并鉴定被汽化的混合样品的成分。

还有，分子间力对分子型物质的硬度也有一定的影响。分子极性小的聚乙烯、聚异丁烯等物质，分子间力较小，因而其硬度不大；含有极性基团的有机玻璃等物质，分子间引力较大，具有一定的硬度。

6.5.4　氢键

（1）氢键的形成和特征

大多数同系列氢化物的熔、沸点随着分子量的增大而升高，唯有 H_2O、HF、NH_3 不符合上述递变规律，如图 6-17 所示。原因是这些分子间除了存在上述分子间作用力外，还存在着一种特殊的作用力即氢键。

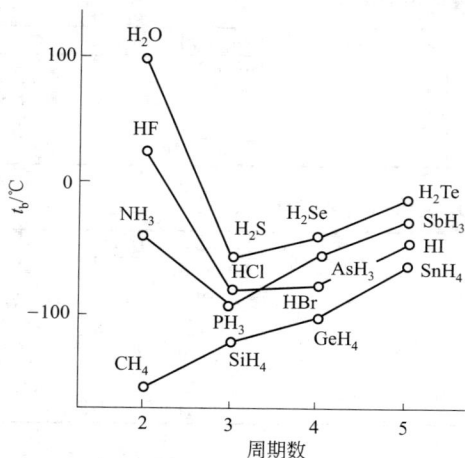

图 6-17　氢化物的沸点图

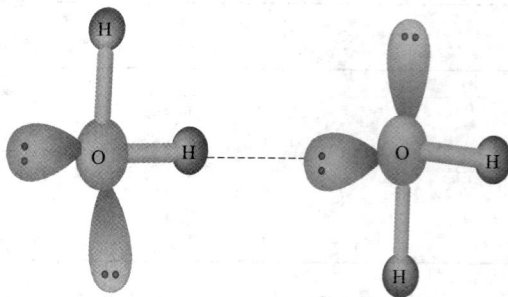

图 6-18　氢键的形成过程

当氢原子与电负性大、半径小的 X 原子（如 N、O、F）以极性共价键结合时，共用电子对强烈的偏向 X 原子,只有一个电子的 H 原子几乎成了"裸露"的质子,由于其半径较小,正电荷密度大,还能吸引另一电负性大、半径小的 Y 原子(X、Y 原子可以相同,也可以不同)中的孤对电子而形成氢键 X—H⋯Y,如图 6-18。

实验表明,氢键比化学键弱得多而比分子间力稍强(在同一数量级),氢键具有方向性和饱和性。方向性是指 Y 原子与 X—H 形成氢键时,尽可能使 X、H、Y 三个原子在同一直线上。饱和性是指每一个 X—H 只能与一个 Y 原子形成氢键。

氢键可分为分子间氢键和分子内氢键两种。一般我们所讲的氢键为分子间氢键,X—H⋯Y 中的 X 与 Y 来自不同的分子,一个分子和另一个分子之间形成氢键,如硫酸、羧酸等。若形成氢键的 X 与 Y 属于同一分子,而且是在一个分子内形成的氢键则为分子内氢键,如邻硝基苯酚、水杨醛等。由于 X—H 中 H 不可能在同一方向上再吸引一个 Y,故分子内氢键不可能在同一直线上。

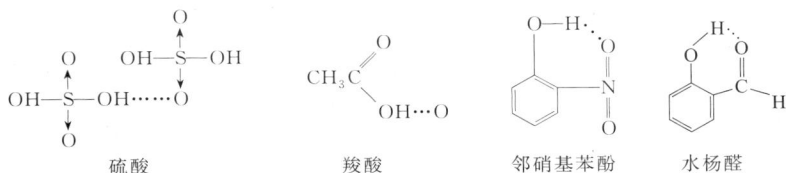

硫酸　　　　　羧酸　　　　邻硝基苯酚　　　水杨醛

(2)氢键形成对物质性质的影响

氢键通常是物质在液态时形成的,但形成后有时也能继续存在于某些晶态甚至气态物质中。例如 H_2O 在液态和固态中都有氢键存在。分子间氢键的生成将对物质的聚集状态产生影响,所以物质的物理性质会发生明显的变化。

分子间有氢键的物质的熔点、沸点和汽化热比同系列氢化物要高。有氢键的液体一般黏度较大,如甘油、浓硫酸等,由于氢键形成易发生缔合现象,从而影响液体的密度;另外,氢键的存在使其在水中的溶解度大为增加。具有分子内氢键的分子,势必会妨碍分子间氢键的形成,故有分子内氢键的化合物熔、沸点较低。例如,没有分子内氢键的对硝基苯酚,熔点为 113～114℃,而有氢键的邻硝基苯酚,熔点为 44～45℃。

自氢键被发现以来,人们对氢键的研究至今兴趣不减。这是因为氢键广泛存在于许多化合物和溶液之中。一些无机含氧酸、有机羧酸、醇、胺,甚至生活中常见的纸张、衣物、皮革、煤炭、润滑油脂和棉花等纤维类材料也有大量的氢键存在。

氢键对生物体的影响极为重要,最典型的是生物体内的 DNA。DNA 由两根作为主链的多肽链组成,两主链以大量的氢键连接组成螺旋状的立体构型。DNA 复制中碱基的配对,就是碱基对之间的氢键作用。因此可以说,由于氢键的存在,DNA 的复制得以实现,保持了物种的繁衍。不同蛋白质的空间构型体现出蛋白质分子的生物活性,而支撑蛋白质这种空间构形的链之间或链与链之间的力大多是氢键。

6.6　晶体结构

CO_2 和 SiO_2 是同族元素的氧化物,分子式(其实是最简式)写法相似,但性质却完全不同,熔点相差很大,这是由于它们分属不同的晶体,固体结构完全不同。我们把聚集状态是固态的物质称为固体,固体具有一定的体积、一定的形状。如果将气体温度降低,它会凝结成液体,如果将液体继续降温,液体就会凝固成固体。

6.6.1　晶体的概念

根据固态物质的结构和性质，可将其分为晶体和非晶体。天然和合成的无机固态物质多为晶体。晶体具有规则的几何外形（即使有些晶体已被碎成粉末，但在显微镜下仍可看到规则外形）、确定的熔点和各向异性等特点。晶体的外形是晶体内部结构的反映，是构成晶体的质点（离子、分子或原子）在空间有一定规律的点上排列的结果。

晶体的各向异性指由于晶格各个方向排列的质点的距离不同，而带来晶体各个方向上的物理性质也不一定相同。如云母的剥离性（容易沿某一平面剥离的现象）就不相同，又如石墨在与层垂直的方向上的电导率为与层平行的方向上的电导率的 $1/10^4$。

非晶体（如玻璃、沥青、松香等）也叫做无定形物质。它们没有固定的熔点，只有软化的温度范围。温度升高时，它慢慢变软，直到最后成为流动的熔融体。只有内部微粒具有严格的规则结构的物质才是各向异性的，所以无定形物质都是各向同性的。

6.6.2　晶体的基本类型

晶体的种类繁多，各种晶体都有它自己的晶格。若按晶体内部微粒的组成和相互间的作用力来划分，可分为离子晶体、原子晶体、金属晶体和分子晶体等四种基本类型的晶体。它们之间最显著的区别是晶体中微粒间作用力的不同，这将直接影响晶体的性质。

6.6.2.1　离子晶体

（1）结构特点

在离子晶体的晶格结点（在晶格上排有微粒的点）上交替地排列着正离子和负离子，在正、负离子间有静电引力（离子键）作用着。离子键由于没有方向性和饱和性，在空间条件许可的情况下，各离子将尽可能吸引较多的异号离子，以降低体系能量。就氯化钠晶体来说（图 6-19），化学式 NaCl 只表示氯化钠晶体中 Na^+ 离子数和 Cl^- 离子数的比例是 1:1，并不表示 1 个氯化钠分子的组成。在离子晶体中并没有独立存在的小分子，但习惯上仍把 NaCl 叫做氯化钠晶体的分子式。

活泼金属的氧化物、盐类、氯化物、氢氧化物等都是离子晶体，如：CaO、KCl、NaOH、NH_4NO_3 等。

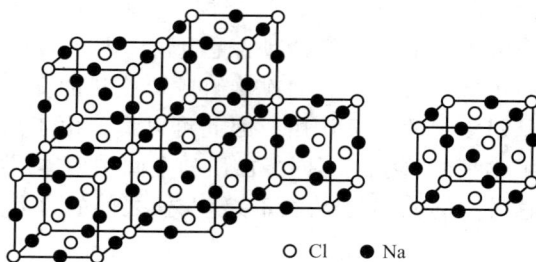

○ Cl　● Na

图 6-19　氯化钠的晶体结构

（2）性质

① 由于阴、阳离子间的静电作用力较强，离子晶体一般具有较高的熔点，且离子电荷越多，半径越小，离子间静电作用越强，熔点越高。

② 离子晶体中，阴阳离子交替地规则排列，一一对应，当晶体受到较大外力冲

击时，各层离子位置发生错位，本来层间阴、阳离子交替变成了阴离子与阴离子、阳离子与阳离子接触，引力变成了斥力，晶体破碎，故离子晶体硬而脆，无延展性。

③ 由于强极性的离子与极性溶剂水有较强的作用力，易形成水合离子，故离子晶体一般易溶于水且水溶液导电。

6.6.2.2　原子晶体

(1) 结构特点

在原子晶体的晶格结点上排列着原子，原子之间的作用力是共价键。以典型的金刚石原子晶体为例（图 6-20）。每个 C 原子能形成 4 个 sp^3 杂化轨道，可以和 4 个 C 原子形成共价键，组成正四面体。晶体中原子间均以共价键相连结，晶体中不存在简单的小分子，整个晶体可看成是一个巨大分子。

(2) 性质

由于原子间的共价键强度高，破坏这种键需很高的能量，故原子晶体的熔点一般较高。与离子晶体一样，原子晶体中原子间共价键也是一一对应的，当晶体受到较大外力冲击时，原子间的共价键被破坏，晶体破碎，故原子晶体硬而脆，无延展性。另外原子晶体不溶于溶剂，不导电。

周期表ⅣA族元素碳（金刚石）、硅、锗、锡等对应的单质的晶体是原子晶体，其化学式就是它们的元素符号。ⅢA、ⅣA、ⅤA族元素彼此组成的某些化合物如碳化硅（SiC），氮化铝（AlN）、石英（SiO_2）等也都是原子晶体。

6.6.2.3　分子晶体

(1) 结构特点

在分子晶体的晶格结点上排列着分子（极性分子或非极性分子）如图 6-21，在分子之间有分子间作用力，在某些分子晶体中还存在氢键。对于稀有气体，虽然晶格质点是原子，但质点间作用力是微弱的分子间力，故也是分子晶体。分子晶体是由单个独立的分子（或单原子分子）组成。由于分子间力无饱和性和方向性，微粒堆积较紧密，配位数最高可达 12。如二氧化碳晶体（干冰）的晶格类型是面心结构，每个顶点和每个面的中心均有一个 CO_2 分子。

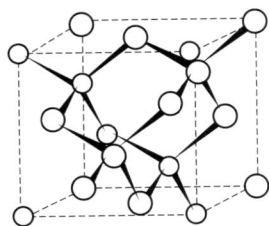

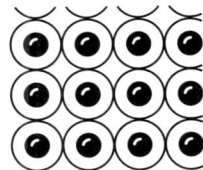

图 6-20　金刚石的晶体结构　　　图 6-21　二氧化碳的晶体结构　　　图 6-22　金属的晶体结构

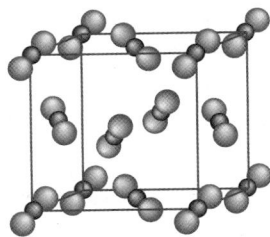

(2) 性质

由于分子间力较弱，分子晶体的硬度较小，熔点一般低于 400℃，并有较大的挥发性，如碘片、奈晶体等。分子晶体是由电中性的分子组成的，固态和熔融态都不导电，是电绝缘体。但某些分子晶体含有极性较强的共价键，能溶于水产生水合离子，因而能导电，如冰乙酸。

许多非金属单质、非金属元素所组成的化合物（包括大多数有机物）都能形成分子晶体。例如卤素单质、单质氢、卤化氢、二氧化硫、水、氨、甲烷等低温下形成的晶体都属于分子晶体。

6.6.2.4　金属晶体

（1）结构特点

在金属晶体的晶格结点上排列着原子或金属阳离子（如图 6-22），在这些离子、原子之间，存在着从金属原子脱落下来的电子（图中的黑点表示电子），这些电子并不固定在某些金属离子的附近，而是可以在整个晶体中自由运动的，叫做自由电子。整个金属晶体中的原子（或离子）与自由电子所形成的化学键叫做金属键。这种键可以看成是由多个原子共用一些自由电子所组成的。金属晶体通常有体心立方晶格、面心立方晶格和六方晶格。

（2）性质

金属键的强弱与单位体积内自由电子数（或自由电子密度）有关，半径较小，自由电子较多的金属的金属键较强，熔点就高（熔点还与晶型有关）。金属晶体单质多数具有较高的熔点和较大的硬度，通常所说的耐高温金属就是指熔点高于铬的熔点（1857℃）的金属，集中在副族，其中熔点最高的两个是钨（3410℃）和铼（3180℃）。它们是测高温用的热电偶材料。也有部分金属单质的熔点较低，如汞的熔点是 $-38.87℃$，常温下为液体。金属晶体具有良好的导电、导热性，尤其是第 I 副族的 Cu、Ag、Au。金属中的金属键，金属阳离子与自由电子间不一一对应，故晶体受到较大外力冲击时，层与层间的相对滑动，金属键不被破坏。故金属有很好的延展性和良好的机械加工性能。

思 考 题

1. 举例说明下列概念的区别：

离子键与共价键、共价键与配位键、σ 键与 π 键、极性键与非极性键、极性分子与非极性分子、分子间力与氢键。

2. 离子键是怎样形成的？离子键的特征和本质是什么？为什么离子键无饱和性和方向性？

3. 比较下列各对离子半径大小。

Mg^{2+} 和 Ca^{2+}，Mg^{2+} 和 Al^{3+}，S^{2-} 和 Se^{2-}，Fe^{2+} 和 Fe^{3+}，K^+ 和 Mg^{2+}

4. 共价键是怎样形成的？共价键的特征和本质是什么？为什么共价键有饱和性和方向性？

5. 下列说法中哪些是不正确的，并说明理由。

（1）离子化合物中，原子间的化学键有时也有共价键。

（2）s 电子与 s 电子间配对形成的共价键一定是 σ 键，p 电子与 p 电子间配对形成的化学键一定是 π 键。

（3）按价键理论，π 键不能单独存在，在共价双键或三键中只能有一个 σ 键。

（4）一般说来，σ 键比 π 键的键能大。

（5）轨道杂化时，同一原子中所有的原子轨道都参与杂化。

（6）键的极性越强，键能就越大。

（7）两原子间形成的同型共价键键长越短，共价键就越牢固。

6. 成键的两原子间电负性相差越大，它们形成的化学键是否就越牢固？

7. 举例说明杂化轨道的类型与分子空间构型的关系，有什么规律？试联系周期表予以简要说明。

8. 试解释下述事实：

（1）C 和 Si 是同族元素，但通常情况下 CO_2 是气体，SiO_2 则是高熔点、高硬度固体；

（2）常温下，氟和氯是气体，溴是液体，而碘是固体；

（3）甲烷、氨和水有相似的分子量，但甲烷沸点是 111.5K，氨的沸点是 239.6K，水的沸点是 373K。

习　题

1. 阳离子的半径比相应的原子半径_____，阴离子半径比相应的原子半径_____。电子层结构相同的离子，随核电荷数的逐渐增加，离子半径逐渐_____。

2. NaF、MgO 为等电子体，都具有 NaCl 晶型，但 MgO 的硬度几乎是 NaF 的两倍，MgO 的熔点（2800℃）比 NaF 的熔点（993℃）高得多，为什么？

3. C—C、N—N、N—Cl 键的键长分别为 154pm、145pm、175pm，试粗略估算 C—Cl 键的键长。

4. 分别指出下列各组化合物中，哪个价键的极性最大？哪个极性最小？

(1) NaCl，$MgCl_2$，$AlCl_3$，$SiCl_4$，PCl_5；

(2) LiF，NaF，KF，RbF，CsF；

(3) HF，HCl，HBr，HI。

5. 在 BCl_3 和 NCl_3 分子中，中心原子的氧化数和配体数都相同，为什么二者的中心原子采取的杂化类型、分子构型却不同？

6. 指出下列分子或离子中中心原子杂化轨道类型：

CO_2（直线型）、SO_3（正三角形）、SO_2（弯曲形）、PH_4^+（正四面体）、H_2S（弯曲形）。

7. 请指出下列分子中哪些是极性分子，哪些是非极性分子？

NO_2；　　$CHCl_3$；　　NCl_3；　　SO_3；　　SCl_2；　　$COCl_2$；　　BCl_3

8. 常见的键参数有_____、_____ 和 _____ 等，利用键参数可判断分子的_____、_____、_____。

9. 下列每对分子中，哪个分子的极性较强？试简单说明理由。

(1) HCl 和 HBr；(2) H_2O 和 H_2S；(3) NH_3 和 PH_3；(4) CH_4 和 CCl_4；(5) CH_4 和 CH_3Cl；(6) BF_3 和 NF_3。

10. HF 分子间氢键比 H_2O 分子间氢键更强些，为什么 HF 的沸点及汽化热均比 H_2O 的低？

11. C 和 O 的电负性差较大，CO 分子极性却较弱，请说明原因。

12. 指出下列物质在晶体中质点间的作用力、晶体类型、熔点高低。

(1) KCl；(2) SiC；(3) CH_3Cl；(4) NH_3；(5) Cu；(6) Xe。

13. 列出下列两组物质熔点由高到低的次序：

(1) NaF，NaCl，NaBr，NaI；

(2) SrO，SrO，CaO，BaO。

14. 判断下列化合物的分子间能否形成氢键，哪些分子能形成分子内氢键？

NH_3；　　H_2CO_3；　　HNO_3；　　CH_3COOH；　　$C_2H_5OC_2H_5$；　　HCl；　　HO—⟨benzene⟩—CHO；

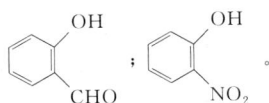

⟨benzene with OH and CHO⟩ ；⟨benzene with OH and NO₂⟩ 。

15. 判断下列各组分子之间存在何种形式的分子间作用力。

(1) CS_2 和 CCl_4；(2) H_2O 与 N_2；(3) CH_3Cl；(4) H_2O 与 NH_3。

16. 解释下列实验现象：

(1) 沸点 HF＞HI＞HCl；BiH_3＞NH_3＞PH_3；(2) 熔点 BeO＞LiF；(3) $SiCl_4$ 比 CCl_4 易水解；(4) 金刚石比石墨硬度大。

17. 元素 Si 和 Sn 的电负性相差不大，为什么常温下 SiF_4 为气态而 SnF_4 却为固态？

第7章 配位化合物

　　酸、碱、盐等都是符合经典化学键理论的物质。如 $CoCl_3$、NH_3 等，在这些化合物中，不管是离子键还是共价键，每个原子的键都已经饱和，能稳定存在。但当把氨水滴入无水 $CoCl_3$ 溶液时，蒸干后会得到组成为 $CoCl_3 \cdot 6NH_3$ 的新物质。性质和结构均证明无水 $CoCl_3 \cdot 6NH_3$ 不是 $CoCl_3$ 的简单氨合物，而是一种新物质，那么这种新物质的价键是怎样的呢？1893 年，瑞士化学家维尔纳提出了配位理论，把这类化合物归为配位化合物。

　　配位化合物是一类组成复杂、种类繁多、应用极广泛的化合物。随着配合物研究的迅速发展，配位化学作为一门独立的学科，在分析化学、功能材料和药物研发等方面都有着重要的理论意义和实用价值。生物体中的金属元素绝大多数是以配合物的形式存在的，特别是金属酶在人体内起着重要作用，许多生理功能是以金属配合物的体内反应为基础的，许多药物本身就是配合物或靠在体内形成配合才能发挥药效。近年来随着生物无机化学研究的深入，从分子水平上研究生命金属与生物配体之间的相互作用，对揭示人体内某些疾病的发病机制及药理作用等起着重要的作用。

7.1　配位化合物的基本概念

　　我们先讲一个实验。向硫酸铜溶液中滴加氨水，开始有蓝色沉淀，通过分析可知沉淀是碱式硫酸铜 $Cu_2(OH)_2SO_4$。当氨水过量时，蓝色沉淀消失，变成深蓝色的溶液。向该深蓝色溶液中加入乙醇，立即有深蓝色晶体析出。经 X 射线分析，确定其组成为 $CuSO_4 \cdot 4NH_3 \cdot H_2O$。把该深蓝色晶体再溶于水，加入少量 NaOH 溶液，无蓝色沉淀析出，加入 $BaCl_2$ 溶液，则立刻有 $BaSO_4$ 白色沉淀生成，溶液几乎无氨味。

　　从加入 NaOH 溶液，无蓝色沉淀析出，可知溶液中无较高浓度的 Cu^{2+}；而加入 $BaCl_2$ 溶液，有白色 $BaSO_4$ 沉淀生成，说明溶液中 SO_4^{2-} 浓度较高。从化学式看 Cu^{2+} 和 SO_4^{2-} 的物质的量浓度应该是一样的，固体和溶液又无氨味，那么 Cu^{2+} 和 NH_3 到哪里去了呢？原来 Cu^{2+} 和 NH_3 以配位键相结合生成了较复杂又较稳定的离子——铜氨配离子 $[Cu(NH_3)_4]^{2+}$。

7.1.1　配位化合物的定义

　　有一些化合物，如 $[Cu(NH_3)_4]SO_4$、$[Ag(NH_3)_2]Cl$ 等，它们在水溶液中能解离出复杂的离子，如 $[Cu(NH_3)_4]^{2+}$、$[Ag(NH_3)_2]^+$，这些离子在水中具有足够的稳定性。像这些中心原子与一定数目的分子或阴离子以配位键相结合形成的复杂离子称为配位单元或配位个体，含有配位单元的化合物统称为配位化合物（coordination compound），简称配合物。

7.1.2　配位化合物的组成

　　下面以 $[Cu(NH_3)_4]SO_4$ 为例，讨论配位化合物组成特点。

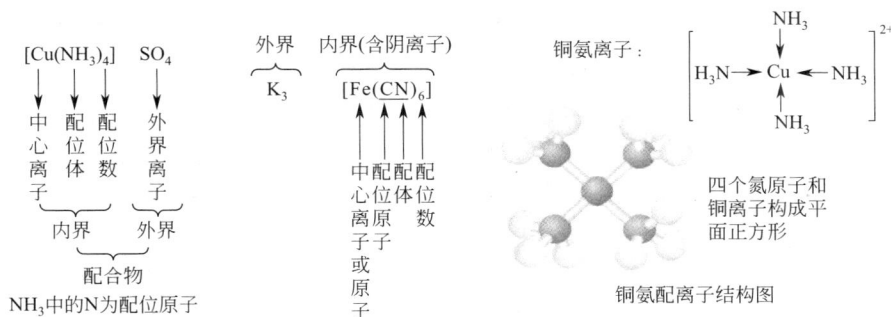

图 7-1 配合物组成

(1) 内界与外界

中心离子（或原子）与配体以配位键紧密结合形成的配位单元称为配合物的内界，用方括号括上，见图 7-1。内界多为带电荷的配离子，也有不带电荷的配位分子。配合物的性质主要是内界配位单元的性质。配离子电荷数等于中心原子（或离子）与配体电荷数的代数和，配合物分子是电中性的，故配离子会结合等量异号电荷的离子以中和其电性，这些带等量异号电荷的离子称为配合物的外界。内界与外界之间是以离子键结合的，在水溶液中的行为类似于强电解质。如配位单元的电荷数为零，则不需要外界来中和其电性，故没有外界，称为配分子，如 $Ni(CO)_4$。有些配合物的阴阳离子均是配离子，两部分为各自的内界，如 $[Cu(NH_3)_4][PtCl_4]$。

(2) 中心离子

中心离子（或原子）是配合物的核心部分，位于配位单元的几何中心，又称为配合物的形成体。中心离子（或原子）的共同特点是半径较小，具有易接受孤对电子的空轨道，与配位原子形成配位键。形成体可以是①金属离子（尤其是过渡金属离子），如 $[Cu(NH_3)_4]^{2+}$ 中的 Cu^{2+}，$[Fe(CN)_6]^{3-}$ 中的 Fe^{3+}，$[HgI_4]^{2-}$ 中的 Hg^{2+}；②中性原子，如 $Ni(CO)_4$、$Fe(CO)_5$、$Cr(CO)_6$ 中的 Ni、Fe 和 Cr 原子；③少数高氧化态的非金属元素，如 $[BF_4]^-$，$[SiF_6]^{2-}$，$[PF_6]^-$ 中的 B（Ⅲ）、Si（Ⅳ）、P（Ⅴ）等。

(3) 配位原子与配位体

能提供孤对电子，并与中心原子形成配位键的原子称为配位原子。常见配位原子多为：C、O、S、N、F、Cl、Br、I 等。含有配位原子的中性分子或阴离子称为配位体，简称配体。配体分为两大类：含有单个配位原子的配体为单齿配体；含有两个或两个以上配位原子且每个配位原子都和中心原子以配位键相结合的配体为多齿配体。

当中心离子（或原子）的空轨道接受配体的孤对电子时，为减少孤对电子间的斥力，配位原子将尽可能彼此远离。中心离子（或原子）接受孤对电子的已杂化的空轨道也相互远离且对称，因此，一个配位原子即使有多对孤对电子，也只有一对电子能与中心离子（或原子）形成配位键；配体中若有多个含孤对电子的原子，且这两原子连接或间隔太小，如 CO、SCN^-（S 或 N 可作配位原子），则由于上述空间效应，只能有一个原子作为配位原子。由于电负性较小的原子给电子能力强，常常作为配位原子，如 CO 中的 C 作为配位原子，CN^- 中的 C 作配位原子（但 $H_2NCH_2CH_2NH_2$、$C_2O_4^{2-}$ 中配位原子分别为 N、O 原子，因为其中的 C 原子没有孤对电子）。常见的配体列于表 7-1。

表 7-1　常见的配体

单齿配体	多齿配体
F^-、Cl^-、Br^-、I^-、NH_3、H_2O、$C \!=\! O$（羰基）、CN^-（氰根）、SCN^-（硫氰酸根）、NCS^-（异硫氰酸根）、NO_2^-（硝基）、ONO^-（亚硝酸根）、$S_2O_3^{2-}$（硫代硫酸根）、C_5H_5N（吡啶）	$H_2NCH_2CH_2NH_2$（乙二胺）、$^-OOC\!-\!COO^-$（草酸根）、$H_2NCH_2COO^-$（甘氨酸根）、EDTA（乙二胺四乙酸）、$(CH_2COOH)_2NCH_2CH_2N(CH_2COOH)_2$

（4）配体数与配位数

配合物中配体的总数称为配体数。而与中心原子结合成键的配位原子的数目称为配位数，或者说中心原子与配体间的配位键数为配位数。由单齿配体形成的配合物中，配体数等于配位数；由多齿配体形成的配合物中配体数小于配位数，配位数为配离子中配体与配体齿数乘积的总加和。决定配位数的因素有中心离子的半径、电荷数及其与配体的半径比。其中与中心离子电荷数关系最大。中心离子电荷数大，对配位体的孤对电子的吸引力也越大，能吸引较多的配位体。如 $[Cu(CN)_2]^-$ 中 Cu^+ 的配位数为 2，$[Cu(CN)_4]^{2-}$ 中 Cu^{2+} 的配位数为 4。中心离子半径大、配体半径小且电荷数小、中心离子周围能容纳的配体多且配体间斥力小，则配位数大，反之配位数小。

【例 7-1】　指出配合物 $K[Fe(en)Cl_2Br_2]$ 的中心原子、中心原子氧化值、配体、配位原子、配体数、配位数、配离子电荷、外界离子。

解：中心原子：Fe　　　　　　　中心原子氧化值：+3

配体：en、Cl^-、Br^-　　　　配位原子：N、Cl、Br

配体数：5　　　　　　　　　　配位数：6

配离子电荷：-1　　　　　　　外界离子：K^+

有些非金属原子作中心原子时，中心原子与其他原子形成一般共价键的数目通常也作配位键来计数，如 $[SiF_6]^{2-}$、$[BF_4]^-$ 中 Si 和 B 的配位数分别为 6、4，也可以看作中心离子 Si（Ⅳ）、B（Ⅲ）分别接受了 6、4 对孤对电子。

7.1.3　配位化合物的命名与书写

配位化合物的命名服从一般无机化合物的命名原则。从右到左，为"某化某"（阴离子为简单离子）或"某酸某"（阴离子为复杂离子），具体方法如下：

如果配位化合物由内界配位离子和外界离子组成，当配位离子为阳离子，先命名外界阴离子。某化（或某酸）+配位离子名称；当配位离子为阴离子时，先命名配位离子，配位化合物名称为：配位离子名称+酸+外界阳离子名称。关键是配离子的命名。

（1）命名顺序

配体数（汉字）+配体名称（不同的配体间用"·"隔开）+合+中心离子（原子）及其氧化态（括号内以罗马数字注明，若氧化数为 0 可以不写）。例如：

$[CoCl(NH_3)_5]Cl_2$　　　　　　二氯化一氯·五氨合钴（Ⅲ）

$[Cu(NH_3)_4]SO_4$　　　　　　　硫酸四氨合铜（Ⅱ）

$H_2[PtCl_6]$　　　　　　　　　　六氯合铂（Ⅳ）酸

$K_3[Fe(CN)_6]$　　　　　　　　　六氰合铁（Ⅲ）酸钾

$Na_3[Ag(S_2O_3)_2]$　　　　　　　二（硫代硫酸根）合银（Ⅰ）酸钠

没有外界的配位化合物命名同配位离子的命名方法相同。

$$[Ni(CO)_4]\qquad\qquad 四羰基合镍$$
$$[PtCl_2(NH_3)_2]\qquad\qquad 二氯·二氨合铂（Ⅱ）$$
$$[Co(NO_2)_3(NH_3)_3]\qquad\qquad 三硝基·三氨合钴（Ⅲ）$$

若配体不止一种，在命名时要遵从以下原则：

① 配体中如果既有无机配体又有有机配体，则先命名无机配体（简单离子-复杂离子-中性分子），然后有机配体（有机酸根-简单有机分子-复杂有机分子）。

$$K[SbCl_5(C_6H_5)]\qquad\qquad 五氯·苯基合锑（Ⅴ）酸钾$$

② 同类配体的名称，按配位原子元素符号的英文字母顺序排列。

$$[Co(NH_3)_5H_2O]Cl_3\qquad\qquad 三氯化五氨·一水合钴（Ⅲ）$$

③ 配体化学式相同，但配位原子不同时，命名则不同。如：NO_2^-（配位原子是 N）称为硝基，ONO^-（配位原子是 O）称为亚硝酸根；SCN^-（配位原子是 S）称为硫氰酸根，NCS^-（配位原子是 N）称为异硫氰酸根。书写时一般配位原子靠近中心原子。

④ 带倍数词头的无机含氧酸根阴离子配体，命名时要用括号括起来，例如，（三磷酸根）。有的无机含氧酸阴离子，即使不含倍数词头，但含有一个以上代酸原子，也要用括号，例如，$[Ag(NH_3)(S_2O_3)]^-$，命名为一氨·（硫代硫酸根）合银离子。

除系统命名外，有些常见配合物还有习惯名称：如 $[Cu(NH_3)_4]^{2+}$ 称为铜氨配位离子，$[Ag(NH_3)_2]^+$ 称为银氨配位离子；$K_3[Fe(CN)_6]$ 叫铁氰化钾（赤血盐）；$K_4[Fe(CN)_6]$ 为亚铁氰化钾（黄血盐）；$H_2[SiF_6]$ 称氟硅酸，$K_2[PtCl_6]$ 称氯铂酸钾等。

（2）配位化合物的书写

配位化合物的书写总体顺序与一般无机化合物无异，从左到右先阳离子后阴离子。关键也是配位个体的写法。其写法与上述命名法相似，先写中心离子（或原子）再写配体，有多个配体时，仿照命名原则，先命名的配体靠近中心离子（或原子），然后写后命名的配体。如：硝酸·二氨·二（乙二胺）合钴（Ⅲ）应写为 $[Co(NH_3)_2(en)_2](NO_3)_3$，四硝基·二氨合钴（Ⅲ）酸钾写为 $K[Co(NO_2)_4(NH_3)_2]$。

7.2　配位平衡

配合物的内界与外界之间是以离子键结合的，与强电解质类似，溶于水后几乎完全解离。而配合物内界却很难解离。如在 $[Cu(NH_3)_4]SO_4$ 溶液中，加入 $BaCl_2$ 溶液，立即产生白色 $BaSO_4$ 沉淀，而加入少量稀 NaOH 溶液时，却得不到 $Cu(OH)_2$ 浅蓝色沉淀。但这并不能说明溶液中根本没有 Cu^{2+}，只能说明 Cu^{2+} 浓度不大，若加入 Na_2S 溶液，会得到黑色的 CuS 沉淀，并嗅到氨的特殊气味。这说明 $[Cu(NH_3)_4]^{2+}$ 在水溶液中类似于弱电解质，可以发生部分解离。

7.2.1　配合物的不稳定常数与稳定常数

以配合物 $[Cu(NH_3)_4]SO_4$ 为例，其解离分下列两种情况：

① 强电解质的完全解离方式：$[Cu(NH_3)_4]SO_4\longrightarrow[Cu(NH_3)_4]^{2+}+SO_4^{2-}$

② 弱电解质的部分解离方式：$[Cu(NH_3)_4]^{2+}\rightleftharpoons Cu^{2+}+4NH_3$

②中的解离反应（配位反应的逆反应）是可逆的，像这样配离子在一定条件下达

到 $u_{解离}=u_{配位}$ 的平衡状态，称为配离子的解离平衡，也称配位平衡。它有固定的标准平衡常数，即：

$$K^{\ominus}(不稳)=\frac{c(Cu^{2+})c^4(NH_3)}{c\{[Cu(NH_3)_4]^{2+}\}}$$

$K^{\ominus}$（不稳）称为配离子的不稳定常数或解离常数，也可用 $K_d^{\ominus}$ 表示。$K^{\ominus}$（不稳）愈大表示解离反应进行程度愈大，配离子愈不稳定。若写成配离子的形成反应：

$$Cu^{2+}+4NH_3\Longrightarrow[Cu(NH_3)_4]^{2+}$$

平衡常数为：

$$K^{\ominus}(稳)=\frac{c\{[Cu(NH_3)_4]^{2+}\}}{c(Cu^{2+})c^4(NH_3)} \tag{7-1}$$

$K^{\ominus}$（稳）称为配离子的稳定常数或生成常数，也可用 β 或 $K_f^{\ominus}$ 表示。$K^{\ominus}$（稳）愈大表示配合反应进行程度愈大，配离子的稳定性愈大。

注意：$K^{\ominus}$（稳）和 $K^{\ominus}$（不稳）是表示同一事物的两个方面，两者的关系互为倒数，即 $K^{\ominus}$（稳）= $1/K^{\ominus}$（不稳），二者概念不同，使用时应注意不可混淆。

7.2.2　稳定常数的应用

（1）比较同种类型配合物的稳定性

如：

$$[Ag(NH_3)_2]^+ \qquad \lg K_f^{\ominus}=7.23$$
$$[Ag(CN)_2]^- \qquad \lg K_f^{\ominus}=18.74$$

可见，$[Ag(CN)_2]^-$ 比 $[Ag(NH_3)_2]^+$ 稳定得多。

注意：配离子类型必须相同即配位体数相同才能比较，否则会出错误。对于不同类型的配离子，只能通过计算来比较。即在配位剂浓度相同的情况下，溶液中游离的中心离子浓度越小则该配离子越稳定。

（2）判断配位反应进行的方向

【例7-2】　向 $[Ag(NH_3)_2]^+$ 溶液中加入 KCN，将会发生什么变化？

解：溶液中存在下列反应：

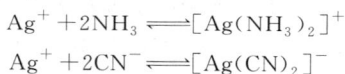

$$Ag^++2NH_3\Longrightarrow[Ag(NH_3)_2]^+$$
$$Ag^++2CN^-\Longrightarrow[Ag(CN)_2]^-$$

即存在两个平衡：

①　　$Ag^++2NH_3\Longrightarrow[Ag(NH_3)_2]^+$ 　　　$K_f^{\ominus}([Ag(NH_3)_2]^+)=1.1\times10^7$

②　　$Ag^++2CN^-\Longrightarrow[Ag(CN)_2]^-$ 　　　$K_f^{\ominus}([Ag(CN)_2]^-)=1.3\times10^{21}$

总反应＝②式－①式：$[Ag(NH_3)_2]^++2CN^-\Longrightarrow[Ag(CN)_2]^-+2NH_3$

$$
\begin{aligned}
K^{\ominus}&=\frac{c([Ag(CN)_2^-])c^2(NH_3)}{c([Ag(NH_3)_2^+])c^2(CN^-)}\times\frac{c(Ag^+)}{c(Ag^+)}\\
&=\frac{K_f^{\ominus}([Ag(CN)_2]^-)}{K_f^{\ominus}([Ag(NH_3)_2]^+)}=\frac{1.3\times10^{21}}{1.1\times10^7}=1.18\times10^{14}>10^5
\end{aligned}
$$

由平衡常数 $K^{\ominus}$ 可知，配位反应向着生成 $[Ag(CN)_2]^-$ 的方向进行的趋势很大。

配离子转化的反应有多种，除了上述不同配位剂争夺金属离子外，还有沉淀剂与配位剂争夺金属离子，多种金属离子或氢离子争夺一种配位剂等。粗略判断反应方向是利用已知各种常数计算出配离子转化反应的平衡常数（如上题）$K^{\ominus}$，若 $K^{\ominus}>10^5$，反应能进行，若 $K^{\ominus}<10^{-5}$，则反应不能进行，逆反应可以进行。若要精确计

算，则要知道有关物质的浓度，需再进行计算。

(3) 计算配位离子溶液中有关离子的浓度及沉淀的生成和电势等

① 计算配位离子溶液中有关离子的浓度

【例 7-3】　在 10mL 0.04mol·L^{-1} AgNO$_3$ 溶液中，(1) 加入 10mL 0.1mol·L^{-1} 的 NH$_3$，计算在平衡后溶液中的 Ag$^+$ 浓度；(2) 加入 10mL 10mol·L^{-1} 的 NH$_3$，计算溶液中的 Ag$^+$ 浓度。

解：(1) 由于溶液的体积增加一倍，AgNO$_3$ 浓度减少一半为 0.02mol·L^{-1}，NH$_3$ 浓度为 0.05mol·L^{-1}，NH$_3$ 过量，$K_f^{\ominus}$ 很大，可假设 Ag$^+$ 几乎全部转变为 [Ag(NH$_3$)$_2$]$^+$。设平衡时 Ag$^+$ 浓度为 x mol·L^{-1}，

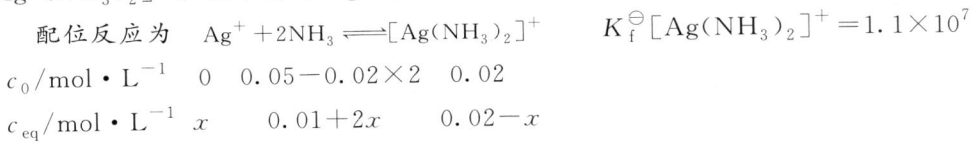

配位反应为　　Ag$^+$ + 2NH$_3$ $\rightleftharpoons$ [Ag(NH$_3$)$_2$]$^+$　　　$K_f^{\ominus}$[Ag(NH$_3$)$_2$]$^+$ = 1.1×10^7

c_0/mol·L^{-1}　　0　　0.05 − 0.02×2　　0.02

c_{eq}/mol·L^{-1}　　x　　0.01 + 2x　　0.02 − x

$$K_f^{\ominus} = \frac{c[\text{Ag(NH}_3)_2^+]}{c(\text{Ag}^+)c(\text{NH}_3)^2} = \frac{(0.02-x)}{x(0.01+2x)^2} = 1.1\times10^7$$

NH$_3$ 过量时 [Ag(NH$_3$)$_2$]$^+$ 解离很小，故 0.02 − x ≈ 0.02，0.01 + 2x ≈ 0.01，即

$$\frac{0.02-x}{x(0.01+2x)^2} \approx \frac{0.02}{x\times0.01^2} = 1.1\times10^7$$

$$x = c(\text{Ag}^+) = 1.81\times10^{-5}\,\text{mol}\cdot\text{L}^{-1}$$

(2) 加入 10mL 10mol·dm^{-3} 的 NH$_3$，同法处理。

由于溶液的体积增加一倍，AgNO$_3$ 浓度减少一半为 0.02mol·L^{-1}，NH$_3$ 浓度为 5.0mol·L^{-1}，NH$_3$ 过量，$K_f^{\ominus}$ 很大，可假设 Ag$^+$ 几乎全部转变为 [Ag(NH$_3$)$_2$]$^+$。设平衡时 Ag$^+$ 浓度为 y mol·L^{-1}，

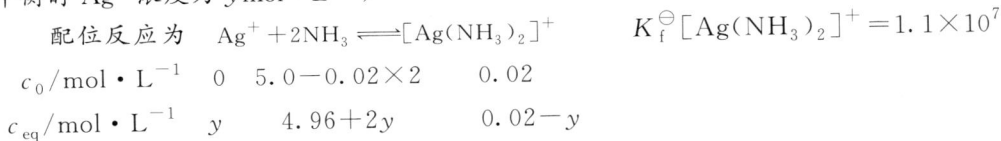

配位反应为　　Ag$^+$ + 2NH$_3$ $\rightleftharpoons$ [Ag(NH$_3$)$_2$]$^+$　　　$K_f^{\ominus}$[Ag(NH$_3$)$_2$]$^+$ = 1.1×10^7

c_0/mol·L^{-1}　　0　　5.0 − 0.02×2　　0.02

c_{eq}/mol·L^{-1}　　y　　4.96 + 2y　　0.02 − y

$$K_f^{\ominus} = \frac{c[\text{Ag(NH}_3)_2^+]}{c(\text{Ag}^+)c^2(\text{NH}_3)} = \frac{(0.02-y)}{y(4.96+2y)^2} = 1.1\times10^7$$

NH$_3$ 过量时 [Ag(NH$_3$)$_2$]$^+$ 解离很小，故 0.02 − y ≈ 0.02，4.96 + 2y ≈ 4.96，即

$$y = c(\text{Ag}^+) = 7.39\times10^{-11}\,\text{mol}\cdot\text{L}^{-1}$$

可见配体过量越多，溶液中游离的中心离子浓度越低，类似于同离子效应，可通过外加配体的量控制游离中心离子的浓度。

计算配位离子溶液中有关离子的浓度，尤其是中心离子的浓度是配位平衡计算的基础。其他计算如加沉淀剂能否生成沉淀、电极电势的改变及某些氧化还原反应能否进行等，均可先计算出游离的金属离子（配合物中的中心离子）的浓度，再利用溶度积规则计算是否能生成沉淀；把金属离子浓度代入能斯特方程计算电极电势，通过比较可判断氧化还原反应能否发生。

② 计算沉淀能否生成

【例 7-4】　向 [例 7-3] 两个体系中分别加入 NaCl，NaCl 的浓度为 0.05mol·L^{-1}，问有无 AgCl 沉淀形成。[已知 $K_{sp}^{\ominus}$(AgCl) = 1.77×10^{-10}]

解：在此体系中发生了配位平衡和沉淀溶解平衡的多重平衡，即 NH_3 和 Cl^- 同时竞争 Ag^+。

$$Ag^+ + 2NH_3 \rightleftharpoons [Ag(NH_3)_2]^+$$
$$Ag^+ + Cl^- \rightleftharpoons AgCl$$

可写成　$[Ag(NH_3)_2]^+ + Cl^- \rightleftharpoons 2NH_3 + AgCl(s)$

在［例7-3］（1）中，$c(Ag^+) = 1.81 \times 10^{-5}$ mol·L^{-1}，可求出离子积，

$$Q_1 = c(Ag^+) \times c(Cl^-) = 1.81 \times 10^{-5} \times 0.05$$
$$= 9.05 \times 10^{-7} > K_{sp}^{\ominus}(AgCl) = 1.77 \times 10^{-10}$$

所以能生成沉淀。

在［例7-3］（2）中，$c(Ag^+) = 7.39 \times 10^{-11}$ mol·L^{-1}，

$$Q_2 = c(Ag^+) \times c(Cl^-) = 7.39 \times 10^{-11} \times 0.05$$
$$= 3.70 \times 10^{-12} < K_{sp}^{\ominus}(AgCl) = 1.77 \times 10^{-10}$$

所以不能生成沉淀。

③ 计算金属与其配位离子间的 $E^{\ominus}$ 值。

【例7-5】　求 $[Ag(CN)_2]^- + e^- \rightleftharpoons Ag + 2CN^-$ 的标准电极电势 $E^{\ominus}$。

解：求 $E^{\ominus}[Ag(CN)_2]^-/Ag$ 实际上是求 $Ag^+ + e^- \rightleftharpoons Ag(s)$ 的电极电势 $E(Ag^+/Ag)$，只不过其标准态是电极反应 $[Ag(CN)_2]^- + e^- \rightleftharpoons Ag + 2CN^-$ 的标准态，即 $[Ag(CN)_2]^-$ 和 CN^- 的浓度处于标准态。

$$E(Ag^+/Ag) = E^{\ominus}(Ag^+/Ag) + 0.0592 \lg c(Ag^+)$$

$$K_f^{\ominus} = \frac{c[Ag(CN^-)_2^-]}{c(Ag^+)c^2(CN^-)}$$

由于 $c(Ag^+) = \dfrac{c[Ag(CN^-)_2^-]}{c^2(CN^-)K_f^{\ominus}} = \dfrac{1}{K_f^{\ominus}}$

所以 $E(Ag^+/Ag) = E^{\ominus}(Ag^+/Ag) + 0.0592 \lg c(Ag^+)$

$$= 0.7996V + 0.0592 \lg \frac{1}{K_f^{\ominus}} = 0.7996V - 1.249V = -0.449V$$

配位反应可影响氧化还原反应的完成程度，甚至影响氧化还原反应的方向。例如，在水溶液中，Fe^{3+} 可氧化 I^-：

$$2Fe^{3+} + 2I^- \rightleftharpoons 2Fe^{2+} + I_2$$

但若溶液中含有 F^-，由于 $[FeF_6]^{3-}$ 配位离子的生成，降低了 $E(Fe^{3+}/Fe^{2+})$，此时 I_2 反而将 Fe^{2+} 氧化。

$$2Fe^{2+} + I_2 + 12F^- \rightleftharpoons 2[FeF_6]^{3-} + 2I^-$$

7.3　螯合物和生物配体

螯合物是中心原子与多齿配体形成的具有环状结构的一类配合物。

7.3.1　螯合物与螯合效应

前面曾提到乙二胺分子是一个多齿配体，含有 2 个可提供孤对电子的 N 原子，两个乙二胺分子可与一个 Co^{3+} 配位形成具有环状结构的 $[Co(en)_3]^{3+}$ 配离子。其结构如图7-2所示：

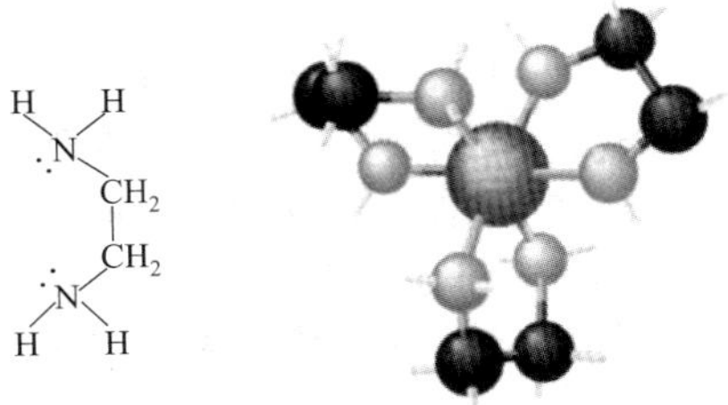

乙二胺　　　　　　　[Co(en)₃]³⁺

图 7-2　[Co(en)₃]³⁺ 配离子结构图

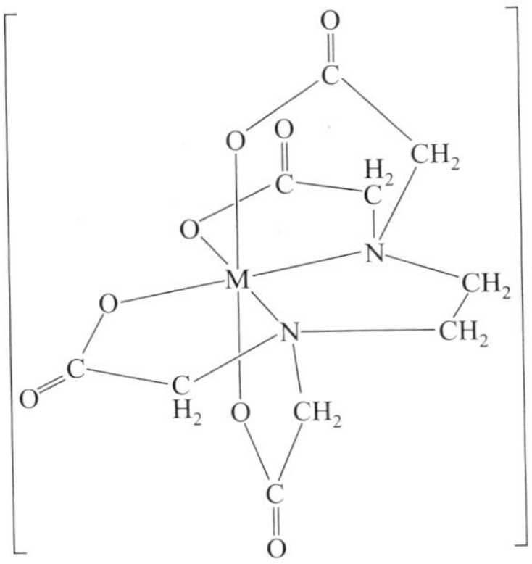

图 7-3　[MY]²⁻ 的结构

这种由中心原子与多齿配体形成的具有环状结构的配合物称为螯合物（chelate）。由于螯合物中形成环状结构，使得螯合物的稳定性大大提高。这种由于生成螯合环而使配合物稳定性大大增加的作用称为螯合效应（chelate effect）。

能与中心原子形成螯合物的多齿配体称为螯合剂（chelating agent）。螯合剂应具备以下两个条件：

① 配体必须含有两个或两个以上能提供孤对电子的配位原子；

② 配体的两个配位原子之间应该相隔 2～3 个其他原子，以形成稳定的五元环或六元环结构。

最常见的螯合剂是氨羧类化合物，即含有—N（CH₂COOH）₂（氨基二乙酸）基团的有机化合物。其中应用最广泛的是乙二胺四乙酸（EDTA），用 H_4Y 表示，其结构简式为：

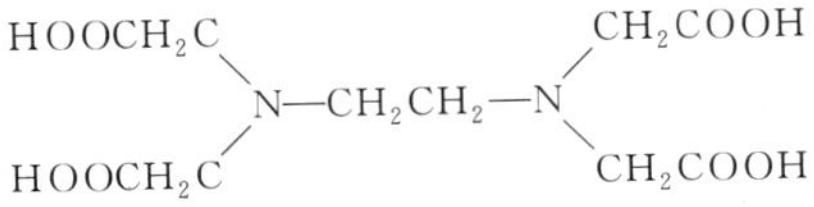

$$HOOCH_2C \diagdown N-CH_2CH_2-N \diagup CH_2COOH$$
$$HOOCH_2C \diagup \qquad \diagdown CH_2COOH$$

乙二胺四乙酸是一个六齿配体，分子中的四个羧基 O 和两个氨基 N 共提供 6 对孤对电子，与中心原子配位时形成的螯合物结构中有 5 个五元环。因此它能与大多数金属离子形成十分稳定的螯合物。由于乙二胺四乙酸在水中的溶解度较小，通常用它的二钠盐 $Na_2H_2Y \cdot 2H_2O$ 配制溶液。图 7-3 是乙二胺四乙酸根与金属离子 M^{2+} 形成的螯合物 [MY]²⁻ 的结构。

螯合物稳定的主要原因是多齿配体与中心原子形成稳定的环状结构，其稳定性大小与螯合环的大小及数目有关。含五元环和六元环的螯合物是稳定的，而少于五元环或多于六元环的螯合物则稳定性较差。

多齿配体与同一种中心原子所形成的螯合物中的螯合环越多，配体与中心原子所形成的配位键就越多，其稳定性也就越大。此外，生物体内一些闭合大环与金属离子形成的螯合物特别稳定，如血红素中的原卟啉大环与 Fe^{2+} 结合形成的螯合物。这种现象称为大环效应。

7.3.2　生物配体

生物体中能与生命金属元素配位形成稳定的配合物的离子和分子称为生物配体（biological ligand），通常是指卟啉类化合物、蛋白质、核酸、多糖等生物大分子配体和一些有机离子（氨基酸、核苷酸、有机酸根等）及其他生物活性物质（维生素、激素等）。它们包含许多能给予电子对的功能基团，所提供的配位原子一般是具有孤对电子的 N、S、O 原子等，有多个配位部位供选择，能与生物体中的微量金属元素离子配位形成稳定的配合物而发挥其特定的活性和生理功能。

例如，人体内运输氧气的血红蛋白（hemoglobin，Hb）中的血红素是由 Fe^{2+} 与卟啉形成的配合物（图 7-4），它与卟啉环中 4 个 N 原子及蛋白肽链中组氨酸侧链上的 N 原子形成五配位的 Fe^{2+}-卟啉，当血红蛋白与氧气结合形成氧合血红蛋白（HbO_2）之后，Fe^{2+} 变为六配位。人体吸进的氧气在肺内与血红蛋白结合成氧合血红蛋白，氧合血红蛋白进入血液将氧气释放，如此在体内反复地进行，满足了体内对氧的需求。

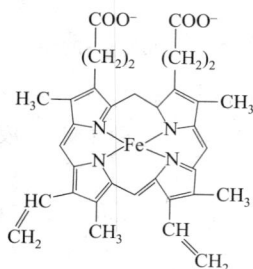

图 7-4　血红素

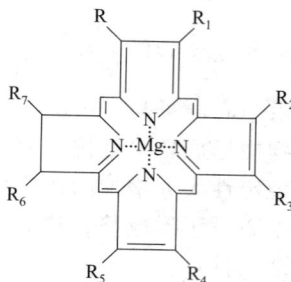

图 7-5　叶绿素

CO 也能与血红素中 Fe^{2+} 的六配位结合，而且结合力更强，可以取代氧的位置。当人体 CO 中毒时，大部分血红蛋白都以 CO-血红蛋白的形式存在，降低了血红蛋白输送氧的功能，致使血液及组织供氧中断，从而造成人体缺氧甚至会导致死亡。临床上常采用高压氧治疗 CO 中毒，高压的氧气可使溶于血液的氧气增多，从而加速 CO-血红蛋白的解离，促使 CO 从体内清除。

此外，Mg^{2+} 也可以与卟啉环形成稳定配合物——叶绿素，见图 7-5，主要功能是光合作用。即利用光能转化为化学能，经过一系列反应后，最终将 CO_2 转化为葡萄糖，作为能量储存起来，同时使水分子氧化，释放出氧气。维生素 B_{12} 是由 Co^{3+} 与卟啉环形成的另外一种配合物，它对维持人体的正常生长和红细胞的产生都有重要的作用，并能促进包括氨基酸的生物合成等代谢过程的生化反应。

金属酶是一类具有催化功能的金属蛋白。在金属酶中，通常以金属离子为活性中心。它往往与肽链上的配位原子如 N、S、O 等配位，牢固地结合在一起，构成具有一定空间构型的金属酶的催化中心。被酶催化的物质称为底物。当金属酶与相应的底物结合后，相互嵌合就形成了底物-金属离子-酶的中间活性配合物，从而发生催化作用，大大提高了反应速率。金属酶以含锌、铁、铜的酶最多，如含铁金属酶细胞色素 C。细胞色素氧化酶除含有铁离子、铜离子，也有含钼、锰等其他金属离子。

7.4　配位化合物的制备和应用

生物体内存在着许多配合物，它们与生命现象密切相关，在生命过程中起着极其重要的作用。如植物中的叶绿素、动物和人体内血红蛋白中的卟啉配合物及体内许多生物催化剂——金属酶，都属于配合物。临床上常用螯合剂促排体内过量的重金属或放射性元素。以金属配合物为基础的新型抗肿瘤药物的研发，正是人类在分子、离子水平上理解和研究生命现象的体现。

7.4.1　配合物的制备

配合物的制备分为经典配合物（维尔纳型）和包括金属羰合物在内的金属有机配合物两大类。第一类一般具有盐的性质，易溶于水；第二类则通常是共价化合物，一般易溶于非极性溶剂，熔点、沸点低。

（1）经典配合物的制备

根据经典配合物合成的反应类型，可将配合物制备方法分为加成、取代、氧化还原及热分解等方法。

① 加成法　这是制备配合物最简单的方法。例如：

$$BF_3(g) + NH_3(g) \longrightarrow [BF_3 \cdot NH_3](s)$$

② 配体取代法　有水溶液中取代和非水溶剂中取代。

水溶液中取代，是迄今为止最常用的方法之一。例如 $[Cu(NH_3)_4]SO_4$ 可以用 $CuSO_4$ 水溶液与过量氨水反应：

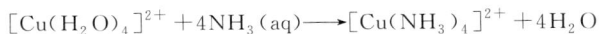
$$[Cu(H_2O)_4]^{2+} + 4NH_3(aq) \longrightarrow [Cu(NH_3)_4]^{2+} + 4H_2O$$
浅蓝　　　　　　　　　深蓝

然后在反应混合液中加入乙醇或丙酮等有机溶剂，深蓝色 $[Cu(NH_3)_4]SO_4 \cdot H_2O$ 即可结晶析出。此法也适用于制备 Ni^{2+}、CO^{2+}、Zn^{2+} 等的氨合物，但不适合制备 Fe^{3+}、Al^{3+}、Cr^{3+}、Ti^{4+} 等的氨合物。因为氨水中除存在与金属离子配合的 NH_3 分子外，还存在与金属离子结合的 OH^-（$NH_3 + H_2O \rightleftharpoons NH_4^+ + OH^-$），$OH^-$ 与这些金属离子会形成溶度积很小的氢氧化物。

非水溶剂中取代，在非水溶剂中合成配合物，是近些年才使用的方法，下面举例说明。

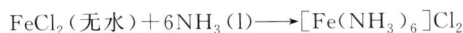
$$FeCl_2(无水) + 6NH_3(l) \longrightarrow [Fe(NH_3)_6]Cl_2$$
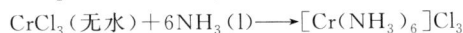
$$CrCl_3(无水) + 6NH_3(l) \longrightarrow [Cr(NH_3)_6]Cl_3$$

$$CrCl_3(无水) + 3en \xrightarrow{乙醇} [Cr(en)_3]Cl_3$$

③ 氧化、还原合成　有氧化合成和还原合成。

氧化合成，例如 $[Co(NH_3)_6]Cl_3$ 的合成：

$$[Co(H_2O)_6]Cl_2 + 6NH_3 \longrightarrow [Co(NH_3)_6]Cl_2 + 6H_2O$$
粉红色　　　　　　　　土黄色

$$4[Co(NH_3)_6]Cl_2 + 4NH_4Cl + O_2 \longrightarrow 4[Co(NH_3)_6]Cl_3 + 2H_2O + 4NH_3$$
土黄色

总反应为

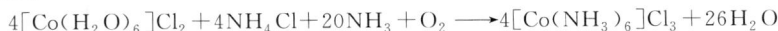
$$4[Co(H_2O)_6]Cl_2 + 4NH_4Cl + 20NH_3 + O_2 \longrightarrow 4[Co(NH_3)_6]Cl_3 + 26H_2O$$

此反应中木炭做催化剂。

还原合成，例如：

$$K_2[Ni(CN)_4] + 2K \xrightarrow{液氨} K_4[Ni(CN)_4]$$

④ 热分解合成　热分解合成相当于固态下的取代。当固体配合物加热到某一温度时，易挥发的配体分解跑掉，其原配体位置被外界阴离子所取代。例如：

$$2[Co(H_2O)_6]Cl_2 \xrightarrow{加热} Co[CoCl_4] + 12H_2O$$
粉红色　　　　　　蓝色

（2）金属羰基配合物的制备

金属羰基配合物的制备方法很多，现仅介绍典型方法。对于铁和镍的二元金属羰合物，常用活性粉末状 Ni 和 Fe 与 CO 直接反应生成羰合物：

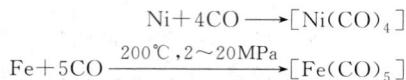

$$Ni + 4CO \longrightarrow [Ni(CO)_4]$$

$$Fe + 5CO \xrightarrow{200℃,2\sim20MPa} [Fe(CO)_5]$$

其他所有金属羰合物都是由相应化合物在还原条件下制得的。常用的还原剂有 Na、烷基铝或 CO 本身等。例如：

$$2CoCO_3 + 8CO + 2H_2 \xrightarrow{200℃,25\sim300Pa} [Co_2(CO)_8] + 2CO_2 + 2H_2O$$

7.4.2　配位化合物的应用

7.4.2.1　在无机化学中的应用

（1）湿法冶金

利用合适的配合剂从矿石中提取贵金属。例如在 NaCN 溶液中，由于 $E^{\ominus}$ [Au(CN)$_2$]$^-$/Au 值比 $E^{\ominus}$(O$_2$/OH$^-$) 值小得多，Au 的还原性较强，容易被 O$_2$ 氧化，形成 [Au(CN)$_2$]$^-$ 而溶解，然后可以用锌粉从溶液中置换出金。

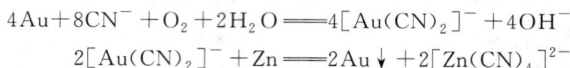

$$4Au + 8CN^- + O_2 + 2H_2O == 4[Au(CN)_2]^- + 4OH^-$$

$$2[Au(CN)_2]^- + Zn == 2Au\downarrow + 2[Zn(CN)_4]^{2-}$$

（2）高纯金属的制备

工业上采用羰基化精炼技术制备高纯金属。先将含有杂质的金属制成羰基配合物并使之挥发来与杂质分离，然后加热分解制得纯度很高的金属。例如，制造铁芯和催化剂用的高纯铁粉，正是采用这种技术生产的。

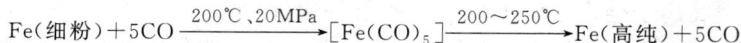

$$Fe(细粉) + 5CO \xrightarrow{200℃、20MPa} [Fe(CO)_5] \xrightarrow{200\sim250℃} Fe(高纯) + 5CO$$

由于金属羰基配合物大多数有剧毒，易燃，所以在制备和使用时应特别注意安全。

7.4.2.2　在分析化学方面的应用

（1）离子的鉴定

形成有色配离子：例如在溶液中 NH$_3$ 与 Cu^{2+} 能形成深蓝色的 [Cu(NH$_3$)$_4$]$^{2+}$，Fe^{3+} 与 NH$_4$SCN 作用能生成血红色的 [Fe(NCS)$_n$]$^{3-n}$ 配离子。

形成难溶有色配合物：丁二肟在弱碱性介质中与 Ni^{2+} 可形成鲜红色难溶的二（丁二肟）合镍（Ⅱ）沉淀。

（2）离子的掩蔽

在定性分析中还可以利用生成的配合物来消除杂质离子的干扰。例如用 NaSCN 鉴定 Co^{2+} 时，Co^{2+} 与配合剂将发生下列的反应：

$$[Co(H_2O)_6]^{2+}（粉红） + 4SCN^- \longrightarrow [Co(SCN)_4]^{2+}（艳蓝） + 6H_2O$$

但是，如果溶液中同时含有 Fe^{3+}，Fe^{3+} 也可与 SCN$^-$ 反应，形成血红色的 [Fe(NCS)$_6$]$^{3-}$，妨碍对 Co^{2+} 的鉴定。若事先在溶液中加入足量的配合剂 NaF（或 NH$_4$F），使 Fe^{3+} 形成更稳定的无色配离子 [FeF$_6$]$^{3-}$，这样就可以排除 Fe^{3+} 对 Co^{2+} 鉴定的干扰。在分析化学上，这种排除干扰的效应称为掩蔽效应，所用的配合剂称为掩蔽剂。

（3）离子的分离

在含有 Zn^{2+} 和 Al^{3+} 的溶液中加入过量的氨水：

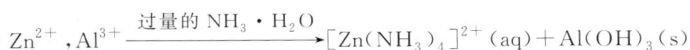

$$Zn^{2+},Al^{3+} \xrightarrow{\text{过量的 } NH_3 \cdot H_2O} [Zn(NH_3)_4]^{2+}(aq)+Al(OH)_3(s)$$

可达到分离 Zn^{2+} 和 Al^{3+} 的目的。

7.4.2.3　配位化合物在医药上的应用

（1）配合物的解毒作用

在人体内，不管是生命必需的金属元素还是有毒金属元素，若其含量超过一定范围，都会对生物体产生危害，其中大多数的损害是有毒金属离子取代了重要的微量必需元素而产生的。配合物的解毒作用通常是以配体或螯合剂作为解毒剂，与体内的有毒金属离子（或原子）结合成无毒的配合物而排出体外。因此，当发生金属中毒时，临床上常给患者服用一些螯合剂的药物，就是利用螯合剂（配体）与这些有害金属生成无毒的配合物，除去有害金属。例如，用枸橼酸钠治疗铅中毒，使体内的铅转变为稳定且无毒的可溶性 $[Pb(C_6H_5O_7)]^-$ 配合物经肾排出体外。EDTA 的钙盐是将 U、Th、Pu、Sr 等放射性元素排出体内的高效解毒剂。As、Hg 等金属中毒，常给患者服用二巯基丙醇使其形成配合物经肾排出。

（2）生命必需金属元素的补充

人体必需的微量金属元素在体内各种代谢反应中起着非常重要的作用，当这些必需金属元素严重缺乏时，会对人类健康有危害作用。所以必须及时补充体内缺乏的微量必需元素。如果以自由离子的形式补充金属离子，不仅对胃肠道有刺激性，且吸收率较低。而以金属配离子形式来补给，既能避免对肠胃的过分刺激，也利于在肠壁细胞内形成中性的配合物，从而进入组织蛋白供人体利用。如缺铁性贫血，临床上较少使用硫酸亚铁，而常用柠檬酸铁配合物、血红素铁等；而维生素 B_{12}（含钴配合物）对恶性贫血有良好的疗效；氨基酸锌配合物则是一种较为理想的补锌剂，可以预防和治疗口腔溃疡、食欲不振、免疫力低下等疾病。

（3）配合物的抗癌作用

1969 年，Rosenberg 发现顺式二氯·二氨合铂（Ⅱ）（简称顺铂）配合物具有较高的抗癌活性。该配合物有脂溶性载体配体 NH_3，可顺利地通过细胞膜的脂质层进入癌细胞。同时，由于有可取代配体 Cl^-，可被 DNA 分子中配位能力更强的原子所取代结合，从而破坏癌细胞 DNA 的复制过程，抑制癌细胞生长。在顺铂配合物结构模式的启发下，人们广泛开展其他具有抗癌活性的金属配合物药物的研究工作，目前已发现顺-1,1-环丁烷二羧酸二氨合铂（Ⅱ）（简称卡铂）、金属茂类化合物等具有较高的抗癌活性。

【阅读资料】

我国配位化学进展

配位化学是在无机化学基础上发展起来的一门边缘学科。它所研究的主要对象为配位化合物（coordination compound，简称配合物）。早期的配位化学集中在研究以金属阳离子受体为中心（作为酸）和以含 N、O、S、P 等给体原子的配体（作为碱）形成的所谓"Werner 配合物"。第二次世界大战期间，无机化学家在围绕耕耘元素周期表中某些元素化合物的合成中得到发展。在工业上，美国实行原子核裂变曼哈顿（Manhattan）工程基础上所发展的铀和超铀元素溶液配合物的研究，以及在学科上，1951 年 Panson 和 Miller 对二茂铁的合成打破了传统无机和有机化合物的界限，从而开始了无机化学的复兴。

当代的配位化学沿着广度、深度和应用三个方向发展。在深度上表现在有众多与配位化学有关的学者获得了诺贝尔奖，如 Werner 创建了配位化学，Ziegler 和 Natta 的金属烯烃催化剂，Eigen

的快速反应，Lipscomb 的硼烷理论，Wilkinson 和 Fischer 发展的有机金属化学，Hoffmann 的等瓣理论，Taube 研究的配合物和固氮反应机理，Cram、Lehn 和 Pedersen 在超分子化学方面的贡献，Marcus 的电子传递过程。在以他们为代表的开创性成就的基础上，配位化学在其合成、结构、性质和理论的研究方面取得了一系列进展。在广度上表现在自 Werner 创立配位化学以来，配位化学处于无机化学研究的主流，配位化合物还以其种类繁多的价键形式和空间结构，在化学理论发展及其与其他学科的相互渗透中，成为众多学科的交叉点。在应用方面，结合生产实践，配合物的传统应用继续得到发展，例如金属簇合物作为均相催化剂，在能源开发中 Cl 化学和烯烃等小分子的活化，螯合物稳定性差异在湿法冶金和元素分析、分离中的应用等。随着高新技术的日益发展，具有特殊物理、化学和生物化学功能的所谓功能配合物在国际上得到蓬勃的发展。

从 Werner 创建配位化学至今已有 100 余年，以 Lehn 为代表的学者所倡导的超分子化学将成为今后配位化学发展的另一个主要领域。人们熟知的化学主要是研究以共价键相结合的分子的合成、结构、性质和变换规律。超分子化学可定义为分子间弱相互作用和分子组装的化学。分子间的相互作用形成了各种化学、物理和生物中高选择性的识别、反应、传递和调制过程。

我国配位化学的研究在中华人民共和国成立前是很少的。1949 年后随着国家经济建设的发展，在个别重点高等院校及科研单位开展了这方面的教学和科研工作。60 年代中期以前，主要工作集中在简单配合物的合成、性质、结构及其应用方面的研究，特别是在溶液配合物的平衡理论、混合和多核配合物的稳定性、取代动力学、过渡金属配位催化以及稀土和 W、Mo 等我国丰产元素的分离提纯以及配位场理论的研究。

除了个别方面的研究外，总体来说与国际水平差距还较大。

20 世纪 80 年代以后，在改革开放政策的指引下，我国的配位化学取得了突飞猛进的发展。中国化学会于 1985 年创办了《无机化学》杂志。在国家自然科学基金委员会、国家科学技术部和国际纯粹和应用化学联合会（IUPAC）的发起下，1987 年我国成功地召开了第 25 届国际配位化学会议，标志着我国配位化学研究开始走向世界。南京大学配位化学研究所、北京大学稀土研究中心、中国科学院长春应用化学研究所等相关研究机构相继建立。我国无机化学工作者在环顾了国际上的最新进展后，除了对传统的配合物体系继续发展之外，还开始填补了一些诸如生物无机、有机金属、大环配位化学等原属空白的分支学科。从此我国配位化学研究开始步入国际先进行列，研究水平大为提高。特别是在下列几个方面取得了重要进展：①新型配合物、簇合物、有机金属化合物和生物无机配合物，特别是配位超分子化合物的基础无机合成及其结构研究取得了丰硕成果，丰富了配合物的内涵；②开展了热力学、动力学和反应机理方面的研究，特别是在溶液中离子萃取分离和均向催化等应用方面取得了成果；③现代溶液结构的谱学研究及其分析方法以及配合物的结构和性质的基础研究水平大为提高；④随着高新技术的发展，具有光、电、热、磁特性和生物功能配合物的研究正在取得进展。它的很多成果还包含在其他不同学科的研究和化学教学中。

我国配位化学的进展具有一系列特点。作为化学的重要分支领域之一的配位化学，在其学科本身发展的同时创造出更为奇妙的新材料，揭示出更多生命科学的奥妙。在研究对象上日益重视与材料科学和生命科学相结合。在从分子进展到材料合成的研究中更加重视功能体系的分子设计。金属离子在生物体系中的成键，除维生素 B_{12} 中的 Co—C 键以外，几乎都是以配位键形式结合。其功能体系组装是一个极为复杂的问题。这时要求将正确的物种放在正确的位置（在与动力学有关的问题中，还要按着正确的时间）才能发挥应有的功能。高效、经济和微量的组合化学的应用，将有助于分子合成和设计的实践——从超分子之类的新观点研究分子的合成和组装，在我国日益受到重视。化学模板有助于提供组装的物种和创造有序的组装，但是其最大的困难在于克服热力学第二定律所要求的无序。这时配位化学家的任务之一就是和热力学进行妥协。尽管目前我们了解了一些局部的组装规律和方法，但比起自然界长期进化而得到的完满而言，还有很大差距。正如有一群能分别演奏各种乐器的音乐家，若没有很好的指挥，也不能演奏出一场满意的交响乐。其原因就是缺乏有意识的组装。对于组装的本质和规律，有很多基础性研究有待深入进行。

作为交叉学科的配位化学，逐渐和其他相关学科相互渗透和交融。正如 Lehn 所指出，超分子化学可以看作是广义的配位化学，另一方面，配位化学又是包含在超分子化学概念之中。配位化学的原理和规律，无疑将在分子水平上对未来复杂的分子层次以上的聚集态体系的研究起着重要作用。其概念及方法也将超越传统学科的界限。我国配位化学家在进一步促进它和化学内有机化学、物理化学、分析化学、高分子化学、环境化学、材料化学、生物化学以及凝聚态物理、分子电子学等学科的结合方面有了很好的开端。进一步的发展必将给配位化学带来新的发展前景。

我国幅员辽阔，资源丰富，经济建设中有各方面的要求，也存在一些无人问津的薄弱领域，例如配位光化学、界面配位化学、纳米配位化学、新型和功能配合物以及配位超分子化合物的研究。金属配合物的研究有明显的应用背景，具有开发成重大经济效益的潜力。它的基础和理论性研究也处在现代化学发展的前沿领域，必将对下一世纪我国化学学科的发展产生深远影响。

思　考　题

1. 以 $[Cr(en)_2Cl_2]NO_3$ 为例，解释下列名词：

（1）内界、外界和配位单元；（2）配位体、配位原子和配位数；（3）单齿配体和多齿配体。

2. 已知两种钴的配合物具有相同的化学式 $Co(NH_3)_5BrSO_4$，它们之间的区别在于：在第一种配合物的溶液中加入 $BaCl_2$ 溶液时，产生沉淀，但加入 $AgNO_3$ 溶液时不产生沉淀；而第二种配合物的溶液则与之相反。试写出这两种配合物的分子式。

3. 无水 $CrCl_3$ 和氨作用能形成两种配合物，组成相当于 $CrCl_3 \cdot 6NH_3$ 及 $CrCl_3 \cdot 5NH_3$。加入 $AgNO_3$ 溶液能从第一种配合物水溶液中将几乎所有的氯原子沉淀为 $AgCl$，而从第二种配合物水溶液中仅能沉淀出相当于含氯量的 $2/3$，加入 $NaOH$ 并加热时，两溶液均无 NH_3 的气味。试推算出它们的内界和外界，并指出配离子的电荷数、中心离子的氧化数和配合物的名称。

4. 以下各配合物的中心离子的配位数均为 6，若它们的浓度都是 $0.001\ mol \cdot L^{-1}$，则它们导电能力的顺序如何，为什么？

（1）$[CrCl_2(NH_3)_4]Cl$；（2）$[Pt(NH_3)_6]Cl_4$；（3）$K_2[PtCl_6]$；（4）$[Co(NH_3)_6]Cl_3$。

5. 写出反应方程式，以解释下列现象。

（1）用氨水处理 $Mg(OH)_2$ 和 $Zn(OH)_2$ 混合物，$Zn(OH)_2$ 溶解而 $Mg(OH)_2$ 不溶；

（2）$NaOH$ 加入 $CuSO_4$ 溶液中生成浅蓝色的沉淀；再加入氨水，浅蓝色的沉淀溶解成为深蓝色的溶液，将此溶液用 HNO_3 处理又能得到浅蓝色溶液；

（3）用王水可溶解 Pt 和 Au 等惰性较大的贵金属，单独用硝酸或盐酸却不能溶解。

6. 判断正误，并说明理由。

（1）只有金属离子才能作为配合物的形成体。

（2）配合物由内界和外界两部分组成。

（3）配位体的数目就是形成体的配位数。

（4）配离子的几何构型取决于中心离子所采用的杂化轨道类型。

（5）配离子的电荷数等于中心离子的电荷数。

7. 判断正误，并说明理由。

（1）配离子 $K_稳^\ominus$ 值越大，其配位键越强。

（2）配离子 $K_稳^\ominus$ 值越小，该配离子越稳定。

（3）同类型配离子 $K_{不稳}^\ominus$ 值越小，该配离子越稳定。

（4）配合剂浓度越大，生成的配合物的配位数越大。

（5）配合物 $K_稳^\ominus / K_{不稳}^\ominus$ 等于 1。

8. AgI 在下列相同浓度的溶液中，溶解度最大的是：

（1）KCN；（2）$Na_2S_2O_3$；（3）$KSCN$；（4）$NH_3 \cdot H_2O$。

9. 向含有 $[Ag(NH_3)_2]^+$ 的溶液中分别加入下列物质，则平衡 $[Ag(NH_3)_2]^+ \Longrightarrow Ag^+ + 2NH_3$ 移动方向如何？

（1）稀 HNO_3；（2）$NH_3 \cdot H_2O$；（3）Na_2S 溶液。

10. 比较下列电极电势的大小。$[已知\ K_{sp,Fe(OH)_2}^\ominus \gg K_{sp,Fe(OH)_3}^\ominus，K_{稳,[Co(NH_3)_6]^{3+}}^\ominus \gg K_{稳,[Co(NH_3)_6]^{2+}}^\ominus]$

(1) $E^{\ominus}[\mathrm{Fe(OH)_3/Fe(OH)_2}]$ 与 $E^{\ominus}(\mathrm{Fe^{3+}/Fe^{2+}})$；

(2) $E^{\ominus}[\mathrm{Co(NH_3)_6}^{3+}/\mathrm{Co(NH_3)_6}^{2+}]$ 与 $E^{\ominus}(\mathrm{Co^{3+}/Co^{2+}})$；

(3) $E^{\ominus}(\mathrm{Cu^{2+}/CuI_2}^-)$ 与 $E^{\ominus}(\mathrm{Cu^{2+}/Cu^+})$；

(4) $E^{\ominus}(\mathrm{HgI_4}^{2-}/\mathrm{Hg})$ 与 $E^{\ominus}(\mathrm{Hg^{2+}/Hg})$。

习　题

1. 完成下表。

配合物或配离子	命名	中心离子	配体	配位原子	配位数
	六氟合硅（Ⅳ）酸铜				
$[\mathrm{PtCl_2(OH)_2(NH_3)_2}]$					
	四（异硫氰酸根）·二氨合铬（Ⅲ）酸铵				
	三羟基·水·（乙二胺）合铬（Ⅲ）				
$[\mathrm{Fe(CN)_5(CO)}]^{3-}$					
$[\mathrm{FeCl_2(C_2O_4)(en)}]^-$					
	三硝基·三氨合钴（Ⅲ）				
	四羰基合镍				

2. 完成下表。

配合物	名称	配离子的电荷	形成体的氧化数
$[\mathrm{Cu(NH_3)_4}][\mathrm{PtCl_4}]$			
$\mathrm{Cu[SiF_6]}$			
$\mathrm{K_3[Cr(CN)_6]}$			
$[\mathrm{Zn(OH)(H_2O)_3}]\mathrm{NO_3}$			
$[\mathrm{CoCl_2(NH_3)_3(H_2O)}]\mathrm{Cl}$			
$[\mathrm{PtCl_2(en)}]$			

3. 写出下列配合物的化学式：

(1) 三氯·一氨合铂（Ⅱ）酸钾；

(2) 四氰合镍（Ⅱ）配离子；

(3) 五氰·一羰基合铁（Ⅲ）酸钠；

(4) 一羟基·一草酸根·一水·一乙二胺合铬（Ⅲ）；

(5) 四（异硫氰酸根）·二氨合铬（Ⅲ）酸铵。

4. 有两种钴（Ⅲ）配合物组成均为 $\mathrm{Co(NH_3)_5Cl(SO_4)}$，但分别只与 $\mathrm{AgNO_3}$ 和 $\mathrm{BaCl_2}$ 发生沉淀反应。写出两种配合物的化学式。

5. 已知 $[\mathrm{Cu(NH_3)_4}]^{2+}$ 的逐级稳定常数的对数值分别为 4.22、3.67、3.04、2.30。试求该配合物的逐级累积稳定常数 β_i、稳定常数 $K^{\ominus}_{稳}$ 及不稳定常数 $K^{\ominus}_{不稳}$。

6. 将 $40\mathrm{mL}$ $0.10\mathrm{mol\cdot L^{-1}}$ $\mathrm{AgNO_3}$ 溶液和 $20\mathrm{mL}$ $6.0\mathrm{mol\cdot L^{-1}}$ 氨水混合并稀释至 $100\mathrm{mL}$。试计算：

(1) 平衡时溶液中 $\mathrm{Ag^+}$、$[\mathrm{Ag(NH_3)_2}]^+$ 和 $\mathrm{NH_3}$ 的浓度；

(2) 在混合稀释后的溶液中加入 $0.01\mathrm{mol}$ KCl 固体，是否有 AgCl 沉淀产生？

(3) 若要阻止 AgCl 沉淀生成，则应改取 $12.0\mathrm{mol\cdot L^{-1}}$ 氨水多少毫升？

7. $10\mathrm{mL}$ $0.10\mathrm{mol\cdot L^{-1}}$ 的 $\mathrm{CuSO_4}$ 溶液与 $10\mathrm{mL}$ $6.0\mathrm{mol\cdot L^{-1}}$ 的氨水混合达到平衡后，计算溶液中 $\mathrm{Cu^{2+}}$、$[\mathrm{Cu(NH_3)_4}]^{2+}$ 以及 $\mathrm{NH_3}$ 的浓度各是多少？若向此溶液中加入 $0.01\mathrm{mol}$ 的 NaOH 固体，问是否有 $\mathrm{Cu(OH)_2}$ 沉淀生成？

8. 计算 $100\mathrm{mL}$ $0.50\mathrm{mol\cdot L^{-1}}$ $\mathrm{Na_2S_2O_3}$ 溶液可溶解多少克固体 AgBr？

9. 在三份 $0.2\mathrm{mol\cdot L^{-1}}$ $[\mathrm{Ag(CN)_2}]^-$ 配离子的溶液中，分别加入等体积的 $0.2\mathrm{mol\cdot L^{-1}}$ KCl，KBr，KI 溶液，问：

(1) 三种卤化银沉淀是否均能生成？

(2) 若原 $[Ag(CN)_2]^-$ 溶液中还含有浓度为 $0.2mol \cdot L^{-1}$ 的 KCN，则分别加入上述 KCl、KBr、KI 溶液时，三种卤化银是否会沉淀出来？

10. 计算下列电对的标准电极电势 $E^{\ominus}$。

(1) $Ni(CN)_4^{2-} + 2e^- \Longrightarrow Ni + 4CN^-$；

(2) $Co(NH_3)_6^{3+} + e^- \Longrightarrow Co(NH_3)_6^{2+}$。

11. 已知 $E^{\ominus}(Hg^{2+}/Hg) = 0.851V$，$[Hg(CN)_4]^{2-}$ 的 $K_{稳}^{\ominus} = 2.51 \times 10^{41}$，计算 $E^{\ominus}[Hg(CN)_4^{2-}/Hg]$。比较标准状态下 Hg^{2+} 与 $[Hg(CN)_4]^{2-}$ 的氧化能力。

12. 已知 $E^{\ominus}(Cu^{2+}/Cu) = 0.340V$，$E^{\ominus}(O_2/OH^-) = 0.401V$，$[Cu(NH_3)_4]^{2+}$ 的 $K_{稳}^{\ominus} = 1.70 \times 10^{13}$，$c(NH_3) = 1mol \cdot L^{-1}$。计算说明能否用铜器储存氨水？

13. 一个铜电极浸在含 $1mol \cdot L^{-1}$ $[Cu(NH_3)_4]^{2+}$ 和 $1mol \cdot L^{-1}$ 氨水中，一个银电极浸在含 $1mol \cdot L^{-1}$ $AgNO_3$ 溶液中，求组成电池的电动势。

第8章 非金属元素选述

已知的非金属元素共 22 种，21 种位于周期表 p 区的右上方。除 H 和 He 外，其原子的价层电子结构的共同特点是所增加的电子依次填充在 np 轨道上，从 ⅢA～ⅧA 族，对应为 $ns^2np^{1\sim6}$。在这些非金属单质中，常温下以固态存在的有硼、碳、硅、磷、砷、硫、硒、碲、碘、砹等 10 种；以液态存在的只有溴；其余为气体。

8.1 卤族元素

周期表第ⅦA族元素为卤族，其中包括氟、氯、溴、碘和砹 5 种元素，简称卤素。因为这些元素都是典型的非金属元素，易与典型的金属元素化合成盐。砹是放射性元素，在本节里不作介绍。

8.1.1 卤素的通性

表 8-1 列出了卤素原子的一些基本性质。

表 8-1　有关卤素原子的一些基本性质

元素	F	Cl	Br	I
原子序数	9	17	35	53
原子量	19.00	35.45	79.90	126.9
外围电子构型	$2s^22p^5$	$3s^23p^5$	$4s^24p^5$	$5s^25p^5$
常见氧化态	$-1,0$	$-1,0,+1,+3,+5,+7$	$-1,0,+1,+3,+5,+7$	$-1,0,+1,+3,+5,+7$
原子共价半径/pm	64	99	114	133
X^-离子半径/pm	136	181	195	216
I_1/kJ·mol^{-1}	1681	1251	1140	1008
X^-离子水合能/kJ·mol^{-1}	-506.3	-368.2	-334.7	-292.9
X_2解离能/kJ·mol^{-1}	155	238	188	151
电负性(鲍林值)	3.98	3.16	2.96	2.66
$E^\ominus(X_2/X^-)$/V,298K	$+2.866$	$+1.358$	$+1.068$	$+0.5355$

卤素原子的最外层电子构型为 ns^2np^5，有获得一个电子成为 X^- 的强烈倾向。与同周期元素相比较，卤素原子核电荷数最多（稀有气体除外），原子半径最小，电负性最大，因此非金属性最强，是一族典型的非金属元素。在本族内，随原子序数递增，原子半径递增，电负性递减，非金属性递减，是性质最相似、规律性最明显的一族元素。

卤素的电负性较高，所以最常见的氧化态为 -1。Cl、Br、I 与电负性更大的元素化合时，可表现出更高的氧化数，常见的有 $+1$、$+3$、$+5$ 和 $+7$ 氧化态。氟的氧化态只有 -1 和 0。

卤素在溶液中氧化能力的大小可以用标准电极电势 $E^\ominus$ 值来衡量。卤素单质的 $E^\ominus$ 值具有较大的正值，表明它们都具有较强的氧化能力。从氟到碘 $E^\ominus$ 值递减，其氧化性亦递减。X^- 具有较弱的还原能力，还原性从 F^- 到 I^- 依次增强，I^- 易被一般的氧化剂所氧化。从卤族元素电势图中可见（图 8-1），卤素单质（碱性介质中）、不少含氧酸及其盐都可发生歧化作用。

$E_A^\ominus/V$

$$ClO_4^- \xrightarrow{1.19} ClO_3^- \xrightarrow{1.43} HClO \xrightarrow{1.61} \frac{1}{2}Cl_2 \xrightarrow{1.36} Cl^-$$

（ClO₃⁻—HClO 1.47；HClO—Cl⁻ 1.45；ClO₃⁻—½Cl₂ 1.48；½Cl₂—Cl⁻ 1.33）

$$BrO_3^- \xrightarrow{1.76} BrO_3^- \xrightarrow{1.49} HBrO \xrightarrow{1.59} \frac{1}{2}Br_2 \xrightarrow{1.07} Br^-$$

（1.48；1.42；0.99）

$$H_6IO_6 \xrightarrow{1.60} IO_3^- \xrightarrow{1.14} HIO \xrightarrow{1.44} \frac{1}{2}I_2 \xrightarrow{0.54} I^-$$

（1.20；1.09）

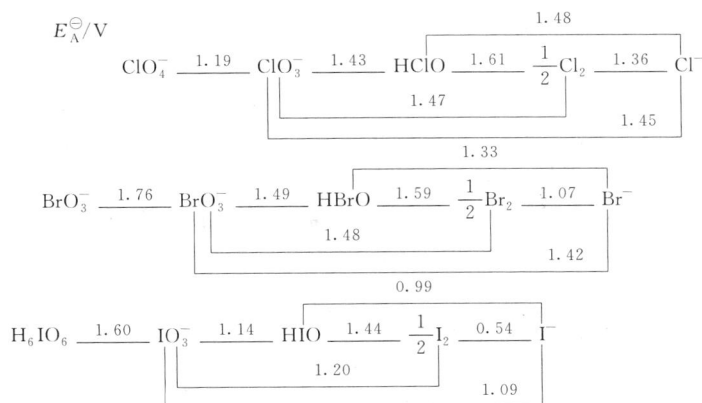

图 8-1 卤素元素电势图

8.1.2 卤素单质

卤素是相当活泼的元素，在自然界中均以化合态的形式存在，广泛地分布在地壳、海洋及矿石中。

8.1.2.1 卤素单质的物理性质

卤素单质都是双原子分子，其中砹有放射性，在此不做具体介绍。常温下，氟和氯是气体，溴是易挥发液体，碘是易升华的固体。部分卤素单质的相关物理性质如表 8-2 所示。

氟是淡黄色的气体，较易液化，有剧毒。氟又是人体必需的微量元素之一，少量的氟有助于骨骼的发育，有效地预防龋齿，但氟过量会导致氟骨病和氟斑牙。

表 8-2 部分卤素单质的物理性质

单质	氟	氯	溴	碘
状态	气体	气体	液体	固体
颜色	淡黄色	黄绿色	红棕色	紫黑色
密度(液体)/g·mL^{-1}	1.513(85K)	1.655(203K)	3.187(273K)	3.960(393K)
水中溶解度/mol·L^{-1}(392K)	与水反应	0.09	0.21	0.0013
熔点/K	53.38	172	265.8	386.5
沸点/K	84.86	238.4	331.8	457.4
汽化热/kJ·mol^{-1}	6.54	20.41	29.56	41.95
临界温度/K	144	417	588	785
临界压强/MPa	5.57	7.7	10.33	11.75

氯是黄绿色的气体，具有强烈刺激性气味，液体密度约为 1.7g·mL^{-1}，易液化，运输时装入黄绿色的钢瓶中。氯能使人窒息，刺激鼻腔和喉头黏膜，破坏呼吸系统，毒性也很强。由于氯的密度比空气大，所以当发生氯气泄漏事故时，应往高处逃生，并用浸有弱碱性溶液的湿毛巾捂住鼻和嘴。对于中毒者，可使其吸入酒精和乙醚组成的混合蒸气或氨蒸气进行解毒。

溴是常温下唯一处于液态的非金属元素，呈红棕色，易挥发，同样有强烈的刺激性气味，对人体的呼吸系统和视觉系统的破坏作用很强，溅到皮肤上会深度烧伤皮肉，造成难以治愈的溃疡，实验中使用时要戴乳胶手套和防护眼睛。若不慎溅到皮肤上，应立即用大量清水冲洗，再用 5% 的 $NaHCO_3$ 溶液冲洗。

碘是一种紫黑色并具有光泽的片状固体，常温下在水中的溶解度很小，在微热时不经熔化而直接升华，其蒸气大多呈紫红色。碘元素主要分布在海洋及矿石中，在人体中主要分布在甲状腺中，是相当重要的微量元素。缺碘会造成甲状腺肿大，过量会导致甲亢。

　　由于卤素单质都是非极性分子，因此它们在水中的溶解度并不大，但在有机溶剂中的溶解度却大大增加。碘单质的水溶液呈浅黄色，加入碘化钾溶液后溶解度大为增加，颜色加深，这是因为有 I_3^- 的生成。实验室中进行 I_2 的性质实验时，经常用 KI 溶液。单质碘易溶解在四氯化碳中，呈紫红色，在 CS_2 中溶解度更大。而单质溴溶解在四氯化碳中一般呈橙红色，随着溴浓度的变化，颜色的深浅也会变化。利用卤素单质的这一物理性质，我们可以通过萃取来提取卤素。

8.1.2.2　卤素单质的化学性质

　　卤素单质（除碘外）都具有强氧化性，氧化性随着原子半径的增大而减小。

（1）卤素单质与金属单质的反应

　　反应通式为：
$$2M + nX_2 \longrightarrow 2MX_n$$

　　F_2、Cl_2 可与所有金属反应；Br_2、I_2 可与除贵金属外的所有金属反应，F_2 的氧化性最强，金属一般被氧化到高价。但在与铜、镍和镁作用时，由于金属表面生成致密的氟化物薄膜而阻止了进一步被氟化，因此氟可储存在这些金属及其合金制的容器中。Cl_2 和 Br_2 与金属作用时大多需要点燃或加热，反应也比较剧烈。I_2 与金属作用时，需要加热或是通过水的催化。

　　如：
$$3Cl_2 + 2Fe \longrightarrow 2FeCl_3$$
$$I_2 + Fe \longrightarrow FeI_2$$
$$Sn(熔融态) + 2Cl_2 \longrightarrow SnCl_4(液态)$$

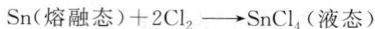

　　在实际生产上，卤素（如氯气）与金属直接合成卤化物（称干法合成），生成的卤化物应有较低的熔点，容易升华或容易液化，如氯化锌、氯化汞、四氯化锡等，快速离开金属界面，使反应持续进行。如生成的卤化物不易液化或挥发，则金属要制成粉末状或金属花（融化的金属快速倒入水中后呈花状）。
$$Cu(铜屑或细铜丝) + Br_2 \longrightarrow CuBr_2$$
$$Cd(镉花) + 2Br_2 \longrightarrow CdBr_2$$

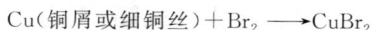

　　干燥的氯单质与铁在常温下不发生反应。因此，可用干燥的钢瓶存放液氯。

（2）卤素单质与非金属单质的反应

　　氟是最活泼的非金属元素，它几乎可以与所有的非金属单质（除氧气、氮气和部分稀有气体外）直接化合，反应剧烈，并放出大量的热。因为生成的氟化物具有挥发性，不妨碍非金属表面进一步氟化，可以生成高氧化态的氟化物。氟在低温、黑暗中与氢气反应时，会发生剧烈的爆炸。氯与非金属单质作用时也比较剧烈，而溴和碘与非金属单质作用时一般需要加热，有时反应呈现出一定的可逆性。氟、氯、溴与 S 和 H_2 作用的反应式如下：
$$S + X_2 \longrightarrow SF_6 、SCl_4 、SBr_2$$
$$H_2 + X_2 \longrightarrow 2HX$$

　　其反应有所差异（X_2 与 H_2）：

　　① 速率差别：F_2 在黑暗处就会发生爆炸；Cl_2 在光照或者明火的条件下发生爆炸；Br_2、I_2 则要在加热和催化剂两者同时存在的情况下发生爆炸。

　　② 平衡常数不同：从 F_2 到 I_2 的平衡常数 $K^{\ominus}$ 值逐渐减小，1000℃时与 H_2 反应完成程度分别为：

　　F_2　100%　Cl_2　99.8%　Br_2　99.5%　I_2　1.67%

(3) 卤素单质与水及碱的反应

① 氧化水的反应　反应通式为：

$$X_2 + H_2O \longrightarrow \frac{1}{2}O_2 + 2HX$$

X_2 能否氧化水取决于 $E^{\ominus}(X_2/X^-)$ 是否大于 $E^{\ominus}(O_2/H_2O)$。

酸性 $E^{\ominus}(O_2/H_2O) = 1.229V$，中性 $E^{\ominus}(O_2/H_2O) = 0.816V$，碱性 $E^{\ominus}(O_2/H_2O) = 0.401V$；$E^{\ominus}(F_2/F^-) = 2.87V$，$E^{\ominus}(Cl_2/Cl^-) = 1.36V$，$E^{\ominus}(Br_2/Br^-) = 1.07V$，$E^{\ominus}(I_2/I^-) = 0.54V$。

由上述数据可看出，从 F_2 到 I_2 的 $E^{\ominus}$ 逐渐减小。F_2 与水反应的趋势最大，反应也很猛烈（甚至有少量臭氧放出）：$F_2 + H_2O \longrightarrow \frac{1}{2}O_2 + 2HF$。

Br_2 在中性条件下能进行，I_2 在碱性条件下虽可进行，但此时 I_2 已歧化。从热力学角度来看，氯和溴虽然可以氧化水，但反应需要的活化能较高，实际反应速率很慢，所以氯和溴与水进行的反应往往是歧化反应。

② 与水的歧化反应　反应通式为：

$$X_2 + HOH \rightleftharpoons HX + HXO \text{(氟除外)}$$

对 F_2，通常只能进行置换反应。对 Cl_2、Br_2、I_2，反应是可逆的，298K 时平衡常数分别为 4.2×10^{-4}、7.2×10^{-9} 和 2.0×10^{-13}。可见，从 Cl_2 到 I_2 反应程度愈来愈小，氯水中有相当浓度的 HClO（但也只有 1% 左右，故氯水主要是 Cl_2 的水溶液），溴和碘在纯水中几乎不发生歧化反应。歧化反应进行程度与溶液的 pH 值有很大关系，加酸能抑制卤素的水解，加碱则促进水解，同时生成卤化物和次卤酸盐或卤酸盐。

③ 与强碱的歧化反应　由元素电势图可知，除 F_2 外卤素在碱溶液中的歧化反应趋势都很大：

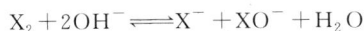

$$X_2 + 2OH^- \rightleftharpoons X^- + XO^- + H_2O$$

298K 时 Cl_2、Br_2、I_2 发生歧化反应的平衡常数分别为 3.5×10^{15}、2×10^8 和 30。但 XO^- 在碱溶液中会进一步歧化：

$$3XO^- \rightleftharpoons 2X^- + XO_3^-$$

ClO^-、BrO^- 和 IO^- 歧化反应的平衡常数分别为 10^{27}、10^{15} 和 10^{20}。但动力学因素对反应影响也很大。如在低于室温时，ClO^- 歧化速率很慢，而当温度升高到 348K 左右时，歧化速率大大地加快；所以 Cl_2 在冷碱中歧化产物为 Cl^- 和 ClO^-，而在热碱中产物则为 Cl^- 和 ClO_3^-。卤素在碱液中的歧化反应为：

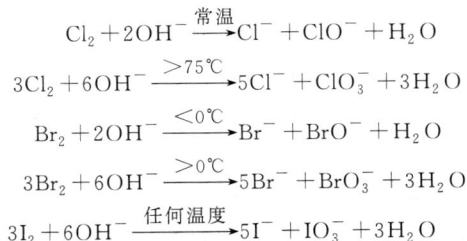

$$Cl_2 + 2OH^- \xrightarrow{\text{常温}} Cl^- + ClO^- + H_2O$$

$$3Cl_2 + 6OH^- \xrightarrow{>75℃} 5Cl^- + ClO_3^- + 3H_2O$$

$$Br_2 + 2OH^- \xrightarrow{<0℃} Br^- + BrO^- + H_2O$$

$$3Br_2 + 6OH^- \xrightarrow{>0℃} 5Br^- + BrO_3^- + 3H_2O$$

$$3I_2 + 6OH^- \xrightarrow{\text{任何温度}} 5I^- + IO_3^- + 3H_2O$$

保存液溴时，上面可放一些稀酸液，以防液溴挥发或歧化。

④ 卤素单质的其他反应　卤素互化物：

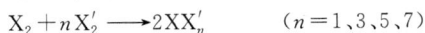

$$X_2 + nX_2' \longrightarrow 2XX_n' \qquad (n = 1、3、5、7)$$

X 代表电负性较小的卤素，X′代表电负性较大的卤素。n 随电负性差值的增大而增加（如 IF_7、BrF_5、ClF_3、$BrCl$ 等）。

氧化具有还原性的物质，如卤素间的置换反应等。

$$Cl_2 + 2Br^- \longrightarrow Br_2 + 2Cl^-$$

$$Br_2 + 2I^- \longrightarrow I_2 + 2Br^-$$

$$X_2 + H_2S \longrightarrow S\downarrow + 2HX$$

$$4Cl_2 + S_2O_3^{2-} + 5H_2O \longrightarrow 2SO_4^{2-} + 8Cl^- + 10H^+$$

8.1.3　卤化氢和氢卤酸的性质

（1）卤化氢的性质

卤化氢是具有强烈刺激性气味的无色气体，极易溶于水，在空气中会"冒白烟"，这是因为它们易与空气中的水蒸气结合形成酸雾。溶液呈酸性，其中氟化氢的毒性最大。

① 热稳定性　在卤化氢中，热稳定性的强弱与 H—X 共价键的强弱成正比，而 H—X 共价键的强弱与卤原子的电负性有着密切的关系。由于是单键，氢原子与卤原子的电负性差越大，键能就越大，卤化氢的热稳定性也越强，由强到弱的顺序为 HF＞HCl＞HBr＞HI。

② 熔点、沸点　卤化氢的熔点、沸点随着分子量的增加而按 HCl、HBr、HI 的顺序升高，这是因为它们分子间作用力依次增大。但 HF 却很反常，它的熔点、沸点和汽化热都特别高。这是因为氟原子的半径比较小，电负性大，HF 在气态、液态和固态时分子之间存在氢键，形成缔合，而其他卤化氢分子中并没有这种明显的缔合作用。

卤化氢的性质如表 8-3 所示。

表 8-3　卤化氢的性质

性质	HF	HCl	HBr	HI
分子量	20.226	36.461	80.912	127.913
熔点/K	189.61	158.94	186.28	222.36
沸点/K	292.67	188.11	206.43	237.80
$\Delta_f H_m^{\ominus}$/kJ·mol^{-1}	−271	−92.30	−36.4	26.5
$\Delta_f G_m^{\ominus}$/kJ·mol^{-1}	−273	−95.4	−53.6	1.72
在 1273K 时的分解率/%	很小	0.0014	0.5	33
气态分子偶极矩/10^{-3}C·m	6.37	3.57	2.67	1.40
键长/pm	91.8	127.4	141.4	160.9
键能/kJ·mol^{-1}	561	428	362	295
汽化热/kJ·mol^{-1}	30.31	16.12	17.62	19.77
水合热/kJ·mol^{-1}	−48.14	−17.58	−20.93	−23.02
在水中溶解度/g(100g 水,273K)	完全混溶	45.15	68.85	~71
氢卤酸表观解离度/%(0.1mol·L^{-1})	10	92.6	93.5	95

（2）氢卤酸的性质

除了氢氟酸是弱酸外，其他的氢卤酸都是强酸，并按照 HCl、HBr、HI 的顺序酸性依次增强。

氢氟酸除了具有上述在酸性和熔、沸点上的特殊性外，氢氟酸和氟化氢都能与 SiO_2 和硅酸盐（玻璃的主要成分）反应生成易挥发的 SiF_4 气体，而其他的氢卤酸都没有这种性质，因此不能用玻璃容器或陶瓷容器存放氢氟酸，一般存放在铅制或塑料的容器中。

氢氟酸或氟化物对人体有严重的烧伤作用，并具有毒性。值得注意的是，当氢氟酸或氟化物接触皮肤后并不会马上感到疼痛（可能是麻醉作用），当感到疼痛时，已造成难以治愈的创伤。所以操作时，必须事先检查橡胶手套是否完整无破损。万一溅到皮肤上，应立即用大量水冲洗，再用 5%NaHCO$_3$ 溶液或 1%氨水冲洗，然后涂上新配置的 20%的 MgO 甘油悬液。

根据氢氟酸对玻璃的腐蚀作用，其被广泛应用于玻璃工艺中用来刻蚀玻璃。

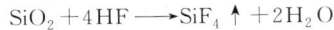

$$SiO_2 + 4HF \longrightarrow SiF_4 \uparrow + 2H_2O$$

8.1.4　卤化物的性质

卤化物指卤素与电负性较小的元素形成的化合物。几乎所有的金属和非金属都能形成卤化物，范围广泛，性质各异，较常见的卤化物分布在各相关元素的章节中讨论，此处只概述其性质的规律性。

（1）键型与熔点、沸点

卤素与 IA、ⅡA 和 ⅢB 族的绝大多数金属元素都能形成离子型卤化物；卤素与非金属则形成共价型卤化物。其他金属的卤化物则属于过渡键型。

离子型卤化物一般都具有较高的熔点和沸点，其熔融体或水溶液能导电。共价型卤化物的熔、沸点较低，熔融后不导电，能溶于非极性溶剂。但是，这两种类型的卤化物并没有严格的界限。同一金属不同氧化态的卤化物，以高氧化态的共价性较为显著，熔点、沸点比较低，挥发性比较强，见表 8-4。

表 8-4　几种金属卤化物的熔点、沸点

卤化物	SnCl$_2$	SnCl$_4$	PbCl$_2$	PbCl$_4$	SbCl$_3$	SbCl$_5$
熔点/℃	246.8	−33	501	−15	73	3.5
沸点/℃	623	114.1	950	105	223.5	79

同一金属不同卤素的卤化物，由于卤素的电负性按 F、Cl、Br、I 的顺序依次减小，且变形依次增大，所以其键型由离子型逐渐过渡到共价型，晶体类型由离子晶体过渡到分子晶体，熔点、沸点也依次降低。表 8-5 的数据说明了这种变化趋势。

表 8-5　卤化铝的性质及结构

卤化铝	AlF$_3$	AlCl$_3$	AlBr$_3$	AlI$_3$
熔点/℃	1040	193(加压)	97.5	191
沸点/℃	1200	183(升华)	268	382
键型	离子键	过渡型	共价型	共价型
晶型	离子晶体	过渡型晶体	分子晶体	分子晶体

表 8-5 中，AlI$_3$ 的熔点、沸点高于 AlBr$_3$ 的，这是因为它们虽同属分子晶体，但 AlI$_3$ 具有较大的分子量和体积，分子间的色散力较强。

（2）热稳定性

卤化物的热稳定性差别很大，一般说来，金属卤化物的热稳定性比非金属卤化物明显要高；比较同一元素的卤化物，它们的热稳定性按 F、Cl、Br、I 的顺序依次降低。如，PF$_5$ 稳定而难分解，PCl$_5$ 加热至 300℃可分解为 PCl$_3$ 和 Cl$_2$，PBr$_5$ 熔融时才开始分解，PI$_5$ 尚未制得。卤化物的热稳定性一般可用其生成热的大小来估计。

（3）溶解性和水解性

多数金属卤化物易溶于水，常见的氯化物中难溶的只有 AgI、Hg$_2$Cl$_2$、PbCl$_2$、CuCl 和 CuI。除碱金属卤化物外，大多数金属卤化物在溶解于水的同时，都会发生不同程度的水解，金属离子的碱性越弱，其水解程度越大。

$$SnCl_2 + H_2O \longrightarrow Sn(OH)Cl + HCl$$
$$SbCl_3 + H_2O \longrightarrow SbOCl + HCl$$

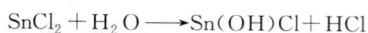

非金属卤化物，除 CCl_4 和 SF_6 等少数难溶于水之外，大多数遇水即强烈水解，生成相应的含氧酸和氢卤酸。例如：

$$PCl_3 + 3H_2O \longrightarrow H_3PO_3 + 3HCl$$
$$SiCl_4 + 3H_2O \longrightarrow H_2SiO_3 + 4HCl$$

（4）配位性

卤素离子能与多数金属离子形成配合物，例如 $[AlF_6]^{3-}$、$[FeF_6]^{3-}$、$[HgI_4]^{2-}$。它们多易溶于水，常用于难溶盐溶解和金属离子的掩蔽或检出。例如：

$$PbCl_2 + 2Cl^- \longrightarrow [PbCl_4]^{2-}$$
$$Fe^{3+} + 6F^- \longrightarrow [FeF_6]^{3-}$$

8.1.5　卤素的含氧酸及其盐

卤素的含氧化合物大多是不稳定的，其中最不稳定的是氧化物，其次是含氧酸，比较稳定的是含氧酸盐。除氟外，卤素在其含氧化合物中显正氧化态。表 8-6 是卤素的几种含氧酸，本节讨论氯的含氧酸及其盐。

表 8-6　卤素的含氧酸

名称	卤素氧化值	氯	溴	碘
次卤酸	+1	HClO	HBrO	HIO
亚卤酸	+3	$HClO_2$	$HBrO_2$	—
卤酸	+5	$HClO_3$	$HBrO_3$	HIO_3
高卤酸	+7	$HClO_4$	$HBrO_4$	H_5IO_6，HIO_4

在这些酸中，除了碘酸和高碘酸能得到比较稳定的固体结晶外，其余都不稳定，且大都只能存在于水溶液中。但它们的盐比较稳定，并得到了普遍应用。卤素含氧酸及其盐最突出的性质是氧化性。此外，歧化反应也是常见的。在讨论这些性质变化规律时，元素电势图具有实用意义，较大的电极电势表明卤素的含氧酸都是强氧化剂。

（1）次氯酸及其盐

Cl_2 与水作用生成次氯酸和盐酸，可看成是氯气分子和水分子相互交换成分的反应。

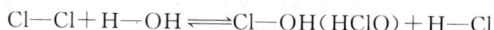

$$Cl-Cl + H-OH \Longrightarrow Cl-OH(HClO) + H-Cl$$

由于 Cl_2 在水中溶解度不大，反应又有强酸生成，而 HClO 又是极弱的酸，所以反应不完全，如往氯水中加入能与盐酸作用的物质，像新沉淀的 HgO 或碳酸盐，则能制得较纯的次氯酸水溶液。

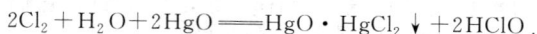

$$2Cl_2 + H_2O + 2HgO \Longrightarrow HgO \cdot HgCl_2 \downarrow + 2HClO$$
$$2Cl_2 + H_2O + CaCO_3 \Longrightarrow CaCl_2 + CO_2 \uparrow + 2HClO$$

HClO 不是很稳定，至今尚未制得纯态。其浓溶液呈黄色，稀溶液为无色，有刺鼻的气味。在水溶液中会逐渐分解，同时发生歧化反应：

分解反应：

$$2HClO \longrightarrow 2HCl + O_2 \uparrow$$
$$2HClO \xrightarrow{\text{脱水剂}} Cl_2O + H_2O$$

歧化反应：

$$3HClO \xrightarrow{\triangle} 2HCl + HClO_3$$

由图 8-1 元素电势图可见，HClO 比 Cl_2 有更强的氧化性，故氯水的漂白和杀菌能力比氯气更强。但是 Cl_2 在水中的溶解度不大，且氯水稳定性较差，运输、储存困难，因此氯水的实用价值不太大。如果将氯气通入冷的碱溶液中，则歧化反应进行得很彻底：

$$Cl_2 + 2NaOH \longrightarrow NaClO + NaCl + H_2O$$

常温下平衡常数为 7.5×10^{15}，可获得高浓度的 ClO^-，而且 $NaClO$ 的稳定性远高于 $HClO$。$NaClO$ 是黄色固体，工业上常用做漂白剂，但用氯和消石灰作用制取漂白粉成本更低：

$$Cl_2 + 3Ca(OH)_2 + H_2O \xrightarrow{<40℃} Ca(ClO)_2 \cdot 2H_2O + CaCl_2 \cdot Ca(OH)_2 \cdot H_2O$$

漂白粉是 $Ca(ClO)_2 \cdot 2H_2O$ 和 $CaCl_2 \cdot Ca(OH)_2 \cdot H_2O$ 的混合物，有效成分是 $Ca(ClO)_2$，约含有效氯 35%。将漂白粉分离提纯，可得到高效漂白粉（又称漂白粉精），主要成分仍是 $Ca(ClO)_2 \cdot 2H_2O$，其中的有效氯可高达 60%～70%。

漂白粉广泛用于纺织漂染、造纸等工业中，也是常用的廉价消毒剂。因其易水解，且 CO_2 会使其分解，所以保存时不要暴露在空气中。使用时注意不要与易燃物（即还原剂）混合，否则可能引起爆炸；因为漂白粉有毒，不能吸入体内，否则会引起鼻喉疼痛，甚至全身中毒。

（2）氯酸及其盐

氯酸 $HClO_3$ 是强酸，其强度与 HCl 和 HNO_3 接近。$HClO_3$ 虽比 $HClO$ 或 $HClO_2$ 稳定，但也只能在溶液中存在。当进行蒸发浓缩时，控制浓度不要超过 40%。若进一步浓缩，则会有爆炸危险。$HClO_3$ 也是一种强氧化剂，但氧化能力不如 $HClO_2$ 和 $HClO$。

$KClO_3$ 是最重要的氯酸盐，为无色透明结晶，它比 $HClO_3$ 稳定。$KClO_3$ 在碱性或中性溶液中氧化作用很弱，在酸性溶液中则为强氧化剂。

$$ClO_3^- + 6I^- + 6H^+ \Longrightarrow Cl^- + 3I_2 + 3H_2O$$

在有催化剂（如 MnO_2、CuO）存在时，$KClO_3$ 加热至 300℃ 左右就会放出氧：

$$2KClO_3 \xrightarrow{催化剂,△} 2KCl + 3O_2\uparrow$$

若无催化剂，高温时歧化成 $KClO_4$ 和 KCl：

$$4KClO_3 \xrightarrow{△} KCl + 3KClO_4$$

600℃ 以上，$KClO_4$ 分解，放出全部的氧：

$$KClO_4 \longrightarrow KCl + 2O_2\uparrow$$

固体 $KClO_3$ 是强氧化剂，与易燃物质（P、S、C 等）混合后，引爆或撞击会发生爆炸，常用来制作火柴、焰火及炸药等。$NaClO_3$ 易吸潮，一般不用它制作焰火、炸药。$KClO_3$ 有毒，内服 2～3g 就会致命。

目前工业上制备 $KClO_3$ 以电解法为主。如氯碱工业的电解，但电解反应是在无隔膜的电解槽中进行的，初级产物与电解法制烧碱相似。即阳极区产生 Cl_2（不放出）；阴极区产生 H_2（放出）和 $NaOH$。这里由于阴、阳极间并无隔膜并且彼此靠近，Cl_2 进一步和 $NaOH$ 作用而歧化分解成为 $NaClO_3$ 和 $NaCl$，后者又作为原料进行电解，反应式为：

$$2NaCl + 2H_2O \xrightarrow{电解} Cl_2 + H_2\uparrow + 2NaOH$$

$$3Cl_2 + 6NaOH \longrightarrow NaClO_3 + 5NaCl + 3H_2O$$

在制得的 $NaClO_3$ 溶液中加入 KCl，降温时溶解度较小的 $KClO_3$ 即结晶析出：

$$NaClO_3 + KCl \longrightarrow KClO_3\downarrow + NaCl$$

（3）高氯酸及其盐

将 $KClO_4$ 与浓 H_2SO_4 作用，减压蒸馏可得 $HClO_4$：

$$KClO_3 + H_2SO_4(浓) \xrightarrow{减压} KHSO_4 + HClO_4 \uparrow$$

温度要低于 365K，否则会爆炸。也可用 $Ba(ClO_4)_2$ 与浓 H_2SO_4 反应制取：

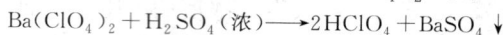

$$Ba(ClO_4)_2 + H_2SO_4(浓) \longrightarrow 2HClO_4 + BaSO_4 \downarrow$$

$HClO_4$ 是无色黏稠液体。浓度低于 60% 时热稳定性高，不易分解，是最稳定的氯的含氧酸。当浓度高于 60% 时则不稳定，易分解放氧：

$$4HClO_4(浓) \Longrightarrow 2Cl_2 \uparrow + 7O_2 \uparrow + 2H_2O$$

它的浓溶液是强氧化剂，与易被氧化的物质一起加热会发生爆炸。冷的稀溶液无明显氧化性。$HClO_4$ 是最强的无机酸之一，在水中完全解离。ClO_4^- 为正四面体构型，对称性高，因此要比 ClO_3^- 稳定得多。许多还原剂如 SO_2、S、HI、Zn 和 Al 等都不能使 $HClO_4$ 还原，但低价 Ti、Pt 等的化合物可使之还原。在浓溶液中，$HClO_4$ 以分子形式存在，表现出强氧化性。

高氯酸盐则比较稳定。$KClO_4$ 的热分解温度高于 $KClO_3$，因此曾把用 $KClO_4$ 制成的炸药叫"安全炸药"。现在出口的鞭炮、焰火多用 $KClO_4$ 代替 $KClO_3$。

高氯酸盐多是无色晶体，它们的溶解度颇为特殊。例如 K^+、Rb^+、Cs^+ 的硫酸盐和硝酸盐都是可溶的，而这些离子的高氯酸盐却难溶。基于此，分析化学中常用高氯酸定量测定 K^+、Rb^+、Cs^+。有些高氯酸盐有较强的水合作用，例如，无水 $Mg(ClO_4)_2$、$Ba(ClO_4)_2$ 有强的吸湿性，可用作干燥剂。

总之，氯的含氧酸及其盐都是较强的氧化剂，还原为 Cl_2 和 Cl^- 时其氧化能力一般随氧化态的增高而减弱。现将它们的酸性、氧化性和热稳定性的一般规律归纳如下：

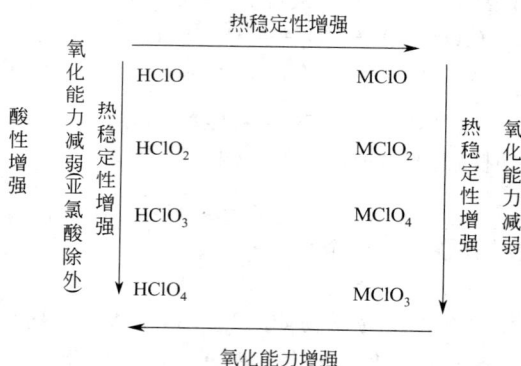

溴和碘的含氧酸及其盐有许多类似之处，但是规律性不如氯明显。

8.1.6 拟卤素

某些由非金属元素形成的原子团，它们能相互结合成分子和阴离子，这些物质与卤素的性质相似，故称为拟卤素或类卤素。重要的拟卤素见表 8-7。

表 8-7 拟卤素的性质

化合物	卤素 X_2	氰 $(CN)_2$ 无色气体	硫氰 $(SCN)_2$ 易挥发黄色液体	氧氰 $(OCN)_2$ 仅存在于溶液中
酸	氢卤酸	氢氰酸	硫氰酸，强酸	氰酸
盐	MX	MCN	MSCN	MOCN
毒性		剧毒	无毒	无毒

拟卤素与卤素性质的对比：

① 游离态通常为二聚体，易挥发，有氧化性；

② 氢化物溶于水皆形成相当强的酸（除氢氰酸 HCN 外）；

③ 金属拟卤化物大多数溶于水，但 Ag^+、Hg^{2+}、Pb^{2+} 盐难溶；

④ 在水或碱性溶液中易发生歧化作用；

⑤ 易成拟卤配离子，如 $Fe(NCS)^{2+}$、$Ag(CN)_2^-$ 等；

⑥ 拟卤离子具有还原性，与 X^- 比较还原能力强弱顺序为：

$$F^- \ll OCN^- < Cl^- < Br^- < CN^- < SCN^- < I^-$$

可与卤素发生置换反应，被用来制备拟卤素：

$$Pb(SCN)_2 + Br_2 = PbBr_2 + (SCN)_2$$

总之，拟卤素与卤素有许多相似的性质。下面讨论几种重要的拟卤化物。

（1）氢氰酸

氢氰酸（HCN）是无色透明的液体，易挥发，熔点 $-14℃$，沸点 $26℃$。有苦杏仁味，剧毒，在空气中的最高允许浓度为 $0.0003mg \cdot L^{-1}$。

HCN 是极弱的酸，与碱作用生成盐，故 HCN 气体可用碱液吸收而生成氰化物。HCN 有多种制法，其中之一是由 NaCN 与 H_2SO_4 作用制得：

$$2NaCN + H_2SO_4 \longrightarrow Na_2SO_4 + 2HCN$$

生成的 HCN 经冷凝并加入少量无机酸作稳定剂，即得市售品，含量在 90％ 以上。工业上，HCN 用作生产有机玻璃、合成橡胶、染料、合成碳纤维；在农药方面，制成的 HCN 蒸熏剂，是消灭柑橘树害虫的特效农药；也用于仓库、船舶的消毒；等等。

（2）氰化物

氢氰酸的盐称为氰化物。碱金属和碱土金属的氰化物易溶于水，常用的氰化物有氰化钠（NaCN）和氰化钾（KCN）。它们都是易潮解的白色晶体，因水解而呈强碱性：

$$CN^- + H_2O \Longrightarrow HCN + 2OH^-$$

NaCN、KCN 及所有氰化物都易与酸（包括一些弱酸）作用。

氰离子最重要的化学性质是配位作用。铁、锌、镉、铜、银等过渡金属在氧的作用下能溶解在 NaCN 或 KCN 溶液中，形成稳定的配离子，例如，$[Fe(CN)_6]^{4-}$、$[Hg(CN)_4]^{2-}$ 等。基于此，NaCN 和 KCN 广泛地用在从矿物中提取金或银。例如：

$$4Au + 8NaCN + O_2 + 2H_2O \longrightarrow 4NaAu(CN)_2 + 4NaOH$$

NaCN 和 KCN 除用于提取金、银和浮选矿物外，还大量用在电镀、钢的热处理以及医药、染料等工业方面。氰化物的毒性极强（0.1g 即可使人致死），且毒性发作快，$3 \sim 5min$ 即会致死，因此使用时必须有严格的安全措施，用过的设备和工具都要用 $KMnO_4$ 溶液洗至红色不消失，然后再用大量水冲洗。

（3）硫氰化物

常见的硫氰化物有硫氰酸铵 NH_4SCN，硫氰酸钾 KSCN 和硫氰酸钠 NaSCN，它们都是常用的分析试剂。硫氰酸根离子 SCN^- 与许多金属离子能形成配合物，它既可用 S 原子也可用 N 原子上的孤对电子作为电子给予体。用 S 原子上的孤对电子作为电子给予体时称硫氰根，书写时 S 原子靠近中心离子（SCN^-），用 N 原子上的孤对电子作为电子给予体时称异硫氰根，书写时 N 原子靠近中心离子，（NCS^-）与 Fe^{3+} 反应生成血红色的配离子：

$$Fe^{3+} + xSCN^- \longrightarrow [Fe(NSC)_x]^{3-x} \quad (x=1\sim6)$$

SCN^- 浓度越大，颜色越深，可用目视比色法或分光光度计检验 Fe^{3+} 的浓度。

【阅读资料】

碘在人体中的作用

碘，虽然在人体中只需要 20～50 毫克，只有一汤匙之多，却与人们的生命息息相关。人体内 70%～80% 的碘集中于甲状腺体，是构成甲状腺激素的重要成分，其余分布在循环血液中。甲状腺激素能调节人体的能量代谢及氧的磷酸化过程，参与三大产热营养素的合成与分解过程，促进机体的生长与发育。

科学家在研究中发现，碘是人体内所必需的微量元素，它具有促进生长发育、维持新陈代谢、介入蛋白质合成的作用，并且是调节能量代谢和活化 100 多种酶等重要生理功能的主要组成成分。碘的生理功能其实就是甲状腺素的生理功能。

人们俗称的"大脖子病"是一种碘缺乏病。一般情况下，甲状腺组织根据身体对甲状腺激素的需求而运作，当身体对甲状腺激素的需求量增加时，甲状腺滤泡细胞就处于活跃状态，胶质减少，上皮细胞变大。碘缺乏时，由于合成甲状腺激素的原材料不足，甲状腺激素的合成较少。这时候控制甲状腺的下丘脑垂体，开始分泌出甲状腺激素来督促甲状腺细胞活跃起来，满足身体对甲状腺激素的需求。于是，甲状腺细胞开始增生、变大，长此以往就形成了浮肿的"大脖子"。

事情都是过犹不及的，碘过量会引起甲状腺功能的减退。碘过量虽然并不能使体内碘含量成倍增加，但是，如果高碘状态持续存在，为了保护机体免受损伤，钠-碘运体（NIS）将持续处于较低水平，大量的碘不能使用，最终随尿液排出。一段时间后，甲状腺组织中碘含量减少了，甲状腺激素也减少了。这时候，为了维持甲状腺的正常运行，机体又上调 NIS 的含量，增加碘的供给。于是，身体在自我调节与高碘抑制作用的反复出现中，最终发生异常，从而造成甲状腺损伤，引起高碘甲状腺肿大等不良反应。

中国人懂得缺啥吃啥，吃啥补啥，于是大规模的补碘政策过后，到了 2000 年，碘缺乏疾病得到了基本的控制。可令人奇怪的是，曾经的碘缺乏地区出现了一系列的补碘并发症。这是否与食用加碘盐有关呢？现在尚无定论，不过医学界普遍认为，补碘确实会带来一些副作用，对于长期缺碘的甲状腺细胞来说，突如其来的碘，不是救星，而是杀手。国际上公认的碘研究成果显示，碘的摄入量与甲状腺疾病的关系呈 U 字形的关系，碘摄入量过高与过低都会导致甲状腺疾病的增加。世界卫生组织认为，人群尿碘水平在 100～200μg/L 是碘营养最适宜状态，这一状态下，碘缺乏病和高碘疾病的发病率是最低的。

碘是每日摄入量以微克计量的元素，人们对其态度从一个极端走向另一个极端。究竟哪些人不应该吃加碘盐，这是个复杂的问题。

① 非缺碘地区的居民不需食用加碘盐。像山东菏泽地区的一些县，属于高碘地区，已经取消了强制补碘；还有以海鲜为主食的渔民，日摄入海鱼 750 克以上的，就不需要再补碘了。

② 甲亢患者不要食用碘盐，因为补碘会增加甲状腺激素的合成，加剧病情。甲状腺炎患者不要食用碘盐，补碘会加重炎症症状。

③ 甲状腺瘤患者，关于甲状腺癌和碘营养水平的关系，目前的医学研究尚不明确。因此甲状腺癌患者在食用碘盐与否的问题上更要慎重，结合病情，听从医嘱为上。

④ 其他甲状腺疾病患者，通常认为，只有甲状腺肿大患者需要补碘，但实际上缺碘和碘过量都能诱发甲状腺疾病，所以还是需要结合病情和自身的碘营养状况，在医生的指导下做出选择。

⑤ 患有甲状腺疾病的孕妇和哺乳期妇女，这是个棘手的问题，碘营养水平与婴幼儿的智力发展水平关系密切，需要结合个体情况遵从医嘱，或采取单独对哺乳期婴幼儿补碘的方法。

碘可以防核辐射吗？

碘不能"防"核辐射，但可以减少对放射性碘的吸收。依据美国疾病预防和控制中心资料，碘化钾在保护人们免受放射性碘-131 的伤害方面有着很重要的作用。但是，它也仅仅只能对甲状腺起到保护作用，对身体的其他部位则是完全无能为力。

那么，碘化钾是如何起作用的呢？核电站的核裂变反应中，U-235 裂变后放出多种放射性原子，碘-131 是其中的一种放射性物质，也是 2011 年 3 月日本核泄漏事件释放的有害物质之一。它有可能通过呼吸或者受污染的食品、水进入人体。我们的甲状腺会将人体摄入的碘元素都集中到它那儿去，再用碘来合成人体必需的甲状腺激素。这样，放射性的碘-131 也就被富集到甲状腺那里了。碘-131 进一步衰变所释放的 β 射线会造成甲状腺的损伤。如果是高剂量的接触，会导致急性的甲状腺炎；慢性和延迟效应则包括甲状腺机能减退、甲状腺结节和甲状腺癌的发生。苏联曾经发生过类似的情况。如果增大非放射性碘的量，放射性碘元素的吸收比例就会减小，一旦甲状腺"吃饱"了非放射性碘，在接下来的 24 个小时里就不会再吸收碘了，无论是放射性的还是非放射性的。在此情况下，进入人体的放射性碘-131 虽然没有进入到甲状腺内，对甲状腺的伤害减小了，但还是会产生一定的损害，不过相比之下，伤害会小一些。

碘化钾不能使人们免受其他放射性物质的伤害，例如铯-137，这次日本核泄漏的另一种主要的放射性元素。碘化钾也不能阻止放射性物质进入到我们的体内，伤害我们其他的器官，例如呼吸摄入放射性物质首先接触到的肺。它同样不能阻止已经被吸收进入甲状腺的放射性碘-131 对甲状腺的伤害。所以，日本计划实施的分发碘片是针对放射性碘-131 的，也仅仅只能是针对放射性碘-131。

8.2　氧、硫、硒及其化合物

周期表中第ⅥA族包括氧、硫、硒、碲、钋五种元素，也称为氧族元素，其中硒、碲是稀有元素，钋是放射性元素。本节重点讨论氧、硫、硒及其化合物。

8.2.1　氧族元素的通性

氧族元素原子最外层电子构型为 ns^2np^4，有获得 2 个电子成为 -2 氧化态的倾向，表现出较强的非金属性。它们的原子半径、离子半径、电离能、电负性等变化趋势与卤素相似（表 8-8），但结合两个电子不像卤素结合一个电子那么容易，因此非金属性弱于同周期卤素。氧和硫是典型的非金属。硒和碲是准金属，而钋为金属。

氧在本族元素中原子半径最小，电离能最大（仅次于 F），表现出特殊性，其性质与卤素更接近。氧是活泼的非金属元素，能和大多数金属元素形成二元离子型化合物，一般显 -2 氧化态。从氧到硫过渡，原子半径、电负性等有突跃，所以 S、Se、Te 和电负性较大的元素结合时形成共价化合物，且外层空 nd 轨道可参与成键，呈现 +2、+4、+6 等氧化态。

表 8-8　氧族元素原子的一些基本性质

元素	O	S	Se	Te
原子序数	8	16	34	52
原子量	16.00	32.07	78.96	127.6
外围电子构型	$2s^22p^4$	$3s^23p^4$	$4s^24p^4$	$5s^25p^4$
常见氧化态	$-2,-1,0$	$-2,0,+4,+6$	$-2,0,+4,+6$	$-2,0,+4,+6$
原子共价半径/pm	66	104	117	137
X^{2-} 离子半径/pm	140	184	198	221
$I_1/kJ \cdot mol^{-1}$	1314	1000	941	869
$Y_1/kJ \cdot mol^{-1}$	-141	-200	-195	-190
电负性（鲍林值）	3.44	2.58	2.55	2.1
单键解离能/$kJ \cdot mol^{-1}$	213	268	193	138

从氧族元素的电势图（图 8-2）可知，氧的 $E^\ominus$ 是较大的正值，氧化性较强。而硫、硒、碲的 $E^\ominus$ 值较小，甚至是负值，其氧化性递减；氧、硫、硒、碲的 -2 氧化态离子（R^{2-}）的还原性递增。

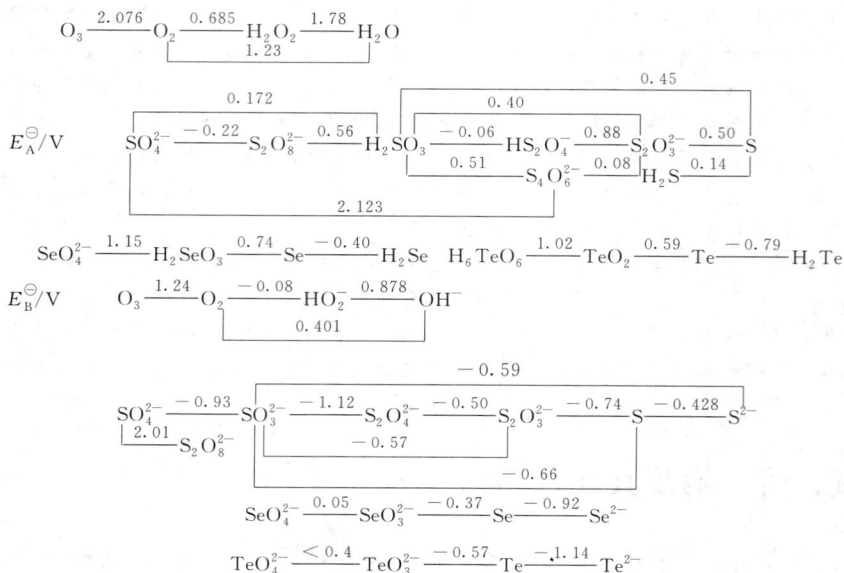

$$O_3 \xrightarrow{2.076} O_2 \xrightarrow[1.23]{0.685} H_2O_2 \xrightarrow{1.78} H_2O$$

$$E_A^\ominus/V$$

$$SO_4^{2-} \xrightarrow[\ \ \ ]{0.172} S_2O_8^{2-}$$

$$SO_4^{2-} \xrightarrow{-0.22} S_2O_8^{2-} \xrightarrow{0.56} H_2SO_3 \xrightarrow[0.51]{-0.06} HS_2O_4^- \xrightarrow{0.88} S_2O_3^{2-} \xrightarrow{0.50} S$$

其中 0.40、0.45 上接横线，$S_4O_6^{2-}$ $\xrightarrow{0.08}$ $H_2S \xrightarrow{0.14}$，下方 2.123

$$SeO_4^{2-} \xrightarrow{1.15} H_2SeO_3 \xrightarrow{0.74} Se \xrightarrow{-0.40} H_2Se \quad H_6TeO_6 \xrightarrow{1.02} TeO_2 \xrightarrow{0.59} Te \xrightarrow{-0.79} H_2Te$$

$$E_B^\ominus/V \quad O_3 \xrightarrow{1.24} O_2 \xrightarrow[0.401]{-0.08} HO_2^- \xrightarrow{0.878} OH^-$$

$$SO_4^{2-} \xrightarrow{-0.93} SO_3^{2-} \xrightarrow{-1.12} S_2O_4^{2-} \xrightarrow{-0.50} S_2O_3^{2-} \xrightarrow{-0.74} S \xrightarrow{-0.428} S^{2-}$$

$$S_2O_8^{2-} \xrightarrow{2.01}$$

其中上方 -0.59，下方 -0.57、-0.66

$$SeO_4^{2-} \xrightarrow{0.05} SeO_3^{2-} \xrightarrow{-0.37} Se \xrightarrow{-0.92} Se^{2-}$$

$$TeO_4^{2-} \xrightarrow{<0.4} TeO_3^{2-} \xrightarrow{-0.57} Te \xrightarrow{-1.14} Te^{2-}$$

图 8-2　氧族元素的电势图

8.2.2　氧及其化合物

（1）氧与氧分子、离子

氧是无色无臭的气体，在 $90K$ 时凝为淡蓝色液氧，进一步冷却到 $54K$ 时可凝成淡蓝色固体。工业上制取氧气多用分离液态空气或电解水的方法，前者可以得到纯度为 99.5% 的液氧，以 $15MPa$ 的压力压入钢瓶。氧气钢瓶的颜色为蓝色。实验室常用 $KClO_3$ 或 $KMnO_4$ 等含氧化合物的热分解法制备氧气。

O_2 是非极性分子，常温常压下 $1L$ 水可溶解 $49mL$ 氧气。这是水中生物赖以生存的基础。如果江、湖水系污染日益严重，水中溶氧量下降，将导致水体质量下降。氧气不仅能维系生命的存在，同时又是生命的杀手。呼吸时，吸入的氧气中 98% 被正常利用，2% 被转化为氧自由基，如超氧自由基 $O_2^- \cdot$。氧气在参与生命活动的同时也会产生氧自由基，从而引起细胞损伤，导致衰老和患病。因此，氧并不是多多益善。

当人在海滨、瀑布和喷泉等处或在 $2000\sim3000m$ 的高山上，顿时会觉得空气格外的新鲜，这是由于在这些地方含有较丰富的负氧离子，据测定一般可达到 $2000\sim5000$ 个$/cm^3$。而根据大量研究结果表明，负氧离子对中枢神经系统会产生较大的影响，能促进人体的新陈代谢，使血沉变慢，肝、肾、脑等组织氧化过程加快，从而具有镇定安神、止咳平喘、降低血压、消除疲劳等功效。近些年来，负氧离子在医疗和保健方面得到了广泛的应用并收到了很好的效果，受到普遍的重视。产生负氧离子的仪器称为负氧离子发生器，它的工作原理是将污浊的空气经过滤网去尘并由风机抽入，然后送入有高压电场的极栅中（电子云区），使其产生高浓度的负氧离子，经加速电场从窗口送出，使其成为含有丰富负氧离子的新鲜空气。

（2）臭氧

臭氧是浅蓝色气体，因它有特殊的鱼腥臭味，故名臭氧。O_3 是 O_2 的同素异形体。空气中放电，例如雷击、闪电、电焊，甚至使用复印机时，都会有部分氧气转变成臭氧，而且人们能嗅到臭氧的臭味。距离地面 $20\sim40km$ 的高空处，存在较多的臭氧，称为臭氧层。O_3 是由太阳紫外辐射引发 O_2 分子解离后形成的 O 原子与 O_2 分子作用形成的：

$$O_2 \xrightarrow{h\nu} 2O$$
$$O+O_2 \Longrightarrow O_3$$

生成的 O_3 在紫外辐射的作用下能重新分解为 O 和 O_2，如此，可以保证 O_3 在臭氧层的平衡，此过程消耗了 95% 的太阳辐射到地球上的紫外线，避免了大部分太阳紫外线到达地球表面，减弱了它对地球生物的伤害。

在平常条件下，O_3 能氧化许多不活泼的单质如 Hg、Ag、S 等，而 O_2 则不能。例如，在臭氧的作用下，润湿的硫黄能被氧化成 H_2SO_4：

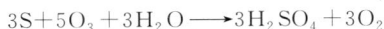

$$3S+5O_3+3H_2O \longrightarrow 3H_2SO_4+3O_2$$

金属银被氧化成黑色的过氧化银：

$$2Ag+2O_3 \longrightarrow Ag_2O_2+2O_2$$

碘遇淀粉呈蓝色，因此浸过 KI 的淀粉试纸可用来检验臭氧：

$$2KI+O_3+H_2O \longrightarrow I_2+O_2+2KOH$$

臭氧可由对氧气无声放电作用而制得，这是一个吸热反应：

$$3O_2 \xrightarrow{放电} 2O_3; \quad \Delta_r H_m^\ominus = 285.3kJ \cdot mol^{-1}$$

基于臭氧的强氧化性，可用作纸浆、棉麻、油脂、面粉等的漂白剂，饮水的消毒剂以及废水、废气的净化，例如将工业废水中的有害成分酚、苯、硫、醇和异戊二烯等变为无害的物质。在化工制备上，用臭氧氧化代替催化氧化和高温氧化，能简化工艺流程，提高产率。近年，臭氧还被用于洗涤衣物，将臭氧发生器产生的 O_3 导入洗衣机的水桶，可以提高水对污渍的去除与溶解，起到杀菌、除臭、节省洗涤剂和减少污水的作用。医学上可以利用臭氧的强杀菌能力用作杀菌剂（见图 8-3）。在空气中，含少量 O_3 可使人兴奋。作为强氧化剂，臭氧几乎能与任何生物组织反应，因此臭氧对于人体和各种动植物都是有害的，浓度达 $1mg/L$ 人将会感到疲劳、头痛、气短和胸痛。

图 8-3 臭氧杀菌示意图

（3）过氧化氢

过氧化氢 H_2O_2，俗称双氧水。纯品是无色黏稠液体，能和水以任意比例混合。市售品有 30％和 3％两种规格。

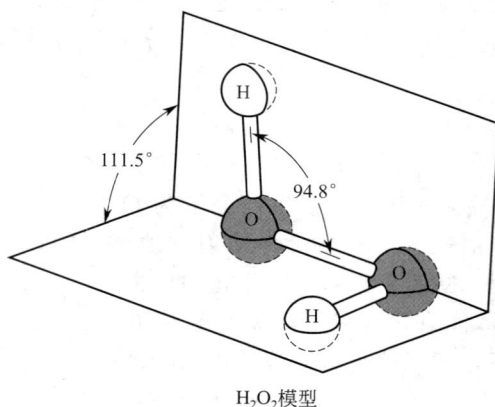

H_2O_2 模型

图 8-4　过氧化氢的分子结构

H_2O_2 的结构如图 8-4 所示，中间部分的—O—O—称为过氧键。2 个 H 原子和 O 原子并非在同一平面上，而是具有立体结构，像一本翻开的书。H_2O_2 分子间由于存在氢键而有缔合作用，其缔合程度大于水，约是水的 1.5 倍。H_2O_2 的主要性质如下：

① 热稳定性差　H_2O_2 中过氧键—O—O—的键能较小，不稳定，可按下式分解（此反应室温下不明显，150℃以上猛烈进行）：

$$2H_2O_2 \longrightarrow H_2O + O_2；\quad \Delta_r H_m^{\ominus} = -196 \text{kJ} \cdot \text{mol}^{-1}$$

浓度高于 65％的 H_2O_2 和有机物接触时，容易发生爆炸。在光照、加热或碱性溶液中会加速分解，故常用棕色瓶储存，放置阴凉处。微量的 Mn^{2+}、Cr^{3+}、Fe^{3+}、Fe^{2+}、MnO_2 等对 H_2O_2 的分解有催化作用，所以在 H_2O_2 的生产中需尽量防止这些重金属离子，特别是 Fe^{2+} 的污染。然而也有一些物质，如微量锡酸钠、焦磷酸钠或 8-羟基喹啉等能与这些重金属离子配位，减少溶液中这些离子的浓度，增加它的稳定性，被用作稳定剂。

② 弱酸性　H_2O_2 是极弱的酸：

$$H_2O_2 \Longleftrightarrow H^+ + HO_2^-$$

$K_1^{\ominus} = 2.2 \times 10^{-12}$（25℃），$K_2^{\ominus}$ 更小，约为 10^{-25}。

H_2O_2 可与碱反应而生成盐（过氧化物）。例如：

$$H_2O_2 + Ca(OH)_2 \longrightarrow CaO_2 + 2H_2O$$

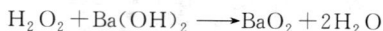

$$H_2O_2 + Ba(OH)_2 \longrightarrow BaO_2 + 2H_2O$$

在工业上，CaO_2 和 BaO_2 就利用上述反应制得，它们可以看成是 H_2O_2 的盐。

③ 氧化性和还原性　H_2O_2 中氧的氧化值为 -1，这种中间氧化态预示着它既具有氧化性又具有还原性。其还原产物和氧化产物分别为 H_2O（或 OH^-）和 O_2，因此不会给介质带入杂质，是一种较理想的氧化剂或还原剂。氧的元素电势如图 8-2 所示。

从元素电势图看，无论哪种介质，$E^{\ominus}$（右）都远大于 $E^{\ominus}$（左），故 H_2O_2 歧化的趋势很大，但因歧化反应速率很小，因此温度不高时，高浓度的 H_2O_2 甚至纯态都还能稳定存在。$E_A^{\ominus}$（H_2O_2/H_2O）$=1.776V$，酸性介质中，H_2O_2 为较强的氧化剂。由于它的还原产物是水，不会造成环境污染，所以人们把过氧化氢称为"绿色氧化剂"，主要用作漂白剂，用于漂白纸浆、织物、皮革、油脂以及合成物等。化工生产上用于制取过氧化物、药物等。

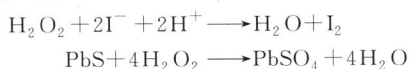

$$H_2O_2+2I^-+2H^+ \longrightarrow H_2O+I_2$$
$$PbS+4H_2O_2 \longrightarrow PbSO_4+4H_2O$$

前一反应可定量和定性检测 I^- 浓度，后一反应可用于油画的漂白。

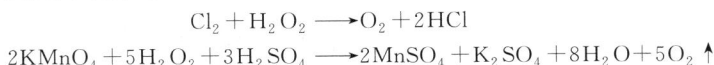

$$Cl_2+H_2O_2 \longrightarrow O_2+2HCl$$
$$2KMnO_4+5H_2O_2+3H_2SO_4 \longrightarrow 2MnSO_4+K_2SO_4+8H_2O+5O_2\uparrow$$

前一反应工业上常用于除氯，后一反应用来测定 H_2O_2 的含量。

8.2.3　硫及其化合物

8.2.3.1　单质硫

硫的同素异形体常见的有 3 种：斜方硫（菱形硫）、单斜硫和弹性硫。天然硫即斜方硫，为柠檬黄色固体（图 8-5），它在 95.5℃ 以上逐渐转变为颜色较深的单斜硫：

$$S（菱形）（>368K）\Longleftrightarrow S（单斜）\quad \Delta_r H_m^{\ominus}=0.898kJ \cdot mol^{-1}$$

斜方硫和单斜硫都是分子晶体，且每个分子都是由 8 个 S 原子组成的环状结构。由于 S_8 分子间只有微弱的范德华力，故这两种硫的熔点都比较低。它们都不溶于水，而易溶于 CS_2 和 CCl_4 等有机溶剂。

硫的化学性质与氧比较，氧化性较弱，较不活泼。但在一定条件下也能与许多金属和非金属作用，形成硫化物。例如：

图 8-5　硫黄矿石

$$2Al+3S \xrightarrow{\triangle} Al_2S_3$$
$$C+2S \xrightarrow{\triangle} CS_2$$

硫还能与热的浓 H_2SO_4 和 HNO_3 反应（表现出还原性）：

$$S+2H_2SO_4（浓）\xrightarrow{\triangle} 3SO_2\uparrow +2H_2O$$
$$S+2HNO_3（浓）\xrightarrow{\triangle} H_2SO_4+2NO\uparrow$$

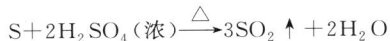

在碱性溶液中也可发生歧化反应：

$$3S+6NaOH \xrightarrow{\triangle} 2Na_2S+Na_2SO_3+3H_2O$$

单质硫可从天然矿得。把含有天然硫的矿石隔绝空气加热，可把硫熔化使其和砂石等杂质分开。也可用黄铁矿和焦炭混合燃烧（有限空气）制取。

$$3FeS_2+12C+8O_2 \xrightarrow{燃烧} Fe_3O_4+12CO+6S$$

在高含硫原油和天然气中，通过适度催化，氧化回收硫黄现已成为硫黄制取的一个重要来源。

单质硫主要来制备 H_2SO_4，常用于硫化橡胶、造纸、漂染等工业，烟火制造中也广泛应用。医药上用以制硫黄软膏，治疗某些皮肤病。

8.2.3.2　硫化氢和硫化物

（1）硫化氢

H_2S 是无色有臭鸡蛋味的气体，当空气中含有十万分之一的 H_2S 时，就能明显地觉察到这种臭味。H_2S 有剧毒，但人们对它的毒性往往估计不足。因为它有麻醉中枢神经的作用，吸入后引起头疼、晕眩，大量吸入会严重中毒，甚至死亡。近年来多次发生在沼气池和城市下水道中工作人员 H_2S 中毒而身亡。所以按规定，操作岗位上必须有两人，以防不测时相互救援。工业生产场所规定空气中的 H_2S 含量不得超过 $0.01mg \cdot L^{-1}$。

H_2S 的分子结构与 H_2O 相似，呈 V 形，也是一个极性分子，但其极性比 H_2O 弱，熔点（$-85.5℃$）和沸点（$-60.7℃$）比水低得多。它不如水稳定，$400℃$ 就开始分解。

合成 H_2S 的硫化物一般有 FeS 和 Na_2S，可用的酸有 HCl 和稀 H_2SO_4。反应的通式为：

$$S^{2-} + 2H^+ \longrightarrow H_2S$$

FeS 和 Na_2S 对比，前者反应较慢，产生的 H_2S 气流平稳；后者快，气流大，且还能避免引入杂质铁。Na_2S 比 FeS 价廉，工业上常选用 Na_2S，实验室中则多用 FeS。HCl 和稀 H_2SO_4 对比，前者反应快，被普遍采用，但如需反应平稳进行，尤其要避免 Cl^- 引入时，则以稀 H_2SO_4 为宜。

由于 H_2S 的毒性，分析化学上常用硫代乙酰胺 CH_3CSNH_2 代替 H_2S 水溶液，5％的硫代乙酰胺水溶液可水解产生 H_2S 和 S^{2-}，使用简便、干净：

$$CH_3CSNH_2 + 2H_2O \longrightarrow CH_3COO^- + NH_4^+ + H_2S\uparrow$$

$$CH_3CSNH_2 + 3OH^- \longrightarrow CH_3COO^- + NH_3 + H_2O + S^{2-}$$

H_2S 能溶于水，$20℃$ 时 1 体积水能溶解 2.6 体积的 H_2S，相当于 $0.1mol \cdot L^{-1}$。完全干燥的 H_2S 气体是很稳定的，不易和空气中的 O_2 作用。但是其水溶液的稳定性却显著下降，在空气中很快析出游离硫，而使溶液变浑浊：

$$2H_2S + O_2 \longrightarrow 2S\downarrow + 2H_2O$$

所以工作中使用的 H_2S 溶液，必须现用现配。

在酸碱平衡一章中已讲到，H_2S 的水溶液氢硫酸是二元弱酸，溶液中 S^{2-} 的浓度与 H^+ 浓度有如下关系：

$$K_{a1}^{\ominus}(H_2S)K_{a2}^{\ominus}(H_2S) = \frac{c^2(H^+)c(S^{2-})}{c(H_2S)}$$

$$c(S^{2-}) = \frac{K_{a1}^{\ominus}(H_2S)K_{a2}^{\ominus}(H_2S)c(H_2S)}{c^2(H^+)}$$

上式表明，氢硫酸溶液中 S^{2-} 浓度的大小，在很大程度上取决于溶液的酸度。在酸性溶液中通入 H_2S，它只能供给极低浓度的 S^{2-}。但在碱性溶液中，则可供给较高浓度的 S^{2-}。金属硫化物在水中的溶解度差异甚大，通过 H^+ 的浓度改变对 S^{2-} 浓度的控制作用，可以达到多种金属硫化物的分级沉淀，使不同金属离子得以分离。

H_2S 中 S 的氧化态 -2 已达到最低，因此具有还原性。它在空气中燃烧时火焰呈蓝色：

$$2H_2S + 3O_2（空气足量）\xrightarrow{\text{燃烧}} 2SO_2 + 2H_2O$$

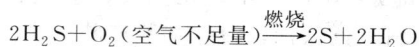

$$2H_2S + O_2（空气不足量）\xrightarrow{\text{燃烧}} 2S + 2H_2O$$

许多氧化剂能氧化 H_2S，如 Cl_2、Br_2、I_2、浓 H_2SO_4 等。

$$Br_2 + H_2S \longrightarrow S + 2HBr$$

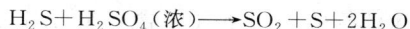

$$H_2S + H_2SO_4（浓）\longrightarrow SO_2 + S + 2H_2O$$

H_2S 能和 Ag 作用，生成黑色 Ag_2S，此处 Ag 是还原剂，因为生成了稳定的 Ag_2S。

（2）硫化物

非金属硫化物在应用方面不是很重要，本节只讨论金属硫化物。常见的金属硫化物不下 20 种，它们有广泛的用途。Na_2S 在工业上称为硫化碱，价格比较便宜，常代替 NaOH 作为碱使用，是生产硫化染料的重要原料。Ca、Sr、Ba、Zn、Cd 等的硫化物，以及硒化物、氧化物，都是很好的发光材料（需要某些微量重金属离子作激活剂），广泛用于夜光仪表和黑白、彩色电视中。CdS 和 ZnS 还作为换能器材料用在微声技术中。其他硫化物如 BaS，CaS，PbS，CdS 和 HgS 等在颜料、染料、农药、医药、焰火、橡胶及半导体工业等方面各有应用。

下面对硫化物的性质进行概述：

① 颜色　许多硫化物具有特殊的颜色（见表 8-9），同一种硫化物，由于制备时的工艺条件不同，也可能有不同的颜色。这与硫化物的结构、颗粒大小以及存在的某种微量杂质等因素有关。

② 溶解性　金属硫化物的溶解情况差别很大，根据水溶、酸溶的情况大致可以将它们分为三类，表 8-9 列出了常见金属硫化物的颜色和溶解性。

表 8-9　常见金属硫化物的颜色和溶解性

溶于水的硫化物			不溶于水而溶于稀酸的硫化物			不溶于水和稀酸的硫化物		
化学式	颜色	$K_{sp}^{\ominus}$	化学式	颜色	$K_{sp}^{\ominus}$	化学式	颜色	$K_{sp}^{\ominus}$
Na_2S	白	—	MnS	肉红	4.7×10^{-14}	SnS_2	深棕	2.5×10^{-27}
K_2S	白	—	FeS	黑	1.6×10^{-19}	CdS	黄	8.0×10^{-27}
BaS	白	—	NiS(α)	黑	3.0×10^{-19}	PbS	黑	8.0×10^{-28}
			CoS(α)	黑	4.0×10^{-21}	CuS	黑	6.3×10^{-36}
			ZnS	白	2.5×10^{-22}	Ag_2S	黑	6.3×10^{-50}
						HgS	黑	1.6×10^{-52}

硫化物在酸中的溶解情况与其溶度积的大小有关。以 MS 型硫化物为例，若要令其溶解，必须使 $[c(M^{2+}) \cdot c(S^{2-})] < K_{sp}^{\ominus}$，要降低 S^{2-} 或 M^{2+} 的浓度。使 S^{2-} 浓度降低的办法有两种：一是提高溶液的酸度，抑制 H_2S 的解离；二是采用氧化剂，将 S^{2-} 氧化。降低 M^{2+} 浓度的办法是加入配位剂与 M^{2+} 配合。对于溶度积较大（$K_{sp}^{\ominus} > 10^{-24}$）的硫化物，可用提高溶液酸度的办法降低 S^{2-} 的浓度，使之溶解。例如：

$$FeS + 2H^+ \longrightarrow Fe^{2+} + H_2S\uparrow$$

对于溶度积较小（$10^{-25} \sim 10^{-32}$）的硫化物，仍可使用提高酸度（即加浓 HCl）的方法，高浓度的 H^+ 能使 S^{2-} 的浓度显著降低；高浓度的 Cl^- 又使金属离子 M^{2+} 形成配离子，双管齐下，从而使硫化物溶解。

例如：

$$PbS + 2H^+ + 4Cl^- \longrightarrow [PbCl_4]^{2-} + H_2S\uparrow$$

对于溶度积更小的硫化物（如 CuS、Ag_2S 等），利用浓 HCl 降低 S^{2-} 和 M^{2+} 浓度的办法已不能满足要求，所以需要用 HNO_3 将 S^{2-} 氧化，从而使其溶解：

$$3CuS + 8HNO_3 \longrightarrow 3Cu(NO_3)_2 + 3S\downarrow + 2NO\uparrow + 4H_2O$$

溶度积极小的 HgS 等只能溶于王水。王水是浓 HNO_3 与浓 HCl 以体积之比为 1:3 的混合溶液，用它溶解难溶硫化物，王水不仅提供了 H^+ 离子和氧化剂，还提供了配位剂，因此被称作"三效试剂"（即酸效应、氧化效应和配位效应）。它与 HgS 作用，可以使系统中 S^{2-} 和 Hg^{2+} 的浓度大大降低，HgS 便得以溶解：

$$3HgS + 12HCl + 2HNO_3 \longrightarrow 3[HgCl_4]^{2-} + 6H^+ + 3S\downarrow + 2NO\uparrow + 4H_2O$$

HgS 除了能溶于王水，还能溶于 Na_2S 溶液，因为生成了配合物：

$$HgS + Na_2S \longrightarrow Na_2[HgS_2]$$

③ **水解性**　由于氢硫酸是弱酸，故所有硫化物都有不同程度的水解性。许多硫化物由于溶解度小，水解作用不引人注目。几种易溶于水的硫化物其水解反应颇为显著。例如，Na_2S 的水解：

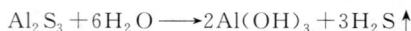

$$Na_2S + H_2O \Longrightarrow NaHS + NaOH$$

据计算，$0.1 mol \cdot L^{-1} Na_2S$ 溶液中的水解度为 95%，此溶液的 pH 值高达 13，超过相同浓 Na_2CO_3 溶液，这也是把 Na_2S 作为碱使用的原因。

Al_2S_3 遇水完全水解：

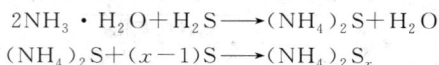

$$Al_2S_3 + 6H_2O \longrightarrow 2Al(OH)_3 + 3H_2S\uparrow$$

Cr_2S_3 的情况相同，因此，这类化合物只能用"干法"合成。

(3) 多硫化物

Na_2S 或 $(NH_4)_2S$ 溶液能溶解单质硫生成多硫化物溶液，一般呈黄色，随 S_x^{2-} 中 S 原子数的增加，颜色加深，有黄→橙→红色变化。

多硫化铵溶液的制备是于浓氨水溶液中通 H_2S 气体至饱和。然后加入细硫粉，放置 1～2 个昼夜，经常振荡，直到硫不再溶解为止。反应式为：

$$2NH_3 \cdot H_2O + H_2S \longrightarrow (NH_4)_2S + H_2O$$

$$(NH_4)_2S + (x-1)S \longrightarrow (NH_4)_2S_x$$

多硫离子具有链状结构，S 原子通过共用电子对连结成长链状：

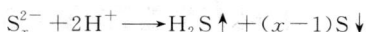

$$\left[\cdots S \begin{array}{c} S \\ \diagup \end{array} S \begin{array}{c} S \\ \diagup \end{array} S \cdots\right]^{2-}$$

因此多硫化物具有氧化性（弱于过氧化物），在反应中能提供活性硫，氧化 As（Ⅲ）、Sb（Ⅲ）、Sn（Ⅱ）的硫化物。例如，在碱性溶液中 SnS 能被 S_x^{2-} 氧化，生成硫代锡酸盐 SnS_3^{2-} 而溶解：

$$SnS + S_2^{2-} \longrightarrow SnS_3^{2-}$$

S_x^{2-} 在酸性溶液中会生成不稳定的多硫化氢 H_2S_x，易歧化分解为 H_2S 和 S：

$$S_x^{2-} + 2H^+ \longrightarrow H_2S\uparrow + (x-1)S\downarrow$$

多硫化物是分析化学常用的试剂：多硫化铵可用作分析试剂和杀虫剂；在制革工业中 Na_2S_2 是脱毛剂；农业上 CaS_2 是杀虫剂。

8.2.3.3　硫的含氧化合物和含氧酸

硫可以生成一系列的氧化物，其中最重要的是 SO_2 和 SO_3。硫的某些氧化物溶于水得到相应的酸，SO_2 和 SO_3 溶于水分别得到 H_2SO_3 和 H_2SO_4。此外，硫的含氧酸还有焦（亚）硫酸、连硫酸、过硫酸和硫代硫酸等。

(1) 二氧化硫和亚硫酸

SO_2 是无色气体，有强烈的刺激气味。容易液化，液化温度为 $-10℃$，在 0℃ 时液化压力仅需 193kPa。液态 SO_2 储存在钢瓶中备用，液态 SO_2 可用作致冷剂，能使系统的温度降至 $-50℃$。

SO_2 易溶于水，常温下 1L 水能溶解 40L SO_2，相当于 10% 的溶液。若加热可将溶解的 SO_2 完全赶出。SO_2 溶于水生成不稳定的亚硫酸（H_2SO_3），H_2SO_3 只能在水溶液中存在，游离态的 H_2SO_3 尚未制得。光谱实验证明，SO_2 和 H_2O 分子间存在较弱的结合，主要以 $SO_2 \cdot xH_2O$ 形式存在。H_2SO_3 是二元中强酸，分两步解离：

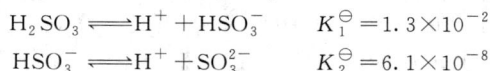

$$H_2SO_3 \Longrightarrow H^+ + HSO_3^- \qquad K_1^{\ominus} = 1.3 \times 10^{-2}$$

$$HSO_3^- \Longrightarrow H^+ + SO_3^{2-} \qquad K_2^{\ominus} = 6.1 \times 10^{-8}$$

因此，它能形成正盐和酸式盐，如 Na_2SO_3 和 $NaHSO_3$。亚硫酸氢盐一般溶于水，而其正盐只有碱金属和铵盐溶于水，其他金属盐均难溶于水，但都溶于强酸。

SO_2 和 H_2SO_3 中硫的氧化值为 $+4$，这是 S 的中间氧化态。它既有氧化性又有还原性，但以还原性为主。其电对的标准电极电势为：

酸性溶液：　　　$H_2SO_3 + 4H^+ + 4e^- \rightleftharpoons S + 3H_2O$　　　　　$E^\ominus = 0.45V$

　　　　　　　　$SO_4^{2-} + 4H^+ + 2e^- \rightleftharpoons H_2SO_3 + H_2O$　　　　$E^\ominus = 0.17V$

碱性溶液：　　　$SO_4^{2-} + H_2O + 2e^- \rightleftharpoons SO_3^{2-} + 2OH^-$　　　$E^\ominus = -0.93V$

SO_2 或 H_2SO_3，能将 MnO_4^-、Cl_2、Br_2 分别还原为 Mn^{2+}、Cl^- 和 Br^-，碱性或中性介质中，SO_3^{2-} 更易于氧化，其氧化产物一般都是 SO_4^{2-}：

$$2MnO_4^- + 5SO_3^{2-} + 6H^+ \longrightarrow 2Mn^{2+} + 5SO_4^{2-} + 3H_2O$$

$$Cl_2 + SO_3^{2-} + H_2O \longrightarrow 2Cl^- + SO_4^{2-} + 2H^+$$

后一反应在织物漂白工艺中，用作脱氯剂。

酸性介质中，与较强还原剂相遇时，SO_2 或 H_2SO_3 才能表现出氧化性，例如：

$$H_2SO_3 + 2H_2S \longrightarrow 3S\downarrow + 3H_2O$$

（2）硫酸及其盐

① 硫酸　H_2SO_4 分子间存在氢键，纯的浓 H_2SO_4 是无色透明的油状液体，沸点高。工业品因含杂质而浑浊或呈浅黄色。市售 H_2SO_4 有含量为 92% 和 98% 两种规格，密度分别为 $1.82g/cm^3$ 和 $1.84g/cm^3$（常温）。

由于有强烈的溶解热，浓 H_2SO_4 有强烈的吸水作用，同时放出大量的热，它不仅能吸收游离水，还能从含有 H 和 O 元素的有机物（如棉布、糖、油脂）中按 H_2O 的组成夺取水，这就是浓 H_2SO_4 的脱水性。浓 H_2SO_4 中硫酸以分子态存在，未解离的 H^+ 的强极化作用造成 H_2SO_4 中的 S—O 键不稳定，易断裂生成氧化性很强的 S（Ⅵ），故在加热的条件下，浓 H_2SO_4 有很强的氧化性。

② 硫酸盐　在硫的含氧酸盐中，以硫酸盐种类最多，常见的金属元素几乎都能形成硫酸盐。

a. 硫酸盐基本上为离子化合物，大多数易溶于水，只有锶、钡、铅硫酸盐难溶于水，钙、银硫酸盐微溶于水。硫酸盐易形成复盐，如 $K_2SO_4 \cdot Al_2(SO_4)_3 \cdot 24H_2O$（明矾）、$K_2SO_4 \cdot Cr_2(SO_4)_3 \cdot 24H_2O$（铬钾矾）等。大多数硫酸盐还含有结晶水，如 $CuSO_4 \cdot 5H_2O$、$MgSO_4 \cdot 7H_2O$、$ZnSO_4 \cdot 7H_2O$ 等，含结晶水的硫酸盐一般易溶于水。常见的酸式硫酸盐有 $KHSO_4$ 和 $NaHSO_4$，易溶于水，溶液显酸性。酸式硫酸盐脱水生成焦硫硫酸盐。

$$2NaHSO_4 \rightleftharpoons Na_2S_2O_7 + H_2O$$

b. 硫代硫酸中最常见的是硫代硫酸钠（$Na_2S_2O_3$），在沸腾的 Na_2SO_3 碱性溶液中加入硫黄粉，按下式反应便得 $Na_2S_2O_3$：

$$Na_2SO_3 + S \xrightarrow{\triangle} Na_2S_2O_3$$

$Na_2S_2O_3$ 在中性和碱性溶液中很稳定，在酸性溶液中由于生成不稳定的 $H_2S_2O_3$ 而分解：

$$S_2O_3^{2-} + 2H^+ \longrightarrow S\downarrow + SO_2\uparrow + H_2O$$

这是一个歧化反应，从下面的电势图看出 $E^\ominus(左) < E^\ominus(右)$，具备了歧化条件：

$$E_A^\ominus/V \quad H_2SO_3 \xrightarrow{+0.40} H_2S_2O_3 \xrightarrow{+0.50} S$$

$Na_2S_2O_3$ 还原 I_2 生成连四硫酸钠（$Na_2S_4O_6$）的反应是定量快速进行的：

$$2Na_2S_2O_3 + I_2 \longrightarrow Na_2S_4O_6 + 2NaI$$

它是定量测定碘的重要试剂，在分析化学上，用于碘量法测定。

8.2.4 硒及其化合物

硒是稀有的分散元素之一，以非晶态固体形式存在。硒的化学性质近似于硫。在室温下，硒在空气中燃烧产生蓝色火焰，生成二氧化硒（SeO_2），硒也能直接与一些金属和非金属反应，可溶于浓硫酸、硝酸和强碱中。

硒化氢（H_2Se）是无色气体，有难闻的恶臭，毒性较大。溶于水的硒化氢能使许多重金属离子沉淀为硒化物。硒化氢不稳定，较硫化氢更易分解。在潮湿的空气中遇氧可氧化成单质硒，如：

$$2H_2Se + O_2 \Longrightarrow 2H_2O + 2Se\downarrow$$

在与同族氢化物的热稳定性、还原性、酸性等方面比较中，热稳定性：$H_2O>$ $H_2S>H_2Se$；酸性：$H_2O<H_2S<H_2Se$；还原性：$H_2O<H_2S<H_2Se$；这些性质的递变，其主要原因与形成氢化物的共价键键长和元素的电负性差异有关。在二氧化硒（SeO_2）、亚硒酸（H_2SeO_3）及其盐中，二氧化硒易溶于水而形成亚硒酸。亚硒酸既具有氧化性又具有还原性，亚硒酸主要表现为氧化性，其氧化性比亚硫酸要强，可将亚硫酸氧化成硫酸。属中强氧化剂。

硒的六价化合物有硒酸（H_2SeO_4）及其盐类。硒酸和硫酸相似，但其氧化性高于硫酸，是较强的氧化剂。硒酸盐与硫酸盐不同的是其属于较强的氧化剂。

氧化性：$H_2SeO_3>H_2SO_3$；$H_2SeO_4>H_2SO_4$。

酸性：$H_2SeO_3>H_2SO_3$；$H_2SO_4>H_2SeO_4$。

硒和硒化物是重要的半导体材料，具有优良的光电性能。在电子工业、冶金工业、石油工业等方面有较多用途。

微量硒具有抗癌作用，同时还用于缺硒患者，以及克山病的防治。但过多使用则有害。

8.3 氮、磷、砷及其化合物

周期表第ⅤA族元素氮、磷、砷、锑和铋总称为氮族元素，氮和磷是非金属，砷和锑为准金属，而铋是金属，构成从非金属到金属的一个完整过渡。

8.3.1 氮族元素的通性

表 8-10 氮族元素的基本性质

元素	原子序数	原子量	外围电子构型	主要氧化态	原子半径/pm	离子半径		I_1 /kJ·mol^{-1}	Y_1 /kJ·mol^{-1}	电负性(X)	单键解离能/kJ·mol^{-1}
						M^{3-} /pm	M^{3+} /pm				
N	7	14.01	$2s^2 2p^3$	$-3\sim+5$	70	171	14	1403	-3.85	3.04	251
P	15	30.97	$3s^2 3p^3$	$-3,0,+1,+3,+5$	110	212	44	1012	-74	2.19	208
As	33	74.92	$4s^2 4p^3$	$-3,0,+3,+5$	121	222	58	946	-77	2.18	180
Sb	51	121.8	$5s^2 5p^3$	$(-3),0,+3,+5$	141	245	76	854	-101	2.05	142
Bi	83	209.0	$6s^2 6p^3$	$0,+3,+5$	152	—	96	703	-101	2.02	—

氮族元素的基本性质见表 8-10，其最外层电子构型为 $ns^2 np^3$，形成正氧化态的趋势较卤素和氧族元素明显。它们与电负性较大的元素相结合时，主要表现为 $+3$ 和

+5 氧化态，且自上而下随原子半径增大、电负性减小及成键能力减弱，+3 氧化态的稳定性增加，而 +5 氧化态的稳定性降低。因此，Bi 原子半径最大，形成 +3 氧化态的倾向最大，表现为较活泼的金属。

氮族元素在基态时原子都有半充满的 p 轨道，因而与同周期中左右元素相比有相对较高的电离能，它们的电负性又较大，易形成共价化合物是本族元素的特性。电负性较大的 N 和 P 可形成离子型 Mg_3N_2、Ca_3P_2 等固态物质，但 N^{3-} 和 P^{3-} 因半径大，所以易变形，在水溶液中能强烈水解。

8.3.2　氮的化合物

8.3.2.1　氨和铵盐

(1) 氨

氨是氮的重要化合物，主要用于化肥的生产，如 $(NH_4)_2SO_4$、NH_4NO_3、NH_4HCO_3、尿素等，氨的水溶液氨水也是一种化肥。几乎所有的含氮化合物都可由氨制取，大量的氨还用来生产 HNO_3。

工业上制氨是由氮气和氢气直接合成：

$$N_2(g)+3H_2(g)\Longrightarrow 2NH_3(g);\qquad \Delta_r H_m^\ominus =-92.38kJ\cdot mol^{-1}$$

氨的合成与 SO_2 和 O_2 合成 SO_3 相似，是一个体积缩小的放热反应。根据化学平衡原理，增加压力和降低温度对上述平衡的转化有利。但是增大压力，需要具有足够机械强度的设备，而且材质要不为氢气所穿透。另一方面，降低温度，不仅达不到所要求的反应速率，而且催化剂往往需要在一定的温度（活化温度）下才有较高的催化活性。所以，综合考虑的结果是，目前我国多采用中温、中压的催化合成法：

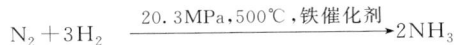

$$N_2+3H_2 \xrightarrow{20.3MPa,500℃,铁催化剂} 2NH_3$$

实验室需要少量的氨气时，常用碱分解铵盐制得。例如：

$$2NH_4Cl+Ca(OH)_2 \longrightarrow CaCl_2+2NH_3+2H_2O$$

氨是具有特殊刺激气味的无色气体。在常压下冷却到 −33℃，或 25℃ 加压到 990kPa，氨即凝聚为液体，称为液氨，储存在钢瓶中备用。必须注意，在使用液氨钢瓶时，减压阀及压力表不能用铜制品，要用不锈钢制品，因铜会迅速被氨腐蚀。液氨气化时，汽化热较高（23.35 $kJ\cdot mol^{-1}$），故氨可作致冷剂，但由于其具有刺激性气味和毒性，目前已逐渐被取代。

NH_3 分子呈三角锥形，分子中的正、负电荷中心不重合，为强极性分子，极易溶于水。常温下 1 体积 H_2O 能溶解 700 体积 NH_3。氨溶于水时放热，在制备氨水时，需同时冷却以利于吸收。氨溶于水后溶液体积显著增大，故氨水越浓，密度反而越小。市售氨水的密度约为 0.9g·cm^{-3}，含 NH_3 25%～28%。

与水类似，液氨也能发生微弱的自偶电离：

$$2NH_3(l)\Longrightarrow NH_4^+ + NH_2^- \qquad K^\ominus =1.9\times10^{-33}(223K)$$

因此液氨也是一种良好的溶剂。由于 NH_3 释放 H^+ 的倾向弱于水，其特点是它能溶解活泼金属生成深蓝色的溶液。这种金属液氨溶液导电能力强于任何电解质溶液，且和金属相近。如将新制的溶液小心蒸干，可得到原来的金属，目前认为在此溶液中生成了电子氨合物和金属离子：

$$Na+xNH_3(l)\Longrightarrow Na^+ +e(NH_3)_x^-$$

电子氨合物是溶液显蓝色的原因，也是溶液导电的根源。浓的碱金属液氨溶液是强还原剂，放置时缓慢地分解放出 H_2：

$$2M + 2NH_3 \rightleftharpoons 2M^+ + 2NH_2^- + H_2 \uparrow$$

从氨分子的结构，有三个 N—H 键和 N 上一对孤对电子，故氨的化学反应主要有以下三方面，孤对电子的配位、N—H 键的氧化和取代：

① 加合反应　从结构上看，氨分子中的氮原子上有孤对电子，倾向于与别的分子或离子形成配位键。例如，NH_3 与酸中的 H^+ 反应：

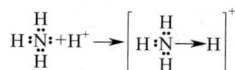

$$H:\overset{\displaystyle H}{\underset{\displaystyle H}{\overset{..}{N}}}: + H^+ \longrightarrow \left[H:\overset{\displaystyle H}{\underset{\displaystyle H}{N}} \rightarrow H \right]^+$$

NH_3 还能与许多金属离子加合成氨合离子，例如，$[Cu(NH_3)_4]^{2+}$、$[Ag(NH_3)_2]^+$ 等。

氨易溶于水，这和氨与水通过氢键形成氨的水合物有关。已确定的水合物有 $NH_3 \cdot H_2O$ 和 $2NH_3 \cdot 2H_2O$。氨溶于水后，在生成水合物的同时，发生部分解离而使氨水显碱性：

$$NH_3 + H_2O \rightleftharpoons NH_4^+ + OH^-$$

② 氧化反应　NH_3 分子中 N 的氧化值为 -3，处在最低氧化态，只具有还原性。NH_3 经催化氧化，可得到 NO，这是制硝酸的基础反应。

NH_3 很难在空气中燃烧，但能在纯氧中燃烧，呈黄色火焰，生成 N_2：

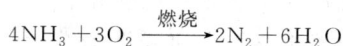

$$4NH_3 + 3O_2 \xrightarrow{\text{燃烧}} 2N_2 + 6H_2O$$

氨在空气中的爆炸极限体积分数为 16 %～27 %，氨气爆炸事故也曾发生，因此要注意防止明火。氨和氯或溴会发生强烈反应。用浓氨水检查氯气或液溴管道是否漏气，就利用了氨的还原性，反应式为：

$$3Cl_2 + 2NH_3 \longrightarrow N_2 + 6HCl$$

$$HCl + NH_3 \longrightarrow NH_4Cl(\text{白烟})$$

③ 取代反应　NH_3 遇活泼金属时，其中的 H 可被取代。例如，氨和金属钠生成氨基钠的反应（金属铁催化）：

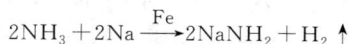

$$2NH_3 + 2Na \xrightarrow{Fe} 2NaNH_2 + H_2 \uparrow$$

除氨基（$-NH_2$）化合物外，还有亚氨基（$=NH$）和氮（$\equiv N$）化合物，如亚氨基银（Ag_2NH）和氮化锂（Li_3N）等。这类反应只能在液氨中进行。

（2）铵盐

铵盐多是无色晶体，易溶于水，有热稳定性低、易水解的特征。

① 热稳定性　铵盐热分解温度比碱金属盐明显要低。目前认为其分解过程是质子的传递过程，如 NH_4HCO_3。质子传递所需的活化能较小，所以分解温度较低。和 NH_4^+ 结合的阴离子的碱性愈强（即阴离子对应酸的酸性愈弱），得质子的能力就愈强，则铵盐愈易分解。因此弱酸的铵盐相对来说不如强酸的稳定，其分解产物取决于对应酸的特点。对应的酸有挥发性时，分解生成 NH_3 和相应的挥发性酸，对应的酸难挥发时，分解过程中只有 NH_3 挥发，而酸式盐或酸则残留在容器中，例如：

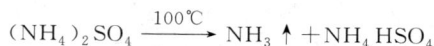

$$NH_4Cl \xrightarrow{\triangle} NH_3 \uparrow + HCl \uparrow$$

$$(NH_4)_2SO_4 \xrightarrow{100\text{℃}} NH_3 \uparrow + NH_4HSO_4$$

对应的酸有氧化性时，分解的同时 NH_4^+ 被氧化，生成 N_2、N_2O 等，例如：

$$NH_4NO_3 \xrightarrow{210\text{℃}} N_2O \uparrow + 2H_2O \uparrow$$

$$(NH_3)_2Cr_2O_7 \xrightarrow{150℃} N_2\uparrow + Cr_2O_3 + 4H_2O\uparrow$$

对于后一类铵盐，无论是制备、储存或是运输，都应格外小心，避免高温、撞击，以防爆炸。

② 水解性　由于组成铵盐的碱（$NH_3 \cdot H_2O$）是弱碱，故铵盐在溶液中都有不同程度的水解。若是由强酸根组成的铵盐，如 NH_4Cl、$(NH_4)_2SO_4$、NH_4NO_3 等，其水溶液显酸性：

$$NH_4^+ + H_2O \Longrightarrow NH_3 + H_3O^+$$

根据化学平衡移动原理，若在铵盐溶液中加入强碱并稍加热，上述平衡右移，即有氨气逸出。这一反应常用来鉴定 NH_4^+ 离子，也是从其溶液中分离出 NH_3 的有效方法。

另一些弱酸的铵盐如 $(NH_4)_2CO_3$、$(NH_4)_2S$，它们在溶液中会强烈水解，水解度高达 90%。

8.3.2.2　氮的含氧化合物

氮能和氧形成多种不同的化合物，如 N_2O、NO、N_2O_3、NO_2、N_2O_4、N_2O_5。其中以 NO 和 NO_2 最为重要。

① 一氧化氮　NO 具有顺磁性，其价电子数之和为 15。有未成对电子，为奇电子分子（价电子数为奇数的分子），通常分子是有颜色的，但气态 NO 是无色的。液态和固态的 NO 有时会显蓝色，这是由于含有微量的 N_2O_3。

NO 难溶于水又不与水反应，不助燃，常温下易被氧化成 NO_2，与卤素生成 NOX（$X=F$、Cl、Br）：

$$2NO + O_2 \longrightarrow 2NO_2 \qquad \Delta_r H_m^\ominus = -113kJ \cdot mol^{-1}$$
$$2NO + Cl_2 \longrightarrow 2NOCl$$

NO 是生产硝酸的中间产物，工业上用铂、铑催化氧化氨来制取。实验室用铜与稀硝酸反应来制备 NO。

② 二氧化氮　NO_2 是红棕色气体，具有特殊的臭味且有毒。NO_2 也是奇电子分子，易聚合成无色 N_2O_4，并于 21.15℃ 时完全转化成 N_2O_4，在 -9.3℃ 凝结成无色晶体。

$$2NO_2(g) \Longrightarrow N_2O_4(g)$$

当温度升高到 140℃ 时，N_2O_4 几乎全部分解为 NO_2，显深棕色。温度超过 150℃，NO_2 开始分解为 NO 和 O_2。

N_2O_4 是较强的氧化剂，已被广泛用作火箭燃料 N_2H_4 的氧化剂。氮的几种氧化物的结构及其性质如表 8-11 所示。

表 8-11　氮的氧化物结构及其性质

化学式	熔点/K	沸点/K	性状	结构
N_2O	182	184.5	无色气体,可助燃,无毒,曾作为麻醉剂	$:N—N—O:$ $N\overset{112pm}{}N\overset{119pm}{}O$ N 以 sp 杂化轨道成键
NO	109.5	121	无色气体,有顺磁性,易氧化	$:N—O:$ $N\overset{115pm}{}O$ N 以 sp 杂化轨道成键

化学式	熔点/K	沸点/K	性状	结构
N_2O_3	172.4	276.5（分解）	低温下的固体和液体为蓝色,极不稳定,室温下即分解为 NO 和 NO_2	
NO_2	181	294.5（分解）	红棕色气体,低温下聚合为 N_2O_4	N 以 sp^2 杂化轨道成键
N_2O_4	261.9	297.3	无色气体,极易解离为 NO_2	N 以 sp^2 杂化轨道成键
N_2O_5	305.6	（升华）	固体由 NO_2^+、NO_3^- 组成,无色,易潮解,极不稳定,强氧化剂	N 以 sp^2 杂化轨道成键

8.3.2.3　硝酸及硝酸盐

（1）硝酸的化学性质

① 酸性　HNO_3 是强酸,具有强酸的一切性质,能与氢氧化物、碱性及两性氧化物发生中和作用;能从弱酸盐中置换出弱酸等。

还须指出,由于 HNO_3 具有氧化性,当它与某些低氧化态的氧化物发生中和作用时,同时伴有氧化作用。例如:

$$3FeO+10HNO_3 \longrightarrow 3Fe(NO_3)_3+NO\uparrow+5H_2O$$

② 氧化性　在常见的无机酸中,HNO_3 的氧化性最为突出。浓硝酸能氧化 C、S、P、I_2 等非金属,例如:

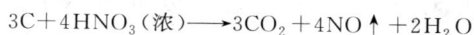

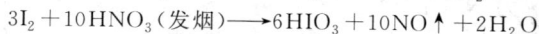

$$3C+4HNO_3（浓）\longrightarrow 3CO_2+4NO\uparrow+2H_2O$$

$$3I_2+10HNO_3（发烟）\longrightarrow 6HIO_3+10NO\uparrow+2H_2O$$

后一反应可用来制备碘酸。

HNO_3 和金属之间的反应颇为复杂,主要讨论以下两点:

在硝酸的还原产物中,HNO_3 与金属作用,可以有多种氧化态的还原产物:

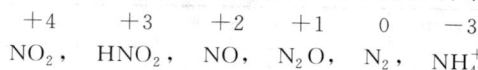

$$\overset{+4}{NO_2},\quad \overset{+3}{HNO_2},\quad \overset{+2}{NO},\quad \overset{+1}{N_2O},\quad \overset{0}{N_2},\quad \overset{-3}{NH_4^+}$$

HNO_3 的还原产物到底是哪一种,主要取决于 HNO_3 的浓度和金属的活泼性。一般来说,浓 HNO_3 的主要还原产物是 NO_2,稀 HNO_3 的为 NO,有的可一步还原成 N_2O、N_2 甚至是 NH_4^+。例如:

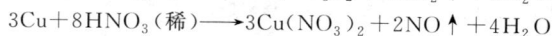

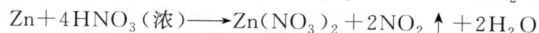

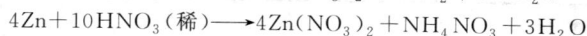

$$Cu+4HNO_3（浓）\longrightarrow Cu(NO_3)_2+2NO_2\uparrow+2H_2O$$

$$3Cu+8HNO_3（稀）\longrightarrow 3Cu(NO_3)_2+2NO\uparrow+4H_2O$$

$$Zn+4HNO_3（浓）\longrightarrow Zn(NO_3)_2+2NO_2\uparrow+2H_2O$$

$$4Zn+10HNO_3（稀）\longrightarrow 4Zn(NO_3)_2+NH_4NO_3+3H_2O$$

从氮的元素电势图（图 8-6）来看，HNO_3 被还原成任何一种产物的可能性都很大，其中以 N_2 最大。然而，N_2 在生成物中往往不是主要的，这是由于还原成 N_2 的反应速率较低。

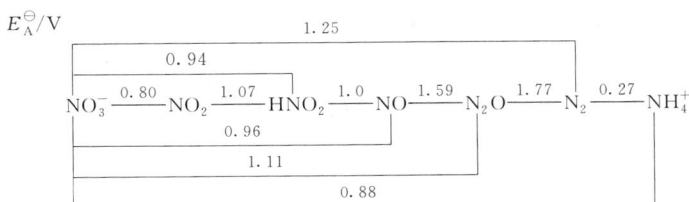

图 8-6　氮元素电势图

事实上，HNO_3 在与金属反应的过程中，很难保持浓度、温度等条件一致，所以还原产物往往并非一种，反应方程式只是说明了 HNO_3 被还原的主要产物。因此反应产物主要取决于酸的浓度和金属的活泼性。对同一金属而言，酸愈稀，被还原程度愈大，这可能与溶液中存在下列平衡有关：

$$3NO_2 + H_2O \Longrightarrow HNO_3 + NO$$

随 HNO_3 浓度增大，平衡左移，所以浓 HNO_3 被还原的主要产物为 NO_2；反之，在稀酸中，平衡右移，故最后产物主要是 NO。但当 HNO_3 浓度低于 $2\,mol \cdot L^{-1}$ 时，氧化能力很弱，只有 Mg 在反应开始时有 NO 从稀酸中释出。

Au、Pt 等贵金属不能被 HNO_3 溶解，只能溶于王水。

$$Au + HNO_3 + 4HCl \longrightarrow HAuCl_4 + NO\uparrow + 2H_2O$$
$$3Pt + 4HNO_3 + 18HCl \longrightarrow 3H_2PtCl_6 + 4NO\uparrow + 8H_2O$$

③ 硝化作用　硝酸除了具有氧化性以外，还能与有机化合物发生硝化反应。以硝基（—NO_2）取代有机化合物分子中的氢原子，生成硝基化合物。例如：

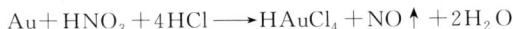
$$C_6H_6 + HNO_3 \xrightarrow{\ H_2SO_4\ } C_6H_5NO + H_2O$$

硝基化合物大多是黄色的。

（2）硝酸盐

多数硝酸盐为无色晶体，易溶于水。固体硝酸盐在常温下比较稳定，受热能分解。有些带结晶水的硝酸盐受热时先失去结晶水，同时熔化或水解，最后才分解。例如：

$Al(NO_3)_3 \cdot 9H_2O$，70℃熔化并失去 3 分子水，140℃生成碱式盐 $2Al_4(OH)_9(NO_3)_3 \cdot 9H_2O$，200℃生成 Al_2O_3。

$Bi(NO_3)_3 \cdot 5H_2O$，80℃时失去全部结晶水，同时水解成碱式盐，200℃分解并生成 Bi_2O_3。无水硝酸盐受热分解一般有以下三种形式：

① 活泼金属（比 Mg 活泼的碱金属和碱土金属，Mg、Li 除外）分解时放出 O_2，并生成亚硝酸盐：

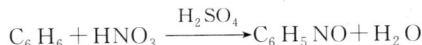
$$2NaNO_3 \xrightarrow{\triangle} 2NaNO_2 + O_2\uparrow$$

② 活泼性较小的金属（在金属活动顺序表中处在 Mg 与 Cu 之间，包括 Mg 与 Cu）的硝酸盐，分解时得到相应的氧化物、NO_2 和 O_2：

$$2Pb(NO_3)_2 \xrightarrow{\triangle} 2PbO + 4NO_2\uparrow + O_2\uparrow$$

③ 泼性更小的金属（活泼性比 Cu 差）的硝酸酸盐，则生成金属单质、NO_2 和 O_2：

$$2AgNO_3 \xrightarrow{\triangle} 2Ag + 2NO_2 \uparrow + O_2 \uparrow$$

实际上，硝酸盐分解都经历亚硝酸盐阶段，再经氧化物而分解为金属单质。由于金属的亚硝酸盐和氧化物的稳定性不同，所以最后产物也不同。如果阳离子有氧化还原性，分解时可能有进一步的反应，如：

$$4Fe(NO_3)_2 \xrightarrow{\triangle} 2Fe_2O_3 + 8NO_2 \uparrow + O_2 \uparrow$$

几乎所有的硝酸盐受热分解都有氧气放出，所以硝酸盐在高温下大都是供氧剂。它与可燃物混合在一起时，受热会迅猛燃烧甚至爆炸。基于这种性质，硝酸盐可以用来制造焰火及黑火药，储存、使用时需注意安全。

8.3.2.4　亚硝酸和亚硝酸盐

（1）亚硝酸（HNO_2）

亚硝酸是一种较弱的酸，$K^{\ominus} = 7.2 \times 10^{-4}$，它只能以冷的稀溶液存在，浓度稍大或微热立即分解：

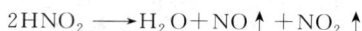

$$2HNO_2 \longrightarrow H_2O + NO \uparrow + NO_2 \uparrow$$

向 $NaNO_2$ 的冷溶液中加入硫酸，可得 HNO_2：

$$NaNO_2 + H_2SO_4 \xrightarrow{冷冻} HNO_2 + NaHSO_4$$

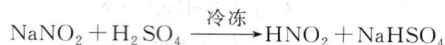

HNO_2 虽不稳定，但它的盐却相当稳定。$NaNO_2$ 和 KNO_2 是两种常用的盐，加热熔化也不分解。在工业上，生产 HNO_3 或硝酸盐时所排放的尾气中常含有 NO 和 NO_2，用碱液吸收就能得到亚硝酸盐。这种亚硝酸盐广泛用于偶氮染料、硝基化合物的制备，还用作媒染剂、漂白剂、金属热处理剂、缓蚀剂等，也是食品工业如鱼、肉加工的发色剂。必须注意，亚硝酸盐有毒，且是当今公认的致癌物之一。曾有人误食含有 $NaNO_2$ 的食盐，引起中毒死亡事件。蔬菜中含有较多的硝酸盐，如果在较高温度下存放时间过久，在细菌和酶的作用下，硝酸盐会被还原成亚硝酸盐，因此隔夜的剩菜不吃为好。同样，腌制时间不够长的咸菜，各类鱼、肉罐头等都不宜吃得过多。

（2）亚硝酸盐

亚硝酸盐中，N 的氧化值为 +3，处于 N 的中间氧化态，所以既有氧化性又有还原性。有关的电极电势值为：

$$HNO_2 + H^+ + e^- \longrightarrow NO + H_2O; E^{\ominus} = 1.00V$$
$$NO_3^- + H^+ + e^- \longrightarrow HNO_2 + H_2O; E^{\ominus} = 0.94V$$

可见，在酸性溶液中 HNO_2 以氧化性为主。例如，与 I^-、Fe^{2+} 的反应：

$$2I^- + 2HNO_2 + 2H^+ \longrightarrow I_2 + 2NO \uparrow + 2H_2O$$
$$Fe^{2+} + HNO_2 + H^+ \longrightarrow Fe^{3+} + NO \uparrow + H_2O$$

前一反应能定量进行，可用来测定亚硝酸盐的含量。当亚硝酸盐遇到了强氧化剂时，可被氧化成硝酸盐。例如：

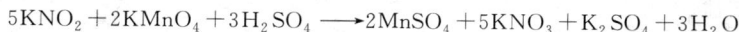

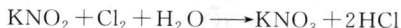

$$5KNO_2 + 2KMnO_4 + 3H_2SO_4 \longrightarrow 2MnSO_4 + 5KNO_3 + K_2SO_4 + 3H_2O$$
$$KNO_2 + Cl_2 + H_2O \longrightarrow KNO_3 + 2HCl$$

必须指出，固体亚硝酸盐与有机物接触，易引起燃烧和爆炸。

8.3.3　磷及其化合物

（1）单质磷

单质磷有多种同素异形体，常见的是白磷和红磷。白磷见光逐渐变为黄色。二者虽由同一元素构成，但性质差异很大，见表 8-12。

表 8-12　白磷和红磷性质的比较

白　　磷	红　　磷
白色或黄色透明蜡状固体,质软	暗红色固体
化学性质活泼	比较稳定
在空气中自燃(燃点为 40℃)	热至 400℃ 才能燃烧
暗处发光	不发光
需储存在水中	一般密闭保存
溶于 CS_2	不溶于 CS_2
剧毒(经口 0.1g 即可致死)	无毒
磷蒸气迅速冷却得白磷(价格较低)	白磷在高温下缓慢转化为红磷(价格较高)

　　白磷的分子式是 P_4，具有正四面体结构，4 个 P 原子位于 4 个顶点上（如图 8-7），白磷的键与键之间存在张力，$\angle PPP = 60°$，比纯 p 轨道间的夹角 $90°$ 要小，键是受了应力而弯曲的键，P—P 键键能很低，仅 $200kJ \cdot mol^{-1}$，很容易受外力而分开。这说明白磷在通常情况下，非常活泼。它和空气接触时发生缓慢的氧化作用，部分反应能量以光能的形式释放，这就是磷光现象。在空气中，当温度达到 313 K 时，白磷就会自燃。因此通常将白磷储存于水面下保存。它是非极性分子，不溶于水也不与水作用。

　　白磷与卤素单质的反应剧烈，在氯气中自燃遇液氯会发生爆炸；能被冷硝酸氧化，反应猛烈，生成磷酸；和热的浓碱溶液发生歧化反应生成次磷酸盐和磷化氢；能把铜、银、金等从它们的盐溶液中还原出来。由磷的元素电势图可知，白磷可发生歧化反应，但在酸或水中反应很慢，而在热的浓碱溶液中却很容易。

$$P_4 + 3NaOH + 3H_2O \xrightarrow{\triangle} PH_3 \uparrow + 3NaH_2PO_2$$

　　红磷的结构尚不清楚，有人认为红磷是由 P_4 分子断开一个键，并把许多对成对三角形连接起来而形成的长链状巨大分子所组成。红磷比白磷要稳定得多（图 8-7）。

(a) 白磷的结构　　　　　　　　　　(b) 白磷(黄磷)

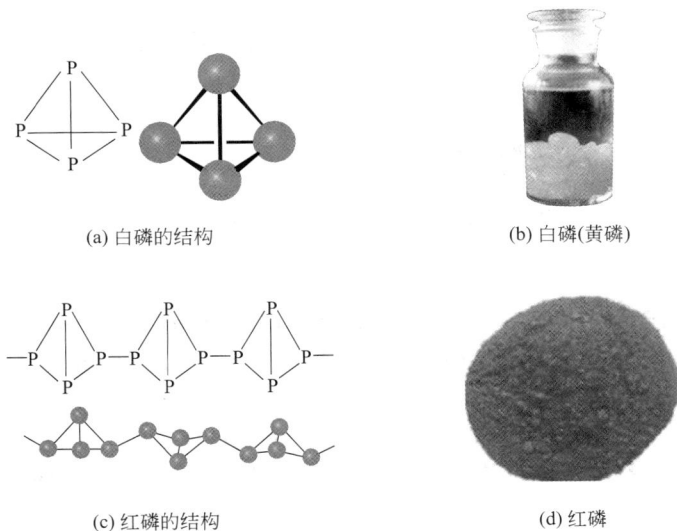

(c) 红磷的结构　　　　　　　　　　(d) 红磷

图 8-7　白磷和红磷

　　工业上制备单质磷是以磷矿石为原料，通常是将磷酸钙矿石、砂（SiO_2）和煤按一定比例混合在弧炉中熔烧而得：

$$2Ca_3(PO_4)_2+6SiO_2+10C \xrightarrow{>1300℃} 6CaSiO_3+10CO\uparrow+P_4\uparrow$$

　　将生成的磷蒸气 P_4（高于 800℃ 时，部分地分解成 P_2）导入水中，即凝结成白磷。

　　白磷是剧毒物质，在空气中允许量为 $0.1mg\cdot mL^{-3}$，吸入 0.15g 蒸气可致人死亡。不能用手拿白磷，若皮肤接触了白磷，可在接触处涂 $0.2mol\cdot L^{-1}CuSO_4$ 溶液。若不慎误服白磷，应立即饮一杯约含 0.25g 的 $CuSO_4$ 溶液，可解毒。

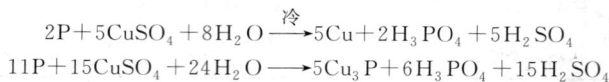

$$2P+5CuSO_4+8H_2O \xrightarrow{冷} 5Cu+2H_3PO_4+5H_2SO_4$$
$$11P+15CuSO_4+24H_2O \longrightarrow 5Cu_3P+6H_3PO_4+15H_2SO_4$$

　　单质磷的用途广泛，白磷主要用于制备纯度较高的 P_4O_{10}、H_3PO_4、PCl_3、$POCl_3$（三氯氧磷）、P_4S_{10}（供制备农药用）等。少量用于生产红磷，军事上用它制作磷燃烧弹、烟幕弹等。红磷是生产安全火柴和有机磷的主要原料。

　　P_4 四面体结构最为重要，磷的一系列化合物都是以它为结构基础而衍生的，磷是亲氧元素，P—O 键有较高的键能（$359.8kJ\cdot mol^{-1}$），使 $[PO_4]$ 四面体成为一个很稳定的结构单元，作为许多 P(V) 含氧化合物的结构基础。

（2）磷的氧化物

　　常见磷的氧化物有六氧化四磷和十氧化四磷（中学课本中称三氧化二磷和五氧化二磷），它们分别是磷在空气不足和充足的情况下燃烧后的产物，分子式是 P_4O_6 和 P_4O_{10}，其结构都与 P_4 的四面体结构有关（图 8-8），P_4 弯曲的 P—P 键受氧的进攻而断开，在每两个 P 之间嵌入一个 O 而形成稠环分子，先形成 P_4O_6。P_4O_6 中每个 P 上仍有一个孤对电子，可进一步与氧作用，形成 P_4O_{10}。

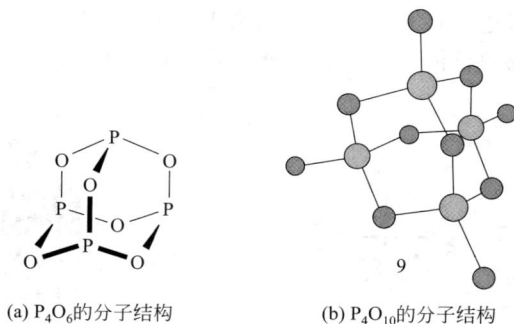

(a) P_4O_6的分子结构　　　　　　(b) P_4O_{10}的分子结构

图 8-8　P_4O_6 和 P_4O_{10}

　　① 六氧化四磷（P_4O_6）　　六氧化四磷是有滑腻感的白色固体，气味似蒜味，在 24℃ 时熔融为易流动的无色透明液体。能逐渐溶于冷水而生成亚磷酸，又叫亚磷酸酐：

$$P_4O_6+6H_2O(冷)\longrightarrow 4H_3PO_3$$

　　在热水中则激烈地发生歧化反应，生成磷酸和膦（PH_3，大蒜味，剧毒）：

$$P_4O_6+6H_2O(热)\longrightarrow 3H_3PO_4+PH_3\uparrow$$

　　② 十氧化四磷（P_4O_{10}）　　十氧化四磷为白色雪花状晶体，即磷酸酐，工业上俗称无水磷酸。358.9℃ 升华，极易吸潮。它能浸蚀皮肤和黏膜，切勿与人体接触。P_4O_{10} 常用作半导体掺杂剂、脱水及干燥剂、有机合成缩合剂、表面活性剂等，也是制备高纯磷酸和制药工业的原料。P_4O_{10} 有很强的吸水性，是一种重要的干燥剂。表 8-13 说明它的干燥效果最佳。

表 8-13 几种常用干燥剂的干燥效果比较

干燥剂	P_4O_{10}	KOH	H_2SO_4	NaOH	$CaCl_2$	$ZnCl_2$	$CuSO_4$
水蒸气含量/$g \cdot m^{-3}$(5℃)	1.0×10^{-5}	2.0×10^{-3}	3.0×10^{-3}	0.16	0.34	0.8	1.4

P_4O_{10} 与水反应激烈，放出大量的热（每摩尔 P_4O_{10} 与水作用放出 284.5 kJ 热量），并生成 P（V）的各种含氧酸。但是，它与水作用后主要生成 $(HPO_3)_n$ 的混合物，其转变成 H_3PO_4 的速率很低，只有在 HNO_3 存在下煮沸 P_4O_{10} 的水溶液，才能较快地实现这种转变：

$$P_4O_{10} + 6H_2O(热) \xrightarrow{HNO_3} 4H_3PO_4$$

P_4O_{10} 还能从许多化合物中夺取化合态的水，例如：

$$P_4O_{10} + 6H_2SO_4 \longrightarrow 4H_3PO_4 + 6SO_3\uparrow$$

$$P_4O_{10} + 12HNO_3 \longrightarrow 4H_3PO_4 + 6N_2O_5\uparrow$$

(3) 磷的含氧酸及其盐

① 磷的含氧酸 磷有多种含氧酸，现将其中比较重要的列于表 8-14。

磷的氧化值为 +5 的含氧酸又有正、焦、偏之分，它们都能由 P_4O_{10} 和不等量的水作用得到：

$$P_4O_{10} + 6H_2O \longrightarrow 4HPO_3 \quad 偏磷酸（含 P_4O_{10} 为 88.0\%）$$

$$P_4O_{10} + 4H_2O \longrightarrow 2H_4P_2O_7 \quad 焦磷酸（含 P_4O_{10} 为 78.7\%）$$

$$P_4O_{10} + 6H_2O \longrightarrow 4H_3PO_4 \quad （正）磷酸（含 P_4O_{10} 为 72.5\%）$$

表 8-14 磷的各种含氧酸

氧化数	名称及分子式	结构式	酸性强弱
+1	次磷酸 H_3PO_2		一元酸 $K^{\ominus} = 1.0 \times 10^{-2}$
+3	亚磷酸 H_3PO_3		二元酸 $K_1^{\ominus} = 6.3 \times 10^{-2}$
+5	磷酸 H_3PO_4		三元酸 $K_1^{\ominus} = 7.1 \times 10^{-3}$
+5	焦磷酸 $H_4P_2O_7$		四元酸 $K_1^{\ominus} = 3.0 \times 10^{-2}$
+5	偏磷酸 HPO_3		一元酸 $K^{\ominus} = 1.0 \times 10^{-1}$

H_3PO_4 的含水量最大。所以，由 H_3PO_4 加热脱水，又能相继制得其他两种酸：

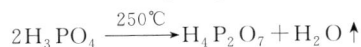

$$2H_3PO_4 \xrightarrow{250℃} H_4P_2O_7 + H_2O\uparrow$$

$$4H_3PO_4 \xrightarrow{300℃} (HPO_3)_4 + 4H_2O\uparrow$$

下面重点讨论 H_3PO_4。

市售品 H_3PO_4 含量一般为 85%，为无色透明的黏稠液体，密度为 $1.7 g \cdot cm^{-3}$，相当于 $15 mol \cdot L^{-1}$。当 H_3PO_4 含量高达 88% 时，在常温下即凝结为固体。含量为 100% 的 H_3PO_4 为无色透明的晶体，熔点为 42.35℃，易溶于水。

H_3PO_4 无氧化性、无挥发性，属于中强酸。它的特点是 PO_4^{3-} 有较强的配位能力，能与许多金属离子形成可溶性的配合物。例如，含有高铁离子（Fe^{3+}）的溶液常呈黄色，加入 H_3PO_4 后黄色立即消失，这是由于生成了 $[Fe(HPO_4)]^+$，$[Fe(HPO_4)_2]^-$ 等无色配离子，常用于分析上掩蔽 Fe^{3+}。

H_3PO_4 是重要的无机酸，大量用于生产各种磷肥。此外，还用在电镀、塑料、有机合成（作催化剂）、食品（酸性调味剂）等工业。H_3PO_4 也是制备某些医药及磷酸盐的原料。

工业品 H_3PO_4 一般以磷灰石为原料，用 76% 左右的 H_2SO_4 进行复分解制得：

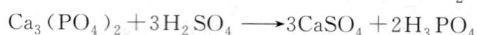

$$Ca_3(PO_4)_2 + 3H_2SO_4 \longrightarrow 3CaSO_4 + 2H_3PO_4$$

试剂品 H_3PO_4 则多以白磷为原料，在充足的空气中燃烧得到 P_4O_{10}，用水吸收，再经过除杂等工序而得。

磷酸遇强热时发生脱水作用，生成链状多磷酸 $H_{n+2}P_nO_{3n+l}$（$n \geq 2$）和环状偏磷酸 $(HPO_3)_n$（$n \geq 3$），它们都是以 (PO_4) 为结构基础，通过共用 O 原子连结而成。这种由几个单酸分子脱水，用氧键连成多酸的作用，称为缩合作用。由同种单酸分子缩合成的多酸叫同多酸。从磷酸中脱去水分子数不同，形成的缩合酸也不同。缩合程度愈大，缩合酸中非羟基氧原子数愈多，酸性愈强。

② 磷酸盐　H_3PO_4 可以形成 1 种正盐和 2 种酸式盐，例如表 8-15 所示的各种磷酸盐：

表 8-15　各种磷酸盐种类

一取代盐	二取代盐	三取代盐（正盐）
NaH_2PO_4 磷酸二氢钠	Na_2HPO_4 磷酸氢二钠	Na_3PO_4 磷酸钠
$NH_4H_2PO_4$ 磷酸二氢铵	$(NH_4)_2HPO_4$ 磷酸氢二铵	$(NH_4)_3PO_4$ 磷酸铵
$Ca(H_2PO_4)_2$ 磷酸二氢钙	$CaHPO_4$ 磷酸氢钙	$Ca_3(PO_4)_2$ 磷酸钙

磷酸盐在水中的溶解度差异很大，正盐和二取代酸式盐中除了 Na^+、K^+、NH_4^+ 盐外大多难溶于水；一取代酸式盐均易溶于水。

可溶性磷酸盐在溶液中有不同程度的水解作用，PO_4^{3-} 和其他多元弱酸根一样，分步水解，其中第一步水解是主要的。以 Na_3PO_4 为例，水解反应如下：

$$PO_4^{3-} + H_2O \Longrightarrow HPO_4^{2-} + OH^-$$

因此，Na_3PO_4 溶液有很强的碱性。

HPO_4^{2-} 兼有解离和水解双重作用：

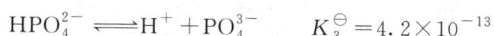

$$HPO_4^{2-} \Longrightarrow H^+ + PO_4^{3-} \qquad K_3^\ominus = 4.2 \times 10^{-13}$$

$$HPO_4^{2-} + H_2O \Longrightarrow H_2PO_4^- + OH^-$$

由于解离常数 $K_3^\ominus$ 值较小，故 Na_2HPO_4 以水解反应为主，溶液呈弱碱性。

$H_2PO_4^-$ 也有解离和水解双重作用：

$$H_2PO_4^- \Longrightarrow H^+ + HPO_4^{2-}; K_2^\ominus = 6.3 \times 10^{-8}$$

此时，解离作用占优势，故 NaH_2PO_4 溶液呈弱酸性。

H_3PO_4 的三种钠盐都可由 H_3PO_4 和 NaOH 直接合成，只要严格控制溶液的酸碱度，即可制得任何一种，实际生产中所控制的条件是：

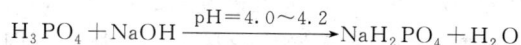

$$H_3PO_4 + NaOH \xrightarrow{pH=4.0\sim4.2} NaH_2PO_4 + H_2O$$

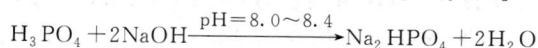

$$H_3PO_4 + 2NaOH \xrightarrow{pH=8.0\sim8.4} Na_2HPO_4 + 2H_2O$$

$$H_3PO_4 + 3NaOH \xrightarrow{\text{强碱性}} Na_3PO_4 + 3H_2O$$

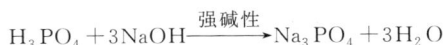

以上三式的 pH 和三种钠盐水解后所表现出的酸碱性是一致的。

在工农业和日常生活中磷酸盐有着广泛的用途。KH_2PO_4 是重要的磷钾肥，Na_3PO_4 常被作锅炉除垢剂、金属防护剂、橡胶乳汁凝固剂、织物丝光增强剂，以及洗衣粉的添加剂。检测表明，江、湖水质富营养化的磷污染的主要来源是流失的磷肥和生活污水中的含磷洗涤剂，其中推广使用无磷洗涤剂是减少磷污染的有效措施。

（4）磷的氯化物

磷和氟、氯、溴、碘都能生成相应的化合物，并且大都有重要的用途，这里只讨论几种氯化物。

① 三氯化磷（PCl_3）　三氯化磷是无色透明液体，在空气中发烟，有刺激性气味，能刺激眼结膜，并引起咽喉疼痛、支气管炎等。三氯化磷可用作半导体掺杂源、有机合成的氯化剂和催化剂、光导纤维材料及医药工业原料等。

PCl_3 可由干燥的氯气和过量的磷反应制得：

$$2P + 3Cl_2 \longrightarrow 2PCl_3$$
$$2P + 5Cl_2 \longrightarrow 2PCl_5$$
$$3PCl_5 + 2P \longrightarrow 5PCl_3$$

PCl_3 极易水解：

$$PCl_3 + 3H_2O \longrightarrow H_3PO_3 + 3HCl$$

上述反应被用于制备 H_3PO_3。因此制备 PCl_3 时，一切原料、设备、容器都须经过严格干燥，以防水解。

② 五氯化磷（PCl_5）　五氯化磷是白色或淡黄色结晶，易潮解，在空气中发烟，易分解为 PCl_3 和 Cl_2。有类似于 PCl_3 的刺激性气味，有毒性和腐蚀性。用作氯化剂和催化剂、分析试剂，也用于医药、染料、化纤等工业。

PCl_5 由 PCl_3 和过量的氯气作用而制得：

$$PCl_3 + Cl_2 \longrightarrow PCl_5$$

PCl_5 和 PCl_3 相似，也容易水解。若水量不足，生成氯氧化磷和氯化氢：

$$PCl_5 + H_2O \longrightarrow POCl_3 + 2HCl$$

在过量的水中则完全水解：

$$POCl_3 + 3H_2O \longrightarrow H_3PO_3 + 3HCl$$

③ 氯氧化磷或三氯氧磷（$POCl_3$）　三氯氧磷是无色透明液体，在空气中发烟，有类似 PCl_3 的辛辣味，并有强烈的腐蚀性。它是有机合成的氯化剂、催化剂以及制造有机磷农药的原料。在制药工业、光导纤维、半导体掺杂源等方面也都有应用。

工业上常用氯化水解法制备 $POCl_3$，即将氯气通入 PCl_3 中，并滴加水，同时进行氯化和水解两种反应：

$$PCl_3 + Cl_2 + H_2O \longrightarrow POCl_3 + 2HCl$$

然后进行分馏，所挥发出的 HCl 气体用水吸收即得盐酸，或用氨水中和得 NH_4Cl。

8.3.4　砷及其化合物

砷在地壳中含量不大，在自然界有游离态存在，但主要以硫化物存在于矿石中。砷有几种同素异形体，其中最重要的是灰砷。灰砷为灰白色固体，略带金属光泽。在常温下，砷在水和空气中都比较稳定，不溶于稀酸，但能与硝酸、热浓硫酸反应。高温下能和氧、硫、卤素化合，如：

$$4As+3O_2 = 2As_2O_3$$

在强氧化剂作用下，也能生成氧化数为 +5 的氧化物。

（1）氢化物

砷的氢化物称砷化氢（AsH_3），它是无色，有恶臭、剧毒的气体，不稳定，受热易分解成单质砷。以单质砷在玻璃上凝结，形成亮黑色类似镜子的薄层，称为"砷镜"。利用此原理来检验微量砷化物的存在，称为马氏验砷法。利用强还原剂将 As_2O_3 转变为 AsH_3，反应如下：

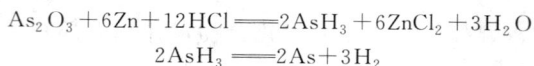

$$As_2O_3+6Zn+12HCl = 2AsH_3+6ZnCl_2+3H_2O$$
$$2AsH_3 = 2As+3H_2$$

（2）氧化物及水合物

砷的氧化物有三氧化二砷（As_2O_3）和五氧化二砷（As_2O_5）两种。三氧化二砷是白色的粉末状固体，俗称砒霜，剧毒，致死量约为 0.1g。微溶于水，在热水中溶解度稍大，能生成亚砷酸（H_3AsO_3）。

$$As_2O_3+3H_2O = 2H_3AsO_3$$

三氧化二砷是两性氧化物，酸性稍强，易于碱性溶液中形成亚砷酸盐。

$$As_2O_3+6NaOH = 2Na_3AsO_3+3H_2O$$

三氧化二砷、亚砷酸及其盐，在碱性溶液中都是强还原剂，当遇到氧化剂时易被氧化。例如，碘能使亚砷酸氧化成砷酸（H_3AsO_4）。

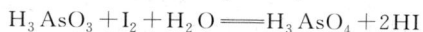

$$H_3AsO_3+I_2+H_2O = H_3AsO_4+2HI$$

砷酸的酸性比亚砷酸强，是一个中等强度的酸。

单质砷的用途较少，但它的化合物用途广泛。最重要的化合物就是三氧化二砷，它在医药上作为杀菌剂，用于治疗慢性皮炎，如白疕（牛皮癣）等。其水溶液用于治疗慢性髓性白血病。此外还用它制造杀虫剂和除草剂。

8.4 碳、硅、硼及其化合物

周期表第ⅣA族包括碳、硅、锗、锡、铅五种元素，称为碳族元素。周期表第ⅢA族包括硼、铝、镓、铟、铊五种元素，称为硼族元素。它们的单质及化合物应用极为广泛。

碳族元素、硼族元素的性质从上到下的变化为：由典型的非金属元素，经两性元素，过渡到典型的金属元素。碳族元素中碳、硅是非金属，锗、锡是两性元素，铅以金属性为主。硼族元素中除硼是非金属和铝是两性元素外，其余均为典型的金属元素。

碳族元素原子的价电子层构型为 ns^2np^2，常见氧化数为 +4、+2。对碳、硅、锗、锡来说，氧化数为 +4 的化合物是稳定的，但对铅来说氧化数为 +2 的化合物是稳定的。

硼族元素原子价电子层构型为 ns^2np^1，最高氧化数为 +3。硼、铝一般形成氧化数为 +3 的化合物，从镓到铊，氧化数为 +3 的化合物稳定性降低，而氧化数为 +1 的化合物稳定性增加。硼元素原子的价电子数为 3，而价轨道数为 4，这种缺电子原子有时也能形成缺电子化合物，由于它们存在空的价电子轨道，能接受电子对，因此极易形成聚合分子和配合物。

8.4.1　碳及其化合物

碳只占地壳总质量的 0.4%，然而它却是生命世界的栋梁之材。据统计，全世界已经发现的化合物种类达 3000 万种，其中绝大多数是碳的化合物（不含碳的化合物不超过 10 万种，仅是它的百分之几）。动植物的机体内，都有各种含碳的有机化合物。

金刚石和石墨是人们熟知的碳的两种同素异形体。

碳纤维是近几年发展起来的。将有机纤维如聚丙烯腈在隔绝空气下加热至 1273K以上，可得黑色、纤细而且柔软的碳纤维。它是由石墨碎片无序连接而成的无定形碳。它密度小，强度高（抗拉强度和比强度分别是钢的 4 倍和 12 倍），抗腐蚀（长期在王水中使用亦不被腐蚀），耐高、低温性能好（$-180℃$ 时仍很柔软；$2000℃$ 仍可保持有强度），线膨胀系数和导热系数均小，导电性能优良，可与铜媲美，因而它在工业，特别是国防和科技研究中起着重要作用，也为宇航工业提供了优异材料。可用它作韧带或腱植入人体内，不仅是代用器官，还能被组织吸收甚至促进新组织生长。

碳的第三种同素异形体是 20 世纪 80 年代中期发现的 C_n 原子簇（$40 < n < 200$），其中 C_{60} 是最稳定的分子，它是由 60 个碳原子构成的近似于足球的 32 面体，即由 12个正五边形和 20 个正六边形组成，如图 8-9 所示。因为这类球形碳分子具有烯烃的某些特点，所以被称为球烯。90 年代以来，球烯化学得到蓬勃发展，由于合成方法的改进，C_{60} 与钾、铷、铯化合后得到的超导体展示出潜在的应用价值。C_{60} 的发现成为碳化学研究新的里程碑。

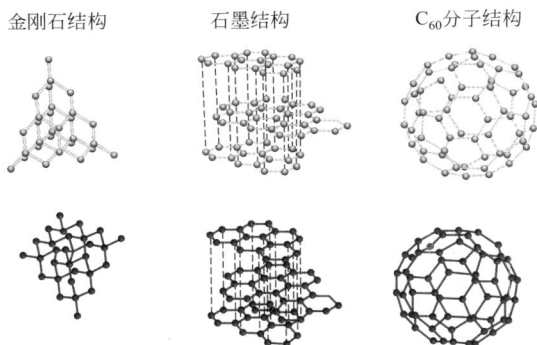

金刚石结构　　　　　石墨结构　　　　　C_{60} 分子结构

图 8-9　碳的三种同素异形体结构

8.4.1.1　碳的氧化物

(1) 一氧化碳 (CO)

碳在不充分空气中燃烧生成 CO。它与 N_2、CN^- 为等电子体，结构相似，具有三重键，其中一个 σ 键、二个 π 键：

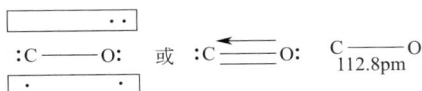

其中一个 π 键的电子对是由 O 原子提供的，补偿了 C 和 O 间电负性差所造成的极性，且使 C 原子略带负电荷，使偶极矩很小（0.37×10^{-30} cm）。因此，这个 C 原子较易向其他原子的空轨道提供电子对，这是 CO 易作配位体的原因。

CO 是无色无臭的有毒气体，它是煤炭及烃类燃料在空气不充分条件下燃烧产生的。当空气中 CO 的体积分数达到 0.1% 时，就会引起中毒。它能和血液中的血红蛋白结合，破坏其输氧功能（CO 与血红蛋白中的 Fe^{2+} 的结合力比 O_2 大 210 倍），使人的心、肺和脑组织受到严重损伤，甚至死亡。一旦中毒可注射与 CO 的结合力更强的亚甲基蓝解毒。

（2）二氧化碳（CO_2）

CO_2 是无色无臭的气体，常温加压成液态，储存在钢瓶中。液态 CO_2 气化时能吸收大量的热，可使部分 CO_2 被冷却为雪花状固体，称作"干冰"（图 8-10）。干冰是分子晶体，熔点很低，在 $-78.5℃$ 升华，是低温制冷剂，广泛用于化学与食品工业。CO_2 在通常条件下不助燃，也不能支持呼吸。用它制造的灭火剂可扑灭一般火焰，但不能扑灭燃着的镁条，因 Mg 可在高温下能还原 CO_2：

$$CO_2(g) + 2Mg(s) \xrightarrow{\text{燃烧}} 2MgO(s) + C(s) \qquad \Delta_f H_m^{\ominus} = -745kJ \cdot mol^{-1}$$

图 8-10　干冰

CO_2 能溶于水，20℃时 1L 水中约溶解 0.9 L CO_2，大部分 CO_2 与水松散地结合成水合物（$CO_2 \cdot H_2O$），溶解的 CO_2 只有约 1% 生成 H_2CO_3，饱和的 CO_2 水溶液 pH 为 4 左右，与空气接触的蒸馏水因溶有 CO_2，pH $\approx$ 5.7。H_2CO_3 很不稳定，只能在水溶液中存在，是二元弱酸，解离式如下：

$$H_2CO_3 \rightleftharpoons H^+ + HCO_3^- \qquad K_1^{\ominus} = 4.4 \times 10^{-7}$$

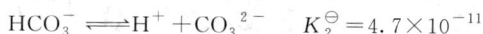

$$HCO_3^- \rightleftharpoons H^+ + CO_3^{2-} \qquad K_2^{\ominus} = 4.7 \times 10^{-11}$$

实验室常由盐酸和 $CaCO_3$ 作用来制备 CO_2：

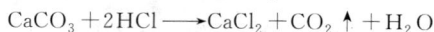

$$CaCO_3 + 2HCl \longrightarrow CaCl_2 + CO_2 \uparrow + H_2O$$

工业上，CO_2 主要来自煅烧石灰石或发酵工业的副产品：

$$CaCO_3 \xrightarrow{\triangle} CaO + CO_2 \uparrow$$

CO_2 是重要的工业气体，大量用于制碱工业（Na_2CO_3、$NaHCO_3$），与 NH_3 作用还能制备尿素：

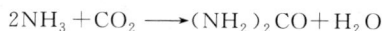

$$2NH_3 + CO_2 \longrightarrow (NH_2)_2CO + H_2O$$

8.4.1.2　碳酸盐

H_2CO_3 能形成正盐和酸式盐，它们的溶解性和热稳定性有着显著差异。

① 溶解性　多数碳酸盐难溶于水，常用的 Na_2CO_3、K_2CO_3、$(NH_4)_2CO_3$ 易溶水。难溶的碳酸盐其相应的酸式盐通常比正盐的溶解度大。如 $Mg(HCO_3)_2$、$Ca(HCO_3)_2$ 溶于水。但可溶性碳酸盐的酸式盐如 $NaHCO_3$、NH_4HCO_3 等，其溶解度反而小。例如向浓 $(NH_4)_2CO_3$ 溶液中通入 CO_2 至饱和，可析出 NH_4HCO_3，该步骤是生产碳铵的基础：

$$2NH_4^+ + CO_3^{2-} + CO_2 + H_2O \longrightarrow 2NH_4HCO_3 \downarrow$$

② 水解性 碱金属正碳酸盐和酸式盐在水溶液中均因水解而分别显强碱性（pH为 11～12）和弱碱性（pH 为 8～9），常把它们当成碱来使用。例如，Na_2CO_3 俗称纯碱，$Na_2CO_3 \cdot 10H_2O$ 叫石碱；$NaHCO_3$ 俗称小苏打。实际工作中可溶性碳酸盐可同时兼有碱和沉淀剂的作用，用于分离溶液中某些金属离子。一般来说，金属碳酸盐溶解度小于其氢氧化物时，则生成碳酸盐沉淀；反之，则生成氢氧化物沉淀；若两者溶解度相近，则产生碱式碳酸盐沉淀：

$$Ba^{2+} + CO_3^{2-} \longrightarrow BaCO_3 \downarrow \qquad (Ca^{2+}、Sr^{2+}、Ag^+、Cd^{2+}、Mn^{2+} 等)$$

$$2Al^{3+} + 3CO_3^{2-} + 3H_2O \longrightarrow 2Al(OH)_3 \downarrow + 3CO_2 \uparrow \qquad (Fe^{3+}、Cr^{3+} 等)$$

$$2Cu^{2+} + 2CO_3^{2-} + H_2O \longrightarrow Cu_2(OH)_2CO_3 \downarrow + CO_2 \uparrow \qquad (Bi^{3+}、Mg^{2+}、Pb^{2+} 等)$$

若改变沉淀剂，不加入 Na_2CO_3 溶液，改加入 $NaHCO_3$ 溶液，则 $c(OH^-)$ 减小，Bi^{3+}、Mg^{2+}、Pb^{2+} 等可以生成碳酸盐。

$$Mg^{2+} + HCO_3^- \longrightarrow MgCO_3 \downarrow + H^+$$

③ 热稳定性 多数碳酸盐的热稳定性较差，分解产物通常是金属氧化物和 CO_2。比较其热稳定性，大致有以下规律：

$$碳酸 < 酸式碳酸盐 < 碳酸盐$$

例如：

$$H_2CO_3 \xrightarrow{\text{常温}} H_2O + CO_2 \uparrow$$

$$2NaHCO_3 \xrightarrow{150℃} Na_2CO_3 + H_2O \uparrow + CO_2 \uparrow$$

$$Na_2CO_3 \xrightarrow{>1800℃} Na_2O + CO_2 \uparrow$$

对不同金属离子的碳酸盐，其热稳定性表现为：

$$铵盐 < 过渡金属盐 < 碱土金属盐 < 碱金属盐$$

例如：

$$(NH_4)_2CO_3 \xrightarrow{58℃} 2NH_3 \uparrow + H_2O + CO_2 \uparrow$$

$$ZnCO_3 \xrightarrow{350℃} ZnO + CO_2 \uparrow$$

$$CaCO_3 \xrightarrow{910℃} CaO + CO_2 \uparrow$$

8.4.1.3 碳化物

碳和电负性较小的元素所形成的二元化合物称为碳化物，也有离子型、共价型和金属型三类。

离子型碳化物是由碳和周期表中ⅠA、ⅡA、ⅢA 族的金属形成的。例如 CaC_2、Al_4C_3，它们遇水易水解并生成乙炔或甲烷：

$$CaC_2 + 2H_2O \longrightarrow Ca(OH)_2 + C_2H_2$$

$$Al_4C_3 + 12H_2O \longrightarrow 4Al(OH)_3 \downarrow + 3CH_4$$

前一反应有重要的工业价值，能得到乙炔这种基本化工原料，在石油价格持续较高的情况下，由煤炭得到石化基础原料已成为很多企业的选择。

共价型碳化物中具有代表性的是碳化硅（SiC），俗称金刚砂。它的结构和硬度与金刚石相似，为原子晶体。其熔点高、硬度大，用来制造砂轮、磨石等。B_4C 也是原子晶体，可以用来打磨金刚石。

金属型碳化物是由碳和过渡元素中半径较大的ⅣB、ⅤB、ⅥB 族金属所形成的间隙化合物，此时碳原子钻入金属晶格的空隙之中。它的熔点高、硬度大、导电性能好。如碳化钨、碳化钛用来制造高速切削工具，热硬性好，使用温度可高达 1000℃。

共价型和金属型碳化物多是新型无机材料，在现代工业中有广泛用途。

8.4.2　硅及其化合物

硅在地壳中的含量极其丰富，约占地壳总质量的 1/4，仅次于氧。如果说碳是有机世界的栋梁之材，硅则是无机世界的骨干。岩石、沙砾、泥土、砖瓦、水泥、玻璃、搪瓷等都是硅的化合物。

硅也有晶态和无定形两种状态。晶态硅的结构类似于金刚石，为原子晶体，呈灰黑色，有金属外貌，硬而脆，熔点（1683K）和沸点（2953K）较高。晶态硅原子间结合力不如金刚石强，温度升高时电子可被激发，导电能力增加，所以是良好的半导体材料。硅在化学性质方面表现为非金属性，因此有时划入准金属范畴。

硅和碳的性质相似，可以形成氧化值为 +4 的共价化合物。硅和氢也能形成一系列硅氢化合物，称为硅烷，如甲硅烷 SiH_4、乙硅烷 Si_2H_6 等。

（1）二氧化硅

在自然界中，SiO_2 遍布于岩石、土壤及许多矿石中。有晶形和非晶形两种。石英是常见的 SiO_2 天然晶体，无色透明的石英叫水晶，紫水晶、玛瑙、碧石都是含杂质的有色石英晶体，砂子也是混有杂质的石英细粒。硅藻土主要成分是天然无定形 SiO_2，为多孔性物质，工业上常作吸附剂以及催化剂的载体。

SiO_2 与 CO_2 的化学组成相似，但结构和物理性质迥然不同。CO_2 是分子晶体，SiO_2 是原子晶体（图 8-11）。每个硅原子都位于 4 个氧原子的中心，并分别与氧原子以单键相连，氧原子又分别与别的硅原子相连，由此形成立体的硅氧网格晶体。所以 SiO_2 与干冰不同，它的熔点沸点都很高。

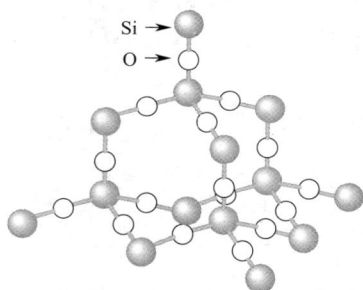

Si →
O →

图 8-11　二氧化硅的晶体结构示意图

石英在 1600℃ 时，熔化成黏稠液体，当急剧冷却时，由于黏度大，不易结晶，而形成石英玻璃。它的热膨胀系数小，能耐温度的剧变，故用于制造耐高温的高级玻璃仪器。石英玻璃虽有较高的耐酸性，但能被 HF 所腐蚀而生成 SiF_4。SiO_2 是酸性氧化物，能与热的浓碱溶液作用生成硅酸盐：

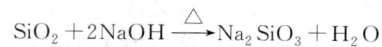

$$SiO_2 + 2NaOH \xrightarrow{\triangle} Na_2SiO_3 + H_2O$$

$$SiO_2 + Na_2CO_3 \xrightarrow{\triangle} Na_2SiO_3 + CO_2\uparrow$$

以 SiO_2 为主要原料的玻璃纤维与聚酯类树脂复合成的材料称为玻璃钢，广泛用于飞机、汽车、船舶、建筑和家具等行业，以取代各种合金材料。石英光纤（SiO_2）具有极高的透明度，在现代通讯中靠光脉冲传送信息，性能优异，应用广泛。

（2）硅酸

硅酸是 SiO_2 的水合物（但不能由 SiO_2 与 H_2O 作用制得，因 SiO_2 不溶于水），它有多种组成，如偏硅酸 H_2SiO_3、正硅酸 H_4SiO_4、焦硅酸 $H_6Si_2O_7$ 等，可用 $xSiO_2 \cdot yH_2O$ 表示，习惯上常用简单的偏硅酸 H_2SiO_3 代表硅酸。

硅酸是比 H_2CO_3 还弱的二元酸（$K_1^{\ominus}=1.7\times10^{-10}$，$K_2^{\ominus}=1.6\times10^{-12}$），溶解度很小，很容易被其他的酸（甚至碳酸、醋酸）从硅酸盐中析出：

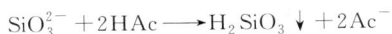

$$SiO_3^{2-}+CO_2+H_2O \longrightarrow H_2SiO_3\downarrow+CO_3^{2-}$$
$$SiO_3^{2-}+2HAc \longrightarrow H_2SiO_3\downarrow+2Ac^-$$

开始析出的单分子硅酸可溶于水，所以并不沉淀。随后逐步聚合成多硅酸后才生成硅酸溶胶或凝胶。在浓度较大的 Na_2SiO_3 溶液中加入 H_2SO_4 或 HCl 至 pH＝7～8 时形成分子量大的胶体，进一步聚合得到硅酸凝胶，经洗涤、干燥就成硅胶。

用热水洗涤硅胶，在 60～70℃ 下烘干，再于 200℃ 下加热活化，可得到多孔硅胶。多孔硅胶的内表面积可达 800～900 $m^2 \cdot g^{-1}$，吸附能力很强，是优良的干燥剂。更可贵的是，它能耐强酸，广泛用于气体干燥或吸收（但不能干燥 HF 气体）、脱水和色层分析等，也用作催化剂或催化剂载体。市售品有球形和不规则形两种，含水分 3%～7%，吸湿量可达自重的 40% 左右。

硅酸浸以 $CoCl_2$ 溶液，并经烘干后，就制成变色硅胶。这种硅胶的颜色变化可以指示其吸湿度，因无水 Co^{2+} 呈蓝色，水合钴离子 $[Co(H_2O)_6]^{2+}$ 呈粉红色。在使用过程中，当硅胶由蓝色变为粉红色时，说明已吸足了水，不再有吸湿能力。吸水的硅胶经加热脱水后又变为蓝色，重新恢复了吸湿能力。

(3) 硅酸盐

硅酸盐在自然界分布很广，种类繁多、结构复杂，大多是硅铝酸盐，均难溶于水。以下为常见的天然硅酸盐：

正长石　　$K_2O \cdot Al_2O_3 \cdot 6SiO_2$ 或 $K_2Al_2Si_6O_{16}$

高岭土　　$Al_2O_3 \cdot 2SiO_2 \cdot 2H_2O$ 或 $H_4Al_2Si_2O_9$

白云母　　$K_2O \cdot 3Al_2O_3 \cdot 6SiO_2 \cdot 2H_2O$ 或 $K_2H_4Al_6(SiO_4)_6$

石棉　　　$CaO \cdot 3MgO \cdot 4SiO_2$ 或 $CaMg_3(SiO_3)_4$

泡沸石　　$Na_2O \cdot Al_2O_3 \cdot 2SiO_2 \cdot nH_2O$ 或 $Na_2Al_2(SiO_4)_2 \cdot nH_2O$

高岭土是黏土的基本成分，纯高岭土是制造瓷器的原料。正长石、云母和石英是构成花岗岩的主要成分。

Na_2SiO_3 是颇有实用价值的硅酸盐。制备时将石英砂与纯碱按一定比例（$Na_2CO_3:SiO_2$ 为 1:3.3）混匀，加热熔融即得 Na_2SiO_3 熔体。它呈玻璃状态，能溶于水，故有水玻璃之称，工业上称为泡花碱。因常含有铁一类的杂质而呈浅绿色。将玻璃状固体 Na_2SiO_3 破碎后，于一定压力下用水蒸气溶解成黏稠液体，即为水玻璃商品。用作黏合剂、木材及织物的防火处理、肥皂的填充剂和发泡剂。

8.4.3　硼及其化合物

硼在自然界主要以含氧化合物的形式存在，如硼酸（H_3BO_3）和硼砂（$Na_2B_4O_7 \cdot 10H_2O$）。硼在地壳中的丰度虽小，却有富集的矿床，西藏及青海地区有丰富的硼砂矿，为我国丰产元素。

单质硼有无定形和晶体两种。硼的熔点、沸点很高，晶体硼很硬（莫氏硬度为 9.5）仅次于金刚石。硼与氮的化合物为 BN，结构、性质和用途与石墨相似，被称作白石墨。

硼和铝同族，价层电子构型为 $2s^2 2p^1$。B 原子的半径小，电离能又大，所以主要以共价键和其他原子相连。除氧化物外，还有氢化物、卤化物和氮化物等。B 原子与 Al 一样，价层的 4 个轨道上只有 3 个电子，以 sp^2 杂化后形成的 BF_3、BCl_3 等化合物称为缺电子化合物，它们容易和其他分子或离子的孤对电子形成配合物。例如：

$$BF_3 + :NH_3 \longrightarrow [F_3B:NH_3]$$

$$BF_3 + :F^- \longrightarrow [BF_4]^-$$

B 与 H_2 不能直接化合，但能间接制得一系列硼氢化物，其组成及物理性质与烷烃相似，故称之为硼烷。目前已知有二十多种烷，可分属 B_nH_{n+4} 和 B_nH_{n+6} 两类，前者较稳定，后者稳定性较差。其中最简单的是乙硼烷 B_2H_6，它可用下列方法制备：

$$3LiAlH_4 + 4BCl_3 \xrightarrow{\text{乙醚}} 3LiCl + 3AlCl_3 + 2B_2H_6 \uparrow$$

$$3NaBH_4 + BCl_3 \xrightarrow{\text{二乙基乙醚}} 3NaCl + 2B_2H_6 \uparrow$$

从 B 原子仅有 3 个价电子来看，最简单的硼烷似乎应为 BH_3，但气体密度表明最简单的硼烷是 B_2H_6。从结构上看，B 是缺电子原子，不能形成 4 个正常的共价键，B_2H_6 中只有 12 个价电子，不形成 14 个价电子的乙烷结构。实验表明，B_2H_6 分子中具有桥式结构，如图 8-12。B—H—B 三原子轨道重叠，共有 2 个电子，称为三中心二电子键（3c-2e 键）。

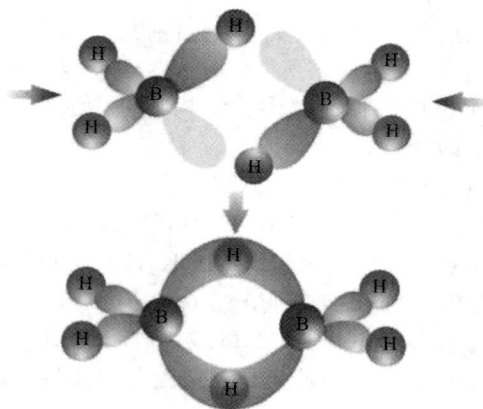

图 8-12　B_2H_6 分子结构

① 氧化硼和硼酸　三氧化二硼（B_2O_3）是白色固体，也称硼酸酐或硼酐，常见的有无定形和晶体两种，晶体比较稳定。将硼酸加热到熔点以上即得 B_2O_3。

$$2H_3BO_3 \xrightarrow{\triangle} B_2O_3 + 3H_2O \uparrow$$

氧化硼用于制造抗化学腐蚀的玻璃和某些光学玻璃。熔融的 B_2O_3 能和许多金属氧化物作用，显出各种特征颜色，如 $NiO \cdot B_2O_3$ 显绿色，它们常用于搪瓷、珐琅工业的彩绘装饰中。作为无机材料后起之秀的硼纤维，是具有多种优良性能的新型材料。

硼的含氧酸包括偏硼酸（HBO_2）、（正）硼酸（H_3BO_3）和四硼酸（$H_2B_4O_7$）等多种。（正）硼酸脱水后得到偏硼酸，进一步脱水得到硼酐。反之，将硼酐、偏硼酸溶于水，又重新生成 H_3BO_3：

$$H_3BO_3 \rightleftharpoons HBO_2 + H_2O$$

$$2HBO_2 \rightleftharpoons B_2O_3 + H_2O$$

在工业上，H_3BO_3 是由 H_2SO_4 或 HCl 分解硼砂矿而制得：

$$Na_2B_4O_7 + H_2SO_4 + 5H_2O \longrightarrow 4H_3BO_3 + Na_2SO_4$$

H_3BO_3 是无色、微带珍珠光泽的片状晶体，具有层状晶体结构，如图 8-13 所示。其中 B 原子以 sp^2 杂化方式与 3 个 O 原子结合，这 3 个 O 原子又分别与 3 个 H 原子结合而形成平面正三角形的 $B(OH)_3$ 分子。这些分子彼此通过氢键连成一片，各片层之间又通过分子间力组成晶体。体内各片层之间容易滑动，所以 H_3BO_3 可用作润滑剂。

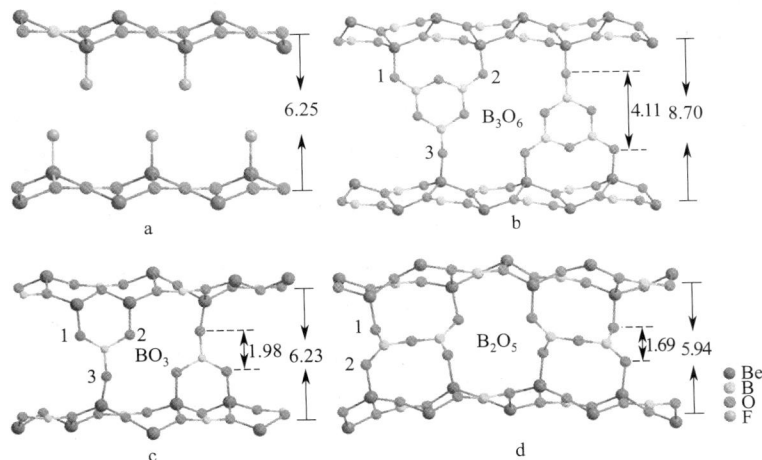

图 8-13　硼酸的晶体结构（片层）

H_3BO_3 微溶于冷水，易溶于热水。它不是三元酸，而是一元弱酸（$K_1^{\ominus} = 5.8 \times 10^{-10}$）。它在水中所表现出来的酸性并非硼酸本身解离出的 H^+，而是由缺电子的 B 原子接受 H_2O 所解离出来的 OH^-，形成配离子 $B(OH)_4^-$，从而使溶液中 H^+ 浓度增大，其酸性是 $B(OH)_3$ 水解的结果。

$$B(OH)_3 + H-OH \longrightarrow B(OH)_4^- + H^+$$

这种解离方式正好表现了硼化合物的缺电子特点。H_3BO_3 在医药上用作防腐、消毒剂，还大量用在玻璃、陶瓷和搪瓷工业中。

② 硼砂　硼砂 $[Na_2B_4O_5(OH)_4 \cdot 8H_2O$ 常写作 $Na_2B_4O_7 \cdot 10H_2O]$ 又称四硼酸钠，是硼的含氧酸盐中最重要的一种，为白色透明晶体，易风化。硼砂在水中的溶解度随温度升高而明显增大，所以常采用重结晶法精制。

硼砂的水解反应如下：

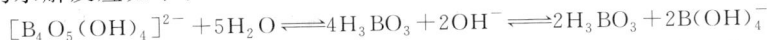

$$[B_4O_5(OH)_4]^{2-} + 5H_2O \rightleftharpoons 4H_3BO_3 + 2OH^- \rightleftharpoons 2H_3BO_3 + 2B(OH)_4^-$$

从上式可以看出，加酸平衡右移，可由硼砂制得 H_3BO_3。反之，加碱平衡左移，又可由 H_3BO_3 制得硼酸盐，是个典型的缓冲溶液。

硼砂受热时先失去部分结晶水成为蓬松状物质，体积膨胀；加热至 $350 \sim 400℃$ 时，脱水成为无水盐 $Na_2B_4O_7$；在 $878℃$ 时熔融、冷后成为玻璃状固体。Fe、Co、Ni、Mn 等的金属氧化物能与其作用并显出不同颜色。如 $NaBO_2 \cdot Co(BO_2)_2$ 为蓝色，$NaBO_2 \cdot Mn(BO_2)_2$ 为绿色。分析化学上利用这一性质初步检验某些金属离子，叫做硼砂珠试验。

硼砂主要用在玻璃和搪瓷工业。它在玻璃中可增加紫外线的透射率，提高玻璃的透明度和耐热性能。在搪瓷制品中，可使瓷釉不易脱落并使其具有光泽。由于硼砂能溶解金属氧化物，焊金属时用它作助熔剂。硼砂还是医药上的防腐剂和消毒剂。此外，在实验室中常用硼砂作标定酸浓度的基准物和配制缓冲溶液等。后者是因为 $Na_2B_4O_5(OH)_4$ 与 H_2O 作用生成等物质的量的 H_3BO_3 和 $B(OH)_4^-$，它们恰好是一个缓冲对，且浓度相等，20℃时该缓冲溶液的 pH 为 9.23。

8.5　非金属元素在医学中的应用

常用药物中有许多是非金属元素的一些化合物。

卤素中，碘可以直接供药用，也可以配制碘酊外用作消毒剂，内服复方碘溶液治疗甲状腺肿大。含 9.5%～10.5%（g/mL）HCl 的盐酸溶液，内服可治疗胃酸缺乏症。人体牙齿珐琅质中含氟（CaF_2）约为 0.5%。氟的缺乏是产生龋齿的原因之一。用氟化锡 SnF_2 制成药物牙膏，可增强珐琅质的抗腐蚀能力，起到预防龋齿的作用。漂白粉的有效成分是 $Ca(ClO)_2$，可作杀菌消毒剂。

含有氧、硫、硒的药物较多。医疗上，在没有氧气瓶的情况下，可利用 H_2O_2 和 $KMnO_4$ 的反应设计输氧装置。H_2O_2 有消毒、防腐、除臭等功效，医疗上常用 3% 的 H_2O_2 清洗创口，治疗口腔炎、化脓性中耳炎等。升华硫可配制 10% 的硫黄软膏，外用疥疮、真菌感染等。硫代硫酸钠可内服或外用，内服作为卤素和重金属的解毒剂，治疗疥疮。硒是人体必需的微量元素。亚硒酸钠是一种补硒药物，具有降低肿瘤发病率和防治克山病等作用。

氮族元素中氨水、亚硝酸钠等都是我国药典法定的药物。氨能使呼吸和循环中枢兴奋，用来治疗虚脱和休克。亚硝酸钠能使血管扩张，用于治疗心绞痛、高血压等病症。磷酸的盐类中作为药物的主要有磷酸氢钙、磷酸二氢钠和磷酸氢二钠等。磷酸氢钙可供给人体所需的钙质和磷质，有助于儿童骨骼的生长。NaH_2PO_4 作缓泻剂，也用于治疗一般的尿道传染性病症。近年来临床用砒霜和亚砷酸内服治疗白血病，取得了重大进展。

含碳的化合物许多是有机药物，无机药物中主要有碳酸的盐类，如碳酸氢钠（$NaHCO_3$）俗称小苏打，用作制酸剂，服用后能暂时解除胃溃疡患者的疼痛感。药用性炭具有强烈的吸附作用，内服后能吸收胃肠内种种有害物质，可用于作抗发酵剂（治疗各种胃肠充气）和作解毒剂，制药工业中大量用作脱色剂。炉甘石（主要成分为 $ZnCO_3$）有燥湿、收敛、防腐、生肌的功能，外用治疗创伤出血、皮肤溃疡、湿疹等。三硅酸二镁（$2MgO \cdot 3SiO_2 \cdot nH_2O$）可以中和胃酸并生成胶状沉淀（硅酸），对溃疡面有保护作用，主要治疗胃酸过多、胃和十二指肠溃疡等病。

硼和铝的化合物的药用价值，硼酸为消毒防腐剂，2%～5% 的硼酸水溶液可用于洗眼、漱口等，10% 的软膏可用于治疗皮肤溃疡。用硼酸作原料与甘油制成的硼酸甘油是治疗中耳炎的滴耳剂。硼砂在中药上称为蓬砂、盆砂，外用作用与硼酸相似。硼砂是治疗口腔炎、咽喉炎的药物冰硼散和复方硼砂含漱剂的主要成分。氢氧化铝能中和胃酸，保护胃黏膜，用于治疗胃酸过多、胃溃疡等。

【阅读资料】

一氧化氮——一种重要的生物活性分子

人们很早就知道，NO 是植物从根部吸收硝酸盐或亚硝酸盐后，在硝酸还原酶、亚硝酸还原酶作用下生成的中间产物。它可以进一步经过同化型还原形成氨、氨基酸及有机氮化物，并被植物所吸收利用，如果进行异化型还原则产生氮气，进入氮的循环。自然界氮的循环是人类生存和生物圈平衡的基石。

但是，NO 在哺乳动物细胞中的存在，却是直到 20 世纪 80 年代后期才逐渐被人们所认识，并相继知道它在体内诸多方面起着重要的生理作用。这一重大发现，使 NO 成为美国 *Science* 杂志 1992 年度的明星分子（molecule of the year）；1994 年美国的 *Life Science* 杂志列出了 20 世纪主要成就，其中最新的一项就是 NO 被发现可能是一种新型的神经递质。1998 年 10 月，Robert Furchgott，Louis Ignarro 和 Ferid Murad 因在 NO 研究方面的杰出工作，共同获得了生理和医学领域的最高奖项——诺贝尔奖，奖励他们发现以一氧化氮为基础的医学进展，他们的研究开始了一个新领域，涉及心血管系统的疾病、炎症、感染、肿瘤、记忆以及阳痿。

NO 是一种结构简单的气体，因为它的分子结构中具有不成对电子，所以它也是一种自由基。自从 1935 年 Humphrey Davy 在研究笑气（N_2O）时发现 NO 以来，NO 一直被看作是一种有毒气体，如汽车排出的尾气及吸烟者的烟雾中均含有 NO，它能污染空气，且损害大气层的臭氧层，对人畜有毒害作用。很长时间都未曾有人想过把这种结构简单、毒性高的小分子化合物与体内的生物功能联系起来。直到 1979 年，人们在研究硝普钠的降压作用机理时发现，NO 以及释放 NO 的药物如硝普钠和硝酸甘油均有松弛血管平滑肌的作用，提出 NO 可能与血管平滑肌松弛有关。1980 年，Furchgot 经过一系列研究认为乙酰胆碱（Ach）与缓激肽（BK）的血管松弛作用对血管内皮有依赖性，推测其机理可能是它刺激血管内皮细胞，使后者分泌一种"血管内皮衍化舒张因子（EDRF）"所起的作用。1986 年，人们提出 EDRF 可能是一种不稳定的自由基，Ach 与 BK 松弛血管平滑肌可能均通过刺激 EDRF 释放发挥作用。稍晚一些，Ignarro 等人证实了被称为血管内皮衍化舒张因子的物质就是 NO，它是从血管内皮细胞释放出的，能松弛血管。近年来更发现，NO 除能调节血管平滑肌张力外，更在动脉粥样硬化、高血压、内毒素休克等疾病的发生、发展中起决定作用。

1988 年 Gerthwaite 等首次认识到 NO 可能作为神经递质在神经系统中具有重要作用，从此揭开了研究 NO 在神经系统中作用的序幕。他们首先发现 NO 存在于脑中。现在已经知道，脑中制造 NO 的酶——一氧化氮合成酶比肌体其他地方多，NO 是一个小分子，容易在分子内外进行扩散。它是"反馈信使"（retrograde messenger），即当脑中的受体细胞受到强刺激时它们会将 NO 分子传送回去以表明它们已经接收到信息。这使得发送信息的细胞程序化，它们会"记得"下次传递更强的信息。对于 NO 在脑中的知识现在已经开辟了研究理解阿尔茨海默病、帕金森以及中风的康庄大道。这些病症导致的脑损伤可能是由于过量的 NO 引起的。

眼下的时髦药——伟哥（viagra），也是借助 NO 起作用的。伟哥原名 sildenafil，先用于治疗心血管疾病，后来发现它对阳痿（MED）有疗效。这是由于竖阳过程涉及 NO 的释放引起向阴茎输送血液的血管的松弛；MED 是由于缺少 NO 引起的。

从表面上看，NO 是氮和氧的简单化合物，但其在生物体内的合成却是一个复杂的过程。目前已知生物体内有两种途径产生 NO。

体内 NO 的前体为左旋精氨酸，是通过一氧化氮合成酶（NOS）作用于左旋精氨酸而生成的。NOS 为一种双加氧酶。还原型烟酰胺腺嘌呤二核苷酸磷酸（NADPH），黄素单核苷酸（FMN），黄素腺嘌呤二核苷酸（FDA）和四氢蝶呤作为此酶的辅助因子传递电子，最终作用于左氨酸胍基末端的氮原子，使之氧化生成 NO。

以上产生 NO 的途径，称为左旋精氨酸——一氧化氮通路。这一通路不仅是生成 NO 的途径，也是细胞排泄过量氮的一种方式。

已知一些药物进入体内后，通过代谢可以释放 NO，发挥药理作用。以硝酸甘油即甘油三硝酸酯为代表的抗心绞痛和血管扩张剂就是这样一类药物，它们在临床上的应用，虽然已有百余年历史，但它的作用机理，直到最近才知道是在体内代谢后释放出的 NO 所起的作用。属于这类药物的还有硝酸戊四醇酯、二硝酸或硝酸异山梨酯等。

上述硝酸酯类（$RONO_2$）药物进入体内后，当和半胱氨酸或 N-乙酰基半胱氨酸分子中的

—SH 反应时，能按如下方式放出 NO：

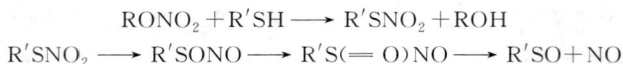

$$RONO_2 + R'SH \longrightarrow R'SNO_2 + ROH$$

$$R'SNO_2 \longrightarrow R'SONO \longrightarrow R'S(=O)NO \longrightarrow R'SO + NO$$

亚硝酸酯类（RONO）药物，如作为治疗心绞痛的吸入剂——亚硝酸异戊酯等同样经由如下反应放出 NO：

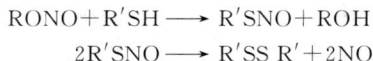

$$RONO + R'SH \longrightarrow R'SNO + ROH$$

$$2R'SNO \longrightarrow R'SS R' + 2NO$$

作为生物活性分子的 NO，从一个偶然观察到的实验现象开始，导出科学上的重大发现，已经成为生理、生化、病理、毒理、免疫、药物等众多学科的一个崭新领域。从这里我们可能意识到，广泛的生命物质其重要性并不与其结构上的复杂性相关。从人类开始满怀信心地宣布向基因寻求答案，直到今天，我们才刚刚认识这样一个在生物体内无处不在的简单分子，这自然给我们带来了 NO 以外的另一些思考：

从公认的"毒气"到重要的"生命信使"，这不仅要求我们告别某些昨天的记忆，也要求我们重新审视某些传统概念与原则，重新认识我们以为业已熟知的某些东西；

NO 研究的兴起与迅猛发展得益于众多物理学、化学、生物学与医学界理论与技术的综合运用；

对于 NO 广泛而独特的活性，对于一氧化氮合成酶（NOS）独特的酶学特征，我们都应勇于且乐于了解、承认和接受；

对于人类任何科学探索和进步，我们都应无选择地奋起直追，审慎选择新的、更高的起点，积极参与。

思　考　题

1. 在氯水中分别加入下列物质，对氯水的可逆反应有何影响？
（1）稀硫酸；（2）苛性钠；（3）氯化钠溶液；（4）硝酸银溶液。

2. 解释下列现象：
（1）I_2 在水中溶解度小，而在 KI 溶液中溶解度大；
（2）I^- 可被 Fe^{3+} 氧化，但加入 F^- 后就不被 Fe^{3+} 氧化；
（3）漂白粉在潮湿空气中逐渐失效。

3. 从卤化物中制取各种 HX（X＝F、Cl、Br、I），各应采用什么酸，为什么？

4. 设法除去（1）KCl 中的 KI 杂质；（2）$CaCl_2$ 中的 $Ca(ClO)_2$ 杂质；（3）$FeCl_3$ 中的 $FeCl_2$ 杂质。

5. 以氯的含氧酸为例，简要说明影响含氧酸稳定性、酸性的原因。

6. 比较 $(CN)_2$ 和 Cl_2 有哪些相似的性质。

7. 如何制备 O_3？大气中臭氧是如何形成的？臭氧对人类有何重要性？

8. SO_2 作漂白剂有何特点？如何除去大气或烟道中的 SO_2？

9. 硫的哪些化合物是较好的还原剂？哪些是较好的氧化剂？并指出其氧化还原产物。

10. HNO_3 与金属作用时，其还原产物既与 HNO_3 的浓度有关，也与金属的活泼性有关，试总结其一般规律。

11. 比较 HNO_3、H_2SO_4、HCl 的性质及从其盐中彼此相互置换的可能性。

12. 白磷中毒或手沾上白磷，应如何处置。

13. 解释下列事实，并写出有关反应方程式：
（1）碳酸氢铵储存时需要密封；
（2）天然的磷酸钙必须转变为过磷酸钙才能作为肥料使用；
（3）过磷酸钙肥料不能与石灰一起使用。

14. 为什么硼酸为一元酸？加入丙三醇后其酸性为何增强？

习　题

1. 完成并配平下列反应方程式：

(1) 氯酸钾受热分解　　　　　　　(2) 次氯酸钠溶液与硫酸锰反应

(3) 氯气通入碳酸钠热溶液中　　　(4) 浓硫酸与溴化钾反应

(5) 浓硫酸与碘化钾反应　　　　　(6) 向碘化亚铁溶液中滴加过量氯水

(7) 向碘化钾溶液中加入次氯酸钠溶液　(8) 用氢碘酸溶液处理氧化铜。

2. 以食盐为主要原料制备下列各物质，写出过程中的主要反应方程式：

$$NaClO \quad Ca(ClO)_2 \quad KClO_4 \quad HCl$$

3. 写出下列制备过程的反应方程式，并注明反应条件：

(1) 由盐酸制氯气　　　　　　　　(2) 由氯气制备漂白粉

(3) 由海水精制 Br_2　　　　　　　(4) 由盐酸制 $HClO$ 溶液

4. 用漂白粉漂白物件时，常采用以下操作：

(1) 将物件放入漂白粉溶液，然后取出暴露在空气中；

(2) 将物件浸在稀盐酸中；

(3) 将物件浸入大苏打溶液，取出放在空气中干燥；

说明每步处理的作用，并写出相应的反应方程式。

5. 完成并配平下列化学方程式：

(1) $PbS + O_3 \longrightarrow$　　　　　　(2) $H_2O_2 + Ba(OH)_2 \longrightarrow$

(3) $Na_2S_2O_3 + Cl_2 \longrightarrow$　　　　(4) $Na_2S_2O_3 + I_2 \longrightarrow$

(5) $S + NaOH \longrightarrow$　　　　　　(6) $H_2S + I_2 \longrightarrow$

(7) $Mn^{2+} + S_2O_8{}^{2-} + H_2O \xrightarrow{Ag^+}$　　(8) $Fe^{3+} + H_2S \longrightarrow$

6. 用化学方程式表示下列反应：

(1) 过氧化氢溶液加入氯水

(2) 过氧化氢在碱性介质中氧化 CrO_2^-

(3) 向溴水中通入少量 H_2S

(4) 向 Na_2S 溶液中滴加盐酸

(5) 将 Cr_2S_3 投入水中

(6) 沸腾的 Na_2SO_3 溶液中加入 S 粉

(7) 向 PbS 中加入过量 H_2O_2

(8) 向 HI 溶液中通入 O_3

(9) 向 $[Ag(S_2O_3)_2]^{3-}$ 的弱酸性溶液中通入 H_2S

7. 用简便的方法鉴别以下六种气体：

$$CO_2 \quad NH_3 \quad NO \quad H_2S \quad SO_2 \quad NO_2$$

8. 试以 SO_2 为主要原料，制备五种阴离子不同的盐，写出相关的反应式（不必配平）。

9. 实验室需要少量 SO_2、H_2S、N_2、NH_3 和 HBr 等几种气体，如何制备？写出反应方程式。

10. 还原剂 H_2SO_3 和氧化剂浓 H_2SO_4 混合后能否发生氧化还原反应？为什么？

11. 现有五瓶无色溶液分别是 Na_2S、Na_2SO_3、$Na_2S_2O_3$、Na_2SO_4、$Na_2S_2O_8$，试加以确认，并写出有关的反应方程式。

12. 完成并配平下列反应方程式：

(1) 光气与 NH_3 反应

(2) 氨气通过热的氧化铜

(3) 硝酸与亚硝酸混合

(4) 将二氧化氮通入氢氧化钠溶液中

(5) 向稀亚硝酸溶液滴入少量碘酸溶液

(6) 将氮化镁投入水中

（7）向红磷与水的混合物中滴加溴

（8）白磷与氢氧化钠溶液共热

13. 完成并配平下列反应方程式：

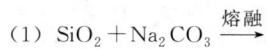

（1）$SiO_2 + Na_2CO_3 \xrightarrow{\text{熔融}}$ 　　　　　　（2）$Na_2SiO_3 + CO_2 + H_2O \longrightarrow$

（3）$SiO_2 + HF \longrightarrow$.　　　　　　（4）$SiCl_4 + H_2O \longrightarrow$

（5）$B_2H_6 + H_2O \longrightarrow$ 　　　　　　（6）$BF_3 + HF \longrightarrow$

第9章 金属元素选述

9.1 碱金属和碱土金属

在 ⅠA 族中，锂、钠、钾、铷、铯、钫六种元素的氧化物的水溶液显碱性，称为碱金属。ⅡA 族中，因钙、锶、钡的氧化物兼有"碱性"和"土性"（化学上把难溶于水和难熔融的性质称为土性），习惯上将 ⅡA 族元素统称为碱土金属。碱金属和碱土金属都属于非常活泼的金属，它们只能以化合物形式存在于自然界中。我们已经学习了一些碱金属和碱土金属的知识，这里我们学习一些它们的性质，特别是在医药和生物功能方面，以及这些元素离子的分析方法。

9.1.1 碱金属和碱土金属的氧化物

（1）氧化物类型

碱金属和碱土金属能形成三种类型的氧化物，即：正常氧化物、过氧化物和超氧化物。碱金属在空气中燃烧时，只有锂得到氧化锂 Li_2O，钠则生成过氧化钠 Na_2O_2，而钾、铷、铯都生成超氧化物：KO_2、RbO_2、CsO_2。在缺氧的条件下也可以制得除锂之外的其他碱金属的氧化物，但这种条件不易控制，生产上是通过碳酸盐、氢氧化物、硝酸盐或硫酸盐的热分解来制取。也可通过用碱金属还原其过氧化物、硝酸盐或亚硝酸来制备氧化物：

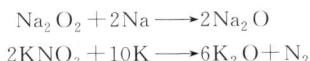
$$Na_2O_2 + 2Na \longrightarrow 2Na_2O$$
$$2KNO_3 + 10K \longrightarrow 6K_2O + N_2$$

除了 Li_2O、经过煅烧的 BeO 和 MgO 难溶于水外，其他碱金属和碱土金属氧化物与水反应剧烈，生成相应的氢氧化物并放出大量的热。碱土金属的氧化物都可以作为吸水剂，其中氧化钙（生石灰）最便宜，是常用的吸水剂。

（2）氧化物性质

对于碱金属和碱土金属过氧化物，主要的性质是两点：一是它的强氧化性，二是它的强碱性。

过氧化物中常见的是过氧化钠，纯品为白色粉末，工业品呈淡黄色。遇水剧烈放热，分解出氧气；若在冰水中缓慢反应，则产生 H_2O_2：

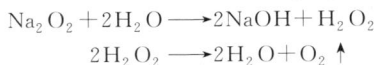
$$Na_2O_2 + 2H_2O \longrightarrow 2NaOH + H_2O_2$$
$$2H_2O_2 \longrightarrow 2H_2O + O_2 \uparrow$$

上述反应可把 Na_2O_2 看作酸性极弱的盐（"酸性"甚至小于水），酸根 O_2^{2-}，得到水解离出的 H^+ 变成酸（H_2O_2）。Na_2O_2 与其他酸反应更容易，如：

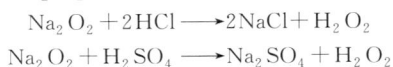
$$Na_2O_2 + 2HCl \longrightarrow 2NaCl + H_2O_2$$
$$Na_2O_2 + H_2SO_4 \longrightarrow Na_2SO_4 + H_2O_2$$

分解时，H_2O_2 先分解出原子氧，氧化性强，因此，Na_2O_2 常用作氧化剂、漂白剂、消毒剂和氧气发生剂。

过氧化钠能吸收空气中的 CO_2 并放出 O_2，如：

$$2Na_2O_2 + 2CO_2 \longrightarrow 2Na_2CO_3 + O_2$$

上述反应有双重功能，Na_2O_2 既作为 CO_2 的吸收剂，又兼作供氧剂，它常用于高空飞行和潜水作业密闭舱。

分析化学中分解矿石需要熔融碱和氧化剂，而过氧化钠集碱性介质和氧化剂于一身。它能将矿石中的铬、锰、钒的化合物氧化成可溶性的含氧酸盐，从而达到分离的效果。例如：

$$Cr_2O_3 + 3Na_2O_2 \longrightarrow 2Na_2CrO_4 + Na_2O$$
$$MnO_2 + Na_2O_2 \longrightarrow Na_2MnO_4$$

过氧化钠能腐蚀皮肤和黏膜。固体 Na_2O_2 虽加热至熔融也不分解，但遇棉花、碳、金属铝粉及有机物，易引起燃烧或爆炸，故应密封储存在阴凉处。

碱土金属过氧化物常见的是 BaO_2，比碱金属的过氧化物更稳定。

由氢氧化钡和 H_2O_2 直接进行复分解可制得：

$$Ba(OH)_2 + H_2O_2 \longrightarrow BaO_2 + 2H_2O$$

超氧化物也是很强的氧化剂，与水剧烈反应并放出 O_2，例如：

$$2KO_2 + 2H_2O \longrightarrow 2KOH + O_2 \uparrow + H_2O_2$$

超氧化钾也兼有吸收 CO_2 和供 O_2 的双重作用：

$$4KO_2 + 2CO_2 \longrightarrow 2K_2CO_3 + 3O_2$$

将 K、Rb 或 Cs 的氢氧化物与臭氧反应，可以得到它们的臭氧化物。例如：

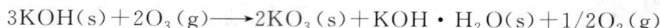

$$3KOH(s) + 2O_3(g) \longrightarrow 2KO_3(s) + KOH \cdot H_2O(s) + 1/2O_2(g)$$

用液氨重结晶，可得到橘红色晶体 KO_3。KO_3 不稳定，它将缓慢分解为 KO_2 和 O_2。

臭氧化物和水反应剧烈，但不是形成过氧化物，而是生成氢氧化物与氧气：

$$4MO_3(s) + 2H_2O \longrightarrow 4MOH + 5O_2(g)$$

9.1.2　氢氧化物及碱性比较

碱金属和碱土金属的氢氧化物都是白色固体，容易吸收空气中的 CO_2，因此要密封保存。它们在空气中易吸水潮解，因此，固体 NaOH 和 $Ca(OH)_2$ 是常用的干燥剂。但它们不能干燥酸性气体，$Ca(OH)_2$ 会与氨或乙醇生成加合物，故 $Ca(OH)_2$ 不能用来干燥氨和乙醇。

除 LiOH 外，碱金属的氢氧化物在水中都有比较大的溶解度，都是强碱。碱土金属氢氧化物的溶解度都较小，从 Be 到 Ba 依次递增，$Be(OH)_2$ 和 $Mg(OH)_2$ 是难溶碱。除了 $Be(OH)_2$ 呈两性外，其余碱都是强碱或中强碱。碱性递增顺序如下：

$$LiOH < NaOH < KOH < RbOH < CsOH$$

同周期碱金属氢氧化物的碱性远强于碱土金属的氢氧化物，这种变化规律可用 R—O—H 规则来解释。

碱金属和碱土金属的氢氧化物具有碱的通性，如与酸反应、与酸性氧化物反应生成盐和水。碱金属氢氧化物由于碱性强，能与两性元素反应，能使非金属元素歧化，有关化学方程式如下：

$$Zn + 2NaOH + 2H_2O \longrightarrow Na_2[Zn(OH)_4] + H_2 \uparrow$$
$$3S + 6NaOH \longrightarrow 2Na_2S + Na_2SO_3 + 3H_2O$$
$$P_4 + 3KOH + 3H_2O \longrightarrow PH_3 \uparrow + 3KH_2PO_2$$

9.1.3　R—O—H 规则

某元素氧化物的水合物可能是氢氧化物，也可能是含氧酸。氧化物的水合物都可

用通式 $R(OH)_n$ 表示，其中 R 代表成碱或成酸元素的离子。R—O—H 在水中有两种解离方式：

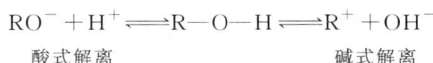

$$RO^- + H^+ \rightleftharpoons R—O—H \rightleftharpoons R^+ + OH^-$$

酸式解离　　　　　　　　　　　碱式解离

R—O—H 究竟进行酸式解离还是进行碱式解离，与阳离子的极化作用有关。卡特雷奇（G. H. Cartledge）提出以"离子势"来衡量阳离子极化作用的强弱。

$$离子势(\Phi) = \frac{阳离子电荷(z)}{阳离子半径(r)}$$

在 R—O—H 中，若 R 的 Φ 值大，其极化作用强，O^{2-} 的电子云将偏向 R，使 O—H 键极性增强，则 R—O—H 按酸式解离；据此，有人提出用 $\sqrt{\Phi}$ 值作为判断 R—O—H 酸、碱性的标度，如表 9-1 所示。

表 9-1　R—O—H 酸、碱性的标度

$\sqrt{\Phi}$ 值	<7	$7 \sim 10$	>10
R—O—H 酸碱性	碱性	两性	酸性

① R^+（或 R^{n+}）中 n 较小，即电荷数较小，半径较大，Φ 值小，R—O 的极性小，则 R—O—H 按碱式解离：$R—O—H \rightleftharpoons R^+ + OH^-$。

同一主族氢氧化物，n 相同时，从上到下，半径增加，Φ 值逐渐减小，故碱性逐渐增加。

② R^+（或 R^{n+}）中 n 较大，即电荷数较大，半径较小，Φ 值大，R—O 的极性大，则 R—O—H 按酸式解离：$R—O—H \rightleftharpoons RO^- + H^+$。

同一主族非金属最高氧化物的水合物，n 相同时，从上到下，半径增加，Φ 值逐渐减小，故酸性逐渐减弱。

③ R^+（或 R^{n+}）中 R—O 的极性和 O—H 键的极性相近，酸式和碱式两种解离方式均存在：

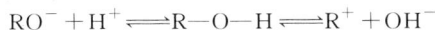

$$RO^- + H^+ \rightleftharpoons R—O—H \rightleftharpoons R^+ + OH^-$$

该物质呈两性，如 $Zn(OH)_2$、$Al(OH)_3$。

④ 在同一周期中，从左到右，在元素最高氧化物的水合物 $R(OH)_n$ 中，R 的氧化数从 +1 到 +7，半径逐渐减小，Φ 值逐渐增加，物质由碱性、两性到酸性直至强酸性，即碱性减弱，酸性增强。

⑤ 同一元素不同氧化态也不同，如 R^{n+} 中 n 值大的，即价态高的，半径小，Φ 值大，酸性强，碱性弱。如表 9-2 所示：

表 9-2　价态与酸碱性强弱的关系

	HClO	$HClO_2$	$HClO_3$	$HClO_4$
Cl 的氧化数	+1	+3	+5	+7
	弱酸	中强酸	强酸	最强酸
碱性	$Fe(OH)_2 > Fe(OH)_3$			

离子势判断氧化物水合物的酸碱性只是一个经验规律。

9.1.4　碱金属和碱土金属盐在医药上的应用

① 氯化钠俗称食盐，主要存在于海水中。全世界的海洋里大约含氯化钠 4 亿亿吨，海水中氯化钠含量达到 $25g \cdot L^{-1}$。氯化钠是常用的调味剂和营养剂。在临床上

用氯化钠来配制生理盐水（浓度为 $9g \cdot L^{-1}$），大量的生理盐水用于出血过多，或补充腹泻引起的缺水症，还可以洗涤伤口。

②　氯化钾　在临床上氯化钾是一种利尿药物，多用于心脏性或肾脏性水肿。氯化钾还用于治疗各种原因引起的缺钾症。

③　碘化钠和碘化钾　可用于配制碘酊，能增大碘的溶解度。碘化钠可用于配制造影剂。

④　硫代硫酸钠（$Na_2S_2O_3 \cdot 5H_2O$）　市售的硫代硫酸钠俗称海波或大苏打，含有 5 分子结晶水，是很强的还原剂，在分析化学中用作滴定剂。在纺织、造纸工业上用作脱氯剂。硫代硫酸钠也是常用的配位剂，能与银离子形成配离子，利用此性质作为定影剂，除去胶片上未曝光的溴化银。医药上 20% 的硫代硫酸钠制剂内服可治疗重金属中毒，外用可治疗慢性皮炎等皮肤病。10% 的硫代硫酸钠注射剂可用于氰化物、砷、汞、铅、铋、碘中毒的治疗。

⑤　碳酸氢钠（$NaHCO_3$）　碳酸氢钠又称小苏打、重碳酸钠，是一种细小的粉末，易溶于水。加热到 60℃ 分解失去 CO_2，是食品工业的膨化剂；在医疗上内服可中和过剩的胃酸。在治疗酸中毒时，大量内服和用等渗液（2%）或高渗液（5%）作静脉注射，均可以补充血液中的碱储备量。碳酸氢钠为不透明的单斜晶系小晶体，或是白色粉末状物质，在潮湿空气中即可缓慢分解，故应密闭保存于干燥阴凉处。

⑥　碳酸锂　是一种抗躁狂药，主要用于治疗精神病。

⑦　硫酸镁（$MgSO_4 \cdot 7H_2O$）　硫酸镁晶体易溶于水，溶液带有苦味。常温下从水溶液中析出含有 7 分子结晶水的水合物，在医药上用作导泻剂。硫酸镁与甘油调和是外用消炎药。

⑧　硫酸钡（$BaSO_4$）　硫酸钡不溶于水，也不溶于酸，具有强烈的吸收 X 射线的能力。在医疗上用作胃肠透视时的内服反对比剂，用于检查诊断疾病。因硫酸钡在胃肠道中不溶解，也不被吸收，能完全排出体外，因而对人体无害。钡盐中除硫酸钡外，其他大多数钡盐都有毒性。因此使用硫酸钡时必须保证纯度，硫酸钡可以制成白色颜料，也可用于生产其他钡盐如碳酸钡、氯化钡等。

⑨　氯化钙（$CaCl_2$）　无水 $CaCl_2$ 有很强的吸水性，是常用的干燥剂。实验室的干燥器内常用无水氯化钙做干燥剂。

⑩　其他钙盐　常用的钙盐药物主要有：葡萄糖酸钙、乳酸钙、磷酸氢钙等。临床上用于治疗急性钙缺乏症、过敏症，也可用来治疗镁中毒。

9.1.5　碱金属和碱土金属的生物功能

生物金属元素在生命过程中发挥着重要作用，碱金属和碱土金属元素主要的生物功能包括：

①　钠和钾的生物功能　K^+ 和 Na^+ 承担着传递神经脉冲的功能，从而保持神经肌肉的应激性；K^+ 和 Na^+ 对细胞具有通透性，对维持和调节体液渗透压有重要作用；体液中的 Na^+ 可参与氨基酸和糖的吸收。

②　钙的生物功能　钙可作为信使，在传递神经信息、触发肌肉收缩和激素的释放、调节心律等过程中都起重要作用；参与体内凝血过程；Ca^{2+} 还是形成多种酶所必不可少的一部分；钙是骨骼、牙齿中羟基磷灰石的组成成分。

③　镁的生物功能　镁是一种细胞内部结构的稳定剂和细胞内酶的辅因子；镁对DNA 复制和蛋白质生物合成是必不可少的；镁在绿色植物的光合作用中也有着非常

重要的作用，叶绿素分子中 Mg^{2+} 扮演着结构中心和活性中心的作用。

9.1.6　碱金属和碱土金属离子的鉴定

（1）Na^+ 的鉴定

方法一：焰色反应　用铂丝环蘸取少量钠盐或 Na^+ 溶液，在无色火焰上灼烧，火焰呈持久的黄色。焰色反应只能用作辅助试验。

方法二：乙酸铀酰锌法　在中性或乙酸酸性溶液中，Na^+ 与乙酸铀酰锌生成柠檬黄色结晶形黄色沉淀。步骤是：在盛有 Na^+ 溶液的试管里，加入乙酸酸化，再加入过量乙酸铀酰锌溶液，用玻璃棒摩擦试管内壁，溶液中有黄色沉淀生成，说明有 Na^+ 存在。

（2）K^+ 的鉴定

方法一：焰色反应　用铂丝环蘸取少量钾盐或 K^+ 溶液，在无色火焰上灼烧，透过钴玻璃片观察到火焰呈紫色。焰色反应只能用作辅助试验。

方法二：亚硝酸钴钠法　在中性或乙酸酸性溶液中，K^+ 能与亚硝酸钴钠生成橙黄色结晶形沉淀。步骤是：在盛有 K^+ 溶液的离心试管中，加入亚硝酸钴钠试液，观察有无橙黄色沉淀生成。必要时可离心分离。但必须在中性或弱酸性溶液中反应。

（3）Mg^{2+} 的鉴定

镁试剂法：在盛有 Mg^{2+} 溶液的试管中加入 $NaOH$ 溶液，生成白色沉淀，再加入镁试剂（对硝基苯偶氮间苯二酚），沉淀变为蓝色（镁试剂在碱性溶液中显紫红色，在酸性溶液中显黄色）。

（4）Ca^{2+} 的鉴定

方法一：焰色反应　取 Ca^{2+} 溶液，用铂丝蘸取后在无色火焰上灼烧，火焰呈砖红色。

方法二：在盛有 Ca^{2+} 溶液的试管中，加入草酸铵试液，生成白色草酸钙沉淀，沉淀不溶于乙酸，但溶于盐酸和硝酸。

（5）Ba^{2+} 的鉴定

方法一：焰色反应　用铂丝蘸取 Ba^{2+} 溶液，在无色火焰上灼烧，火焰呈黄绿色。

方法二：在盛有 Ba^{2+} 溶液的试管中，加入铬酸钾（K_2CrO_4）试液，生成黄色的铬酸钡沉淀。不溶于乙酸，溶于盐酸和硝酸，生成橙色 $Cr_2O_7^{2-}$ 溶液。

部分碱金属和碱土金属的焰色反应如图 9-1 所示。

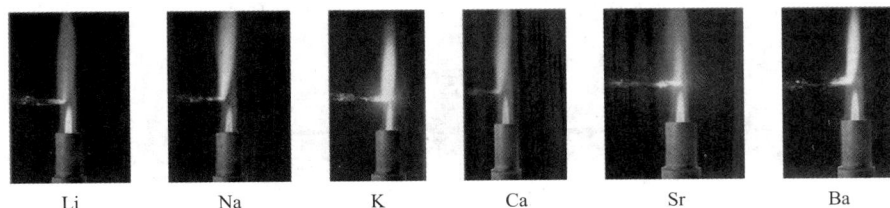

图 9-1　部分碱金属和碱土金属的焰色反应

9.1.7　硬水软化和纯水制备

天然水中溶有较多的钙盐、镁盐时称为硬水。若以钙、镁的酸式碳酸盐存在，称为暂时硬水，煮沸就能分解沉淀出来：

$$Ca(HCO_3)_2 \xrightarrow{\triangle} CaCO_3 \downarrow + CO_2 \uparrow + H_2O$$

$$Mg(HCO_3)_2 \xrightarrow{\triangle} MgCO_3 \downarrow + CO_2 \uparrow + H_2O$$

若为钙、镁的硫酸盐或氯化物，不能靠加热的方法除去，这种水称为永久硬水。

天然水中钙、镁的含量常用硬度表示。我国规定的硬度标准是：1L 水中含的钙盐、镁盐折合成 CaO 和 MgO 的总量相当于 10mg CaO（将 MgO 也换算成 CaO）时，其硬度为 1°，水的硬度是水质的一项重要指标，通常分为以下五等，如表 9-3 所示。

表 9-3　水的硬度等级划分

0°~4°	4°~8°	8°~16°	16°~30°	>30°
很软水	软水	中硬水	硬水	很硬水

一般硬水可以饮用，并且由于 $Ca(HCO_3)_2$ 的存在，味道醇厚，据说饮用后可减少动脉硬化。但是不宜用于蒸气动力工业，它会使锅炉结垢，降低热能利用率，受热不匀甚至引起爆炸。精细化工、纺织、印染、医药等工业往往需要更纯的水。下面介绍硬水软化和纯水制备的几种方法。

（1）化学法

根据水的硬度，定量加入纯碱，沉淀出 Ca^{2+}；若需沉淀 Mg^{2+}，还需加入石灰。这样即可得到软水。

$$Ca^{2+} + CO_3^{2-} \longrightarrow CaCO_3 \downarrow$$

$$2Mg^{2+} + CO_3^{2-} + 2OH^- \longrightarrow Mg_2(OH)_2CO_3 \downarrow$$

（2）离子交换法

离子交换树脂是一种有机高分子化合物，在分子结构中带有能交换阳离子或阴离子的交换基团。故又有阳离子树脂和阴离子树脂之分。例如，磺酸型强酸性阳离子交换树脂的分子式为 $R-SO_3^-H^+$（R 代表树脂的骨架），需要净化的水流经这种树脂时，水中的阳离子如 K^+、Na^+、Ca^{2+} 和 Mg^{2+} 等被树脂吸附，交换下来的 H^+ 进入水中（图 9-2）：

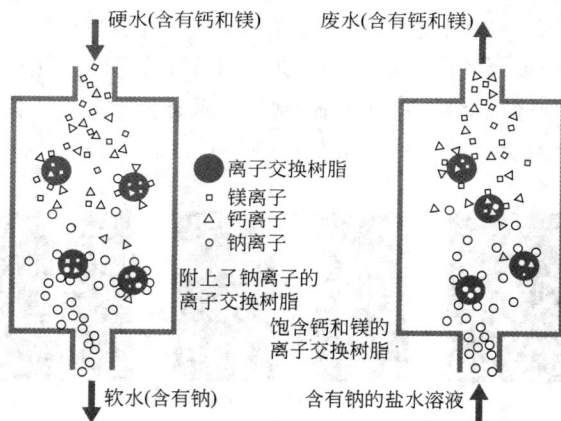

图 9-2　离子交换法硬水软化示意图

$$R-SO_3^-H^+ + Na^+ \rightleftharpoons R-SO_3^-Na^+ + H^+$$

又如季铵型强碱性阴离子交换树脂 $(R_4N)^+OH^-$，水中存在的阴离子如 Cl^-、SO_4^{2-} 将与其中的 OH^- 交换：

$$(R_4N)^+OH^- + Cl^- \Longrightarrow (R_4N)^+Cl^- + OH^-$$

OH^- 进入水中即和 H^+ 结合成 H_2O。

工业上常把两种树脂分装在两个交换柱中串联使用，也可将两种树脂混装在同一柱中。净化后的水通常称去离子水，其纯净度很高。离子交换反应是可逆过程，饱和后的树脂可用酸或碱处理，予以再生。例如：

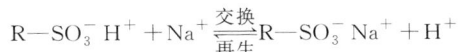

$$R{-}SO_3^-H^+ + Na^+ \underset{再生}{\overset{交换}{\Longleftrightarrow}} R{-}SO_3^-Na^+ + H^+$$

离子交换树脂除净化水外，在湿法冶金、环境保护、卫生、农业、科研等方面还有多种用途。如对稀土元素分离；含铬、汞、锌、镉等工业废水的处理以及制备某些化合物等。

（3）电渗析法

此法的工作原理与前述生产氢氧化钠的离子膜法相似，装置见图 9-3。

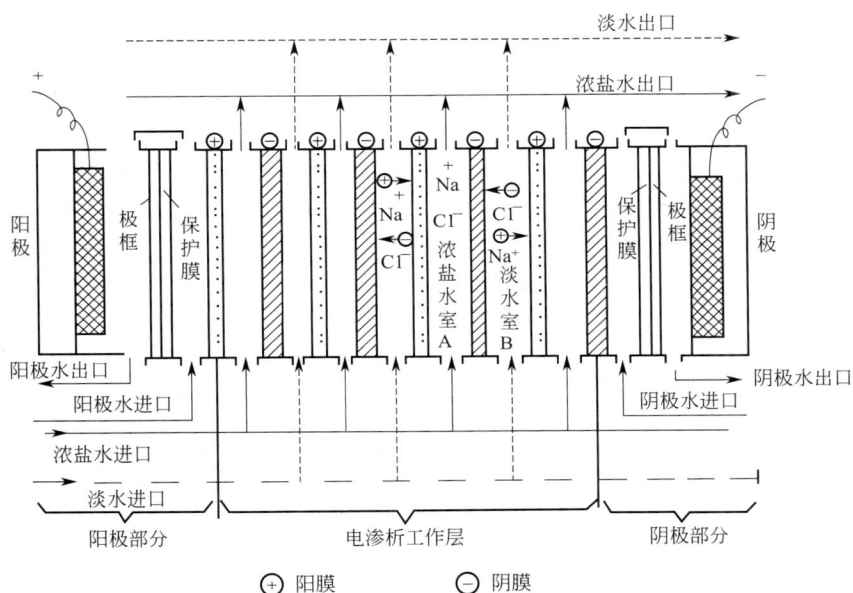

图 9-3　电渗析器从水中脱盐示意图

由图可见，电渗析器由阴膜、阳膜分隔成许多隔室，在电场作用下，阳离子向阴极移动，阴离子向阳极移动。当一个隔室（如 A）的阳极一侧为阳膜，阴极一侧为阴膜时，阴离子（如 Cl^-）移向其阳极，受到阳膜孔隙中负电的排斥而不能通过。同样，移向阴极的阳离子（如 Na^+）受到阴膜中正电场的排斥也不能通过。相反，邻近隔室（如 B）内的阳极一侧为阴膜，阴极一侧为阳膜，室内的阴、阳离子都能从两极的膜透出，使 B 室脱盐，同时使 A 室盐度增加。这样，电渗析器的一半隔室成为脱盐水即淡水，另一半隔室为含盐多的浓水。通过隔板边缘特设孔道汇集起来形成浓、淡水系统，至此达到了脱盐的目的。在两侧的电极上分别放出气体。反应式如下：

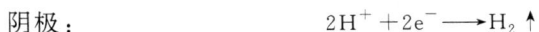

阳极：
$$4OH^- - 4e^- \longrightarrow O_2\uparrow + 2H_2O$$
$$2Cl^- - 2e^- \longrightarrow Cl_2\uparrow$$

阴极：
$$2H^+ + 2e^- \longrightarrow H_2\uparrow$$

因此，需要不断地向两边的隔室通水，以便起到排气和导电的作用，并排走隔室里的沉积物。水的净化常按化学法-电渗析法-离子交换法顺序联合使用，不仅能延长离子交换树脂的使用周期，降低纯净水的成本，而且制得的水纯度更高。

【阅读资料】

膜分离技术

膜分离技术，被认为是 21 世纪最有发展前景的高新技术之一。它在工业技术改造中起战略作用，对传统产业升级起着关键作用。

在环保领域，膜分离技术的广泛应用成为一种发展趋势。目前，全球正在运转和建设中的采用膜技术的饮用水处理厂规模日达 411 万吨。其中已运转的日处理量超过 1 万吨的饮用水处理厂，美国有 42 个，欧洲有 33 个，大洋洲有 6 个，规模最大的在法国，日处理能力为 14 万吨，美国正计划建造用膜技术日处理达 100 万吨的饮用水处理厂。

膜分离的基本原理是利用天然或人工特殊合成的、具有选择透过性的薄膜，以外界能量或化学位差为推动力，对双组分或多组分体系进行分离、分级、提纯或富集，其中采用的薄膜必须具有有的物质可以通过、有的物质不能通过的特性。膜材料的形态各异，可以是有机的或无机的，可以是固态的、液态的或气态的。推动膜分离过程的外力可以是压力差、电位差、浓度差、温度差或浓度差加化学反应。

尽管膜不过是极薄的一层，却在淡化海水方面显示了巨大神通。1950 年，人们推出第一张具有实用意义的膜，使苦咸水和海水得以淡化。1960 年，新的制膜工艺被发明出来，由此制成的反渗透膜同时具有高脱盐率和高透水率的优点，进一步拓展了苦咸水和海水淡化的应用市场。

近代科学技术的发展更为分离膜的研究和制造奠定了基础。高分子材料学科的发展，为膜的研究提供了许多种具有不同分离特性的高聚物膜材料；电子显微镜等近代分析技术的发展，为膜的形态及其与分离性能和制造工艺之间关系的研究提供了有效工具。此外，现代工业对节能、低品位原材料再利用和能够消除环境污染的新技术的迫切需要，极大地推动了膜分离技术的发展。

膜分离技术的发展趋向，可归纳为以下几个方面：

（1）膜材料

众所周知，生物膜具有惊人的分离效率。例如，海带从海水中富集碘，其浓度比海水中碘大1000 多倍；石毛（藻类）浓缩铀的浓缩率达 750 倍。因此，仿生是分离膜的发展方向。生物膜是建立在分子有规则排列的基础上，而目前使用的分离膜多是功能高分子膜，是不规则链排列的聚合物。仿生膜要克服这一根本差别，达到生物膜的分离水平，还是一个比较遥远的目标。当前，应继续开发功能高分子膜材料，合成各种分子结构的均质膜，通过化学反应对膜表面进行改性。无机分离膜会愈来愈受到重视，无机膜包括陶瓷膜、微孔玻璃、金属膜和碳分子筛膜，最近的一个突破是 Ceramesh 膜，它是用溶胶-凝胶法（sol-gelmethod）将超微细粉 ZrO_2 烧结在 Ni 基金属网上制得的有一定韧性并可导电的复合膜。

（2）膜分离用于生物技术

生物产品的大规模分离与纯化技术，通常是实现生物学成果转化为工业规模生产的关键。生物物质体系常常组分多而复杂，其目标产物浓度很低，对热、机械剪切力和 pH 十分敏感，并呈胶粒状悬浮体系，而传统的盐析沉淀、溶剂萃取、色层分离、离心沉降等分离方法存在着成本高、收率低、产品纯度不够和三废排放污染环境等问题。20 世纪 70 年代以来，超滤和微孔过滤膜分离技术逐步用于各种酶、疫苗、病毒、核酸、蛋白质等生理活性物质的浓缩分离和精制，以及激素的精制，人工血液的制造，多糖类的浓缩精制，干扰素、尿激酶等高产值生物产品的浓缩分离。与传统的方法相比，膜分离简化了分离过程，降低了成本，提高了质量。

近年来迅速发展起来的膜亲和分离过程把膜分离在生物产品中应用的水平又提高到一个新的阶段。

（3）渗透汽化

20 世纪 50 年代末，用渗透汽化法来分离乙醇和水混合物取得成功，因而该方法近十几年来也备受重视，被称为是生物能源开发的新技术和第三代膜分离技术。

　　渗透汽化高分子膜从材料上可分为亲水性和疏水性二类。目前聚乙烯醇复合膜是唯一能适用于大规模应用的渗透汽化膜。

　　渗透汽化膜分离技术主要用于分离分子大小近似的液体混合物，普通蒸馏难以分离的沸点接近的共沸混合物，同分异构体混合物以及旋光异构体混合物等。法国已建成日产乙醇 150 t 的渗透汽化法工厂。

　　在废水处理方面，膜分离技术的应用也十分广泛。由于在膜分离过程中不加入任何其他制剂，因此膜技术净化废水的过程同时也使有用物质得以回收，产品质量或生产效率得以提高，成本降低，能耗和物耗减少，污染减轻或消除，因而是名副其实的环保生产技术。比如，采用纳滤膜处理染料废水，不仅可以净化水，还可以回收染料。

　　在国际膜会议上，专家、学者多次对膜分离技术在 21 世纪多数工业技术改造中所扮演的战略角色进行了讨论。工业发展也对它提出新要求，具有更好的耐酸碱、耐热、耐压、耐有机溶剂性能、抗氧化、抗污染性能和易清洗性能的高聚物膜、无机膜和生物膜材料，结合多种膜过程优点的集成膜过程，取代反渗透和蒸发工艺的膜蒸馏过程，都是 21 世纪人类追求的目标。

9.2　锡、铅及其重要化合物

　　锡在自然界主要以锡石（SnO_2）存在，我国云南省个旧市因蕴藏有丰富的锡矿，被称为锡都而闻名于世。铅主要以方铅矿（PbS）存在（图 9-4）。它们在自然界的蕴藏量虽然不算丰富，但矿藏集中，并且容易冶炼，我国明代宋应星的《天工开物》一书中记载的古代炼锡和炼铅的方法就是现代的碳还原法和醋酸浸取铅的基础。故我国古墓出土文物中有颇多的锡、铅制品。

锡石　　　　　　　方铅矿

图 9-4　锡石和方铅矿

9.2.1　锡、铅的单质

（1）物理性质

　　锡是银白色金属，质软，熔点低。它的延性虽不佳，但富有展性。银光闪闪的锡箔，早些时候就是优良的包装材料，现已为铝箔所取代。锡在空气中不易被氧化，能长期保持其光泽。把锡镀在铁上谓之马口铁，耐腐蚀，价格便宜，又无毒，故食品工业的罐头盒由它制成。锡有三种同素异形体，即灰锡（α 锡）、白锡（β 锡）及脆锡。它们在不同温度下可以互相转变：

$$\text{灰锡}(\alpha\text{-Sn}) \underset{18℃}{\xrightleftharpoons{\hspace{1cm}}} \text{白锡}(\beta\text{-Sn}) \underset{161℃}{\xrightleftharpoons{\hspace{1cm}}} \text{脆锡}$$

　　常见的为白锡，虽然它在 18℃ 以下会转变成灰锡，但是这种转变十分缓慢，所以能稳定存在。但是，如果温度过低，达到 -48℃ 时其转变速度急剧增大，顷刻间白锡变成粉末状的灰锡。因此，锡制品处在极端寒冷的地方会遭到毁坏就是这个缘故。这种现象称"锡疫"。

铅也是很软的重金属，用手指甲就能在铅上刻痕。用小刀切开的断面新很亮，但不久就会形成一层碱式碳酸铅而变暗，它能保护内层金属不被氧化。铅能挡住 X 射线，可制作铅玻璃、铅围裙等防护用品。在化学工业和核工业中常用铅作反应器的衬里。

锡、铅大量用于制造合金，除焊锡、保险丝等低熔点合金由锡、铅制成外，铅字合金由 Pb、Sb、Sn 组成，青铜为 Cu、Sn 合金，蓄电池的极板为 Pb、Sb 合金等。值得注意的是，铅及铅的化合物都是有毒物质，并且进入人体后不易排出而导致积累性中毒，所以食具，水管等不宜用铅制造。

（2）化学性质

锡、铅属于中等活泼金属，它们的化学性质为：

① 与氧及其他非金属的反应　在通常条件下，空气中的氧只对铅有作用，在铅表面生成一层氧化铅或碱式碳酸铅，使铅失去金属光泽但不会进一步被氧化。空气中的氧对锡无影响。这两种元素在高温下能与氧反应而生成氧化物。锡、铅能同卤素和硫生成卤化物和硫化物。

② 与水的反应　锡与铅的标准电极电势虽在氢之上，但因相差无几，而且 H_2 在锡、铅上的过电位又很大，所以，锡既不被空气氧化，又不与水反应，可被用来镀在某些金属（主要是低碳钢制件）表面以防锈蚀。铅的情况比较复杂，它在有空气存在的条件下，能与水缓慢反应而生成 $Pb(OH)_2$。

$$2Pb+O_2+2H_2O \longrightarrow 2Pb(OH)_2$$

③ 与酸的反应　锡能与常见的酸起反应，但放出 H_2 的速度比较慢。由于 $PbCl_2$ 和 $PbSO_4$ 都难溶于水，形成沉淀覆盖在铅的表面，使铅与 HCl、稀 H_2SO_4 通常情况下不反应。但浓 H_2SO_4 在加热时能与铅反应。氧化性的硝酸也能与锡、铅反应，有关反应方程式如下：

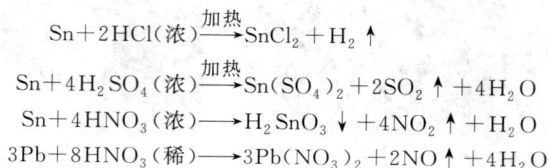

$$Sn+2HCl(浓) \xrightarrow{加热} SnCl_2+H_2\uparrow$$
$$Sn+4H_2SO_4(浓) \xrightarrow{加热} Sn(SO_4)_2+2SO_2\uparrow+4H_2O$$
$$Sn+4HNO_3(浓) \longrightarrow H_2SnO_3\downarrow+4NO_2\uparrow+H_2O$$
$$3Pb+8HNO_3(稀) \longrightarrow 3Pb(NO_3)_2+2NO\uparrow+4H_2O$$

铅在有氧存在的条件下可溶于醋酸，生成易溶的醋酸铅。这也就是用醋酸从含铅矿石中浸取铅的原理。

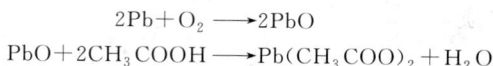

$$2Pb+O_2 \longrightarrow 2PbO$$
$$PbO+2CH_3COOH \longrightarrow Pb(CH_3COO)_2+H_2O$$

④ 与碱的反应　锡、铅能与强碱反应缓慢地放出氢气并得到亚锡酸盐和亚铅酸盐。

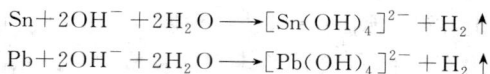

$$Sn+2OH^-+2H_2O \longrightarrow [Sn(OH)_4]^{2-}+H_2\uparrow$$
$$Pb+2OH^-+2H_2O \longrightarrow [Pb(OH)_4]^{2-}+H_2\uparrow$$

9.2.2　锡、铅的氧化物及其水合物

锡的氧化物有 SnO（黑绿色）和 SnO_2（白色），将 Sn（Ⅱ）盐的水解产物 SnO·nH_2O 加热脱水可得黑色 SnO，而锡在空气中燃烧可得 SnO_2。铅有多种氧化物，有黄色的 PbO（俗称密陀僧）、红色的 Pb_3O_4（也称红丹或铅丹）（图 9-5）、橙色的 Pb_2O_3 和棕黑

色的 PbO_2。

（1）锡、铅氧化物的酸碱性

锡、铅都是能形成 +2、+4 氧化数的氧化物，这些氧化物均是两性氧化物。其酸碱性的关系为：

图 9-5　铅丹

$$碱性：SnO < PbO$$
$$酸性：SnO_2 > PbO_2$$

锡和铅的氢氧化物都是两性氢氧化物，既溶于酸又溶于碱：

$$Sn(OH)_2 + 2HCl \longrightarrow SnCl_2 + 2H_2O$$
$$Sn(OH)_2 + 2NaOH \longrightarrow Na_2[Sn(OH)_4] 或 Na_2SnO_2$$
$$+ 2H_2O$$
$$Sn(OH)_4 + 4HCl \longrightarrow SnCl_4 + 4H_2O$$
$$Sn(OH)_4 + 2NaOH \longrightarrow Na_2[Sn(OH)_6] 或 Na_2SnO_3$$

因为 $PbCl_2$、$PbSO_4$ 均不溶于水，欲证明 $Pb(OH)_2$ 的碱性要用硝酸：

$$Pb(OH)_2 + 2HNO_3 \longrightarrow Pb(NO_3)_2 + 2H_2O$$
$$Pb(OH)_2 + NaOH \longrightarrow Na[Pb(OH)_3]$$

锡、铅氧化物及其氢氧化物的酸碱性规律可表示为：

$$Sn(OH)_4, SnO_2 \xleftarrow{\quad 酸性增强 \quad} SnO, Sn(OH)_2$$
$$\uparrow 酸性增强 \qquad\qquad\qquad \downarrow 碱性增强$$
$$Pb(OH)_4, PbO_2 \xrightarrow{\quad 碱性增强 \quad} PbO, Pb(OH)_2$$

（2）锡、铅化合物的氧化、还原性

由于惰性电子对效应，铅的低氧化态比较稳定，所以 Pb（Ⅳ）有氧化性；而对锡，Sn（Ⅱ）有还原性，高氧化态更稳定。

在酸性介质中，Pb（Ⅳ）的还原电势很高，PbO_2 有很强的氧化性：

$$PbO_2 + 4H^+ + 2e^- \Longrightarrow Pb^{2+} + 2H_2O \qquad E^\ominus = 1.46V$$
$$2Mn^{2+} + 5PbO_2 + 4H^+ \xrightarrow{Ag^+} 2MnO_4^- + 5Pb^{2+} + 2H_2O$$
$$PbO_2 + 4HCl \longrightarrow PbCl_2 + Cl_2 \uparrow + 2H_2O$$
$$2PbO_2 + 4H_2SO_4 \longrightarrow 2Pb(HSO_4)_2 + O_2 \uparrow + 2H_2O$$

而 $SnCl_2$ 和 $Na_2[Sn(OH)_4]$ 都是常见的还原剂，它们的标准电极电势为：

$$Sn^{4+} + 2e^- \Longrightarrow Sn^{2+} \qquad E_A^\ominus = 0.154V$$
$$[Sn(OH)_6]^{2-} + 2e^- \Longrightarrow [Sn(OH)_4]^{2-} + 2OH^- \qquad E_B^\ominus = -0.93V$$

$SnCl_2$ 能将汞盐还原为亚汞盐：

$$SnCl_2 + 2HgCl_2 \longrightarrow Hg_2Cl_2(s, 白) + SnCl_4$$

$SnCl_2$ 过量时，亚汞盐被还原为金属汞：

$$SnCl_2 + Hg_2Cl_2 \longrightarrow SnCl_4 + 2Hg(s, 黑)$$

这个反应很灵敏，常用来检验 Sn^{2+} 的存在。

由于 $SnCl_2$ 具有还原性，容易被空气中的氧气氧化，为防止溶液受空气中氧气氧化而变质，常加入少许 Sn 粒：

$$Sn^{4+} + Sn \longrightarrow 2Sn^{2+}$$

由标准电极电势可见，$[Sn(OH)_4]^{2-}$ 在碱性介质中的还原能力比 Sn^{2+} 在酸性介质中的强，能够将 $Bi(OH)_3$ 还原成单质金属 Bi（黑），这是检验 Bi^{3+} 的特征反应：

$$2Bi(OH)_3 + 3Na_2[Sn(OH)_4] \Longrightarrow 2Bi(s) + 3Na_2[Sn(OH)_6]$$

9.2.3 锡、铅的盐类及其水解

铅盐大部分都难溶于水，并且具有特征颜色，如 $PbCl_2$（白色）、$PbSO_4$（白色）、PbI_2（金黄色）、PbS（黑色）。但 $PbCl_2$ 能够溶解于热水中。

Pb^{2+} 和 CrO_4^{2-} 反应生成黄色沉淀是检验 Pb^{2+} 的特征反应：

$$Pb^{2+} + CrO_4^{2-} \longrightarrow PbCrO_4 \downarrow$$

$PbCl_2$ 难溶于冷水，能溶于热水，也能溶于盐酸中：

$$PbCl_2 + 2HCl \longrightarrow H_2[PbCl_4]$$

工业上制备 $SnCl_2$，是将锡花浸在水中，加入少量盐酸后通入 Cl_2，反应按下式进行：

$$Sn + 2HCl \longrightarrow SnCl_2 + H_2 \uparrow$$
$$SnCl_2 + Cl_2 \longrightarrow SnCl_4$$
$$SnCl_4 + Sn \longrightarrow 2SnCl_2$$

反应按后两个方程式不断循环，所消耗的是 Cl_2 和 Sn，反应中要不断补充锡花。当溶液密度达到 $2g \cdot cm^{-3}$ 时，保温一段时间后（使反应完全），趁热过滤、冷却、结晶出成品。

$SnCl_2$ 易于水解，所以配制 $SnCl_2$ 溶液时，先将 $SnCl_2$ 固体溶于少量浓盐酸中，加水稀释，才能得到澄清溶液。$SnCl_2$ 水解反应式：

$$SnCl_2 + H_2O \longrightarrow Sn(OH)Cl \downarrow + HCl$$

Na_2SnO_3 也水解，水解反应式：

$$Na_2SnO_3 + 3H_2O \longrightarrow Sn(OH)_4 \downarrow + 2NaOH$$

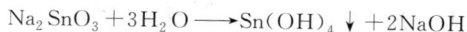

$SnCl_4$ 由 Sn 和过量 Cl_2 直接合成，是无色液体，不导电，为典型的共价化合物，可溶于有机溶剂，遇水剧烈水解，在潮湿空气中会发烟。

分别向 Sn（Ⅱ）和 Sn（Ⅳ）盐溶液中通入 H_2S，得到 SnS（暗棕色）和 SnS_2（金黄色，金粉涂料的主要成分）沉淀。高氧化态硫化物 SnS_2 能溶于碱或碱金属硫化物（如 Na_2S），反应如下：

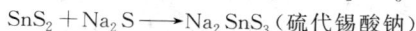

$$3SnS_2 + 6NaOH \longrightarrow Na_2SnO_3 + 2Na_2SnS_3 + 3H_2O$$
$$SnS_2 + Na_2S \longrightarrow Na_2SnS_3（硫代锡酸钠）$$

低氧化态硫化物 SnS 则不溶于 $NaOH$ 或 Na_2S，这一事实说明前者显酸性，后者显碱性。用 Pb^{2+} 和 S^{2-} 反应生成 PbS（黑色）的反应常用于检验 Pb^{2+} 或 S^{2-}，或鉴别 H_2S 气体。

PbS 不能溶于稀的非氧化性酸，但能溶于 HNO_3 或浓 HCl：

$$3PbS + 8HNO_3 \longrightarrow 3Pb(NO_3)_2 + 2NO + 3S \downarrow + 4H_2O$$
$$PbS + 4HCl \longrightarrow H_2[PbCl_4] + H_2S \uparrow$$

9.3 过渡金属元素

过渡元素由ⅢB～ⅦB以及Ⅷ族元素（d区元素），有些教材把ⅠB、ⅡB族（ds区元素）也归入其中。它们位于元素周期表中部，都是金属元素。d区元素由于次外层d轨道未充满（Pd除外），因而在性质上有许多相似之处。ds区元素d轨道均充满，与d区元素有些差别，但有些d电子也能参与反应，故也放在本节讨论。本节先讨论它们的通性，然后重点介绍第一过渡系元素单质及其化合物的性质，再介绍ds区元素单质及其化合物的性质。

9.3.1　过渡金属元素的通性

同周期过渡元素从左到右性质递变时，增加的电子填充在次外层 d 轨道，性质变化不明显，或者说，同周期过渡金属性质较相似，故通常人们把同一周期元素放在一起作为一个过渡系来讨论。表 9-4 列出了 d 区第一过渡系元素的基本性质。

表 9-4　d 区第一过渡系元素的基本性质

元素	Sc	Ti	V	Cr	Mn	Fe	Co	Ni
原子序数	21	22	23	24	25	26	27	28
价层电子构型	$3d^1 4s^2$	$3d^2 4s^2$	$3d^3 4s^2$	$3d^5 4s^1$	$3d^5 4s^2$	$3d^6 4s^2$	$3d^7 4s^2$	$3d^8 4s^2$
主要氧化数	+3	+3,+4	+5	+3,+6	+2,+4,+7	+2,+3	+2,+3	+2
熔点/℃	1541	1668	1917	1907	1246	1538	1495	1455
沸点/℃	2836	3287	3421	2671	2061	2861	2927	2913
共价半径/pm	144	132	122	119	118	117	116	115

（1）过渡元素原子结构特征

d 区元素电子结构的特点是具有未充满的 d 轨道（Pd 例外），最外层电子为 1~2 个，其特征电子构型为 $(n-1)d^{1~9}ns^{1~2}$。ds 区的铜族，锌族元素电子构型为 $(n-1)d^{10}ns^{1~2}$。

d 区元素的原子半径从左到右略有减小（至 IB、IIB 族因次外层 d 轨道填满而略有增加），不如同周期主族元素原子半径减小得那样明显。就同族过渡元素而言，其原子半径自上而下增加不大。特别是由于"镧系收缩"的影响，导致第二和第三过渡系元素的原子半径十分接近。

（2）氧化态

过渡元素在反应中除失去最外层 s 电子外，还可以部分或全部失去次外层 d 电子，故其氧化数以多变为特征，最高氧化态与各族元素所在族的序数相同（除Ⅷ族）。各种重要氧化态列于表 9-4 及图 9-6 中。

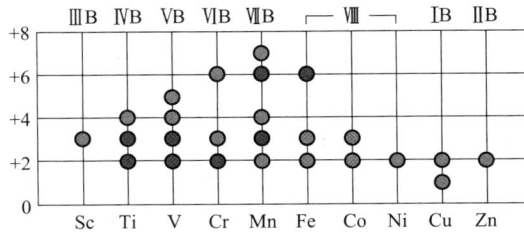

图 9-6　部分过渡元素氧化数

从表中数据可看出：①过渡元素的氧化态随原子序数的增加，氧化态先是逐渐升高，然后又逐渐降低，这与 d 电子数有关，开始时 3d 轨道中价电子数增加，氧化态逐渐升高，但当 3d 轨道中电子数达到 5 或超过 5 时，3d 轨道趋向稳定，氧化态降低。②绝大多数过渡元素中，同一元素的价态变化是连续的。例如，Ti 的价态为+2、+3、+4，V 的价态为+2、+3、+4、+5。由于 s 和 d 电子参与成键，而 ns、$(n-1)d$ 轨道能量相差不多，所以逐个失去 s 电子及 d 电子，价态变化是连续的。对于 p 区典型元素来说，价态变化是不连续的。

（3）单质的物理性质

d 区元素的单质都是高熔点、高沸点、密度大、导电、导热性和延展性良好的金属。在同周期中，它们的熔点从左到右先逐渐升高，然后又缓慢下降。这是因为金属的熔点和沸点与形成金属键的自由电子数有关，而自由电子又与原子中未成对的 d 电子有关。单位体积内未成对的 d 电子越多，金属键越强，金属单质的熔、沸点就越高。单位体积内的 d 电子，其多少还与原子半径、晶体结构有关。

d 区元素中密度最大的是第三过渡系中的锇、铱、铂，都是在 $20g \cdot cm^{-3}$ 以上，其中锇为 $22.48\ g \cdot cm^{-3}$，熔点最高的金属是钨（W，3683K），硬度最大的金属是铬（Cr，莫氏硬度 9）。

（4）单质的化学性质

在化学性质方面，第一过渡系 d 区元素的单质比第二、三过渡系 d 区元素的单质活泼（这与主族元素的情况恰好相反）。例如，第一过渡系中 d 区金属都能溶于稀的盐酸或硫酸，而第二、三过渡系 d 区元素的单质大多较难发生类似反应。有些仅能溶于王水或氢氟酸中，如锆、铪等，有些甚至不溶于王水，如钌、铑、锇、铱等。这些化学性质的差别，与第二、三过渡系 d 区元素的原子具有较大的电离能和升华焓有关。

d 区元素的单质能与活泼的非金属（如卤素和氧）直接形成化合物。它们氧化物的水合物有些能溶于水，如 $H_2Cr_2O_7$、$HMnO_4$、$HReO_4$ 等；有些是难溶于水的，如 $Sc(OH)_3$、$Y(OH)_3$ 等。但这些氧化物的水合物的酸碱性却有着明显的规律，可用 R—O—H 规则解释。d 区元素一般可与氢形成金属型氢化物，如 TiH_2、$VH_{1.8}$、CrH_2、$PaH_{0.8}$ 等。金属氢化物基本保留着金属的一些物理性质，如金属光泽、导电性等，其密度小于相应的金属。

（5）配位性

相对于 s 区和 p 区元素来说，过渡金属的明显特征是常作为配合物的形成体，形成众多的配合物。这是因为过渡元素的原子或离子具有 $(n-1)d$、ns、np 和 nd 多个价电子轨道，其中 ns、np 和 nd 轨道是空的，$(n-1)d$ 轨道为部分空或全空，它们的原子也存在 np 轨道和部分未填充的 $(n-1)d$ 轨道，这种电子构型都具有接受配位体孤对电子的条件。例如过渡元素一般都容易形成氨配合物、氰配合物，草酸基配合物、羰基配合物等。更独特的是多数过渡元素的中性原子能形成配合物，如羰合物 $[Fe(CO)_5]$、$[Ni(CO)_4]$ 及 $K[Mn(CO)_5]$ 等，此时过渡元素往往表现出异乎寻常的低氧化态（0 或 -1 等）。

（6）离子的颜色

过渡元素的水合离子往往都有颜色。离子颜色产生的原因比较复杂，但根据过渡元素水合离子的颜色，可以得出一个大致的规律，即没有未成对 d 电子的水合离子是无色的，不论过渡元素还是非过渡元素都如此。相反，具有未成对 d 电子的水合离子一般呈现明显的颜色。表 9-5 及图 9-7 列出了第一过渡系部分元素水合离子的颜色。

表 9-5　第一过渡系部分元素水合离子的颜色

d 电子数	0	1	2	3	4	5	6	7	8	9	10
水合离子	Sc^{3+} Ti^{4+}	Ti^{3+}	V^{3+}	Cr^{3+}	Cr^{2+} Mn^{3+}	Mn^{2+} Fe^{3+}	Fe^{2+}	Co^{2+}	Ni^{2+}	Cu^{2+}	Cu^+ Zn^{2+}
颜色	无色	紫色	绿色	蓝紫	蓝红	淡红 淡紫	淡绿	粉红	绿	蓝	无色

注：1. Fe^{2+}、Mn^{2+} 的稀溶液几乎是无色的。

　　2. 由于水解，Fe^{3+} 常呈黄色或褐色。

图 9-7　部分过渡元素水合离子的颜色

9.3.2　铬的重要化合物

(1) 铬 (Ⅲ) 的化合物

铬 (Ⅲ) 的化合物有氧化物、氢氧化物及盐类。

① 氧化物和氢氧化物　三氧化二铬 (Cr_2O_3) (图 9-8) 是绿色晶体，难溶于水，熔点很高，是冶炼铬的原料。还常被用作油漆的颜料。未灼烧过的 Cr_2O_3 具有两性，既可溶于浓硫酸生成蓝紫色的硫酸铬 $[Cr_2(SO_4)_3]$，又可溶于浓氢氧化钠溶液生成绿色的亚铬酸钠 $\{Na[Cr(OH)_4]$ 或 $NaCrO_2\}$：

图 9-8　铬绿 (Cr_2O_3)

$$Cr_2O_3 + 3H_2SO_4 \longrightarrow Cr_2(SO_4)_3 (蓝紫色) + 3H_2O$$

$$Cr_2O_3 + 2NaOH \longrightarrow 2NaCrO_2 (绿色) + H_2O$$

高温灼烧过的 Cr_2O_3 与 $\alpha\text{-}Al_2O_3$ 相似，对酸和碱均为惰性，需与焦硫酸钾共熔后，再转入溶液中。

Cr_2O_3 可由热分解制备：

$$(NH_4)_2Cr_2O_7 \xrightarrow{\triangle} Cr_2O_3 + N_2 \uparrow + 4H_2O$$

氢氧化铬 $Cr(OH)_3$ 具有两性，与 $Al(OH)_3$ 相似：

$$Cr(OH)_3 + 3H^+ \longrightarrow Cr^{3+} + 3H_2O$$

$$Cr(OH)_3 + OH^- \longrightarrow Cr(OH)_4^- (绿色)$$

$Cr(OH)_3$ 在水溶液中存在着下列平衡：

$$\underset{紫色}{Cr^{3+}} + 3OH^- \Longleftrightarrow \underset{灰蓝色}{Cr(OH)_3} \Longleftrightarrow H^+ + \underset{绿色}{CrO_2^-} + H_2O$$

显然，$Cr(OH)_3$ 和 $Al(OH)_3$、$Zn(OH)_2$ 类似，它的溶解度与溶液的酸碱性密切相关。

② 铬 (Ⅲ) 的盐类和配位化合物　铬 (Ⅲ) 盐的制备常以铬酐 (Cr_2O_7) 为原料，用酒精、蔗糖、甲醛等进行还原。常见的铬 (Ⅲ) 盐有氯化铬、硫酸铬和铬钾矾。这些盐类多带结晶水：

$$CrCl_3 \cdot 6H_2O \qquad Cr_2(SO_4)_3 \cdot 18H_2O \qquad K_2SO_4 \cdot Cr_2(SO_4)_3 \cdot 24H_2O$$

三氯化铬是深绿色颗粒，易潮解，用于无机合成、媒染剂、催化剂。合成时，在三氧化铬中慢慢加入盐酸，当有氯气味时，说明氧化还原反应已经开始进行，但此反应不易彻底。须再慢慢加入适量蔗糖 (水解为葡萄糖)，并加入一些酒精，直到溶液由褐色转为暗绿色即为反应终点。反应式如下：

$$8H_2CrO_4 + C_6H_{12}O_6 + 24HCl \longrightarrow 8CrCl_3 + 6CO_2 + 26H_2O$$

$$6H_2CrO_4 + 4C_2H_5OH + 18HCl \longrightarrow 3CH_3CHO + 6CrCl_3 + 2CO_2 + 21H_2O$$

Cr（Ⅲ）形成配合物的能力特别强。主要通过 d^2sp^3 或 sp^3d^2 杂化形成六配位八面体结构。铬（Ⅲ）的配合物有一特点，就是某一配合物生成后，当其他配体与之发生交换时，速率很小，往往同一组成的配合物有多种异构体存在，且因含某配位体的数目不同而呈现不同的颜色。常被用来进行配体取代反应的化学动力学研究。例如 $[Cr(H_2O)_6]^{3+}$ 内界中的 H_2O 逐步被 Cl^- 或 NH_3 取代，配离子颜色将发生如下变化：

$$[Cr(H_2O)_6]Cl_3 \qquad [CrCl(H_2O)_5]Cl_2 \cdot H_2O \qquad [CrCl_2(H_2O)_4]Cl \cdot 2H_2O$$
　　　蓝绿色　　　　　　　　　　浅绿色　　　　　　　　　　　　暗绿色

可见，随着内界中的 H_2O 逐步被 Cl^- 或 NH_3 取代，配离子的颜色逐渐向长波方向移动，这种现象可以用晶体场理论解释。

③ 铬（Ⅲ）的还原性　Cr（Ⅲ）在酸性溶液中较稳定，在碱性环境下有一定的还原性。

在酸性溶液中：

$$Cr_2O_7^{2-} + 14H^+ + 6e^- \rightleftharpoons 2Cr^{3+} + 7H_2O \qquad E^\ominus = 1.232V$$

在碱性溶液中：

$$CrO_4^{2-} + 2H_2O + 5e^- \rightleftharpoons CrO_2^- + 4OH^- \qquad E^\ominus = -0.13V$$

在酸性溶液中，只有很强的氧化剂才能把 Cr（Ⅲ）氧化成 Cr（Ⅵ）；在碱性溶液中，具有一定的还原性，不少氧化剂如双氧水、卤素单质均能将 Cr（Ⅲ）氧化成 Cr（Ⅵ）。

在酸性溶液中：

$$2Cr^{3+} + 3S_2O_8^{2-} + 7H_2O \longrightarrow Cr_2O_7^{2-} + 6SO_4^{2-} + 14H^+$$
$$10Cr^{3+} + 6MnO_4^- + 11H_2O \longrightarrow 5Cr_2O_7^{2-} + 6Mn^{2+} + 22H^+$$

在碱性溶液中：

$$2CrO_2^- + 3H_2O_2 + 2OH^- \longrightarrow 2CrO_4^{2-} + 4H_2O$$

④ Cr（Ⅲ）与 Al（Ⅲ）的异同点　Cr（Ⅲ）与 Al（Ⅲ）由于在离子所带电荷和离子半径上有较多相似性，导致许多性质相似，如氧化物和氢氧化物均为两性，均能溶解于酸和碱；盐类易带结晶水，易形成矾，如 $K_2SO_4 \cdot Cr_2(SO_4)_3 \cdot 24H_2O$，$K_2SO_4 \cdot Al_2(SO_4)_3 \cdot 24H_2O$；离子有较大的水解性，硫化物、碳酸盐在水中完全水解，此类盐要用干法制备：

$$2Cr^{3+} + 3S^{2-} + 6H_2O \longrightarrow 2Cr(OH)_3\downarrow + 3H_2S\uparrow$$

由于核外电子结构不同，它们的配位性能不同，Cr（Ⅲ）有较强的配位能力，而 Al（Ⅲ）配位能力较弱；借助于它们配位性和氧化还原性的不同，可将它们区别或分离。向含有 Cr^{3+} 和 Al^{3+} 的混合溶液中逐滴加入 $NH_3 \cdot H_2O$，Cr^{3+} 和 Al^{3+} 开始时均分别生成 $Cr(OH)_3$ 和 $Al(OH)_3$ 沉淀，随着 $NH_3 \cdot H_2O$ 的继续加入，$Cr(OH)_3$ 溶解，生成 $[Cr(NH_3)_6]^{3+}$，而 $Al(OH)_3$ 在氨水中不溶解。

Cr^{3+} 因配体不同显不同颜色，而 Al^{3+} 无色。相关反应如下：

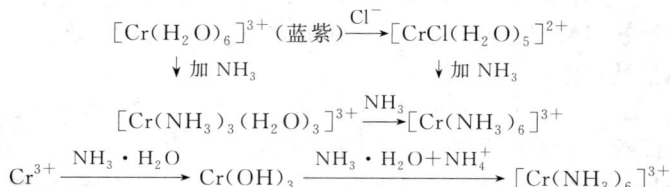

Cr（Ⅲ）有一定的还原性，而 Al（Ⅲ）没有还原性。分别在含 Cr^{3+} 和 Al^{3+} 的溶液中加入过量的 NaOH 溶液，使其产生的沉淀溶解，然后分别加入 3% 的 H_2O_2，原 Cr^{3+} 溶液颜色变为黄色（CrO_4^{2-} 的颜色），而原 Al^{3+} 溶液颜色无变化，依然为无

色溶液，这就是通过氧化还原性质不同对这两种离子的区别。

（2）铬（Ⅵ）的化合物

铬（Ⅵ）的重要化合物有三氧化铬、铬酸钾和重铬酸钾。

① 三氧化铬与铬酸　三氧化铬（CrO_3）是暗红色的小片结晶或粉末，有剧毒。电镀铬时与硫酸配成电镀液。CrO_3 溶于水生成橙红色铬酸溶液，称为铬酐。受热分解反应如下：

$$4CrO_3 \xrightarrow{\triangle} 2Cr_2O_3 + 3O_2 \uparrow$$

CrO_3 是强氧化剂，遇酒精等有机物立即着火燃烧，本身还原为 Cr_2O_3，实验室或生产单位储存 CrO_3 时要注意其与易燃物放在不同房间，至少是不同的柜子里，以免掉落的 CrO_3 和有机物反应着火。

铬酸 H_2CrO_4 是一种较强的酸，只存在于水溶液中，二级解离常数较小。

$$H_2CrO_4 \rightleftharpoons H^+ + HCrO_4^- \qquad K_{a1}^{\ominus} = 4.1$$
$$HCrO_4^- \rightleftharpoons H^+ + CrO_4^{2-} \qquad K_{a2}^{\ominus} = 3.2 \times 10^{-7}$$

将 $K_2Cr_2O_7$ 溶于水形成饱和溶液，加入浓硫酸，就是分析实验室里不可或缺的铬酸洗液，它能很好地氧化玻璃仪器表面的各种污垢。H_2CrO_4 的盐类较稳定，用途也较广。

② CrO_4^{2-} 与 $Cr_2O_7^{2-}$ 的相互转化　向黄色的 CrO_4^{2-} 的碱性溶液中逐滴加入硫酸使其逐渐呈酸性，溶液变为橙红色，产生 $Cr_2O_7^{2-}$。反之，若向橙红色的 $Cr_2O_7^{2-}$ 的酸性溶液中逐滴加入氢氧化钠溶液，又变为黄色的 CrO_4^{2-} 溶液（图 9-9）。原因是溶液中存在着下列平衡：

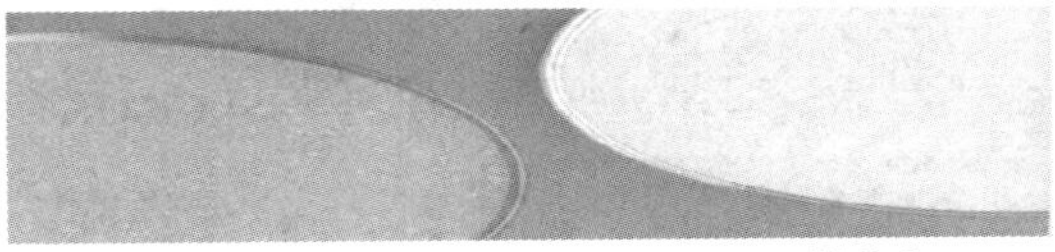

K₂Cr₂O₇　　　　　　　　　　PbCrO₄

图 9-9　重铬酸钾和铬酸铅颜色

$$2CrO_4^{2-} + 2H^+ \rightleftharpoons Cr_2O_7^{2-} + H_2O \qquad K^{\ominus} = 1.0 \times 10^{14}$$
　黄色　　　　　橙红色

从平衡角度来讲，在 $Cr_2O_7^{2-}$ 或 CrO_4^{2-} 溶液中，$Cr_2O_7^{2-}$ 和 CrO_4^{2-} 两种离子均存在，只不过是在酸度不同时两者离子浓度的比例不同。从上述平衡常数可知，当 pH=11 时，Cr（Ⅵ）几乎 100% 以 CrO_4^{2-} 的形式存在；当 pH=1.2 时，又几乎 100% 以 $Cr_2O_7^{2-}$ 的形式存在。在 $Cr_2O_7^{2-}$ 或 CrO_4^{2-} 溶液中，加入 Ba^{2+}、Pb^{2+}、Ag^+ 等离子时，均生成相应的铬酸盐沉淀而不是重铬酸盐沉淀，因为这些阳离子的重铬酸盐易溶于水，而铬酸盐的溶度积非常小。若铬酸盐的溶度积相对大一些，如 $SrCrO_4$（$K_{sp}^{\ominus} = 2.2 \times 10^{-5}$），则需要调低溶液酸度，方能保证沉淀所需的浓度，使 Sr^{2+} 沉淀完全。

$$2Ba^{2+} + \underline{Cr_2O_7^{2-} + H_2O}\text{（含有部分 }\underline{2CrO_4^{2-} + 2H^+}\text{）}\longrightarrow 2BaCrO_4 \downarrow + 2H^+$$

在上述形成的沉淀中，$Cr_2O_7^{2-}$ 和 CrO_4^{2-} 两种离子也完成了转换。但在 Ba^{2+}、Pb^{2+}、Ag^+ 等离子的铬酸盐沉淀中加入强酸且使溶液酸度较大时，$Cr_2O_7^{2-}$ 和 CrO_4^{2-} 两种离子又进行了转换，使这些铬酸盐溶解。

③ 铬酸盐和重铬酸盐　最常见的铬（Ⅵ）盐是铬酸钾（K_2CrO_4）和重铬酸钾（$K_2Cr_2O_7$），K_2CrO_4 和 Na_2CrO_4 最重要。重铬酸钾最重要的性质是在酸性溶液中的氧化性。在酸性溶液中，$Cr_2O_7^{2-}$ 能将 H_2S、KI、Na_2SO_3、$FeSO_4$ 等还原剂氧化，而自己还原成 Cr^{3+}：

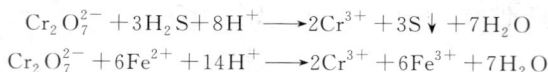

$$Cr_2O_7^{2-}+3H_2S+8H^+\longrightarrow 2Cr^{3+}+3S\downarrow+7H_2O$$

$$Cr_2O_7^{2-}+6Fe^{2+}+14H^+\longrightarrow 2Cr^{3+}+6Fe^{3+}+7H_2O$$

$Cr_2O_7^{2-}$ 能定量地将 Fe^{2+} 氧化成 Fe^{3+}，该反应是测定铁含量的基本反应。Na_2CrO_4 虽然可以定量氧化 Fe^{2+}，且价格更便宜，但 Na_2CrO_4 易潮解，质量不易定量，故在分析化学上常用易提纯、不潮解的 $K_2Cr_2O_7$ 作为基准物。

交警对醉驾者测血液中的酒精浓度时，是利用肺部呼出气体的酒精含量来推算的。而呼出气体中的酒精与 $K_2Cr_2O_7$ 溶液反应后，因消耗了 $K_2Cr_2O_7$，溶液颜色变浅，从溶液颜色变化来推算出是否醉驾或醉驾程度，反应方程式为：

$$2Cr_2O_7^{2-}+3C_2H_5OH+16H^+\longrightarrow 4Cr^{3+}+3CH_3COOH+11H_2O$$

在 $Cr_2O_7^{2-}$ 溶液中，加入 30% 双氧水和乙醚时，有蓝色的过氧化铬 $[CrO(O_2)_2]$ 生成：

$$Cr_2O_7^{2-}+4H_2O_2+2H^+\xrightarrow{\text{乙醚}}2CrO_5+5H_2O$$

这是检验 Cr^{3+} 的一个灵敏反应，反应温度宜低。过氧化铬不稳定，放置或微热时会分解为三价铬盐和氧气。

$$4CrO_5+12H^+\longrightarrow 4Cr^{3+}+6H_2O+7O_2\uparrow$$

以下是铬的相同氧化态和不同氧化态物质之间的转化：

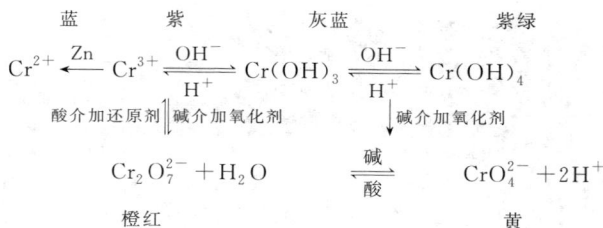

$$
\begin{array}{c}
\overset{\text{蓝}}{Cr^{2+}}\xleftarrow[\text{}]{Zn}\overset{\text{紫}}{Cr^{3+}}\underset{H^+}{\overset{OH^-}{\rightleftharpoons}}\overset{\text{灰蓝}}{Cr(OH)_3}\underset{H^+}{\overset{OH^-}{\rightleftharpoons}}\overset{\text{紫绿}}{Cr(OH)_4^-}\\[2mm]
\text{酸介加还原剂}\big\updownarrow\text{碱介加氧化剂}\qquad\qquad\qquad\downarrow\text{碱介加氧化剂}\\[2mm]
\underset{\text{橙红}}{Cr_2O_7^{2-}+H_2O}\underset{\text{酸}}{\overset{\text{碱}}{\rightleftharpoons}}\underset{\text{黄}}{CrO_4^{2-}+2H^+}
\end{array}
$$

9.3.3　锰的化合物

（1）Mn（Ⅱ）的化合物

① 氢氧化物　Mn^{2+} 溶液遇 NaOH 或 $NH_3\cdot H_2O$，都能生成碱性、近白色的 $Mn(OH)_2$ 沉淀。Mn（Ⅱ）在碱性介质中电极电势较低，易被氧气氧化，甚至溶于水的少量氧也能将其氧化成棕褐色的水合二氧化锰 [习惯上写成 $MnO(OH)_2$，也称亚锰酸]：

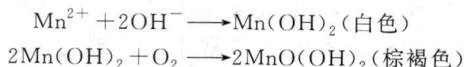

$$Mn^{2+}+2OH^-\longrightarrow Mn(OH)_2(\text{白色})$$

$$2Mn(OH)_2+O_2\longrightarrow 2MnO(OH)_2(\text{棕褐色})$$

这个反应在水质分析中用于测定水中的溶解氧。反应原理是在经吸氧后的 $MnO(OH)_2$ 中加入适量 H_2SO_4 使其酸化后，和过量的 KI 溶液作用，I^- 被氧化而析出 I_2，再用标准 $Na_2S_2O_3$ 溶液滴定，经换算就可得知水中的氧含量。

② Mn（Ⅱ）盐　Mn（Ⅱ）的价电子层构型为 $3d^5$，处于半充满状态，Mn（Ⅱ）在酸性水溶液中还是比较稳定的。

Mn（Ⅱ）的强酸盐易溶于水，如 $MnSO_4$、$MnCl_2$、$Mn(NO_3)_2$ 等；而多数弱

酸盐难溶于水，如：

	$MnCO_3$	MnS	MnC_2O_4
	白色	绿色	白色
$K_{sp}^{\ominus}$	2.3×10^{-11}	2.5×10^{-13}	1.7×10^{-7}

但它们可以溶于强酸中，这是过渡元素的一般规律。锰盐属弱碱盐，在溶液中有水解性质。制备锰盐时，在使溶液蒸发、浓缩过程中，必须保持溶液有足够的酸度，以防止 Mn^{2+} 水解成不稳定的 $Mn(OH)_2$。

酸性溶液中，Mn^{2+} 还原性较弱，欲使 Mn^{2+} 氧化，必须选用强氧化剂，如 $NaBiO_3$、PbO_2、$(NH_4)_2S_2O_8$ 等，例如：

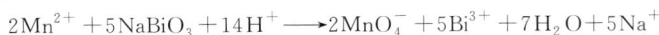

$$2Mn^{2+}+5NaBiO_3+14H^+\longrightarrow2MnO_4^-+5Bi^{3+}+7H_2O+5Na^+$$

反应产物 MnO_4^- 即使在很稀的溶液中，也能显示出它的粉红色特征。因此，上述反应可用来鉴定溶液中 Mn^{2+} 的存在。

Mn（Ⅱ）盐的制备较方便，可溶性锰盐用金属锰和相应的酸反应即可。如制醋酸锰用锰与醋酸，硝酸锰用金属锰与硝酸。

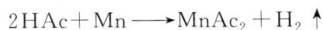

$$2HAc+Mn\longrightarrow MnAc_2+H_2\uparrow$$
$$3Mn+8HNO_3\longrightarrow3Mn(NO_3)_2+2NO\uparrow+4H_2O$$

难溶性锰盐多用复分解反应制得，如碳酸锰、草酸锰的制备，反应式如下：

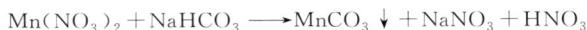

$$Mn(NO_3)_2+NaHCO_3\longrightarrow MnCO_3\downarrow+NaNO_3+HNO_3$$
$$Mn(NO_3)_2+(NH_4)_2C_2O_4\longrightarrow MnC_2O_4\downarrow+2NH_4NO_3$$

在蒸发可溶性锰盐溶液以得到固体锰盐时，常会出现黑渣，这是 Mn^{2+} 在加热时被水解、氧化及脱水而产生的 MnO_2，即使溶液一直保持酸性也有这样的黑渣。要消除这种黑渣，可加入少量的酸和适量的双氧水，MnO_2 被重新还原为 Mn^{2+}，从而消除黑渣。

$$MnO_2+2HNO_3+H_2O_2\longrightarrow Mn(NO_3)_2+O_2\uparrow+2H_2O$$

很多含有结晶水的 Mn（Ⅱ）盐，如 $MnSO_4\cdot7H_2O$、$Mn(ClO_4)_2\cdot6H_2O$、$Mn(NO_3)_2\cdot6H_2O$ 等都含有 $[Mn(H_2O)_6]^{2+}$ 配离子，它是外轨型的。当 Mn^{2+} 与强场配体结合时，能形成内轨型配离子，如 $[Mn(CN)_6]^{4-}$。

（2）Mn（Ⅳ）化合物

Mn（Ⅳ）化合物中最常见的是二氧化锰，MnO_2 很稳定，不溶于 H_2O、稀酸和稀碱，在酸碱中均不歧化。但 MnO_2 是两性氧化物，可以和浓酸浓碱反应。

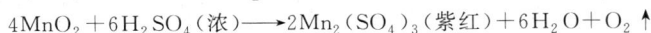

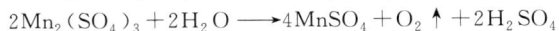

$$4MnO_2+6H_2SO_4(浓)\longrightarrow2Mn_2(SO_4)_3(紫红)+6H_2O+O_2\uparrow$$
$$2Mn_2(SO_4)_3+2H_2O\longrightarrow4MnSO_4+O_2\uparrow+2H_2SO_4$$
$$MnO_2+2NaOH(浓)\longrightarrow Na_2MnO_3(亚锰酸钠)+H_2O$$

Mn（Ⅳ）作为中间氧化态，既可作氧化剂，也可作还原剂，MnO_2 在强酸中有氧化性，与还原剂作用时被还原为 Mn^{2+}：

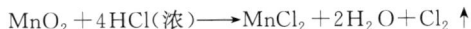

$$MnO_2+4HCl(浓)\longrightarrow MnCl_2+2H_2O+Cl_2\uparrow$$

该反应常用在实验室制备少量氯气。但 MnO_2 和稀 HCl 不发生反应，因为 $E^{\ominus}(MnO_2/Mn^{2+})=1.23V$，小于 $E^{\ominus}(Cl_2/Cl^-)=1.36V$。HCl 的浓度至少要达到 $6mol\cdot L^{-1}$ 才能反应。MnO_2 还能氧化 H_2O_2 和 Fe^{2+} 等物：

$$MnO_2+H_2O_2+H_2SO_4\longrightarrow MnSO_4+O_2\uparrow+2H_2O$$

MnO_2 在碱性条件下，可被氧化至 Mn（Ⅵ）：

$$3MnO_2 + 6KOH + KClO_3 \longrightarrow 3K_2MnO_4（绿色）+ KCl + 3H_2O$$

MnO_2 的制备有干法和湿法两种。干法由灼烧 $Mn(NO_3)_2$ 制得：

$$Mn(NO_3)_2 \xrightarrow{\triangle} MnO_2 + 2NO_2\uparrow$$

湿法利用了 $Mn(Ⅶ)$ 和 $Mn(Ⅳ)$ 的归中反应。

$$2KMnO_4 + 3Mn(NO_3)_2 + 2H_2O \longrightarrow 5MnO_2\downarrow + 2KNO_3 + 4HNO_3$$

合成时将 $KMnO_4$ 的冷饱和溶液加到 $Mn(NO_3)_2$ 的稀溶液中，不断搅拌，直至上清液有微红色且不褪色，说明 $KMnO_4$ 稍过量，加少量 $Mn(NO_3)_2$ 至正好无色，再取上清液滴加 KOH 溶液，若无白色沉淀，即达反应终点。过滤，洗去 MnO_2 中的 K^+，得到成品。

MnO_2 用途很广，大量用于制造干电池以及玻璃、陶瓷、火柴、油漆等工业品，也是制备其他锰化合物的主要原料。

（3）Mn（Ⅶ）的化合物

Mn（Ⅶ）的化合物中，最重要的是高锰酸钾 $KMnO_4$（俗称灰锰氧），为暗紫色晶体，有光泽。由于 $E^{\ominus}(MnO_4^-/MnO_2) = 1.695V$，大于 $E^{\ominus}(O_2/H_2O) = 1.229V$，故溶液中 MnO_4^- 有可能把 H_2O 氧化为 O_2，反应式如下：

$$4MnO_4^- + 12H^+ \longrightarrow 4MnO_2 + 6H_2O + O_2\uparrow$$

该反应进行得很慢，但光对此反应有催化作用，故 $KMnO_4$ 固体及其溶液均需保存在棕色瓶中。上述反应在缓慢进行时，溶液中的 $KMnO_4$ 浓度会逐渐变小，若用 $KMnO_4$ 溶液作为标准试剂来标定其他物质浓度时，必须滤掉 MnO_2 并重新标定该溶液。

$KMnO_4$ 是常用的强氧化剂。它的热稳定性较差，加热至 200℃ 以上就能分解并放出 O_2：

$$2KMnO_4(s) \xrightarrow[200℃]{\triangle} K_2MnO_4 + MnO_2 + O_2$$

$KMnO_4$ 与有机物或易燃物混合，易发生燃烧或爆炸。它无论在酸性、中性还是碱性溶液中都有氧化能力，即使是稀溶液也有强氧化性。随着介质的酸碱性不同，其还原产物有以下三种：

在酸性溶液中，MnO_4^- 被还原为 Mn^{2+}。例如：

$$2MnO_4^- + 5SO_3^{2-} + 6H^+ \longrightarrow 2Mn^{2+} + 5SO_4^{2-} + 3H_2O$$

$$MnO_4^- + 5Fe^{2+} + 8H^+ \longrightarrow Mn^{2+} + 5Fe^{3+} + 4H_2O$$

如果 MnO_4^- 过量，将进一步与它自身的还原产物 Mn^{2+} 发生归中反应而出现 MnO_2 沉淀，紫红色即消失：

$$2MnO_4^- + 3Mn^{2+} + 2H_2O \longrightarrow 5MnO_2\downarrow + 4H^+$$

在中性或碱性溶液中，MnO_4^- 被还原为 MnO_2。例如：

$$2MnO_4^- + 3SO_3^{2-} + H_2O \longrightarrow 2MnO_2\downarrow + 3SO_4^{2-} + 2OH^-$$

在强碱性或碱性溶液中，MnO_4^- 被还原为 MnO_4^{2-}。例如：

$$2MnO_4^- + SO_3^{2-} + 2OH^- \longrightarrow 2MnO_4^{2-} + SO_4^{2-} + H_2O$$

若 MnO_4^- 的量不足，还原剂过剩，则产物中的 MnO_4^{2-} 会继续氧化 SO_3^{2-}，其还原产物仍是 MnO_2：

$$MnO_4^{2-} + SO_3^{2-} + H_2O \longrightarrow MnO_2\downarrow + SO_4^{2-} + 2OH^-$$

工业上制取 $KMnO_4$ 常以 MnO_2 为原料，分两步氧化。首先在强碱性介质中将它氧化为绿色的锰酸钾，氧化剂是空气中的 O_2（实验室中用 $KClO_3$ 或 $NaClO$ 作氧化剂），然后将 MnO_2 与 KOH 混合，经加热、搅拌、水浸得到 K_2MnO_4 溶液，而后对其进行电解氧化，绿色的 MnO_4^{2-} 转化为紫红色的 MnO_4^-，经蒸发、冷却、结晶得到紫黑色晶体。反应式如下：

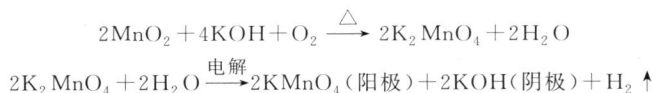

$$2MnO_2 + 4KOH + O_2 \xrightarrow{\triangle} 2K_2MnO_4 + 2H_2O$$

$$2K_2MnO_4 + 2H_2O \xrightarrow{\text{电解}} 2KMnO_4（阳极）+ 2KOH（阴极）+ H_2 \uparrow$$

$KMnO_4$ 用途广泛，是常用的化学试剂。在医药上用作消毒剂。0.1% 的稀溶液常用于水果和餐具的消毒，5% 的溶液可治烫伤，还可作纤维和油脂的脱色漂白剂。

9.3.4 铁系元素的重要化合物

铁（Fe）、钴（Co）、镍（Ni）位于周期表 Ⅷ 族。Ⅷ 族共有九种元素，这些元素的性质在同一周期内更为近似，尤其是第一系列的 Fe、Co、Ni 与其余六种元素的差别较大。通常把 Fe、Co、Ni 称为铁系元素，其余六种元素称为铂系元素。本节只讨论铁系元素。

（1）铁系元素的氧化物和氢氧化物

① 氧化物　铁系元素氧化物及相关性质如表 9-6 所示。

表 9-6　铁、钴、镍的氧化物及相关性质

氧化物	FeO	Fe_2O_3	CoO	Co_2O_3	NiO	Ni_2O_3
颜色	黑色	砖红色	灰绿色	黑色	暗绿色	黑色
氧化还原性	还原性			强氧化性		强氧化性
酸碱性	碱性	两性偏碱	碱性	两性偏碱	碱性	碱性

低氧化态氧化物具有碱性，溶于强酸而不溶于碱。高氧化态氧化物碱性较弱，Fe_2O_3 略带两性，与强碱共溶，可生成铁酸盐。

$$Fe_2O_3 + 6HCl \longrightarrow 2FeCl_3 + 3H_2O$$

$$Fe_2O_3 + Na_2CO_3 \xrightarrow{\text{熔融}} 2NaFeO_2 + CO_2 \uparrow$$

纯净的铁、钴、镍氧化物常用热分解其碳酸盐、硝酸盐或草酸盐来制备。M（Ⅱ）氧化物可由 M（Ⅱ）的碳酸盐或草酸盐在隔绝空气的、温度不太高的条件下制得：

$$FeC_2O_4 \xrightarrow{373K} FeO + CO_2 \uparrow + CO \uparrow$$

M_2O_3 可在空气中加热相应的碳酸盐、草酸盐或硝酸盐制得：

$$4NiCO_3 + O_2 \xrightarrow{\triangle} 2Ni_2O_3 + 4CO_2 \uparrow$$

$$4Co(NO_3)_2 \xrightarrow{\triangle} 2Co_2O_3 + O_2 \uparrow + 8NO_2 \uparrow$$

Co_2O_3 及 Ni_2O_3 也是难溶于水的两性偏碱氧化物，它们有强氧化性，Co（Ⅲ）、Ni（Ⅲ）与酸作用时，得不到 Co（Ⅲ）和 Ni（Ⅲ）的盐，而是 Co（Ⅱ）和 Ni（Ⅱ）的盐。例如：

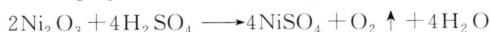

$$Co_2O_3 + 6HCl \longrightarrow 2CoCl_2 + Cl_2 \uparrow + 3H_2O$$

$$2Ni_2O_3 + 4H_2SO_4 \longrightarrow 4NiSO_4 + O_2 \uparrow + 4H_2O$$

Fe_2O_3 俗称铁红，可作红色颜料、抛光粉和磁性材料。Fe_3O_4 的纳米材料，因其优异的磁性能和宽频率范围的强吸收性，而成为磁记录材料和战略轰炸机、导弹的隐形材料。FeO、NiO、CoO 的纳米材料具有良好的热、电性能，可制成多种温度传感器。

② 氢氧化物　铁系元素的氢氧化物及相关性质如表 9-7 所示。

表 9-7　铁、钴、镍的氢氧化物及相关性质

氢氧化物	$Fe(OH)_2$	$Fe(OH)_3$	$Co(OH)_2$	$Co(OH)_3$	$Ni(OH)_2$	$Ni(OH)_3$
颜色	白色	红棕色	粉红色	棕色	绿色	黑色
氧化还原性	还原性		还原性	氧化性	弱还原性	强氧化性
酸碱性	碱性	两性偏碱	碱性	碱性	碱性	碱性

从下列元素电势图可以说明上表有关性质：

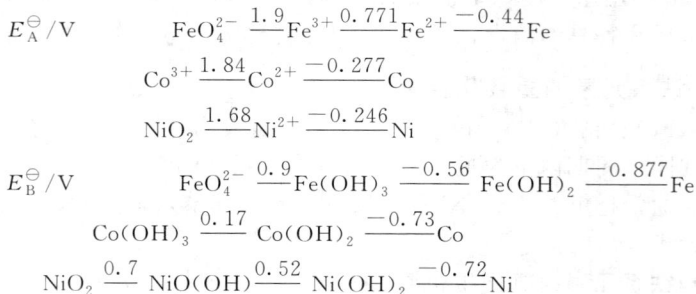

向 Fe^{2+}、Co^{2+}、Ni^{2+} 的溶液中加入碱都能生成相应的沉淀。但是，由于 $Fe(OH)_2$ 的还原性很强，反应之初甚至看不到 $Fe(OH)_2$ 的白色，而先是灰绿色并逐渐被空气中的 O_2 完全氧化为棕红色的 $Fe(OH)_3$，只有在反应前先赶尽相关溶液中的 O_2，才有可能得到白色的 $Fe(OH)_2$ 沉淀。粉红色的 $Co(OH)_2$ 也会被空气中的 O_2 氧化为棕黑色的 $Co(OH)_3$，但因 $Co(OH)_2$ 还原性较弱，所以反应较慢。$Ni(OH)_2$ 不能被空气中的 O_2 氧化，只有在强碱性，并加入强氧化剂的条件下才能将其氧化成黑色的 $NiO(OH)$。相关方程式如下：

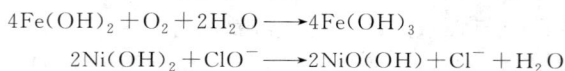

$$2Ni(OH)_2 + ClO^- \longrightarrow 2NiO(OH) + Cl^- + H_2O$$

新沉淀出来的 $Fe(OH)_3$ 有较明显的两性，它能溶于强碱溶液中：

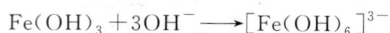

沉淀放置稍久后则难溶于碱，只能与酸反应生成 Fe^{3+} 盐。$Co(OH)_3$ 和 $Ni(OH)_3$ 也是两性偏碱，但由于它们在酸性介质中有很强的氧化性，它们与非还原性酸（如 H_2SO_4，HNO_3）作用时氧化 H_2O 放出 O_2，而与浓 HCl 作用时，则将其氧化并放出 Cl_2：

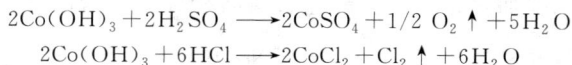

$$2Co(OH)_3 + 6HCl \longrightarrow 2CoCl_2 + Cl_2 \uparrow + 6H_2O$$

$Ni(OH)_3$ 的氧化能力比 $Co(OH)_3$ 的更强。

（2）铁、钴、镍的盐类

① M（Ⅱ）盐　氧化态为 +2 的铁、钴、镍盐，在性质上有许多相似之处。它们的强酸盐都易溶于水，并有微弱的水解，因而溶液显酸性。强酸盐从水溶液中析出结晶时，往往带有一定数目的结晶水，如 $MCl_2 \cdot 6H_2O$、$M(NO_3)_2 \cdot 6H_2O$、$MSO_4 \cdot 7H_2O$。与弱酸根，如 F^-、CO_3^{2-}、$C_2O_4^{2-}$、PO_4^{3-}、S^{2-} 等生成难溶盐。

铁系元素的硫酸盐可由它们的氧化物或氢氧化物溶于硫酸得到。$FeSO_4 \cdot 7H_2O$（七水硫酸亚铁），俗称绿矾或黑矾，是其中最重要的盐类，不稳定，容易被氧化成黄褐色的碱式硫酸铁 $Fe(OH)SO_4$：

因此，亚铁盐中常含有杂质 Fe^{3+}。为了防止 Fe^{2+} 的氧化，常常在 $FeSO_4$ 溶液中加入少量铁屑或铁钉。Fe^{2+} 具有较强的还原性，在酸性溶液中可以将较强的氧化剂，如 MnO_4^-、$Cr_2O_7^{2-}$、H_2O_2 还原。这些反应可以用于定量分析。

Co（Ⅱ）盐主要有 $CoSO_4 \cdot 7H_2O$ 和 $CoCl_2 \cdot 6H_2O$。其中 $CoCl_2 \cdot 6H_2O$ 是常用的钴盐，它在受热过程中伴随着颜色的变化：

$$CoCl_2 \cdot 6H_2O \Longrightarrow CoCl_2 \cdot 2H_2O \Longrightarrow CoCl_2 \cdot H_2O \Longrightarrow CoCl_2$$
　　　　粉红　　　325K　　紫红　　　363K　　蓝紫　　393K　　蓝

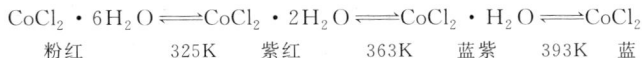

根据颜色变化，可判断其含结晶水的情况。利用这一特性将氯化钴用作硅胶干燥剂的指示剂，用来指示硅胶的吸水情况。$[Co(H_2O)_6]^{2+}$ 离子显粉红色，用这种稀溶液在白纸上写的字几乎看不出字迹。将此白纸烘热脱水即显示出蓝色字迹，吸收潮气后字迹再次隐去，所以 $CoCl_2$ 溶液被称为隐显墨水。

Ni（Ⅱ）盐以硫酸镍 $NiSO_4 \cdot 7H_2O$ 最为常见，为绿色晶体。常利用金属镍与硫酸或硝酸反应制备硫酸镍：

$$2Ni + 2HNO_3 + 2H_2SO_4 \longrightarrow 2NiSO_4 + NO_2\uparrow + NO\uparrow + 3H_2O$$

硫酸镍大量用于电镀工业。

铁、钴、镍的硫酸盐都能和碱金属或铵的硫酸盐形式形成复盐，如硫酸亚铁铵 $(NH_4)_2SO_4 \cdot FeSO_4 \cdot 7H_2O$（俗称莫尔氏盐，Mohr），它比相应的亚铁盐 $FeSO_4 \cdot 7H_2O$ 更稳定，不易被氧化；在化学分析中作为还原剂用以配制 Fe（Ⅱ）标准溶液，用于标定 $KMnO_4$ 等标准溶液。

② M（Ⅲ）盐　在铁系元素中，由于 Co^{3+} 和 Ni^{3+} 的强氧化性，只有氧化值为 +3 的铁能够形成稳定的可溶性盐，常见的可溶性盐有：橘黄色的 $FeCl_3 \cdot 6H_2O$，浅紫色的 $Fe(NO_3)_3 \cdot 6H_2O$，浅黄色的 $Fe_2(SO_4)_3 \cdot 12H_2O$ 和浅紫色的 $NH_4Fe(SO_4)_2 \cdot 12H_2O$ 等。

Fe（Ⅲ）盐的主要性质之一是容易水解，其水解产物较复杂，一般近似地认为是氢氧化铁：

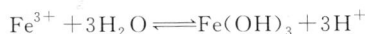

$$Fe^{3+} + 3H_2O \Longrightarrow Fe(OH)_3 + 3H^+$$

通常认为 Fe^{3+} 是黄色的，实际上在酸度较高的介质中 $[c(H^+) = 1.0\,mol \cdot L^{-1}]$，铁离子以 $[Fe(H_2O)_6]^{3+}$ 形式存在，是无色的。当 pH = 1.8 就开始水解，随着 pH 增大，水解加深，水解物会形成二聚甚至多聚体，溶液的颜色由黄色加深至红棕色。当 pH = 4～5 时，即形成水合三氧化二铁沉淀。

氯化铁或硫酸铁用作净水剂，就是利用上述性质。它们的胶状水解物易吸附悬浮在水中的泥沙并一起聚沉，浑浊的水即变清澈。

Fe（Ⅲ）盐的另一性质是氧化性。尽管它的氧化性属于中等，但在酸性溶液中仍能氧化一些较强的还原剂。例如：

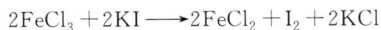

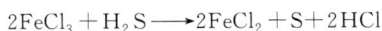

$$2FeCl_3 + 2KI \longrightarrow 2FeCl_2 + I_2 + 2KCl$$
$$2FeCl_3 + H_2S \longrightarrow 2FeCl_2 + S + 2HCl$$

工业上常用浓的 $FeCl_3$ 溶液在铁制品上刻蚀字样，或在铜板上腐蚀出印刷电路，就是利用 Fe^{3+} 的氧化性：

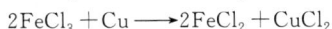

$$2FeCl_3 + Fe \longrightarrow 3FeCl_2$$
$$2FeCl_3 + Cu \longrightarrow 2FeCl_2 + CuCl_2$$

无水 $FeCl_3$ 可由铁屑与氯气在高温下直接化合得到：

$$2Fe + 3Cl_2 \xrightarrow{\triangle} 2FeCl_3$$

无水 $FeCl_3$ 的熔点（555K）、沸点（588K）都比较低，能够用升华法提纯；无水 $FeCl_3$ 能够溶于丙酮等多种有机溶剂中。这些说明无水 $FeCl_3$ 具有明显的共价性。在 673K 时，气态的 $FeCl_3$ 以双聚分子 Fe_2Cl_6 的形式存在，其结构与 $AlCl_3$ 很相似。

（3）铁系元素的配位化合物

铁、钴、镍的电子层结构决定了它们都是很好的配合物形成体，它们的中性原子、+2 氧化值或+3 氧化值的阳离子都可以作为中心离子形成配合物。其中较重要的配合物有氨配合物、氰配合物、硫氰配合物及羰基配合物等。

① 氨配合物　Fe^{2+}、Fe^{3+} 的氢氧化物溶度积常数很小，在氨溶液中，极少量的 OH^- 就能与 Fe^{2+}、Fe^{3+} 生成氢氧化物沉淀，在溶液中无氨配合物，氨配合物只有在气态时才能存在。

Co^{2+} 的溶液于 NH_4^+ 存在下加入过量氨水，生成土黄色的 $[Co(NH_3)_6]^{2+}$，NH_4^+ 的作用是抑制氨水的解离，使 OH^- 的浓度小到不能与 Co^{2+} 生成沉淀。$[Co(NH_3)_6]^{2+}$ 在空气中能被氧化成稳定的、淡红色的 $[Co(NH_3)_6]^{3+}$：

$$4[Co(NH_3)_6]^{2+} + O_2 + 2H_2O \longrightarrow 4[Co(NH_3)_6]^{3+} + 4OH^-$$

与 Co^{3+} 相比，该配离子的氧化能力明显地较弱。下列电极电势可以说明：

$$Co^{3+} + e^- \Longleftrightarrow Co^{2+} \qquad E^\ominus = 1.84V$$

$$[Co(NH_3)_6]^{3+} + e^- \Longleftrightarrow [Co(NH_3)_6]^{2+} \qquad E^\ominus = 0.1082V$$

Ni^{2+} 在过量氨水中生成蓝紫色的 $[Ni(NH_3)_6]^{2+}$（图 9-10），稳定性比 $[Co(NH_3)_6]^{2+}$ 高，即不易被氧化成配离子 Ni（Ⅲ）。

图 9-10　$[Ni(H_2O)_6]^{2+}$ 和 $[Ni(NH_3)_6]^{2+}$ 的颜色

② 氰配合物　铁、钴、镍和 CN^- 都能形成稳定的配合物，它们都属于内轨型配合物。

Fe^{2+} 与 KCN 溶液作用，首先析出白色氰化亚铁沉淀，随即溶解而形成六氰合铁（Ⅱ）酸钾 $K_4[Fe(CN)_6]$，简称亚铁氰化钾，俗称黄血盐，为柠檬黄色晶体：

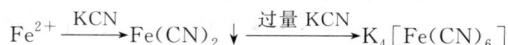
$$Fe^{2+} \xrightarrow{KCN} Fe(CN)_2 \downarrow \xrightarrow{\text{过量 KCN}} K_4[Fe(CN)_6]$$

在黄血盐溶液中通入氯气或加入 $KMnO_4$ 溶液，可将 $[Fe(CN)_6]^{4-}$ 氧化成 $[Fe(CN)_6]^{3-}$：

$$2K_4[Fe(CN)_6] + Cl_2 \longrightarrow 2K_3[Fe(CN)_6] + 2KCl$$

$$3K_4[Fe(CN)_6] + KMnO_4 + 2H_2O \longrightarrow 3K_3[Fe(CN)_6] + MnO_2 \downarrow + 4KOH$$

六氰合铁（Ⅲ）酸钾 $K_3[Fe(CN)_6]$，简称铁氰化钾，俗称赤血盐，为深红色晶体。

在含有 Fe^{2+} 的溶液中加入铁氰化钾，或在 Fe^{3+} 的溶液中加入亚铁氰化钾，都有蓝色沉淀生成：

$$K^+ + Fe^{2+} + [Fe(CN)_6]^{3-} \longrightarrow KFe[Fe(CN)_6] \downarrow （腾氏蓝）$$

$$K^+ + Fe^{3+} + [Fe(CN)_6]^{4-} \longrightarrow KFe[Fe(CN)_6] \downarrow （普鲁士蓝）$$

以上两个反应可以用来鉴定 Fe^{2+} 和 Fe^{3+} 的存在。结构研究表明，这两种蓝色沉淀的组成和结构完全相同，都是 $K[Fe^{II}(CN)_6Fe^{III}]$。此物广泛用于油墨和油漆制造业。$[Fe(CN)_6]^{4-}$ 也能与其他金属离子形成特殊颜色的难溶化合物。如 Cu^{2+}（红棕）、Co^{2+}（绿）、Cd^{2+}（白）、Mn^{2+}（白）、Ni^{2+}（绿）、Pb^{2+}（白）、Zn^{2+}（白）等。在实验室中，常用黄血盐来检验 Cu^{2+} 的存在。

赤血盐的溶解度比黄血盐大，它在碱性溶液中具有氧化作用：

$$4K_3[Fe(CN)_6] + 4KOH \longrightarrow 4K_4[Fe(CN)_6] + O_2 \uparrow + 2H_2O$$

在中性溶液中，有微弱的水解作用：

$$K_3[Fe(CN)_6] + 3H_2O \rightleftharpoons Fe(OH)_3 \downarrow + 3KCN + 3HCN$$

因此，使用赤血盐的溶液时，需要临时配制。

Co^{2+} 与 KCN 溶液作用，首先析出红色水合氰化物沉淀，与过量 KCN 溶液作用，形成紫红色的 $K_4[Co(CN)_6]$ 晶体：

$$Co^{2+} \xrightarrow{KCN} Co(CN)_2 \downarrow \xrightarrow{过量 KCN} K_4[Co(CN)_6]$$

$[Co(CN)_6]^{4-}$ 比 $[Co(NH_3)_6]^{2+}$ 更不稳定，是一个相当强的还原剂：

$$[Co(CN)_6]^{3-} + e^- \rightleftharpoons [Co(CN)_6]^{4-} \qquad E^{\ominus} = -0.83\ V$$

而 $[Co(CN)_6]^{3-}$ 则比 $[Co(CN)_6]^{4-}$ 要稳定得多。$Co(II)$ 受强配位场的影响，容易氧化，稍稍加热 $[Co(CN)_6]^{4-}$ 溶液，它就会被水中的 H^+ 氧化，放出氢气：

$$2[Co(CN)_6]^{4-} + 2H_2O \rightleftharpoons 2[Co(CN)_6]^{3-} + 2OH^- + H_2 \uparrow$$

Ni^{2+} 与 KCN 溶液作用，首先析出灰蓝色水合氰化物沉淀，此沉淀溶于过量的 CN^- 溶液中，形成橙黄色的 $[Ni(CN)_4]^{2-}$，它是抗磁性物质，以 dsp^2 杂化成键，具有平面正方形结构。

③ 硫氰配合物　向 Fe^{3+} 溶液中加入硫氰化钾 KSCN 或硫氰化铵 NH_4SCN，溶液立即呈现血红色：

$$Fe^{3+} + nSCN^- \longrightarrow [Fe(NCS)_n]^{3-n}$$

反应式中 $n = 1 \sim 6$，随 SCN^- 的浓度而异。这是鉴定 Fe^{3+} 的灵敏反应之一。这一反应也常用于 Fe^{3+} 的比色分析。

该反应必须在酸性条件下进行，如果酸性弱，Fe^{3+} 易水解，形成 $Fe(OH)_3$ 沉淀，异硫氰合铁的配合物将难以形成。

向 Co^{2+} 溶液中加入硫氰化钾 KSCN 或硫氰化铵 NH_4SCN，可以形成蓝色的 $[Co(NCS)_4]^{2-}$ 配离子，它在水溶液中不稳定，易解离成粉红色的水合钴（II）离子。$[Co(NCS)_4]^{2-}$ 在丙酮或戊醇中比较稳定，故常用这类溶剂抑制解离或进行萃取，并进行比色分析。Ni^{2+} 与硫氰的配合物更不稳定。

9.4　铜、锌、汞及其重要化合物

铜副族元素位于元素周期表的 IB 族，与锌副族（IIB 族）构成 ds 区元素。ds

区元素的价电子构型为 $(n-1)d^{10}ns^{1\sim2}$。虽然最外层电子数与同周期的ⅠA和ⅡA族元素相同，但由于ds区元素次外层是18电子构型，屏蔽效应比8电子结构小，原子对最外层电子的引力大，使得ds区元素活泼性远小于同周期s区元素。另外，ds区同族元素自上而下活泼性减弱，变化规律与主族元素正好相反。

9.4.1　铜的重要化合物

铜可以形成+1、+2两种氧化值的化合物。

（1）氧化值为+1的化合物

① 氧化物　由于制备方法和条件不同，Cu_2O粒径大小不同。用CuO加强热分解（即干法）制得的Cu_2O颗粒大。用还原剂还原Cu^{2+}溶液（即湿法）得到的Cu_2O颗粒小、活性大。Cu_2O大多数情况下显红棕色。用葡萄糖还原Cu（Ⅱ）盐的碱溶液可以得到红色的Cu_2O：

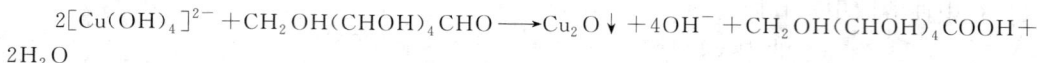

$$2[Cu(OH)_4]^{2-}+CH_2OH(CHOH)_4CHO \longrightarrow Cu_2O\downarrow +4OH^-+CH_2OH(CHOH)_4COOH+2H_2O$$

具体操作是将$CuSO_4$和葡萄糖的混合液加热到32℃～35℃，在搅拌下加入NaOH溶液。分析化学中利用这个反应测定醛，医学上用这个反应检查糖尿病。

Cu_2O为共价化合物，不溶于水，是弱碱性的有毒物质。Cu_2O热稳定性好，在1235℃的高温条件下也只熔融不分解，主要作为染料用于玻璃、陶瓷工业，还可用作船底漆。

Cu_2O溶于稀H_2SO_4时，立即发生歧化反应：

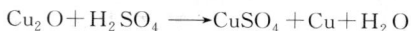

$$Cu_2O+H_2SO_4 \longrightarrow CuSO_4+Cu+H_2O$$

Cu_2O与HCl反应，生成难溶的白色氯化亚铜沉淀而不发生歧化：

$$Cu_2O+2HCl =\!=\!= 2CuCl\downarrow +H_2O$$

② 卤化物　卤化亚铜，除氟外其他三种CuX（X＝Cl、Br、I，据测定，分子式应为Cu_2X_2）都是白色难溶于水的化合物，其溶解度按Cl、Br、I顺序降低。CuCl不溶于硫酸、稀硝酸，可溶于浓盐酸及浓碱金属氯化物溶液中，根据Cl^-浓度的不同，可形成$[CuCl_2]^-$、$[CuCl_3]^{2-}$、$[CuCl_4]^{3-}$等配离子，用水稀释之后又重新得到CuCl白色沉淀：

$$[CuCl_2]^- =\!=\!= CuCl\downarrow +Cl^-$$

CuCl的盐酸溶液能吸收CO，形成氯化羰基亚铜$CuCl(CO)\cdot H_2O$。

CuCl在工业上可用作催化剂、还原剂、脱硫剂、脱色剂、凝聚剂、杀虫剂和防腐剂。

③ 硫化物　硫化亚铜是黑色难溶于水的化合物，只溶于浓、热硝酸和氰化钠溶液：

$$3Cu_2S+16HNO_3 \longrightarrow 6Cu(NO_3)_2+3S+4NO+8H_2O$$

$$Cu_2S+4CN^- \longrightarrow 2[Cu(CN)_2]^-+S^{2-}$$

（2）氧化值为+2的化合物

① 氧化物和氢氧化物　CuO为黑色碱性氧化物，不溶于水可溶于酸。热稳定性高，当温度超过1000℃时才分解成红色的Cu_2O和O_2：

$$4CuO \xrightarrow{1000℃} 2Cu_2O+O_2$$

CuO具有一定的氧化性，在高温下可被H_2、C、CO、NH_3等还原成单质铜：

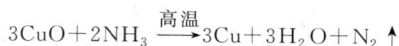

$$3CuO+2NH_3 \xrightarrow{高温} 3Cu+3H_2O+N_2\uparrow$$

Cu（OH）$_2$ 的热稳定性与碱金属氢氧化物相比差很多，受热易分解，当温度达到 353K 时 Cu（OH）$_2$ 脱水变成黑色的 CuO：

$$Cu(OH)_2 \xrightarrow{\triangle} CuO + H_2O$$

Cu（OH）$_2$ 略显两性，既可溶于酸，也可溶于过量的浓碱溶液：

$$Cu(OH)_2 + H_2SO_4 \longrightarrow CuSO_4 + 2H_2O$$
$$Cu(OH)_2 + 2NaOH \Longrightarrow Na_2[Cu(OH)_4]$$

向 CuSO$_4$ 溶液中加入氨水，首先生成浅蓝色的 Cu（OH）$_2$ 沉淀，当氨水过量时则生成深蓝色铜氨配离子：

$$Cu(OH)_2 + 4NH_3 \cdot H_2O \longrightarrow [Cu(NH_3)_4]^{2+} + 2OH^- + 4H_2O$$

② 卤化铜　卤化铜包括白色的 CuF$_2$、黄棕色的 CuCl$_2$、棕黑色的 CuBr$_2$ 和含结晶水的 CuCl$_2$·H$_2$O（蓝色），它们都易溶于水，其中较重要的是氯化铜。

无水 CuCl$_2$ 是共价化合物，其结构为由 CuCl$_2$ 平面组成的长链：

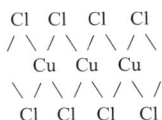

CuCl$_2$ 易溶于水，也易溶于一些有机溶剂（如乙醇、丙酮）中。在很浓的 CuCl$_2$ 水溶液中，可形成黄色的 [CuCl$_4$]$^{2-}$ 配合物：

$$Cu^{2+} + 4Cl^- \longrightarrow [CuCl_4]^{2-}$$

而 CuCl$_2$ 的稀溶液为浅蓝色，这是因为形成了 [Cu(H$_2$O)$_4$]$^{2+}$ 水合离子：

$$[CuCl_4]^{2-} + 4H_2O \longrightarrow [Cu(H_2O)_4]^{2+} + 4Cl^-$$

CuCl$_2$ 浓溶液由于同时含有 [CuCl$_4$]$^{2-}$ 和 Cu(H$_2$O)$_4$]$^{2+}$ 而呈黄绿色或绿色。

CuCl$_2$ 受强热后将发生下面的反应：

$$2CuCl_2 \xrightarrow{\triangle} 2CuCl + Cl_2 \uparrow$$

CuCl$_2$ 作为弱氧化剂可与 I$^-$ 反应生成难溶的 CuI 沉淀和单质碘：

$$2CuCl_2 + 4I^- \longrightarrow 2CuI \downarrow + I_2 + 4Cl^-$$

该反应在分析化学上用来测定铜含量，称碘量法。

③ 含氧酸盐　硫酸铜是最重要的铜盐。从水溶液中结晶出的蓝色 CuSO$_4$·5H$_2$O，俗称胆矾，是最常见的存在形式。升高温度时，CuSO$_4$·5H$_2$O 逐步脱水，当温度高于 280℃ 时即形成白色的无水 CuSO$_4$ 粉末，在更高温度下，CuSO$_4$ 将分解为 CuO 和 SO$_3$。

硫酸铜易溶于水，不溶于有机溶剂，因其吸水性强，可以做有机合成中的干燥剂。硫酸铜被广泛用于电解、电镀、颜料生产及其他铜化合物的制备过程。由于硫酸铜有杀菌能力，硫酸铜还被广泛用于蓄水池、游泳池的消毒剂。

（3）铜的配合物

① Cu（Ⅰ）的配合物　Cu（Ⅰ）的价电子构型为 3d^{10}，具有空的外层 s、p 轨道，能以 sp、sp^2 或 sp^3 等杂化轨道和 X$^-$（F$^-$ 除外）、NH$_3$、S$_2$O$_3^{2-}$、CN$^-$ 等易变形的配体形成配位数为 2、3、4 的配合物，这些配合物大多数是无色的。

Cu（Ⅰ）的卤配合物的稳定性符合软硬酸碱原理，依 Cl、Br、I 的顺序增大。实质上是随离子的变形性增大，化学键的共价性增加，稳定性增加。多数 Cu（Ⅰ）配合物的溶液具有吸收烯烃、炔烃和 CO 的能力。例如：

$$[Cu(NH_3)_2]Ac+CO+2NH_3 \rightleftharpoons [Cu(NH_3)_4CO]Ac$$

② Cu（Ⅱ）的配合物　Cu（Ⅱ）的价电子构型为 $3d^9$，带两个正电荷，与配体的静电作用强，很容易形成配合物。其配位数最常见的为 4，少量为 6。配位数为 4 的配合物一般采取 dsp^2 杂化（一个 3d 电子跃迁到 4p 轨道，空出一个 3d 轨道），为平面正方形结构。

向 $CuSO_4$ 溶液中加入过量氨水，生成深蓝色 $[Cu(NH_3)_4]^{2+}$ 溶液：

$$Cu_2(OH)_2SO_4+8NH_3 \rightleftharpoons 2[Cu(NH_3)_4]^{2+}+SO_4^{2-}+2OH^-$$

$[Cu(NH_3)_4]^{2+}$ 的溶液具有溶解纤维素的性能，在所得的纤维素溶液中加水或酸时，纤维素又可以沉淀析出。工业上利用这种性质来制造人造丝。

由于 Cu^{2+} 能与氨形成稳定配离子，在氨的环境里，Cu 能被空气中的氧气氧化：

$$Cu+4NH_3+O_2+2H_2O \longrightarrow [Cu(NH_3)_4]^{2+}+4OH^-$$

故盛氨的容器，有关的阀门、压力表不能用铜制的，否则会被腐蚀，要用不锈钢制件来代替。

$Cu(OH)_2$ 溶于过量的浓碱溶液中即可以生成蓝紫色的四羟基合铜 $[Cu(OH)_4]^{2-}$ 配阴离子：

$$Cu(OH)_2+2OH^-（浓）\rightleftharpoons [Cu(OH)_4]^{2-}$$

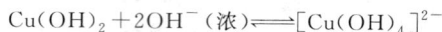

（4）Cu（Ⅰ）和 Cu（Ⅱ）的相互转化

铜的电极电势图：

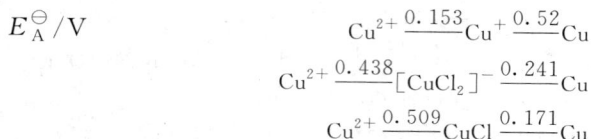

$$E_A^{\ominus}/V$$

$$Cu^{2+} \xrightarrow{0.153} Cu^+ \xrightarrow{0.52} Cu$$

$$Cu^{2+} \xrightarrow{0.438} [CuCl_2]^- \xrightarrow{0.241} Cu$$

$$Cu^{2+} \xrightarrow{0.509} CuCl \xrightarrow{0.171} Cu$$

从电极电势图中不难看出，Cu（Ⅰ）和 Cu（Ⅱ）这两种氧化态在固相和配合物中都是稳定的，但 Cu^+ 在酸性水溶液中很不稳定，会发生歧化反应。铜的价层电子构型为 $3d^{10}4s^1$，铜的特征氧化数应为 +1，可为什么是 +2 呢？Cu^+ 在高温及固态时的确比 Cu^{2+} 稳定，但在水溶液中，由于 Cu^{2+} 的水合热（$-2121kJ \cdot mol^{-1}$）比 Cu^+ 的（$-582kJ \cdot mol^{-1}$）小得多，所以 Cu^{2+} 更为稳定。

如果 Cu^+ 发生歧化反应：

$$2Cu^+ \longrightarrow Cu^{2+}+Cu$$

根据 Cu^{2+} 在酸性介质中的元素电势图可知，上述反应的标准电动势为：

$$E^{\ominus}=E^{\ominus}(Cu^+/Cu)-E^{\ominus}(Cu^{2+}/Cu^+)=0.52-0.153=0.37V$$

$$lgK^{\ominus}=\frac{zE^{\ominus}}{0.0592}=\frac{0.35}{0.0592}=6.25$$

$$K^{\ominus}=1.8\times10^6$$

反应的平衡常数较大，歧化反应进行得很彻底。

要使上述反应逆向进行，必须设法降低 Cu^+ 在水溶液中的浓度，使正极的电极电势降低，负极的电极电势升高，则 Cu（Ⅰ）必须以难溶盐或配离子形式存在，如：

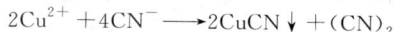

$$Cu^{2+}+Cu+2Cl^- \longrightarrow 2CuCl\downarrow$$

$$2Cu^{2+}+4CN^- \longrightarrow 2CuCN\downarrow+(CN)_2$$

9.4.2　锌的重要化合物

锌的常见化合物中氧化数为 +2。多数常见的盐类都含结晶水，形成配合物的倾向性也很大。

（1）氧化物和氢氧化物

ZnO 是白色粉末，俗名锌白，是制备其他含锌化合物的基本原料。它和硫酸钡共沉淀所形成的混合晶体 $ZnO \cdot BaSO_4$ 称为"立德粉"，是一种优良的白色染料。与传统的"铅白"相比，它的优点是无毒，遇到空气中的 H_2S 也不变黑，因为 ZnS 也呈白色。ZnO 是典型的两性氧化物，有收敛性和一定的杀菌能力，在医药上常调制成软膏。

在锌盐溶液中加入适量强碱，可得到相应的氢氧化物，$Zn（OH）_2$ 为两性氢氧化物：

$$Zn(OH)_2 + 2OH^- \longrightarrow [Zn(OH)_4]^{2-}$$

锌的氢氧化物还可溶解于过量氨水中：

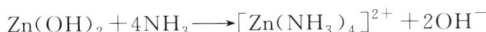

$$Zn(OH)_2 + 4NH_3 \longrightarrow [Zn(NH_3)_4]^{2+} + 2OH^-$$

$Zn（OH）_2$ 加热时都可以脱水变成 ZnO。

（2）硫化物

ZnS 为白色难溶盐，不溶于乙酸，但可溶于 $0.3\ mol \cdot L^{-1}$ 的盐酸。往锌盐溶液中通入 H_2S 气体时，因为在 ZnS 沉淀生成的过程中 H^+ 浓度不断增加，阻碍了 ZnS 进一步沉淀，有可能导致 ZnS 沉淀不完全。

（3）氯化物

无水氯化锌为白色易潮解的固体，溶解度很大，吸水性很强，有机化学中常用作去水剂和催化剂。其溶液因 Zn^{2+} 的水解而显酸性。加热 $ZnCl_2 \cdot H_2O$ 固体时，只能得到氯化锌的碱式盐，而得不到无水氯化锌：

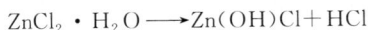

$$ZnCl_2 \cdot H_2O \longrightarrow Zn(OH)Cl + HCl$$

在 $ZnCl_2$ 的浓溶液中，由于生成的二氯·羟合锌（Ⅱ）酸而使溶液具有显著的酸性：

$$ZnCl_2 + H_2O \longrightarrow H[ZnCl_2(OH)]$$

后者能溶解金属氧化物：

$$FeO + 2H[ZnCl_2(OH)] \longrightarrow Fe[ZnCl_2(OH)]_2 + H_2O$$

焊接金属时用 $ZnCl_2$ 清除金属表面的氧化物就是利用这一性质。"熟镪水"就是浓氯化锌溶液。焊接时它不损害金属表面，当水分蒸发后，可使融化的盐与金属表面充分接触，不再氧化。

（4）锌的配合物

由于 Zn^{2+} 的极化力和变形性都很大，能够与卤素离子（F^- 除外）、NH_3、SCN^-、CN^- 等形成四配位或六配位的配离子，其中 CN^- 的配合物最为稳定。

$$Zn^{2+} + 4NH_3 \longrightarrow [Zn(NH_3)_4]^{2+} \qquad K_{稳}^{\ominus} = 5.0 \times 10^8$$

$$Zn^{2+} + 4CN^- \longrightarrow [Zn(CN)_4]^{2-} \qquad K_{稳}^{\ominus} = 1.0 \times 10^{16}$$

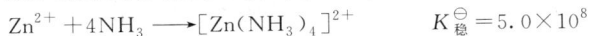

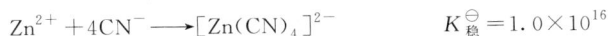

形成的配合物中，中心离子多以 sp^3 或 $sp^3 d^2$ 杂化轨道与配体结合，形成四面体或八面体的配合物。

9.4.3　汞的重要化合物

汞的常见氧化数有 +1 和 +2 两种。

（1）氧化数为 +1 的化合物

在 Hg_2Cl_2 和 $Hg_2（NO_3）_2$ 等化合物中 Hg 的氧化数是 +1，这类化合物称为亚汞化合物。在亚汞化合物中汞总是以 Hg_2^{2+} 形式出现。Cl—Hg—Hg—Cl 分子是直线形分子，其中两个 Hg 原子各以 sp 杂化轨道形成共价键，分子中没有单电子，这已被实验所证实。亚汞盐多数为无色，微溶于水。只有极少数盐如 $Hg_2(NO_3)_2$ 是易溶盐，且易发生水解：

$$Hg_2(NO_3)_2 + H_2O \longrightarrow Hg_2(OH)NO_3 + HNO_3$$

Hg_2Cl_2 为白色难溶于水的固体，因略有甜味，俗称甘汞，无毒，常用作甘汞电极。

Hg_2Cl_2 见光易分解，应在棕色瓶中保存，分解方程式如下：

$$Hg_2Cl_2 \longrightarrow Hg + HgCl_2$$

Hg_2Cl_2 与氨水反应可生成氨基氯化汞和单质汞，而使沉淀颜色显灰黑色：

$$Hg_2Cl_2 + 2NH_3 \longrightarrow Hg(NH_2)Cl\downarrow + Hg\downarrow + NH_4Cl$$

此反应可用来鉴定亚汞离子。

（2）氧化数为 +2 的化合物

① 氧化物和氢氧化物　HgO 由于晶粒大小不同而有黄色和红色之分（黄色的颗粒小一些）。无论黄色还是红色 HgO，均属链状结构。HgO 的热稳定性远远低于 ZnO 和 CdO，在 573K 时即可分解：

$$2HgO \xrightarrow{\triangle} 2Hg + O_2\uparrow$$

黄色 HgO 由湿法制备，将 $HgCl_2$ 加到 NaOH 溶液中：

$$HgCl_2 + 2NaOH \longrightarrow HgO\downarrow + H_2O + 2NaCl$$

$Hg(OH)_2$ 极不稳定，在汞盐与强碱反应时，得到的是黄色 HgO，而不是 $Hg(OH)_2$ 固体。

红色 HgO 有干法和湿法两种方法制备，干法采用加热分解：

$$2Hg(NO_3)_2 \xrightarrow{330\sim330℃} 2HgO + 4NO\uparrow + 3O_2\uparrow$$

温度太高则再分解为汞和氧气。

湿法是将 $HgCl_2$ 或 $Hg(NO_3)_2$ 溶在过量的 NaCl 溶液中，先形成氯汞配合物溶液：

$$HgCl_2 + 2NaCl \longrightarrow Na_2[HgCl_4]$$

将此溶液和另取的 NaOH 溶液加在饱和、近沸的 NaCl 溶液中，即得到大颗粒的鲜红色沉淀。

$$[HgCl_4]^{2-} \Longrightarrow Hg^{2+} + 4Cl^-$$

$$Hg^{2+} + 2OH^- \longrightarrow HgO\downarrow + H_2O$$

② 硫化物　HgS 也有红色和黑色之分。黑色的 HgS 受热到 659K 时可以转变成比较稳定的红色 HgS。

HgS 是溶解度最小的硫化物，即使在浓硝酸中也不溶解，但能溶解在王水、Na_2S 以及 KI 溶液中：

$$3HgS + 8H^+ + 2NO_3^- + 12Cl^- \longrightarrow 3[HgCl_4]^{2-} + 3S\downarrow + 2NO\uparrow + 4H_2O$$

$$HgS + Na_2S \longrightarrow Na_2[HgS_2]$$

$$HgS + 2H^+ + 4I^- \longrightarrow [HgI_4]^{2-} + H_2S$$

③ 氯化物　$HgCl_2$ 为白色针状晶体，是直线形共价化合物，熔点低，易升华，俗称升汞。$HgCl_2$ 易溶于有机溶剂，微溶于水，有剧毒。其稀溶液有杀菌作用，医疗中用作外科消毒剂，又可用于农药，也可作有机反应催化剂。

氯化汞由氯气和汞直接合成。即在盛有汞的曲颈瓶中，于加热沸腾的汞中通入氯气，反应中，氯气要过量，以防出现氯化亚汞。反应装置要全封闭，不能有任何物质泄出。

$HgCl_2$ 在水中的解离度很小，是弱电解质，在水中几乎以 $HgCl_2$ 分子形式存在，这是无机盐少有的性质。

$$HgCl_2 \Longrightarrow HgCl^+ + Cl^- \qquad K_1^{\ominus} = 3.2 \times 10^{-7}$$

$$HgCl^+ \Longrightarrow Hg^{2+} + Cl^- \qquad K_2^{\ominus} = 1.8 \times 10^{-7}$$

$HgCl_2$ 在水中稍有水解：

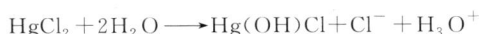
$$HgCl_2 + 2H_2O \longrightarrow Hg(OH)Cl + Cl^- + H_3O^+$$

在氨中发生氨解，生成白色的氨基氯化汞沉淀：

$$HgCl_2 + 2NH_3 \longrightarrow Hg(NH_2)Cl \downarrow + NH_4Cl$$

在酸性溶液中 $HgCl_2$ 是一个中强氧化剂，同一些还原剂（如 $SnCl_2$）反应可被还原成 Hg_2Cl_2：

$$2HgCl_2 + SnCl_2 + 2HCl \longrightarrow Hg_2Cl_2 + H_2[SnCl_6]$$

如果 $SnCl_2$ 过量，则 Hg_2Cl_2 将被进一步还原成金属汞，沉淀将变黑：

$$Hg_2Cl_2 + SnCl_2 + 2HCl \longrightarrow 2Hg \downarrow + H_2[SnCl_6]$$

分析化学中常用这一方法鉴定 Hg^{2+} 或 Sn^{2+}。

（3）汞的配合物

Hg_2^{2+} 形成配离子的倾向较小，与配体作用时 Hg_2^{2+} 发生歧化反应而转化成 Hg^{2+} 的配合物。

Hg^{2+} 较易形成配位数为 4 的四面体配合物，当配体一定时，Hg^{2+} 的配合物比 Zn^{2+}、Cd^{2+} 稳定得多，Hg^{2+} 易同 C、N、P、S 等原子配位；与卤素离子配位时，配合按照 Cl、Br、I 的顺序稳定性增强。向 Hg^{2+} 的溶液中加入 NH_4SCN 溶液，可得到无色的四硫氰合汞（Ⅱ）酸铵（$(NH_4)_2[Hg(SCN)_4]$），它可用来鉴定 Co^{2+}，生成蓝色的 $Co[Hg(SCN)_4]$ 沉淀。

$$Hg^{2+} + 4Cl^- \Longrightarrow [HgCl_4]^{2-} \qquad K_{稳}^{\ominus} = 1.2 \times 10^{15}$$
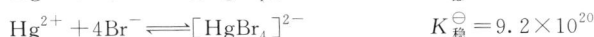
$$Hg^{2+} + 4Br^- \Longrightarrow [HgBr_4]^{2-} \qquad K_{稳}^{\ominus} = 9.2 \times 10^{20}$$

$$Hg^{2+} + 4I^- \Longrightarrow [HgI_4]^{2-} \qquad K_{稳}^{\ominus} = 6.8 \times 10^{29}$$

$$Hg^{2+} + 4SCN^- \Longrightarrow [Hg(SCN)_4]^{2-} \qquad K_{稳}^{\ominus} = 1.7 \times 10^{21}$$
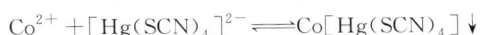
$$Co^{2+} + [Hg(SCN)_4]^{2-} \Longrightarrow Co[Hg(SCN)_4] \downarrow$$

9.5　过渡元素在医药中的应用

9.5.1　d 区元素在医药中的应用

常用药物中有一些是 d 区元素的化合物。

$KMnO_4$ 是最重要也是最常用的氧化剂之一，它的稀溶液（0.1%）可用于器械设备的消毒，它的 5% 溶液可治疗轻度烫伤。

维生素 B_{12} 是 Co^{2+} 的重要螯合物。它是 Co（Ⅲ）六配位配合物。如图 9-11 是维生素 B_{12} 的基本结构图。维生素 B_{12} 是唯一已知的含有机金属离子的维生素。它参与蛋白质的合成、叶酸的储存及硫醇酶的活化等。其主要功能是促使红细胞成熟，如果没有它，血液中就会出现一种没有细胞核的巨红细胞，引起恶性贫血。它还可以用于治疗肝炎、肝硬化、多发性神经炎及白疕等。

由两个或多个同种简单含氧酸分子缩合而成的酸称为同多酸。钼、钨及许多其他元素不仅形成简单含氧酸，而且在一定条件下它们还能缩水形成同多酸及杂多酸。这是钼、钨在化学方面的一个突出特点。能够形成同多酸的元素有 V、Cr、Mo、W、Nd、Ta、U、B、Si、P 等。目前关于多酸化合物作为抗艾滋病毒（HIV-I）、抗肿瘤、抗病

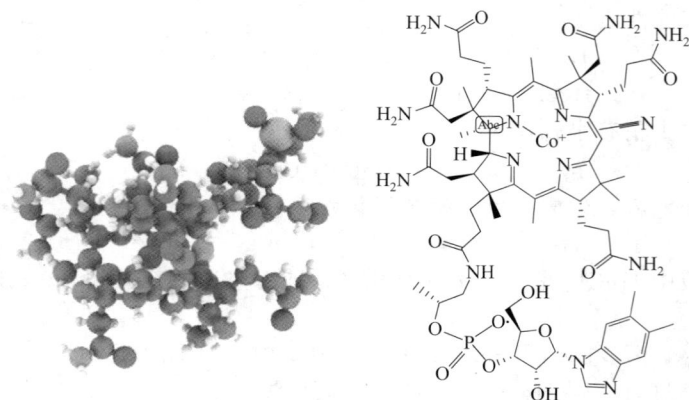

图 9-11　维生素 B_{12} 结构图

毒的无机药物的研究开发备受瞩目。有已申请专利的、可作为抗 HIV-I 药物的杂多化合物，杂多酸盐 $K_7PW_{10}Ti_2O_{40}$、$SiW_{12}O_{40}{}^{4-}$、$BW_{12}O_{40}{}^{5-}$、$W_{10}O_{32}{}^{4-}$ 和杂多阴离子的盐类或酸、钨锑杂多化合物及含铌的杂多化合物等。具有抗肿瘤活性且无细胞毒性的同多和杂多化合物有 $[Mo_7O_{24}]^{6-}$、$[XMo_6O_{24}]^{n-}$（X＝I，Pt，Co，Cr，…）等。

　　铂系元素容易生成配合物，水溶液中几乎全是配合物。二氯二氨合铂 $[PtCl_2(NH_3)_2]$ 为反磁性物质，其结构为平面正方形。它有两种几何异构体——顺式和反式结构。顺式结构的称为顺铂，具有抗癌性能，用作治癌药物，反式无抗癌作用。顺铂的抗癌机理一致认为是，顺铂攻击的主要靶分子是 DNA。顺铂水解后，与肿瘤细胞中的 DNA 碱基的原子配位，形成链内交联的 Pt-DNA 配合物，从而抑制 DNA 的复制。由于顺铂与 DNA 的特异性相互作用，最终导致癌细胞死亡。

　　矿物药是中药的重要组成部分之一，其中 d 区中铁元素的阳离子化合物在矿物药中种类较多。铁类矿物药中铁散粉、生铁落饮、七味铁屑丸、御史散、磁朱丸等的主要成分为 Fe_3O_4；更年安、绛矾丸等主要成分为 $FeSO_4 \cdot 7H_2O$；旋覆代赭汤的主要成分是 Fe_2O_3；蛇黄丸的主要成分为 $Fe_2O_3 \cdot xH_2O$；黄矾丸的主要成分是 $Fe_2(SO_4)_3 \cdot 10H_2O$；太乙丹、震灵丹的主要成分是 $Fe_2O_3 \cdot xH_2O$ 和 FeS_2。

9.5.2　ds 元素在医药中的应用

（1）铜、锌的生物学效应

　　铜是人体必需的微量元素，正常成人体内含铜总量为 80～120mg/70kg，主要以血浆铜蓝蛋白的形式存在。人体日需量为 2～5mg，以从食物中摄取为主，主要在肠道内吸收，通过胆汁、皮肤、尿液排泄。

　　铜是血浆铜蓝蛋白、超氧化物歧化酶（SOD）、细胞色素 C 氧化酶等生物大分子配合的组成元素，SOD 的主要功能是催化超氧阴离子 O_2^{2-} 发生歧化反应，使其分解为氧气和氧化氢，避免 O_2^{2-} 对人体细胞造成超氧毒性和辐射损伤，延缓机体的衰老，降低肿瘤发生的可能。另外，铜还对造血系统和神经发育以及骨骼和结缔组织的形成都有重要的影响。与铜代谢有关的人类遗传性疾病有 Menkes 综合征（铜缺乏代谢综合征）和 Wilson 病（肝豆状核变性）。

　　缺铜会导致免疫功能低下、应激能力下降、小细胞低色素性贫血、肝脏肿大、骨骼变形、白癜风等。但铜过量也会引起中毒，急性铜中毒主要表现为消化道症状，也会出现血尿、尿闭、溶血性黄疸、呕血等症状。中毒严重者可因肾功能衰竭而死亡。职业性中毒会出现呼吸、神经、消化、内分泌系统等不同程度的病变，严重危害人体健康。

锌也是人体必需的微量元素，其含量仅次于微量元素铁，正常成人体内含锌总量约为 2300mg/70kg。主要分布在肌细胞和骨骼中，主要在肠道内吸收，经粪便和尿液排泄。人体日摄取量为 12～16mg。

人体中的锌主要与生物大分子如核酸、蛋白质形成配合物，以酶的形式参与众多的生理生化反应，现已知道有 80 多种酶的生物活性与锌有关。近年来的研究表明：锌蛋白直接参与 DNA 的转录与复制，对机体的生长发育具有控制作用；其次，锌与蛋白质和核酸的代谢、生物膜的结构与稳定性、激素的分泌量与活性、细胞的免疫功能状态等密切相关。

锌缺乏会造成儿童生长发育不良，如侏儒症、智力低下，可引起严重的贫血、嗜睡、皮肤及眼科疾患等。锌的毒性较小，但大剂量服用也会造成中毒，甚至死亡。

（2）汞、镉的生物毒性

镉有剧毒，主要累积在人的骨骼、肾和肝脏内，首先引起肾脏损害，导致肾功能不良。另外镉对钙的吸收及在骨骼中的沉积有抑制作用，会导致骨钙流失，引起骨骼软化和骨质疏松，而产生使人无法忍受的骨疼痛，俗称“疼痛病”。镉还可置换锌酶中的锌而破坏其作用，引起高血压、心血管疾病等。镉的主要来源是环境污染，尤其是水污染。

汞蒸气可通过呼吸道吸入，或经过消化道误食，也可经皮肤直接吸收而中毒。汞主要积蓄在人的大脑、肾、肝脏等组织中。急性汞中毒的症状表现为严重口腔炎、恶心呕吐、腹痛腹泻、尿量减少或尿闭，很快死亡。慢性汞中毒主要以消化系统和神经系统症状为主，表现为口腔黏膜溃烂、头痛、记忆力减退、语言失常，严重者可有各种精神障碍。有机汞化合物比金属汞和无机汞化合物的中毒更加危险，尤其是甲基汞离子 $HgMe^+$ 中毒。

（3）临床常见药物

① 硫酸铜（$CuSO_4 \cdot 5H_2O$）　俗称蓝矾，是中药胆矾的主要成分，$CuSO_4$ 对黏膜有收敛、刺激和腐蚀作用，具有较强的杀灭真菌的能力，其外用制剂可治疗真菌感染引起的皮肤病，眼科则用于沙眼引起的眼结膜滤泡，内服用作催吐药。

② 硝酸银（$AgNO_3$）　有收敛、腐蚀和杀菌的作用，0.2%～0.5% 的 $AgNO_3$ 用于治疗眼科炎症。更高浓度的溶液用于治疗口腔、宫颈及其他组织的炎症。

③ 硫酸锌（$ZnSO_4$）　最早使用的补锌药，目前被葡萄糖酸锌、甘草酸锌、枸橼酸锌、精氨酸锌等取代。内服用于治疗锌缺乏引起的疾病。也可用 0.3%～0.5% 的 $ZnSO_4$ 治疗结膜炎；硫酸锌复方制剂可促进伤口的愈合。

④ 氧化锌（ZnO）　俗称锌白粉，是中药锻炉甘石的主要成分，它具有收敛、促进创面愈合的作用。用于配制外用复方散剂、混悬剂、软膏剂和糊剂等，治疗皮肤湿疹等症。

⑤ 氧化汞和氯化氨基汞　黄色 HgO 俗称黄降汞，$HgNH_2Cl$ 俗称白降汞，二者都有较强的杀菌作用。外用治疗皮肤和黏膜感染。1% 的黄降汞眼膏用于治疗眼部炎症。2.5%～5% 的白降汞软膏用于治疗脓皮病和皮肤真菌感染。

⑥ 氯化汞和氯化亚汞　$HgCl_2$ 又名升汞，是中药白降丹的主要成分。杀菌力强，毒性也较强，致死量为 0.2～0.4g。主要用于非金属手术器械的消毒液。Hg_2Cl_2 俗称甘汞，是中药轻粉的主要成分，少量无毒。内服可作缓泻剂，外用可攻毒、杀虫。Hg_2Cl_2 见光易分解为 Hg 和 $HgCl_2$，故易引起汞中毒，常保存于棕色瓶中。

⑦ 硫化汞　红色 HgS 中药称朱砂、丹砂或辰砂，具有镇静安神和解毒的功效，内服可治惊风、癫痫、失眠等症，其外用复方制剂具有消肿、解毒、止痛的功效。

思 考 题

1. 金属钠着火时能否用 H_2O、CO_2、石棉毯扑灭？为什么？

2. 简要说明碱金属和碱土金属的性质有哪些相同和不同之处？与同族元素相比，锂、铍有哪些特殊性？

3. 为什么人们常用 Na_2O_2 作供氧剂？

4. 工业级 NaCl 和 Na_2CO_3 中都含有杂质 Ca^{2+}、Mg^{2+}、Fe^{3+}，通常可采用沉淀法除去。试问为什么在 NaCl 液中除加入 NaOH 外还要加 Na_2CO_3；在 Na_2CO_3 溶液中还要加 NaOH？

5. 盛 Ba(OH)$_2$ 溶液的瓶子，在空气中放置一段时间后，其内壁会被蒙上一层白色薄膜，这层薄膜是什么物质？欲除去应采用下列何种物质来洗涤，并说明理由。

(1) 水；　　(2) 盐酸；　　(3) 硫酸；　　(4) 氢氧化钠。

6. 为什么商品 NaOH 中常含有 Na_2CO_3？怎样简便地检验和除去？

7. 写出锡与过量氯气和盐酸作用的反应方程式，并简要说明为什么反应产物不同。

8. PbO_2 是由 Cl_2 氧化 PbO 制得的，而 PbO_2 又能将盐酸氧化放出 Cl_2，二者有无矛盾？试用有关电对的电极电势予以说明。

9. 何谓过渡元素？它涵盖了哪些元素？如何分类，各类元素的性质特征是怎样的？

10. 过渡金属与主族金属相比，有哪些不同的特性？

11. 蒸发 $CoCl_2$ 溶液时，在蒸发容器壁上有蓝色物质出现，当用水冲洗时，又变成粉红色，试解释原因。

12. 在含有 Co(OH)$_2$ 沉淀的溶液中，不断通入氯气，会生成 CoO(OH)；反之，CoO(OH) 与浓 HCl 作用又放出氯气，如何解释？

13. 解释下列现象或问题，并写出相应的反应式。

(1) 加热 $[Cr(OH)_4]^-$ 溶液和 $Cr_2(SO_4)_3$ 溶液均能析出 $Cr_2O_3 \cdot H_2O$ 沉淀；

(2) Na_2CO_3 与 $Fe_2(SO_4)_3$ 两溶液作用得不到 $Fe_2(CO_3)_3$；

(3) 在水溶液中用 Fe^{3+} 盐和 KI 不能制取 FeI_3；

(4) 在含有 Fe^{3+} 的溶液中加入氨水，得不到 Fe(Ⅲ) 的氨合物；

(5) 在 Fe^{3+} 的溶液中加入 KSCN 时出现血红色，若再加入少许铁粉或 NH_4F 固体则血红色消失；

(6) Fe^{3+} 盐是稳定的，而 Ni^{3+} 盐在水溶液中尚未制得；

(7) Co^{3+} 盐不如 Co^{2+} 盐稳定，而它们的配离子的稳定性则往往相反；

(8) 加热 $CuCl_2 \cdot 2H_2O$ 时得不到无水的 $CuCl_2$；

(9) 银器在含有 H_2S 的空气中会慢慢变黑；

(10) 利用酸性条件下 $K_2Cr_2O_7$ 的强氧化性，使乙醇氧化，反应颜色由橙红变为绿色，据此来检测司机是否酒后驾车；

(11) 铜在含 CO_2 的潮湿空气中，表面会逐渐生成绿色的铜锈；

(12) 有空气存在时，铜能溶于氨水；

(13) 从废的定影液中回收银常用 Na_2S 作沉淀剂，而不能用 NaCl 作沉淀剂；

(14) Zn 能溶于氨水和 NaOH 溶液中；

(15) 焊接金属时，常用浓 $ZnCl_2$ 溶液处理金属表面。

习 题

1. 完成下列反应式

(1) $Na_2O_2 + H_2O \longrightarrow$　　　　　　　　(2) $KO_2 + H_2O \longrightarrow$

(3) $Na_2O_2 + CO_2 \longrightarrow$　　　　　(4) $Be(OH)_2 + OH^- \longrightarrow$

(5) $Mg(OH)_2 + NH_4^+ \longrightarrow$　　　　(6) $NH_4HCO_3 \xrightarrow{\triangle}$

2. 如何区别下列物质：

(1) Na_2CO_3，$NaHCO_3$，$NaOH$

(2) CaO，$CaCO_3$，$CaSO_4$

3. 试以食盐、空气、碳、水为主要原料，制备下列物质（写出反应式并注明反应条件）。

(1) Na　　(2) Na_2O_2　　(3) $NaOH$　　(4) Na_2CO_3

4. 下列各组物质能否共存，为什么？

(1) Na_2O_2 和 CO_2　　(2) $NaHCO_3$ 和 $NaOH$　　(3) CaH_2 和 H_2O

5. 写出下列反应方程式：

(1) $NaBiO_3 + Mn^{2+} + H^+ \longrightarrow$

(2) $PCl_5 + H_2O \longrightarrow$

(3) $AsO_4^{3-} + I^- + H^+ \longrightarrow$

(4) 铅丹溶于热盐酸

(5) As_2O_3 溶于 $NaOH$ 溶液

(6) 硝酸铋溶液加水稀释时变浑浊

(7) $SiO_2 + HF \longrightarrow$

(8) $B_2H_6 + H_2O \longrightarrow$

6. 用化学方法区别下列各对物质：

(1) SnS 与 SnS_2　　(2) $Pb(NO_3)_2$ 与 $Bi(NO_3)_3$　　(3) $Sn(OH)_2$ 与 $Pb(OH)_2$

(4) $SnCl_2$ 与 $SnCl_4$　　(5) $SnCl_2$ 与 $AlCl_3$　　　　　(6) $SbCl_3$ 与 $SnCl_2$

7. 分离下列各组离子

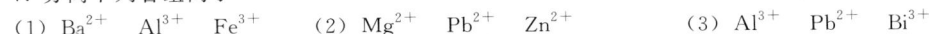

(1) Ba^{2+}　Al^{3+}　Fe^{3+}　　(2) Mg^{2+}　Pb^{2+}　Zn^{2+}　　　(3) Al^{3+}　Pb^{2+}　Bi^{3+}

(4) Al^{3+}　Cr^{3+}　Co^{2+}　　(5) Fe^{3+}　Cr^{3+}　Ni^{2+}

8. 写出下列离子检验的反应式，并指出发生的现象。

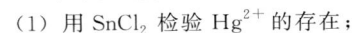

(1) 用 $SnCl_2$ 检验 Hg^{2+} 的存在；

(2) 用 $NaBiO_3$ 检验 Mn^{2+} 的存在。

9. 完成并配平下列反应式：

(1) $FeCl_3 + Fe \longrightarrow$　　　　　　(2) $FeCl_3 + SnCl_2 \longrightarrow$

(3) $Fe^{3+} + H_2S \longrightarrow$　　　　　　(4) $FeSO_4 + Br_2 + H_2SO_4 \longrightarrow$

(5) $Fe^{3+} + [Fe(CN)_6]^{4-} \longrightarrow$　　　(6) $Co_2O_3 + HCl \longrightarrow$

(7) $Co(OH)_2 + H_2O_2 \longrightarrow$　　　　(8) $[Co(NH_3)_6]^{2+} + O_2 + H_2O \longrightarrow$

(9) $Ni(OH)_2 + Br_2 + H_2O \longrightarrow$　　(10) $Ni^{2+} + NH_3$ （浓） $\longrightarrow$

10. 完成下列反应方程式：

(1) $Cu_2O + HCl \longrightarrow$　　　　　　(2) $Cu_2O + H_2SO_4$ （稀） $\longrightarrow$

(3) $CuSO_4 + KI \longrightarrow$　　　　　　(4) $AgBr + Na_2S_2O_3 \longrightarrow$

(5) $ZnSO_4 + NH_3$ （过量） $\longrightarrow$　　(6) $Hg(NO_3)_2 + KI$ （过量） $\longrightarrow$

(7) $Hg(NO_3)_2 + NaOH \longrightarrow$　　　(8) $Hg_2Cl_2 + NH_3 \longrightarrow$

(9) $Hg_2Cl_2 + SnCl_2$ （过量） $\longrightarrow$　(10) $HgS + Na_2S \longrightarrow$

11. 设计分离下列各组物质的实验方法：

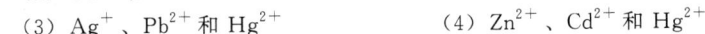

(1) Cu^{2+} 和 Zn^{2+}　　　　　　　　(2) Zn^{2+} 和 Al^{3+}

(3) Ag^+、Pb^{2+} 和 Hg^{2+}　　　　　(4) Zn^{2+}、Cd^{2+} 和 Hg^{2+}

第 10 章　生物无机化学基本知识

生物无机化学是于 20 世纪 60 年代，在无机化学和生物学的相互交叉和相互渗透中发展起来的一门边缘学科。它是在分子、原子水平上研究金属与生物配体之间的相互作用。近年来，理论化学方法和近代物理测定方法的飞速发展，使得揭示生命过程奥秘的生物无机化学研究成为可能，生物无机化学正是在这个时候作为一门独立学科应运而生的。

10.1　生物元素

生物元素是指在生物体内维持正常生物功能的元素。在生物体内广泛参与生命活动的蛋白质、核酸、脂类和糖类都含有碳、氢、氧、氮、磷、硫等元素，这些元素在体内是以有机化合物的形式存在，被称为生物非金属元素。在生物体液中的电解质含有 K^+、Na^+、Ca^{2+}、Mg^{2+} 等离子。骨骼中的无机盐，各种酶、辅酶、结合蛋白质的辅基中含的 Fe、Mn、Co、Cu、Zn、Mo 等金属元素，被称为生物金属元素。

10.1.1　生物元素的分类

人类在地球上生存，人体不断地与自然界进行着物质交换。所以，人体血液中化学元素的丰度同地壳中的元素丰度是惊人的相似。自然界存在的 94 种稳定元素中，在现代人体内已发现了 60 余种。按照体内元素的生物作用，可将它们分成人体必需元素、有益元素和有害元素。

(1) 人体必需元素

参与构成人体和维持机体正常生理功能的元素称为人体必需元素。所谓"必需"的含义为：①元素存在于健康组织中，并与一定的生物化学功能有关；②在各组织中有一定的浓度范围；③从机体中排除这种元素将引起再生性生理变态，重新引入这种元素变态可以消除。

生物元素按其在人体中的含量又可分为宏量元素和微量元素。O、C、H、N、Ca、P、K、S、Cl、Na、Mg 这 11 种元素占人体总质量的 99.95%，它们是构成机体各种细胞、组织、器官和体液的主要元素，因此称它们为人体必需的宏量元素，也称生命结构元素。表 10-1 列举了人体的主要元素的组成及其平均含量。

表 10-1　体重为 70kg 的人体主要元素的组成及其平均含量

元素	含量/g	元素	含量/g	元素	含量/g
H	6580	Na	70	Mn	<1
C	12590	K	250	Mo	<1
N	1815	Mg	42	Co	<1
O	43550	Ca	1700	Cu	<1
P	680	Cl	115	Ni	<1
S	100	Fe	6	I	<1
		Zn	1~2		

F、Si、V、Cr、Mn、Fe、Co、Ni、Li、Al、Cu、Zn、Se、Sn、Mo、I、As 这

17 种元素约占人体总量的 0.05%，称为必需微量元素。微量元素在体内的含量虽少，但它们在生命活动过程中的作用却极为重要。

上述 28 种元素之所以称为必需元素，是因为它们不仅为生物分子中的组成元素，而且具有特异性的功能。例如，作为结构材料，Ca、P 构成骨骼、牙齿，C、H、O、N、S 构成生物大分子；有的金属离子组成金属酶；含有 Fe^{2+} 的血红蛋白负责运载 O_2 和 CO_2 的作用；Ca^{2+} 与氨基酸中的羧酸结合起到传递某种生物信息的作用；存在于体液中的 Na^+、K^+、Cl^- 等起到维持体液中水、电解质平衡和酸、碱平衡的作用（表 10-2）。

表 10-2　生物元素的主要生理功能和对人体的影响

元素	生理功能	缺乏引起的症状	累积过量引起的症状	摄入来源
Fe	储存、输送氧，参与多种新陈代谢过程	缺铁性贫血、龋齿、无力	青年智力发育缓慢、肝硬化	肝、肉、蛋、水果、绿叶蔬菜等
Cu	血浆蛋白和多种酶的重要成分，有解毒作用	低蛋白血症、贫血、冠心病	类风湿性关节炎、肝硬化、精神病	干果、葡萄干、葵花子、肝、茶等
Zn	控制代谢酶的活性部位，参与多种新陈代谢过程	贫血、高血压、早衰、侏儒症	头昏、呕吐、腹泻、皮肤病、胃癌	肉、蛋、奶、谷物
Mn	多种酶的活性部位	软骨畸形、营养不良	头昏、昏昏欲睡、功能失调、精神病	干果、粗谷物、核桃仁、板栗、菇类
I	人体合成甲状腺激素的原料，甲状腺中控制代谢过程	甲状腺肿大、克汀病	甲状腺肿大、疲怠	海产品、奶、肉、水果、加碘食盐
Co	维生素 B_{12} 的核心	贫血、心血管病	心脏病、红细胞增多	肝、瘦肉、奶、蛋、鱼
Cr	Cr(Ⅲ) 使胰岛素发挥正常功能	糖尿病、糖代谢反常、动脉粥样硬化、心血管病	肺癌、鼻膜穿孔	各种动物均含微量铬
Mo	染色体有关的酶活性	龋齿、肾结石、营养不良	痛风病、骨多孔症	豌豆、谷物、肝、酵母
Se	正常肝功能必需酶的活性部位	心血管病、克山病、肝病、易诱发癌症	头痛、精神错乱、肌肉萎缩、过量中毒致命	日常饮食、井水中
Ca	在传递神经脉冲、触发肌肉收缩、释放激素、血液的凝结以及正常的心率的调节中起作用	软骨畸形、痉挛	胆结石、动脉粥样硬化	动物性食物
Mg	在蛋白质合成中必不可少	惊厥	麻木症	日常饮食
F	氟离子能抑制糖类转化成腐酸酶，是骨骼和牙齿正常生长的必需元素	龋齿	斑釉齿、骨骼生长异常，严重者瘫痪	饮用水、茶叶、鱼等

（2）有益元素

B、F、Si、V、Cr、Ni、Se、Br、Sn 9 种元素属于有益元素。人体没有这些元素时生命尚可维持，但不能认为是健康的。

（3）有害元素

有害元素也称为污染元素，是在人体中存在并能显著毒害机体的元素。目前已明确的有害元素有 Cd、Hg、Pb、As、Be 等（表 10-3）。研究资料表明，现代人体内有害元素的含量正在逐年增加。因此，人类必须阻止环境污染，保护自己生存的空间，阻止有害元素进入我们体内。

表 10-3　有害元素对人体的危害

元素	危害	最小致死量/10^{-6} g
Be	致癌	4
Cr	损害肺,可能致癌	400
Ni	肺癌,鼻窦癌	180
Zn	胃癌	57
As	损害肝、肾和神经,致癌	40
Se	慢性关节炎、浮肿等	3.5
Y	致癌	—
Cd	气肿、肾炎、胃痛病、高血压、致癌	0.3~0.6
Hg	脑炎,损害中枢神经、肾脏	16
Pb	贫血,损害肾脏和神经	50

10.1.2　最适营养浓度定律

　　法国科学家 Bertrand 在研究锰对植物生长的影响后指出，植物缺少某种元素时就不能成活；当元素适量时，植物就苗壮成长；但过量时又是有害的。这就是所谓的"最适营养浓度定律"。大量研究表明，这个定律不仅适用于植物，也适用于一切生物。图 10-1 为元素最适营养浓度定律的示意图。

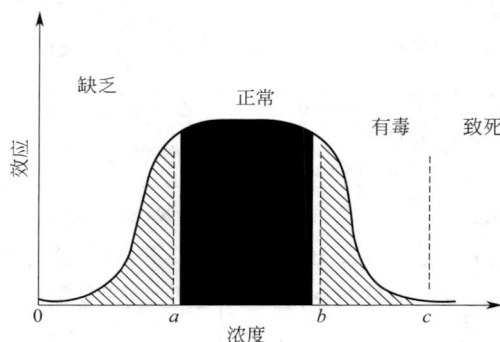

图 10-1　元素最适营养浓度定律的示意图

　　最适营养浓度定律表明了生物效应-浓度之间的关系。当元素浓度为 $0\sim a$ 时，表示生物对该元素缺乏，此时某些生物效应处于低级状态；随着浓度的增加生物效应逐渐提高，在 $a\sim b$ 浓度范围，生物效应达到一个平台，这是最适浓度范围，平台的宽度对不同的元素是不同的，如 $b-a$ 值大，此元素毒性一般较小；在 $b\sim c$ 浓度范围内，生物效应下降，表现生物中毒，甚至死亡。

　　对于必需元素和有害元素，尽管都有生物效应-浓度曲线，但各自的曲线是不同的。现以铁元素为例进行说明。铁是必需元素，对分子氧的运送、电子传递等均十分重要。铁的供应或吸收不足，满足不了血红蛋白合成的需要，将导致缺铁性贫血；反之，如过量输血，不恰当地形成了过量的血红蛋白，导致铁吸收过量，过剩的铁聚集且不易被排出体外时，则铁在体内将催化活性氧自由基的产生，生物组织遭到损伤。

　　所以，一种元素对生命体的"益"与"害"，其界限通常难以截然划分。元素的"益"与"害"不仅与元素在体内的含量有关，而且与元素所处的状态有关。例如，Cr（Ⅲ）是人体必需的，而 Cr（Ⅵ）会对人体有害。此外，从生物的演化过程来看，

"益"与"害"也是相对的。生命的标志之一，就是生命能不同程度地适应自然，并改造自然。例如，O_2 对原始生物是有害的，而原始生物逐渐演化成为今日的生物，O_2 成了必需的物质，这就是一种演化过程。因此，可以设想，生物为了适应某些有毒物质并生存下来，会发生某种变异。这种变异可能是某些生物分子结构的变化，也可能是某种解毒机制的建立。生物把这种变异通过遗传留给后代，经过许多世纪，某些有毒物质可能就变成生物能耐受的或必需的物质了。

10.1.3　生物金属元素的存在形式

　　氨基酸、多肽、蛋白质、核苷酸、核酸、多糖、维生素及其他一些参与生命活动的有机分子都可作为配体，与金属离子形成生物金属配合物。生物金属配合物在机体中按其生物配体和功能的不同，主要可分为氨基酸、肽和金属蛋白配合物、核苷酸类配合物、卟啉类配合物以及离子载体。

（1）氨基酸、肽和金属蛋白配合物

　　形成蛋白质的基本单元是氨基酸（$H_2N—CHR—COOH$），氨基酸相互作用可形成以肽键结合的肽链，蛋白质则是由两条或多条肽链按一定形式聚合成的具有一定空间构型的生物大分子。所有氨基酸、肽和蛋白质均可与金属离子相互作用生成配合物。氨基酸和金属离子配位时，一方面利用分子中的羧基氧原子与金属离子共价结合，另一方面是由—NH_2 中氮原子提供孤对电子与金属离子形成配位键。在蛋白质分子中存在着大小不同的空穴，其中金属离子可以与不同的氨基酸残基配位。

（2）核苷酸类配合物

　　核酸是由许多单核苷酸组成的，而单核苷酸是由杂环碱（嘌呤碱或嘧啶碱）、戊糖（核糖与脱核糖）和磷酸组成。核酸和核苷酸都可与生命金属元素形成配合物。核苷酸作为配体时，杂环碱、戊糖和磷酸基都能与金属离子配位，一般情况下碱基与金属离子的配位能力最强。核酸与金属离子的配位情况类似于单核苷酸（图 10-2、图 10-3）。

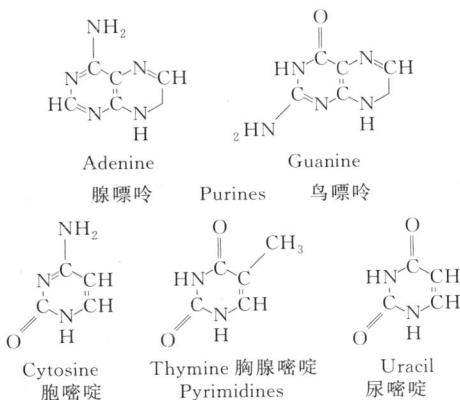

图 10-2　碱基

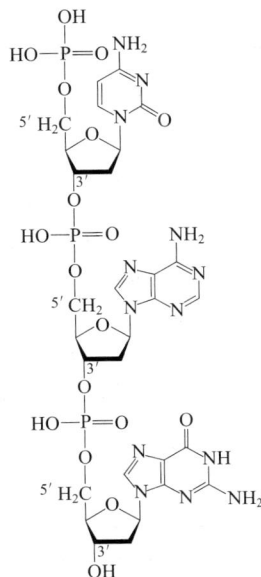

图 10-3　核苷酸

（3）卟啉类配合物

卟啉类配合物是重要的生物配体，卟啉环中四个 N 原子可与金属 Fe^{2+}、Mg^{2+}、Cu^{2+} 等形成螯合物。如血红蛋白的中心部分血红素就是以亚铁离子为形成体，以卟啉环为螯合剂而形成的螯合物。

（4）离子载体

生物体中各种金属离子在其透过细胞膜时，均有各自的运送方式。通常，在细胞膜上存在一些中等分子量的化合物，它们能与某种特定金属形成脂溶性的配合物，将离子载到细胞中去，这类物质称为离子载体。目前研究比较多的是 K^+、Na^+、Ca^{2+} 的离子载体，从结构上分为环状和链状两大类。Na^+ 和 K^+ 是体液的重要组成成分，这种特殊的形式使它们特异性分布在细胞外液和细胞内液，对维持细胞内外液的容量和渗透压，调节体液酸碱平衡起着重要作用。

10.1.4　生物元素的生理功能

人体必需元素在人体内参与构成人体和维持机体正常生理功能。

（1）构成有机体

构成有机体是生物元素最主要的生理功能。C、H、O、N、S 和 P 组成了有机体所有的生物大分子物质——蛋白质、核酸、糖等；H 和 O 组成了占人体体重 65% 以上的物质——H_2O；Ca、Mg、P 和 F 组成了生物体的硬组织，如骨骼、牙齿等。钙是骨骼和牙齿的主要成分，它主要以磷酸盐形式嵌镶在蛋白质框架里，镁在体内也以磷酸盐形式参与骨的组成。

（2）维持机体正常生理功能

生物体内有着惊人准确的控制系统，精细地调节着每种金属离子的动向，而金属离子又精细地调节着千万种生物化学反应，并在生物过程中发生如下作用。

① 输送作用　机体在生命活动的新陈代谢过程中所需要的能量是通过营养物质的氧化反应产生的。物质代谢过程中需要的氧气和电子是通过某些载体输送的，金属铁具有这种输送功能。例如，正常人体中含铁 3～5g，几乎所有组织都含有铁。铁在体内大部分是以与蛋白质结合形成配合物的形式存在，这些含铁蛋白具有以下重要功能：a. 载氧、储氧功能。血红蛋白在体内起着载氧作用，从肺部将氧运送到各组织细胞，同时又把细胞代谢产生的 CO_2 运到肺部排出体外，肌红蛋白则具有储氧作用；b. 细胞色素 c 中的 Fe（Ⅱ）和 Fe（Ⅲ）间的互变具有输送电子的作用；c. 运铁蛋白和铁蛋白起着转运、储存和调节铁的吸收平衡的作用。

② 催化作用　机体内许多复杂的生化反应常需要生物酶作催化剂。在已知的 1300 多种生物酶中，多数有金属元素参加或必须由金属离子作为酶的激活剂。例如，羧肽酶含 Zn^{2+}；Mg^{2+} 是许多酶的激活剂；精氨酸酶需要 Mn^{2+} 作激活剂；如体内缺铜会影响酪氨酸酶的活性，造成酪氨酸转成黑色素的过程缓慢或停止。因此，缺铜是引起白癜风的重要原因。

③ 参与激素的作用　激素是人体生长代谢过程中不可缺少的物质，一些元素在激素形成或帮助激素发挥生物作用的过程中至关重要。例如，碘是甲状腺素形成的必需元素；铬（Ⅲ）在胰岛素参与糖代谢的过程中起着重要的协助作用；钴在人体中含量很少，一般人体内仅含 1.1～1.5mg，它对铁的代谢、血红素的合成、红细胞的发育成熟有着重要作用，特别是钴作为维生素 B_{12} 的主要成分，起着高效生血的作用。近年来有人认为，心血管疾病同钴的含量有关，病情越严重发现钴的含量越少。

此外，体内的一些金属元素在高等动物复杂的神经传导中，具有传递生物信息、调节肌肉收缩，调节体液物理化学性质（如调节体液的渗透压、维持水、电解质平衡和酸、碱平衡等）的作用，能影响蛋白质、核酸形成，对生物的遗传有很大的贡献。

细胞膜两边 Na^+ 和 K^+ 的浓度梯度是膜电位的主要来源，这种膜电位对神经传递信号等有着支配作用。Ca^{2+} 对肌肉收缩，调节心率和血液凝固等都有影响。Mg^{2+} 对蛋白质的合成和 DNA 的复制起着重要作用。

人类在地球上繁衍生息，人与地表自然体间必定有着本质的联系，而这种联系的物质基础就是自然体中的化学元素。可以相信，随着人们在分子水平上认识化学元素和生物配体的生理功能，揭示致病机制和探索新药开发的途径，必将推动医学和药学的进步，从而给人类的健康带来福音。

10.2　矿物药

所有的药物都是化学物质，绝大多数属于有机化合物，但在中外古代医学中都有使用矿物药的历史。从我国现存最早的药学专著《神农本草经》到李时珍的《本草纲目》中都有矿物药的详细记载。许多中医文献中有白石英有镇静、安神之功效，朱砂能治疗心脏病等记载；在中医临床上一直使用雄黄、雌黄、砒霜等含砷矿物药。这些药物都是利用金属和个别非金属化合物来杀伤微生物、寄生虫以及癌细胞等。三氧化二砷作为药物以"以毒攻毒"的原理治疗疾病有悠久的历史，特别是砷化合物在治疗白血病方面的功效更是为世人所关注。20 世纪 90 年代，砷剂治疗白血病重新得到国际血液学界的重视，美国 FDA 在经过验证后批准了砷剂的临床使用。

10.2.1　矿物药的分类

矿物药从不同的角度有不同的分类方式。

（1）根据来源和加工方法的不同，矿物药可分为三类

① 原矿物药　指从自然界采集后，基本保持原有性状作为药物使用的物质。其中包括矿物（石膏、滑石、雄黄）、动物化石（龙骨）和以有机物为主的矿物（琥珀）。

② 矿物制品药　指主要以矿物为原料经加工制成的单味药，如白矾、胆矾等。

③ 矿物药制剂　指以多味原矿物药或矿物制品药为原料加工制成的制剂。

矿物制品药与矿物药制剂虽均属加工制品，但前者多是以单一矿物为原料加工制成，以配合应用为主而很少单独应用，后者多数是以多味原矿物药或矿物制品药为原料加工制成，以单独应用为主而很少配合应用。

（2）根据阳离子的不同分类

在矿物学中，通常是根据矿物所含阳离子的不同对矿物进行分类。从药学的观点来看，根据阳离子的种类对矿物药进行分类也是非常恰当的，因为阳离子通常对药效起着较重要的作用。矿物药按阳离子的不同划分为汞化合物类、铁化合物类、铅化合物类、铝化合物类、铜化合物类、砷化合物类、硅化合物类、钙化合物类、镁化合物类、锌化合物、钠化合物类等（如表 10-4）。

（3）根据药物功能来分类

按矿物药的功能分为清热解毒药、利尿通淋药、理血药、潜阳安神药、补阳止泻药、消积药、涌吐药、外用药等。

表 10-4　部分矿物药的名称、主要成分和功效

类别	药物名称	主要成分	主要功效	中成药及汤剂
汞化合物	朱砂	硫化汞 （HgS）	清心镇惊，安神解毒。用于心悸易惊，失眠多梦，癫痫发狂，小儿惊风，视物昏花，口疮，疮疡肿毒	砂安神丸
	红粉	氧化汞 （HgO）	拔毒，除脓，去腐，生肌。用于痈疽疔疮，梅毒下疳，一切恶疮，肉暗紫黑，腐肉不去，窦道瘘管，脓水淋漓，久不收口	九转丹
	轻粉	氯化亚汞 （Hg_2Cl_2）	清心镇惊，安神解毒。用于心悸易惊，失眠多梦，癫痫发狂，小儿惊风，视物昏花，口疮，喉痹，疮疡肿毒	桃花散、白玉膏
铁化合物	自然铜	二硫化亚铁 （FeS_2）	散瘀，接骨，止痛。用于跌扑肿痛，筋骨折伤	八厘散、各种跌打丸
	磁石	四氧化三铁 （Fe_3O_4）	平肝潜阳，聪耳明目，镇惊安神，纳气平喘。用于头晕目眩，视物昏花，耳鸣耳聋，惊悸失眠，肾虚气喘	磁朱丸
铅化合物	密陀僧	氧化铅 （PbO）	用于痔疮，湿疹，溃疡，肿毒诸疮及刀伤等	一扫光、祖师麻药膏
	铅丹	四氧化三铅 （Pb_3O_4）	解毒止痒，收敛生肌。用于黄水湿疮，疮疡不收	黄生丹、桃花散
铜化合物	胆矾	五水硫酸铜 （$CuSO_4 \cdot 5H_2O$）	治风痰壅塞，喉痹，癫痫，牙疳，口疮，烂弦风眼，痔疮，肿毒	眼药水
	铜绿	碱式碳酸铜 [$Cu_2(OH)_2CO_3$]	治目翳，烂弦风眼，痈疽，痔恶疮，喉痹，牙疳，臁疮，顽癣，风痰卒中	结乳膏
铝化合物	白矾	含水硫酸铝钾 [$KAl(SO_4)_2 \cdot 12H_2O$]	外用解毒杀虫，燥湿止痒。内服止血止泻，祛除风痰	明矾注射液、白金丸
	赤石脂	含水硅酸铝[$Al_4(Si_4O_{10})(OH)_8 \cdot 4H_2O$]	涩肠，止血，生肌敛疮。用于久泻久痢，大便出血，崩漏带下；外治疮疡不敛，湿疹脓水浸淫	赤石脂禹余粮汤
砷化合物	雄黄	二硫化二砷 （As_2S_2）	解毒杀虫，燥湿祛痰，截疟。用于痈肿疔疮，蛇虫咬伤，虫积腹痛，惊痫，疟疾	牛黄解毒丸、益金丸
	雌黄	三硫化二砷 （As_2S_3）	治疥癣，恶疮，蛇虫蛰伤，癫痫，寒痰咳喘，虫积腹痛	癣药水、紫金丹
	信石	三氧化二砷 （As_2O_3）	蚀疮去腐，平喘化痰，截疟。可治疗寒喘，疟疾，淋巴结、骨关节结核，牙疳，痔疮等症	疥药一扫光、龙虎丸
硅化合物	白英石	二氧化硅 （SiO_2）	益气、安神、止咳、降逆、除湿痹、补五脏、利尿清热明目	保元化滞汤、秋毫散
	玛瑙	二氧化硅 （SiO_2）		
镁化合物	滑石	含水硅酸镁 [$Mg_3(Si_4O_{10})(OH)_2$]	利尿通淋，清热解暑，祛湿敛疮。用于热淋，石淋，尿热涩痛，暑湿烦渴，湿热水泻，外治湿疹，湿疮，痱子	辰砂六一散
锌化合物	炉甘石	碳酸锌 （$ZnCO_3$）	解毒明目退翳，收湿止痒敛疮。用于目赤肿痛，眼缘赤烂，溃疡不敛，脓水淋漓，湿疮，皮肤瘙痒	妙喉散、生肌散
钙化合物	石膏	含水硫酸钙 （$CaSO_4 \cdot 2H_2O$）	清热泻火，除烦止渴。用于外感热病，高热烦渴，肺热喘咳，胃火炕盛，头痛，牙痛	明目上清丸
	龙骨	主含碳酸钙（$CaCO_3$）、磷酸钙 [$Ca_3(PO_4)_2$]	敛气逐湿，止盗汗安神、涩精止血。用于夜卧盗汗、梦遗、滑精、肠风下血、泻痢。外用可敛疮口	龙牡壮骨颗粒剂、琥珀安神丸
	钟乳石	碳酸钙 （$CaCO_3$）	温肺，助阳，平喘，制酸，通乳。用于寒痰喘咳，阳虚冷喘，腰膝冷痛，胃痛泛酸，乳汁不通	海马保肾丸、还少丹
	紫石英	氟化钙（CaF_2）	镇心安神，温肺，暖宫。用于失眠多梦，心悸易惊，肺虚咳喘，宫寒不孕	

续表

类别	药物名称	主要成分	主要功效	中成药及汤剂
钠化合物	芒硝	含水硫酸钠（$Na_2SO_4 \cdot 10H_2O$）	泻热通便，润燥软坚，清火消肿。用于实热便秘、大便燥结，积滞腹痛，肠痈肿痛；外治乳痈，痔疮肿痛	通便清心丸、化积丸、小儿化毒丸
	硼砂	四硼酸钠（$Na_2B_4O_7 \cdot 10H_2O$）	解毒防腐、清热化痰。用于口舌糜腐、咽喉肿痛，肺热咳喘，痰多艰咯，久咳喉痛等症	硼砂散、冰硼散
	大青盐	主含氯化钠（NaCl），夹有钾、镁、钙等盐	治尿血，吐血，齿舌出血，目赤痛，风眼烂弦，牙痛	参茸大补丹

10.2.2　矿物药作用的化学基础

人类用药物预防或治疗疾病，是通过服用药物等方式在一定时间内，在人体中形成的一个体系。这个体系一旦形成，药物必将对机体产生作用，机体对药物也定会有所反应，药物之间也有相互影响。这里既有化学作用、物理作用又有复杂的生理作用。矿物药之所以能够发挥疗效，是因为它是药物体系中的物质之一。其治病的机制可包括矿物药的化学成分被溶解，机体对这些成分的吸收、结合或交换，以及各种矿物的表面吸附等物理作用。

① 金属的溶出及其存在状态　大多数矿物药是以金属难溶盐或氧化物的形式存在，使金属离子难以溶出。矿物药中金属离子的溶出反应，受与有机配体的配合反应、增溶效应、粒度效应以及 pH 等的影响。

例如，在服用含金矿物药的患者的尿液和血浆中均发现存在有 $[Au(CN)_2]^-$ 配离子，它是含金矿物药在体内代谢所产生的新物种，可以进入细胞并抑制白细胞的氧化损伤。因此，含金矿物药表现出抗肿瘤和抗艾滋病病毒的活性。

② pM 缓冲体系　所谓的 pM 缓冲体系是一种溶解度极低的金属化合物或单质，与一种或多种能和金属离子形成配合物的配体（小分子或大分子）所形成的体系。这种体系可提供恒定的、一定水平的金属离子浓度。如复方中药中植物来源的配体与矿物中金属离子作用，形成配合物。利用配位平衡的移动，金属离子以极低浓度释放，故可维持体内一定浓度的金属离子。

③ 有毒金属在低浓度下表现的生物活性　矿物药中含有毒的金属化合物，常表现出毒性与活性的双向性。例如，具有抗癌作用的矿物药，在杀伤癌细胞、细菌和病毒时，表现出其正向生物活性，但同时往往对正常细胞也有伤害，表现出毒性。由于药理作用和毒性不可分割，故人们在有效剂量与中毒剂量之间寻求两者分割的方法。一般来说，有毒金属化合物在极低浓度下，表现的是与毒性无关的生物活性（正效应），但当剂量超过一定限度时则表现为毒性（负效应）。pM 缓冲体系可以控制金属离子在极低浓度的范围内。

金属离子在低浓度与高浓度下不同的性质不仅表现在整体生物体上，还表现在细胞层次以及酶等生物分子。金属离子作用的这种双向性，可以从与其作用的大分子的构象和聚集的变化有双向性来说明。设想一个蛋白质分子对某一个必需金属离子有一个特异性的强结合部位，当此必需金属离子结合在此指定部位，才能维持一定的构象，表现出一定的化学反应性和生物功能。但是，除此结合部位外，可能还有更多的结合部位。若一个非必需金属离子与此必需金属离子相似但又不尽相同，它在极低浓度下结合在那个必需金属离子的结合部位上，也能使蛋白质保持应有的构象，在这一浓度下，非必需金属离子表现必需金属离子的活性。而在浓度增高时，它会更多地结合在其他位点，导致构象改变，甚至影响聚集状态，因而这种非必需金属离子产生破坏活性的作用。这就是双向性的化学基础。

10.2.3　矿物药的特点

① 药源丰富　矿物药大都是由天然矿物经过加工炮制而成的。我国矿物药蕴藏量丰富，保证了矿物药的来源。特别是被称为世界屋脊的青藏高原，地域辽阔，具有极其丰富的矿物药资源，据记载这里比较常用的矿物药就有 70 多种。因此，应尽可能地开发和使用矿物药。

② 加工炮制方法比较简便　加工炮制的目的是为了除去杂质，提高纯度，改变性质，提高疗效，降低毒性，保证用药安全。采集的矿物药材有的经过拣、洗、淘、漂、提，即可使用；有的为了降低或消除毒性，要经过锻、炼、淬；有的通过加工炮制，改变其性能，才能适应于治疗疾病的需要。但总体来说，矿物药的加工炮制方法还是比较简便的。

③ 功用确切、疗效迅速　多年的临床实践证明，传统矿物药功用确切，疗效迅速，如雄黄的杀虫解毒、朱砂的镇惊安神、自然铜的散瘀接骨等都在中医临床实践中长期使用。

④ 毒性与生物活性　许多矿物药是具有毒性的金属化合物，其毒性和生物活性共存，特别是砷、汞、铅类等药物，安全范围较小。没有成熟的经验，切不可任意加大剂量，以免发生意外。

10.3　生物无机化学的应用

生物无机化学虽然发展成为一个独立学科的时间并不长，但在化学家、生物学家和医学家等的共同努力下，近几十年来得到了迅猛的发展。不但形成了自己相对独立的理论体系，而且其研究成果在医学、农业、环境保护等领域得到了广泛的应用。

10.3.1　生物无机化学与现代医学

生物无机化学的研究成果对人类有着多方面的贡献，其中最为突出的是在医疗上的应用。人体必需的金属离子，绝大多数是以配合物的形式存在于体内，它们对人体的生命活动发挥着各种各样的作用。从配位化学的角度来探讨生物体的生命过程，以及某些疾病的发病机制，进而研究利用金属配合物作为治疗某些疾病的药物一直是生物无机化学的一个主题。

（1）金属配合物与疾病

生物体内某些疾病是有害金属离子以及有害的配位体进入体内而引起的。一些有害配位体进入生物体内，可以和担负正常生理功能的某些金属配合物中的配体发生竞争，使生物金属配合物失去正常的生理功能，如血红蛋白是 $Fe(II)$ 与卟啉环和蛋白质结合的五配位混配配合物，第六个配位位置可以与氧可逆结合。血红蛋白在氧分压较大的肺部摄取氧，通过血液循环系统将氧运送到各组织中并释放出氧。如果这个位置被其他更强的配位所占据，这些金属配合物就失去正常的生理功能，出现中毒现象。有害配体的配位能力越强，中毒就越严重。CO、NO、CN^- 等配体与血红蛋白的亲和性，均大于氧很多倍，因此毒性也极大。

有些有害物质在生物体内可破坏金属配合物的正常状态，从而引起病变。血红蛋白（Hb）分子中的 Fe（Ⅱ）可被氧化成 Fe（Ⅲ），这种高铁血红蛋白（MHb）过多会发生病变。不少药物或化合物，如亚硝酸盐、硝酸甘油、苯胺类、硝基苯类、磺胺类和醌类化合物都可以使 Hb 氧化成 MHb。在正常人体内，由于氧化剂的存在，总有少量 Hb 被氧化成 MHb。但是正常人体内存在高铁血红蛋白还原酶，它可将 MHb 还原为 Hb。如果体内 NO_2 等物质过量，超过高铁血红蛋白还原酶的解毒能力，就会发生病变。

（2）解毒作用

随着现代工业的迅速发展，各种有毒金属离子的污染物进入了生物圈，它们最终必然要经过各种途径侵入人体。这些金属离子进入人体的量若超过了人体正常的代谢能力，则必然会以各种形态沉积于人体的一些部位或器官中，从而影响正常的生物功能。生物体内存在着一种自身解毒能力，能在一定程度上抵御有害金属离子的毒害。这种自身的解毒作用是由一种称为金属硫蛋白的物质来完成的，它是在生物体内过量的金属离子的诱导下合成的。金属蛋白的最大特点是半胱氨酸残基多，占氨基酸残基的 1/3，富含配位能力较强的疏基（—SH），易与 Hg^{2+}、Cd^{2+}、Pb^{2+} 等结合，起到解毒作用。但金属硫蛋白的解毒作用也有一定限度，一旦超过了它的承受能力，就需要借助于摄入的药物进行解毒。

治疗重金属中毒症有两种方法：一种是促使重金属直接从体内排泄；另一种是使用药物作为解毒剂。解毒剂利用配位能力更强的配位体，与有害金属离子配位，形成更加稳定而对生物体无害的配合物，而且能迅速排出体外（表 10-5）。

表 10-5　常用金属解毒剂

金属解毒剂	金属	金属解毒剂	金属
EDTA 钙盐	Zn、Co、Mn、Pb	青霉胺	Au、Sb、Cu、Pb
2,3-二疏基丙醇	Hg、Au、Sn	N-乙酰青霉胺	Hg
去铁敏	Fe	二疏基丁酸钠	Sb
乙二基磺酸钠	Ni	二苯基硫代卡巴腙	Zn
金精三羧酸	Be		

使用金属解毒剂应注意以下几点：

① 与人体内配位体相比，解毒剂应与有害金属离子具有更大的稳定性。但是，由于与有害金属配位常数大的配体，往往也与体内必需金属离子具有强的配位作用。因而，要求解毒剂作为配体应该有较高的选择性。但要满足这个要求是相当困难的。

② 如果有害金属离子已经进入细胞内部与生物配体结合，需要考虑解毒剂是否能够达到离子的存在部位，而且解毒剂与金属离子形成的配合物能否顺利地透过细胞膜并排出体外。

③ 与有害金属离子形成混配配合物对解毒更有利。一方面形成混配配合物有更高的稳定常数；另一方面两种不同的配体在混配物中可以产生明显的协同作用，有利于解毒剂进入细胞和将金属离子带出细胞。

（3）抗肿瘤金属配合物

顺铂抗癌作用的深入研究和临床使用打开了抗癌金属配合物研究的新领域。人们广泛开展了抗癌金属配合物的探索工作，合成了大量的不同配体和不同结构的铂系金属配合物以及 Rh、Ru、Sn、Pb、Au 等金属配合物，并对它们做了抗肿瘤金属配合物的药效、组成、结构的研究，得到许多有益的实验结果。虽然金属配合物是一类很有希望的抗肿瘤药物。但抗癌配合物进入人体后，既能与癌细胞内物质作用，也会与正常细胞中的各种生物配体反应，造成一系列毒性反应，而且抗癌活性越高，毒性反应越强烈。同时，体内存在的多种生物配体也会降低药物的抗癌活性。如何处理好活性和毒性的关系，合成和筛选出既有高度抗癌活性，又有无毒性反应的金属配合物仍是一个需要长期研究的问题。

（4）抗微生物金属配合物

金属配合物是一类很有效的抗病毒药物。病毒的结构比较简单，外壳是蛋白质，里面是由核酸组成的内核。它在生物细胞外是无法自身繁殖的，只有当进入活细胞后，才能繁殖，最终致使宿主细胞死亡。由于金属配合物的稳定性和脂溶性都很好，易于透过细胞膜，进入寄主细胞的内部与病毒的核酸进行化学反应，因而具有抗病毒的能力。

有抗病毒作用的金属配合物，它的抗病毒能力要比金属离子或配位体大得多。金属配合物对某些病毒的抑制作用机理比较复杂。例如，乙型流感病毒中所含的核糖核酸聚合酶是一种含锌的金属蛋白质。当金属配合物进入寄生细胞与病毒作用时，金属配合物药物的配体便与上述的聚合酶形成混配配合物，从而达到阻止病毒复制的目的；同时，病毒的核酸和蛋白质又是极好的配位体，可与从金属配合物药物中游离出来的金属离子作用，使这些物质失活。

几乎所有抗菌物质都能与金属配位。它们的药理机理有以下几种可能：①抗菌物质通过金属离子与酶或基质形成三元配合物，使正常的酶反应受到阻碍，从而影响细菌的繁殖。②抗菌物质与生物体内的微量元素结合，使细菌的代谢或酶反应缺乏必需的金属，因而阻碍细菌的繁殖和生长。③抗生素通过形成配合物，促使药物透过细胞膜，从而增强药物在细胞内的作用。

10.3.2　化学模拟生物过程

生物体内的化学过程一般都具有耗能低、效率高、条件温和等特点。如果将生物体内某些重要生化过程的反应机理研究清楚，用化学方法在生物体外模拟这些生化过程是十分有意义的。

（1）人工合成氧载体

为了维持生命过程在生物体内进行的各种氧化反应需要大量氧（O_2）。O_2 是非极性分子，在水中溶解度极小，因此通过体内循环输送 O_2 的量受到限制，不能满足正常生理活动。人体血液输送氧是借助于氧载体进行的，生物体内的氧载体的存在可以使血液中的氧含量比水中增大约 30 倍。

① 天然氧载体　氧载体是生物体内一类可以与氧分子可逆地配位结合，本身又不会被不可逆氧化的生物大分子配合物，其功能是储存或运送氧分子到生物体组织内需要氧的地方。人体中载氧体为血红蛋白（Hb）（图 10-4）和肌红蛋白（Mb），它们都含有由亚铁离子和原卟啉形成的血红素。在正常生理情况下，人体每分钟吸入大约 200mL 氧气，氧气从肺泡到血液，再由血液进入组织细胞中。氧气在血液中的载体为血红蛋白，它存在于血液的红细胞中，是红细胞的功能性物质，具有可逆吸收和释放氧气的功能，在血液循环中起着运载氧气的作用（图 10-5）。肌红蛋白是存在于肌肉组织中的载氧物质，它能储存和提供肌肉活动所需的氧。

肌红蛋白是由一条 153 个氨基酸组成的多肽链和一个血红素分子组成的。每个肌红蛋白分子含有一个血红素辅基。血红素是由亚铁离子与原卟啉形成的金属卟啉配合物，亚铁离子作为配位中心与卟啉环上的四个氮原子配位；第五个配位位置被肽链上组氨酸（His）残基的咪唑侧链的氮原子所占据，使二者连接在一起。从配位化学的角度来看，肌红蛋白是一种以铁（Ⅱ）为中心离子的蛋白质配合物，其中亚铁离子既是活性中心也是配位中心，卟啉环和蛋白质为配体。

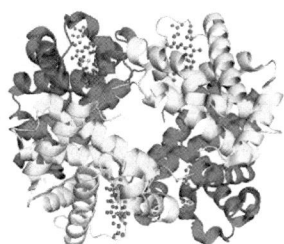

图 10-4　血红蛋白

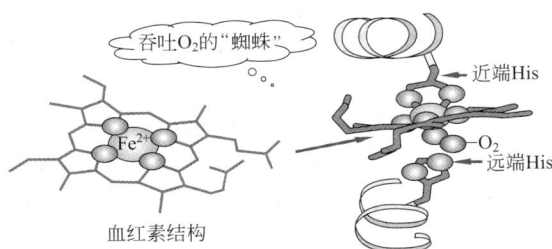

图 10-5　血红蛋白携氧示意图

血红蛋白由四个亚基组成，每个亚基也含有一条多肽链和一个血红素辅基。结构研究表明血红蛋白中每个亚基的二级结构和三级结构与肌红蛋白相似，只是血红蛋白的多肽链稍短。两条多肽链含 141 个氨基酸，称为 α 链；另外两条多肽链含 146 个氨基酸，称为 β 链。因此，血红蛋白可以看作是四个肌红蛋白的集合体。

血红蛋白和肌红蛋白中的亚铁离子，在未和氧分子结合时为五配位，第六个配位位置是暂空的。此时的铁（Ⅱ）离子具有高自旋电子构型，离子半径较大不能完全进入卟啉环的四个氮原子之间，铁（Ⅱ）离子高出血红素平面 75pm。当第六个配位位置与氧分子结合以后，由于配位场增强，铁（Ⅱ）离子转变为低自旋电子构型，离子半径也减小了 17pm，铁（Ⅱ）离子也下降到卟啉空穴中而与其共平面，从而使整个体系更趋于稳定。并且血红蛋白和肌红蛋白分子排列紧密，肽链折叠成球形，血红素辅基周围大部分氨基酸残基的亲水基团向外，在血红素周围形成了一个疏水性的空腔。这个疏水性空腔的存在避免了极性水分子或氧化剂进入，从而保护了亚铁血红素不被氧化成高铁血红素，而失去可逆载氧功能，保证了血红素辅基与氧分子的可逆结合。

血红蛋白和肌红蛋白与氧的结合是松弛的、可逆的，特点是既能迅速结合，又能迅速解离。其结合与解离决定于 O_2 的分压大小。当血液经过肺部时，肺泡中氧气含量较高，其氧分压大于静脉血的氧分压。氧分子通过配位键与 Fe(Ⅱ) 结合，形成氧合血红蛋白（HbO_2）。氧合血红蛋白随血液流动并在需要时释放出氧分子供机体生物氧化的需要。当血液流经组织时，肌肉组织的氧分压较低，O_2 从 HbO_2 中解离出来，由于 Mb 与 O_2 的结合能力比 Hb 强，肌肉组织中的 Mb 结合形成氧合肌红蛋白（MbO_2），把 O_2 储存起来以便在 O_2 供应不足时释放出 O_2，供各种生理氧化反应的需要。血红蛋白随血液流动回到肺部并可再次与氧分子结合。

② 人工氧载体　天然氧载体在生物体内输送或储存氧气，主要是通过结合到蛋白质上的铁、铜过渡金属与氧分子可逆配位来实现的。化学家对这一现象及其机理产生了极大兴趣，但直接研究这些天然物质的困难还很多。为了弄清生物体内结构十分复杂的氧载体与氧分子相互作用的机制，特别是活性中心部位与氧的成键情况，人们合成了一些分子量较小、结构简单并能可逆载氧的模型化合物来模拟天然氧载体的可逆氧合作用，研究分子氧配合物的本质，进一步探明天然氧载体氧合作用的规律。化学模拟氧载体的研究，不仅有助于了解这些天然物质的作用机理，而且还可以开发其他方面的应用。例如，在研究氧载体模型化合物过程中，已合成出许多种高效的人工

氧载体，研制出的新型储氧剂可作为长期远离基地的潜水艇和高空轰炸机的氧源。在合成具有可逆载氧功能的人造血液研究方面，日本和中国也于 20 世纪 70 年代取得突破，合成了与血红蛋白性能相似的人造血，并在临床应用上获得成功。

（2）化学模拟生物固氮

氮是动植物生长不可缺少的重要元素。随着农业的发展，对氮肥的需求越来越多。虽然大气中约 80% 是分子氮，但由于其极强的 N—N 很难断裂，大气中丰富的氮气不能直接被植物吸收，植物能直接吸收利用的氮的形态只能是硝态氮或是氨态氮。由游离氮转化为硝态氮或氨态氮的过程称为固氮过程（nitrogen fixation）。大气中的氮气通过雷电可被氧化成 NO 进而转化为铵，但这大约只占生物圈所需固定氮的 1%。合成氨工业利用高温、高压和催化剂的苛刻条件合成氨，再转化为尿素、硝酸和一系列铵盐产品；以供农业、工业等多方面的需求。但也仅能提供大约 30% 的固定氮。然而固氮微生物却能在常温、常压下，将空气中的氮转化为氨，通常称为"生物固氮"（图 10-6）。这是一个非常重要的生化反应，在全球范围内每年通过固氮菌的生物固氮作用，可以产生 1.75 亿吨氮肥，约占植物所需固定氮的 70%。固氮微生物中固氮反应的酶系统称为固氮酶。

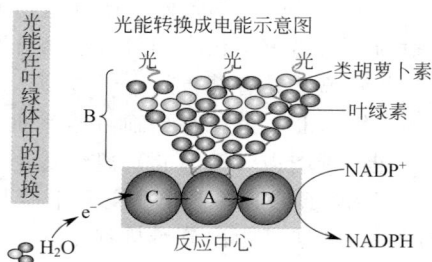

图 10-6　生物固氮示意图

生物固氮最诱人的就是可以在常温、常压的温和条件下实现合成氨反应。人类在 100 多年前就开始了生物固氮的研究，试图搞清出固氮酶的结构和功能，以及生物固氮反应的机理，进而合成模型化合物，以模拟生物酶的功能，最终实现人工模拟生物固氮反应。即在常温、常压的温和条件下，将空气中的氮气转化为氨或其衍生物。

① 固氮酶的组成和功能　科学家从 20 多种微生物中分离出了固氮酶。固氮酶由两种非血红素铁蛋白组成，一种是钼铁蛋白并含有铁硫基团；另一种是铁硫蛋白（称为铁蛋白）。较大的钼铁蛋白是棕色的，对空气敏感，分子量为 220000~270000，每个分子中含有 2 个钼原子、24~33 个铁原子、24~27 个无机硫原子，它是由 1200 个左右的氨基酸残基组成的四聚体。较小的铁蛋白是黄色的，对空气极为敏感，分子量为 50000~70000，每个分子中含有 4 个铁原子、4 个硫原子，是大约由 273 个氨基酸残基组成的二聚体。

钼铁蛋白和铁蛋白单独存在时均无活性，若两者以物质的量的比 1∶1 重新组合时，则有最好的催化活性。钼铁蛋白的功能是结合底物 N_2 分子，使其活化、还原；铁蛋白的功能是储存和传递电子，对氧尤其敏感。

对固氮酶的活性中心的研究发现，其中含有 Mo、Fe 和半胱氨酸（Cys）。1977 年美国科学家从钼铁蛋白中分离出一种分子量很小的 Fe-Mo 辅因子，其中 Mo、Fe 和 S 的比例为 1∶8∶6。能显示 Fe-Mo 蛋白的特征顺磁共振（EPR）信号，是固氮酶特有的结构成分。实验结果表明，Fe-Mo 蛋白分子中铁原子和硫原子不是彼此孤立的，铁原子和硫原子一部分属于铁钼辅因子，另一部分则以 Fe_4S_4 原子簇的形式存在（图 10-7）。铁蛋白分子中的 4 个铁原子和 4 个硫原子也构成 Fe_4S_4 原子簇。

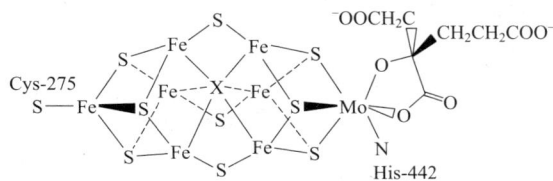

图 10-7　Fe_4S_4 原子簇图

② 固氮酶的活性中心模型　为了说明生物固氮的机理，研究人员提出了多种固氮酶活性中心模型。美国的 Schranzer 等在前人工作的基础上，进行了系统的固氮酶模拟实验，提出了一种钼的固氮酶活性中心模型。Schranzer 结构模型为双核。Mo（V）的半胱氨酸配合物，组成为 $Na_2[Mo_2O_4(Cys)_2]$，它的结构已被 X 射线衍射测定结果所证实。以铁硫原子簇为铁蛋白模，组成为 $[Fe_4S_4(SR)_4]^{2-}$。

我国多年来也在固氮酶活性中心模型的研究方面做了大量系统的研究工作。化学家卢嘉锡于 1973 年提出了"H 形网兜"模型，其结构为 1 个钼原子、3 个铁原子和 3 个硫原子组成的原子簇化合物。底物 N_2 分子以投网的方式垂直进入网口，与底部 Fe（Ⅱ）端基配位，同时又与兜口的 2 个铁原子、1 个钼原子以多侧基方式配位。后来，又在此基础上形成了"福州模型"和"厦门模型"。

③ 化学模拟生物固氮　与工业上合成氨所用的铁催化剂相比，固氮酶有两个突出的优点：一是能在常温常压下催化合成氨的反应；二是催化效率很高。目前，尽管对固氮酶的催化机理还不是十分清楚，但对固氮酶的结构组分，即钼铁蛋白、铁蛋白和钼铁蛋白中的铁钼辅因子等都有了一定的了解。这些都为化学模拟生物固氮提供了必要的启示。另外，根据对固氮微生物的研究，要实现生物固氮，必须有四个基本条件：a. 具有能有效地束缚氮分子并将其逐步转化为氨分子的活性部位；b. 要有电子供体和电子传递体，使氮原子还原为负氧化态；c. 要有供氢体系，提供氢原子才能生成氨分子；d. 要有 ATP 提供能量。一般来说，化学模拟固氮体系也必须满足上述条件。

(3) 人工模拟光合作用

光合作用在生命起源、进化和人类生命活动中起着非常重要的作用。因此，人们在不断地探索着光合作用的本质和机理，期望能够通过模拟光合作用造福于人类。研究表明，光合作用的过程可概括地表述如下：

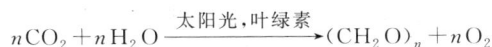

$$nCO_2 + nH_2O \xrightarrow{\text{太阳光，叶绿素}} (CH_2O)_n + nO_2$$

光合作用是一个极其复杂的生理活动，包括光能吸收、转移、电子传递、水分解、磷酸化、辅酶还原、二氧化碳固定与转化等几十个步骤，在叶绿体内利用太阳光的能量将 CO_2 和水合成为碳水化合物，并释放出氧气。通过这个过程，在碳水化合物中储存能量（图 10-8）。

光合作用可分为光反应和暗反应两大部分：①光反应，光反应过程包含两个反应，第一个反应是利用光能使水分解，并将产生的氢与植物体内的辅酶Ⅱ（NADP）结合，将 NADP 还原为还原型的辅酶Ⅱ（NADPH），同时放出 O_2；第二个反应是利用光能将二磷酸腺苷（ADP）和无机磷酸盐（Pi）结合，生成三磷酸腺苷（ATP）。

图 10-8　光合作用示意图

整个过程统称为光反应。②暗反应，光反应过程中产生的 NADPH 和 ATP 因储存了高的能量，可以一起去推进把 CO_2 转化为碳水化合物的反应。这个反应不需要光，只要源源不断地供应 NADPH 和 ATP 就可进行。因此称为暗反应。整个光合作用的过程可用下面的模式（图 10-9）表示。

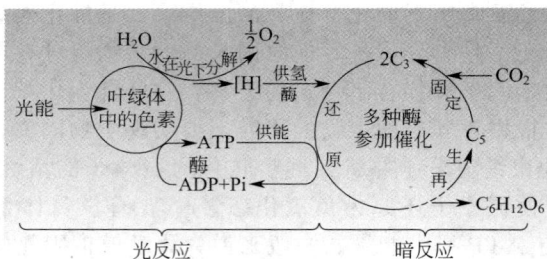

图 10-9　光合作用暗反应图

　　既然光合作用中水分子可以被分解为氧气、氢离子和电子，那么设法将电子转移到电极上就可以人工模拟叶绿体的光电转移机理而制造出高效的光电池；如果设法使氢离子与电子结合就可以变成氢气，这样在人工模拟的系统中，经太阳光照射就可以将水分解为氢和氧，而给人类提供利用水作媒介获取光能源的方法，充分利用太阳能解决能源紧张问题，造福人类。

　　光合作用的模拟研究可以从 NADP 的还原、光合磷酸化和 CO_2 同化成碳水化合物三个方面展开。

　　我国科学工作者从 1975 年开始先用 ZnO、CdS 等材料代替叶绿体，在近紫外光和可见光的照射下进行了模拟光合磷酸化过程的研究。实验结果证实，用 ZnO、CdS 模拟叶绿体，通过光合磷酸化作用可以得到 ATP。

　　人们对暗反应过程的机理已经比较清楚，但它的反应历程较复杂，目前还没有对它的全过程进行模拟，只进行了复制某些过程的研究。

总的说来，在模拟光合作用的光反应方面，已经得到了一定的结论，但存在着提高反应效率的问题；对于模拟暗反应的研究，不论是国内还是国外都尚未很好地开展。

思　考　题

1. 什么是生物无机化学？生物无机化学研究的主要对象是什么？

2. 什么是人体必需元素、有益元素和有害元素？所谓"必需"的含义是什么？

3. 生物元素具有哪些生理功能？

4. 研究生物功能分子的主要目的是什么？

5. 什么是最适营养浓度定律？其主要内容是什么？

6. 生物金属配合物主要指的是哪几类配合物？

7. 请你用化学中的原理分析血液输氧的过程，为什么出现一氧化碳中毒的现象？

8. 生物金属配合物主要指的是哪几类配合物？

9. 什么样的配体可以作为金属解毒剂？

10. 向临床课的老师或医院的医生咨询什么是缺铁性贫血？有何症状？"红桃 K"是一种治疗缺铁性贫血的药品，查看一下说明书，了解一下它的主要成分是什么物质。

附 录

附录1　一些基本物理量

物　理　量	符　号	数　值
真空中的光速	c	$2.99792458 \times 10^{-8} \text{m} \cdot \text{s}^{-1}$
电子电荷	e	$1.60217733 \times 10^{-19} \text{C}$
质子质量	m_p	$1.6726231 \times 10^{-27} \text{kg}$
电子质量	m_e	$9.1093897 \times 10^{-31} \text{kg}$
摩尔气体常数	R	$8.314501 \text{J} \cdot \text{mol}^{-1} \cdot \text{K}^{-1}$
阿伏加德罗(Avogdro)常数	N_A	$6.0221367 \times 10^{23} \text{mol}^{-1}$
里德堡(Rybderg)常数	R_∞	$1.0973731534 \times 10^7 \text{m}^{-1}$
普朗克(Planck)常数	h	$6.6260755 \times 10^{-34} \text{J} \cdot \text{s}$
法拉第(Faraday)常数	F	$9.6485309 \times 10^4 \text{C} \cdot \text{mol}^{-1}$
玻尔兹曼(Boltzmann)常数	k	$1.380658 \times 10^{-23} \text{J} \cdot \text{K}^{-1}$
电子伏	Ev	$1.60217733 \times 10^{-19} \text{J}$
原子质量单位	u	$1.6605402 \times 10^{-27} \text{kg}$

附录2　一些物质的标准摩尔生成焓、标准摩尔生成自由能和标准摩尔熵的数据（298.15K，100kPa）

化学式	$\Delta_f H_m^\ominus / \text{kJ} \cdot \text{mol}^{-1}$	$\Delta_f G_m^\ominus / \text{kJ} \cdot \text{mol}^{-1}$	$S_m^\ominus / \text{J} \cdot \text{mol}^{-1} \cdot \text{K}^{-1}$
$Ag(s)$	0.0	0.0	42.6
$AgCl(s)$	-127.0	-109.8	96.3
$AgI(s)$	-61.8	-66.2	115.5
$Al(s)$	0.0	0.0	28.3
$AlCl_3(s)$	-704.2	-628.8	110.7
$Al_2O_3(s,刚玉)$	-1675.7	-1582.3	50.9
$Br_2(l)$	0.0	0.0	152.2
$Br_2(g)$	30.9	3.1	245.5
$C(s,金刚石)$	1.9	2.9	2.4
$C(s,石墨)$	0.0	0.0	5.74
$CO(g)$	-110.5	-137.2	197.7
$CO_2(g)$	-393.5	-394.7	213.8
$CaCO_3(s,方解石)$[①]	-1207.72	-1129.6	92.95
$CaO(s)$	-634.9	-603.3	38.1
$Ca(OH)_2(s)$	-985.2	-897.5	83.4
$Cl_2(g)$	0.0	0.0	223.1
$Co(s)$	0.0	0.0	30.0
$CoCl_2$[①]	-312.75	-270.05	109.23

化学式	$\Delta_f H_m^{\ominus}/kJ \cdot mol^{-1}$	$\Delta_f G_m^{\ominus}/kJ \cdot mol^{-1}$	$S_m^{\ominus}/J \cdot mol^{-1} \cdot K^{-1}$
Cr(s)	0.0	0.0	23.8
Cr$_2$O$_3$(s)	−1139.7	−1058.1	81.2
Cu(s)	0.0	0.0	33.2
CuO(s)	−157.3	−129.7	42.6
Cu$_2$O(s)	−168.6	−146.0	93.1
F$_2$(g)	0.0	0.0	202.8
Fe(s)	0.0	0.0	27.3
FeO(s)	−272.0	−244.0	59.4
Fe$_2$O$_3$(s,赤铁矿)	−824.2	−742.2	87.4
Fe$_3$O$_4$(s,磁铁矿)	−1118.4	−1015.4	146.4
H$_2$(g)	0.0	0.0	130.7
HCl(g)	−92.3	−95.3	186.9
HF(g)	−273.3	−275.4	173.8
H$_2$O(g)	−241.8	−228.6	188.8
H$_2$O(l)	−285.9	−237.1	69.96
H$_2$S(g)	−20.6	−33.4	205.8
Hg(l)	0.0	0.0	75.9
HgO(s,红)	−90.8	−58.5	70.3
I$_2$(g)	62.4	19.3	260.7
I$_2$(s)	0.0	0.0	116.1
K(s)	0.0	0.0	64.7
KCl(s)	−436.5	−408.5	82.6
Mg(s)	0.0	0.0	32.7
MgCl$_2$(s)[①]	−642.0	−592.2	89.7
MgO(s)	−601.6	−569.3	27.0
Mn(s)	0.0	0.0	32.0
MnO(s)	−385.2	−362.9	59.7
N$_2$(g)	0.0	0.0	191.6
NH$_3$(g)	−45.9	−16.4	192.8
NH$_4$Cl(s)[①]	−314.6	−203.1	94.6
NO(g)	91.3	87.6	210.7
NO$_2$(g)	33.2	51.3	240.1
Na(s)	0.0	0.0	51.3
NaCl(s)	−411.4	−384.3	72.2
Na$_2$O(s)	−414.2	−375.5	75.1
Ni(s)	0.0	0.0	29.9
NiO(s)	−239.9	−211.9	29.9
O$_2$(g)	0.0	0.0	205.2
O$_3$(g)	142.7	163.2	238.9
Zn(s)	0.0	0.0	41.6
ZnO(s)	−350.5	−320.5	43.7
P$_4$(s)	0.0	0.0	64.8
Pb(s)	0.0	0.0	64.8
PbCl$_2$(s)[①]	−359.6	−314.4	136.1
PbO(s,黄)[①]	−218.2	−188.8	68.8
S(s)	0.0	0.0	32.1
SO$_2$(g)	−296.8	−300.1	248.2
SO$_3$(g)	−395.7	−371.1	256.8
Si(s)	0.0	0.0	18.1
SiO$_2$(s,石英)	−910.7	−856.3	41.5
Ti(s)	0.0	0.0	30.7
TiO$_2$(s,金红石)	−944.0	−856.3	50.6
CH$_4$(g)	−74.4	−50.3	186.3
C$_2$H$_2$(g)	228.2	210.7	186.3
C$_2$H$_4$(g)	52.5	68.4	219.6
C$_2$H$_6$(g)	−83.8	−31.9	229.6

化学式	$\Delta_f H_m^{\ominus}/kJ \cdot mol^{-1}$	$\Delta_f G_m^{\ominus}/kJ \cdot mol^{-1}$	$S_m^{\ominus}/J \cdot mol^{-1} \cdot K^{-1}$
$C_6H_6(g)$	82.6	120.7	269.2
$C_6H_6(l)$	49.0	124.1	173.3
$C_2H_5OH(l)$	−277.7	−174.8	160.7
$C_{12}H_{22}O_{11}(s)^{①}$	−2227.0	−1545.7	360.5

注1：摘自 J．A 迪安，兰氏化学手册，第 13 版．科学出版社，1991：92-102．
2．标准压力，$T=298.15K$，由 1cal=4.1868J 换算而得。

附录3　常见弱酸或弱碱的解离常数（298.15K）

弱电解质	解离常数 $K_i^{\ominus}$	$pK_i^{\ominus}$	弱电解质	解离常数 $K_i^{\ominus}$	$pK_i^{\ominus}$
乙酸	1.8×10^{-5}	4.74	碳酸	4.2×10^{-7}	6.38
硼酸	5.8×10^{-10}	9.24		4.7×10^{-11}	10.33
氢氰酸	5.8×10^{-10}	9.24	氢硫酸	1.1×10^{-7}	6.97
氢氟酸	6.9×10^{-4}	3.16		1.3×10^{-13}	12.90
甲酸	1.8×10^{-4}	3.74	硅酸	2.1×10^{-10}	9.70
亚硫酸	1.7×10^{-2}	1.77		1×10^{-12}	12.00
	6.0×10^{-8}	7.22	磷酸	6.7×10^{-3}	2.17
草酸	5.4×10^{-2}	1.27		6.2×10^{-8}	7.21
	6.0×10^{-5}	4.27		4.5×10^{-13}	12.35
亚硝酸	7.24×10^{-4}	3.14	氨水	1.8×10^{-5}	4.74
次氯酸	2.9×10^{-8}	7.534	甲胺	4.2×10^{-4}	3.38
次溴酸	2.8×10^{-9}	8.55	联氨	9.8×10^{-7}	6.01

附录4　常见难溶电解质的溶度积（298.15K）

难溶电解质	溶度积 $K_{sp}^{\ominus}$	难溶电解质	溶度积 $K_{sp}^{\ominus}$	难溶电解质	溶度积 $K_{sp}^{\ominus}$
AgBr	5.3×10^{-13}	$CaSO_4$	7.1×10^{-5}	$Mg(OH)_2$	5.1×10^{-12}
AgCl	1.8×10^{-10}	CdS	1.4×10^{-29}	$Mn(OH)_2$	2.1×10^{-13}
AgI	8.3×10^{-17}	$Cr(OH)_3$	6.3×10^{-31}	MnS	4.7×10^{-14}
Ag_2CO_3	8.3×10^{-12}	CuCl	1.7×10^{-7}	$Ni(OH)_2$（新）	5.0×10^{-16}
Ag_2CrO_4	1.1×10^{-12}	$CuCO_3$	1.4×10^{-10}	$PbCl_2$	1.7×10^{-5}
Ag_2SO_4	1.2×10^{-5}	$Cu(OH)_2$	2.2×10^{-20}	$PbCO_3$	1.5×10^{-13}
$Al(OH)_3$	1.3×10^{-33}	CuS	1.3×10^{-36}	$PbCrO_4$	2.8×10^{-13}
$BaCO_3$	2.6×10^{-9}	$Fe(OH)_3$	2.8×10^{-39}	PbS	9.0×10^{-29}
$BaCrO_4$	1.2×10^{-10}	$Fe(OH)_2$	4.86×10^{-17}	$PbSO_4$	1.8×10^{-8}
$BaSO_4$	1.1×10^{-10}	FeS	1.6×10^{-19}	PbI_2	8.4×10^{-9}
$CaCO_3$	4.9×10^{-9}	Hg_2Cl_2	1.4×10^{-18}	$ZnCO_3$	1.2×10^{-10}
$Ca_2C_2O_4 \cdot H_2O$	2.3×10^{-9}	HgI_2	2.8×10^{-29}	$Zn(OH)_2$	6.8×10^{-17}
CaF_2	1.5×10^{-10}	HgS(黑)	6.4×10^{-53}	ZnS	2.9×10^{-35}
$Ca(OH)_2$	4.6×10^{-6}	HgS(红)	2.0×10^{-53}		
$Ca_3(PO_4)_2$	2.1×10^{-33}	$MgCO_3$	6.8×10^{-6}		

附录 5　　常见配离子的稳定常数（298.15K）

配离子	$K_f^{\ominus}$	配离子	$K_f^{\ominus}$	配离子	$K_f^{\ominus}$
$[Ag(NH_3)_2]^+$	1.6×10^7	$[Cu(CN)_4]^{2-}$	2.03×10^{30}	$[HgCl_4]^{2-}$	1.31×10^{15}
$[Ag(CN)_2]^-$	2.48×10^{20}	$[Cu(CN)_2]^-$	9.98×10^{23}	$[HgI_4]^{2-}$	5.66×10^{29}
$[AgCl_2]^-$	1.84×10^5	$[Co(en)_2]^{2+}$	1×10^{20}	$[PtCl_4]^{2-}$	9.86×10^{15}
$[Ag(S_2O_3)_2]^{3-}$	2.9×10^{13}	$[Co(NH_3)_6]^{2+}$	1.3×10^5	$[Zn(OH)_4]^{2-}$	2.83×10^{14}
$[Ca(EDTA)]^{2-}$	1×10^{11}	$[Co(NH_3)_6]^{3+}$	1.6×10^{35}	$[Zn(NH_3)_4]^{2+}$	3.6×10^8
$[Cd(CN)_4]^{2-}$	1.95×10^{18}	$[Fe(NCS)]^{2+}$	9.1×10^2	$[Zn(CN)_4]^{2-}$	5.71×10^{16}
$[Cu(NH_3)_2]^+$	7.24×10^{10}	$[Fe(CN)_6]^{3-}$	4.1×10^{52}		
$[Cu(NH_3)_4]^{2+}$	2.30×10^{12}	$[Fe(CN)_6]^{4-}$	4.2×10^{45}		

附录 6　　常见氧化还原电对的标准电极电势（298.15K）

（1）在酸性溶液中

电对（氧化态/还原态）	电极反应（氧化态$+ne^-$⇌还原态）	电极电势/V
Li^+/Li	$Li^+ + e^- \rightleftharpoons Li$	-3.0401
K^+/K	$K^+ + e^- \rightleftharpoons K$	-2.931
Ba^{2+}/Ba	$Ba^{2+} + 2e^- \rightleftharpoons Ba$	-2.92
Ca^{2+}/Ca	$Ca^{2+} + 2e^- \rightleftharpoons Ca$	-2.868
Na^+/Na	$Na^+ + e^- \rightleftharpoons Na$	-2.71
Mg^{2+}/Mg	$Mg^{2+} + 2e^- \rightleftharpoons Mg$	-2.372
Al^{3+}/Al	$Al^{3+} + 3e^- \rightleftharpoons Al$	-1.662
Mn^{2+}/Mn	$Mn^{2+} + 2e^- \rightleftharpoons Mn$	-1.185
Zn^{2+}/Zn	$Zn^{2+} + 2e^- \rightleftharpoons Zn$	-0.7618
Cr^{3+}/Cr	$Cr^{3+} + 3e^- \rightleftharpoons Cr$	-0.74
Fe^{2+}/Fe	$Fe^{2+} + 2e^- \rightleftharpoons Fe$	-0.447
Cd^{2+}/Cd	$Cd^{2+} + 2e^- \rightleftharpoons Cd$	-0.4030
$PbSO_4/Pb$	$PbSO_4 + 2e^- \rightleftharpoons Pb + SO_4^{2-}$	-0.356
Co^{2+}/Co	$Co^{2+} + 2e^- \rightleftharpoons Co$	-0.28
Ni^{2+}/Ni	$Ni^{2+} + 2e^- \rightleftharpoons Ni$	-0.257
Sn^{2+}/Sn	$Sn^{2+} + 2e^- \rightleftharpoons Sn$	-0.1375
Pb^{2+}/Pb	$Pb^{2+} + 2e^- \rightleftharpoons Pb$	-0.1262
H^+/H_2	$2H^+ + 2e^- \rightleftharpoons H_2$	0.0000
$S_4O_6^{3-}/S_2O_3^{2-}$	$S_4O_6^{3-} + 2e^- \rightleftharpoons 2S_2O_3^{2-}$	$+0.08$
S/H_2S	$S + 2H^+ + 2e^- \rightleftharpoons H_2S$	$+0.142$
Sn^{4+}/Sn^{2+}	$Sn^{4+} + 2e^- \rightleftharpoons Sn^{2+}$	$+0.151$
SO_4^{2-}/H_2SO_3	$SO_4^{2-} + 4H^+ + 2e^- \rightleftharpoons H_2SO_3 + H_2O$	$+0.172$
Cu^{2+}/Cu^+	$Cu^{2+} + e^- \rightleftharpoons Cu^+$	$+0.159$
$AgCl/Ag$	$AgCl + e^- \rightleftharpoons Ag + Cl^-$	$+0.2223$
Hg_2Cl_2/Hg	$Hg_2Cl_2 + 2e^- \rightleftharpoons 2Hg + 2Cl^-$	$+0.2681$
Cu^{2+}/Cu	$Cu^{2+} + 2e^- \rightleftharpoons Cu$	$+0.3419$
Cu^+/Cu	$Cu^+ + e^- \rightleftharpoons Cu$	$+0.521$
I_2/I^-	$I_2 + 2e^- \rightleftharpoons 2I^-$	$+0.5355$

续表

电对（氧化态/还原态）	电极反应（氧化态 $+ne^-$ ⇌ 还原态）	电极电势/V
$H_3AsO_4/HAsO_2$	$H_3AsO_4+2H^++2e^- \rightleftharpoons HAsO_2+2H_2O$	$+0.560$
Hg_2SO_4/Hg	$Hg_2SO_4+2e^- \rightleftharpoons 2Hg+SO_4^{2-}$	$+0.615$
$HgCl_2/Hg_2Cl_2$	$2HgCl_2+2e^- \rightleftharpoons Hg_2Cl_2+2Cl^-$	$+0.63$
O_2/H_2O_2	$O_2+2H^++2e^- \rightleftharpoons H_2O_2$	$+0.695$
Fe^{3+}/Fe^{2+}	$Fe^{3+}+e^- \rightleftharpoons Fe^{2+}$	$+0.771$
Hg_2^{2+}/Hg	$Hg_2^{2+}+2e^- \rightleftharpoons 2Hg$	$+0.7960$
Ag^+/Ag	$Ag^++e^- \rightleftharpoons Ag$	$+0.7991$
Hg^{2+}/Hg	$Hg^{2+}+2e^- \rightleftharpoons Hg$	$+0.8535$
Hg^{2+}/Hg_2^{2+}	$2Hg^{2+}+2e^- \rightleftharpoons Hg_2^{2+}$	$+0.911$
NO_3^-/HNO_2	$NO_3^-+3H^++2e^- \rightleftharpoons HNO_2+H_2O$	$+0.94$
NO_3^-/NO	$NO_3^-+4H^++3e^- \rightleftharpoons NO+2H_2O$	$+0.957$
HIO/I^-	$HIO+H^++2e^- \rightleftharpoons I^-+H_2O$	$+0.985$
HNO_2/NO	$HNO_2+H^++e^- \rightleftharpoons NO+H_2O$	$+0.996$
Br_2/Br^-	$Br_2+2e^- \rightleftharpoons 2Br^-$	$+1.066$
IO_3^-/HIO	$IO_3^-+5H^++4e^- \rightleftharpoons HIO+2H_2O$	$+1.14$
IO_3^-/I_2	$2IO_3^-+12H^++10e^- \rightleftharpoons I_2+6H_2O$	$+1.195$
ClO_4^-/ClO_3^-	$ClO_4^-+2H^++2e^- \rightleftharpoons ClO_3^-+H_2O$	$+1.201$
O_2/H_2O	$O_2+4H^++4e^- \rightleftharpoons 2H_2O$	$+1.229$
MnO_2/Mn^{2+}	$MnO_2+4H^++2e^- \rightleftharpoons Mn^{2+}+2H_2O$	$+1.23$
HNO_2/N_2O	$2HNO_2+4H^++4e^- \rightleftharpoons N_2O+3H_2O$	$+1.297$
Cl_2/Cl^-	$Cl_2+2e^- \rightleftharpoons 2Cl^-$	$+1.3583$
$Cr_2O_7^{2-}/Cr^{3+}$	$Cr_2O_7^{2-}+14H^++6e^- \rightleftharpoons 2Cr^{3+}+7H_2O$	$+1.36$
ClO_4^-/Cl^-	$ClO_4^-+8H^++8e^- \rightleftharpoons Cl^-+4H_2O$	$+1.389$
ClO_4^-/Cl_2	$2ClO_4^-+16H^++14e^- \rightleftharpoons Cl_2+8H_2O$	$+1.392$
ClO_3^-/Cl^-	$ClO_3^-+6H^++6e^- \rightleftharpoons Cl^-+3H_2O$	$+1.45$
PbO_2/Pb^{2+}	$PbO_2+4H^++2e^- \rightleftharpoons Pb^{2+}+2H_2O$	$+1.46$
ClO_3^-/Cl_2	$2ClO_3^-+12H^++10e^- \rightleftharpoons Cl_2+6H_2O$	$+1.468$
BrO_3^-/Br^-	$BrO_3^-+6H^++6e^- \rightleftharpoons Br^-+3H_2O$	$+1.478$
$BrO_3^-/Br_2(l)$	$2BrO_3^-+12H^++10e^- \rightleftharpoons Br_2(l)+6H_2O$	$+1.5$
MnO_4^-/Mn^{2+}	$MnO_4^-+8H^++6e^- \rightleftharpoons Mn^{2+}+4H_2O$	$+1.51$
$HClO/Cl_2$	$2HClO+2H^++2e^- \rightleftharpoons Cl_2+2H_2O$	$+1.630$
MnO_4^-/MnO_2	$MnO_4^-+4H^++6e^- \rightleftharpoons MnO_2+2H_2O$	$+1.70$
H_2O_2/H_2O	$H_2O_2+2H^++2e^- \rightleftharpoons 2H_2O$	$+1.763$
$S_2O_8^{2-}/SO_4^{2-}$	$S_2O_8^{2-}+2e^- \rightleftharpoons 2SO_4^{2-}$	$+1.96$
FeO_4^{2-}/Fe^{3+}	$FeO_4^{2-}+8H^++3e^- \rightleftharpoons Fe^{3+}+4H_2O$	$+2.20$
BaO_2/Ba^{2+}	$BaO_2+4H^++2e^- \rightleftharpoons Ba^{2+}+2H_2O$	$+2.365$
$XeF_2/Xe(g)$	$XeF_2+2H^++2e^- \rightleftharpoons Xe(g)+2HF$	$+2.64$
$F_2(g)/F^-$	$F_2(g)+2e^- \rightleftharpoons 2F^-$	$+2.87$
$F_2(g)/HF(aq)$	$F_2(g)+2H^++2e^- \rightleftharpoons 2HF(aq)$	$+3.053$
$XeF/Xe(g)$	$XeF+e^- \rightleftharpoons Xe(g)+F^-$	$+3.4$

（2）在碱性溶液中

电对（氧化态/还原态）	电极反应（氧化态 $+ne^-$ ⇌ 还原态）	电极电势/V
$Ca(OH)_2/Ca$	$Ca(OH)_2+2e^- \rightleftharpoons Ca+2OH^-$	(-3.02)
$Mg(OH)_2/Mg$	$Mg(OH)_2+2e^- \rightleftharpoons Mg+2OH^-$	-2.687
$[Al(OH)_4]^-/Al$	$[Al(OH)_4]^-+3e^- \rightleftharpoons Al+4OH^-$	-2.310
SiO_3^{2-}/Si	$SiO_3^{2-}+3H_2O+4e^- \rightleftharpoons Si+6OH^-$	(-1.697)
$Cr(OH)_3/Cr$	$Cr(OH)_3+3e^- \rightleftharpoons Cr+3OH^-$	(-1.48)
$[Zn(OH)_4]^{2-}/Zn$	$[Zn(OH)_4]^{2-}+2e^- \rightleftharpoons Zn+4OH^-$	-1.285
$HSnO_2^-/Sn$	$HSnO_2^-+H_2O+2e^- \rightleftharpoons Sn+3OH^-$	-0.91

续表

电对(氧化态/还原态)	电极反应(氧化态$+ne^-$⇌还原态)	电极电势/V
H_2O/H_2	$2H_2O+2e^- \rightleftharpoons H_2+2OH^-$	-0.828
$[Fe(OH)_4]^-/[Fe(OH)_4]^{2-}$	$[Fe(OH)_4]^-+e^- \rightleftharpoons [Fe(OH)_4]^{2-}$	-0.73
$Ni(OH)_2/Ni$	$Ni(OH)_2+2e^- \rightleftharpoons Ni+2OH^-$	-0.72
AsO_2^-/As	$AsO_2^-+2H_2O+3e^- \rightleftharpoons As+4OH^-$	-0.68
AsO_4^{3-}/AsO_2^-	$AsO_4^{3-}+2H_2O+2e^- \rightleftharpoons AsO_2^-+4OH^-$	-0.67
SO_3^{2-}/S	$SO_3^{2-}+3H_2O+4e^- \rightleftharpoons S+6OH^-$	-0.59
$SO_3^{2-}/S_2O_3^-$	$2SO_3^{2-}+3H_2O+4e^- \rightleftharpoons S_2O_3^-+6OH^-$	-0.576
NO_2^-/NO	$NO_2^-+H_2O+e^- \rightleftharpoons NO+2OH^-$	(-0.46)
S/S^{2-}	$S+2e^- \rightleftharpoons S^{2-}$	-0.407
$CrO_4^{2-}/[Cr(OH)_4]^-$	$CrO_4^{2-}+4H_2O+3e^- \rightleftharpoons [Cr(OH)_4]^-+4OH^-$	-0.13
O_2/HO_2^-	$O_2+H_2O+2e^- \rightleftharpoons HO_2^-+OH^-$	-0.076
$Co(OH)_3/Co(OH)_2$	$Co(OH)_3+e^- \rightleftharpoons Co(OH)_2+OH^-$	$+0.17$
O_2/OH^-	$O_2+2H_2O+4e^- \rightleftharpoons 4OH^-$	$+0.401$
MnO_4^-/MnO_4^{2-}	$MnO_4^-+e^- \rightleftharpoons MnO_4^{2-}$	$+0.56$
MnO_4^-/MnO_2	$MnO_4^-+2H_2O+3e^- \rightleftharpoons MnO_2+4OH^-$	$+0.60$
MnO_4^{2-}/MnO_2	$MnO_4^{2-}+2H_2O+2e^- \rightleftharpoons MnO_2+4OH^-$	$+0.62$
HO_2^-/OH^-	$HO_2^-+H_2O+2e^- \rightleftharpoons 3OH^-$	$+0.867$
ClO^-/Cl^-	$ClO^-+H_2O+2e^- \rightleftharpoons Cl^-+2OH^-$	$+0.890$
O_3/OH^-	$O_3+H_2O+2e^- \rightleftharpoons O_2+2OH^-$	$+1.246$

注：附录表中数据取自 J. A. Dean "Lange's Handbook of Chemistry" 15th. ed. 1999。括号中数据取自 David R. Lide "CRC Handbook of Chemistry and Physics" 78th. ed. (1997—1998)。

附录7　某些物质的商品名或俗名

商品名或俗名	学　名	化学式(或主要成分)
钢精	铝	Al
铝粉(涂料中银粉)	铝	Al
刚玉	三氧化二铝	Al_2O_3
矾土	三氧化二铝	Al_2O_3
砒霜,白砒	三氧化二砷	As_2O_3
重土	氧化钡	BaO
重晶石	硫酸钡	$BaSO_4$
电石	碳化钙	CaC_2
方解石,大理石	碳酸钙	$CaCO_3$
萤石,氟石	氟化钙	CaF_2
干冰	二氧化碳(固体)	CO_2
熟石灰,消石灰	氢氧化钙	$Ca(OH)_2$
漂白粉		$Ca(ClO)_2+CaCl_2 \cdot Ca(OH)_2 \cdot H_2O$
石膏	硫酸钙	$CaSO_4 \cdot 2H_2O$
胆矾,蓝矾	硫酸铜	$CuSO_4 \cdot 5H_2O$
绿矾,青矾	硫酸亚铁	$FeSO_4 \cdot 7H_2O$
双氧水	过氧化氢	H_2O_2
水银	汞	Hg
升汞	氯化汞	$HgCl_2$
甘汞	氯化亚汞	Hg_2Cl_2
三仙丹	氧化汞	HgO
朱砂,辰砂	硫化汞	HgS
钾碱	碳酸钾	K_2CO_3
红矾钾	重铬酸钾	$K_2Cr_2O_7$

续表

商品名或俗名	学　名	化学式（或主要成分）
赤血盐	（高）铁氰化钾	$K_3[Fe(CN)_6]$
黄血盐	亚铁氰化钾	$K_4[Fe(CN)_6]$
灰锰养	高锰酸钾	$KMnO_4$
火硝,土硝	硝酸钾	KNO_3
苛性钾	氢氧化钾	KOH
明矾,钾明矾	硫酸铝钾	$K_2SO_4 \cdot Al_2(SO_4)_3 \cdot 24H_2O$
苦土	氧化镁	MgO
泻盐	硫酸镁	$MgSO_4$
硼砂	四硼酸钠	$Na_2B_4O_7 \cdot 10H_2O$
苏打,纯碱	碳酸钠	Na_2CO_3
小苏打	碳酸氢钠	$NaHCO_3$
红矾钠	重铬酸钠	$Na_2Cr_2O_7$
烧碱,火碱,苛性碱	氢氧化钠	$NaOH$
水玻璃,泡花碱	硅酸钠	$xNa_2O \cdot ySiO_2$
硫化碱	硫化钠	$Na_2S \cdot 9H_2O$
海波,大苏打	硫代硫酸钠	$Na_2S_2O_3 \cdot 5H_2O$
保险粉	连二亚硫酸钠	$Na_2S_2O_4 \cdot 2H_2O$
芒硝,皮硝,元明粉	硫酸钠	$Na_2SO_4 \cdot 10H_2O$
铬钠矾	硫酸铬钠	$Na_2SO_4 \cdot Cr_2(SO_4)_3 \cdot 24H_2O$
硫铵	硫酸铵	$(NH_4)_2SO_4$
铁铵矾	硫酸铁铵	$(NH_4)_2SO_4 \cdot Fe_2(SO_4)_3 \cdot 24H_2O$
铬铵矾	硫酸铬铵	$(NH_4)_2SO_4 \cdot Cr_2(SO_4)_3 \cdot 24H_2O$
铝铵矾	硫酸铝铵	$(NH_4)_2SO_4 \cdot Al_2(SO_4)_3 \cdot 24H_2O$
铅丹,红丹	四氧化三铅	Pb_3O_4
铬黄,铅铬黄	铬酸铅	$PbCrO_4$
铅白,白铅粉	碱式碳酸铅	$2PbCO_3 \cdot Pb(OH)_2$
锑白	三氧化二锑	Sb_2O_3
天青石	硫酸锶	$SrSO_4$
石英	二氧化硅	SiO_2
金刚砂	碳化硅	SiC
钛白粉	二氧化钛	TiO_2
锌白,锌氧粉	氧化锌	ZnO
皓矾	硫酸锌	$ZnSO_4 \cdot 7H_2O$

附录 8　主要的化学矿物及其基本性质

矿类	矿物名称	主要成分	颜色	工业品位	主要用途
砷矿	雄黄	As_4S_4	橘红	As_4S_4 含量大于 70%	生产砷酸盐
	雌黄	As_2S_3	柠檬黄	As_2S_3 含量大于 95%	生产砷酸盐
	亚砷黄铁矿	$FeAsS$	无色		

续表

矿类	矿物名称	主要成分	颜色	工业品位	主要用途
铝矿	铝土矿	$Al_2O_3 \cdot 2H_2O$	白、灰褐、黄、淡红	Al_2O_3 含量为 90%~95%	生产铝化合物
	一水硬铝石	$\alpha\text{-}Al_2O_3 \cdot H_2O$		Al_2O_3 含量为 85%	生产铝化合物
	一水软铝石	$\gamma\text{-}Al_2O_3 \cdot 2H_2O$	无色或白色带黄	Al_2O_3 含量为 85%	生产铝化合物
	三水铝矿	$Al_2O_3 \cdot 3H_2O$	白色、浅灰、浅绿或浅黄	Al_2O_3 含量为 65.4%	生产铝化合物
	高岭土	$Al_2O_3 \cdot 2SiO_2 \cdot 3H_2O$	白灰、淡黄	Al_2O_3 含量大于 15%	生产明矾、分子筛、硫酸铝等
钡矿	重晶石	$BaSO_4$	浅灰、浅红、浅黄	$BaSO_4$ 含量大于 90%	生产钡盐、锌钡白、作为石油钻井调浆剂
	毒重石	$BaCO_3$	无色、淡灰、浅黄	$BaCO_3$ 含量为 75%~80%	生产钡盐
石灰岩矿	石灰石	$CaCO_3$	灰白、灰黑、浅黄、淡红	$CaSO_4$ 含量大于 90%	生产碳酸盐、钙盐、石灰、建材
	文石	$CaCO_3$			
镁矿	菱镁矿	$MgCO_3$	白、黄、灰褐	MgO 含量大于 44%	生产镁盐、耐火材料
	白云石	$CaCO_3 \cdot MgCO_3$	白、黄、灰、白		生产镁盐
	水镁石	$Mg(OH)_2$			生产氧化镁
	硫酸镁	$MgSO_4 \cdot 7H_2O$			用于制革、造纸、印染
氟矿	萤石	CaF_2	白、绿、黄、棕、粉红、蓝紫		制取氟化氢
	冰晶石	Na_3AlF_6			炼铝助熔剂、玻璃、搪瓷
磷矿	氟磷灰石	$Ca_5(PO_4)_3F$	灰白、褐、绿	P_2O_5 含量大于 30%	生产磷肥、磷酸盐
	磷块岩	$Ca_5(PO_4)_3F$	淡绿、淡红、蓝紫		生产磷肥、磷酸盐、直接作为磷肥用
锰矿	菱锰矿	$MnCO_3$	粉红、褐、黑	$MnCO_3$ 含量大于 60%	生产锰盐和活性二氧化锰
	软锰矿	MnO_2	黑色	MnO_2 含量大于 85%	生产锰盐和高锰酸钾
铬矿	铬铁矿	$Fe(CrO_2)_2$	黑色	Cr_2O_3 含量大于 44%	生产铬酸盐酐、铬酸盐、重铬酸盐
钾矿	钾岩石	KCl	白、灰、粉红、褐		生产钾盐
	钾石盐	$KCl+NaCl$			生产钾盐
	光卤石	$KCl \cdot MgCl_2 \cdot 6H_2O$	红、橙、黄		生产钾盐
	钾长石	$K_2O \cdot Al_2O_3 \cdot 6H_2O$	浅玫瑰		生产钾肥
硼矿	方硼石(α,β)	$MgCl_2 \cdot 5MgO \cdot 7B_2O_3$	无色、白、黄、绿		生产硼砂、硼酸
	纤维硼镁石	$MgHBO_3$	白至黄	B_2O_3 含量大于 10%	生产硼砂、硼酸
	硬硼钙石	$2CaO \cdot 3B_2O_3 \cdot 5H_2O$	无色、乳白、灰	B_2O_3 含量大于 45%	生产硼砂、硼酸
	天然硼砂	$2Na_2O \cdot 2B_2O_3 \cdot 10H_2O$	白、浅灰	B_2O_3 含量大于 45%	生产硼砂、硼酸
	天然硼酸	H_3BO_3	无色至白色		生产硼砂、硼酸
钛矿	金红石	TiO_2	黄、赤褐、黑	TiO_2 含量大于 45%	生产钛白、宝石、金属钛
	钛铁矿	$FeTiO_3$	黑色	TiO_2 含量大于 35%	生产钛白、钛酸钡

续表

矿类	矿物名称	主要成分	颜色	工业品位	主要用途
硫酸盐矿及硫、黄铁矿	芒硝	$Na_2SO_4 \cdot 10H_2O$	无色、灰	Na_2SO_4 含量大于95%（干基）	生产硫化碱、泡花碱
	石膏	$CaSO_4 \cdot 2H_2O$	无色、黑、红、褐、白色	$CaSO_4$ 含量大于95%	染料、洗衣粉作为建材、制硫酸
	天青石	$SrSO_4$	白灰、天青	$SrSO_4$ 含量大于65%	锶盐
	硫黄	S		S 含量大于90%	生产 H_2SO_4、CS_2、农药等
	黄铁矿	FeS_2	金黄	S 含量大于35%	生产 H_2SO_4、钢铁等
	硫铁矿	$Fe_5S_6 \sim Fe_{16}S_{17}$			生产 H_2SO_4 等
硅石及硅酸盐矿	纤维蛇纹石	$H_4Mg_2Si_2O_3SiO_2$			生产钙镁磷肥
	硅石	SiO_2	白色	SiO_2 含量大于96%	耐火材料、泡花碱、生产黄磷辅料
	滑石	$H_4Mg_3Si_4O_{12}$	白、淡黄	SiO_2 含量为63.5%；MgO 含量为31.7%	用作橡胶、塑料的填料
天然碱	晶碱石	$NaHCO_3 \cdot Na_2CO_3 \cdot 2H_2O$	无色、白色、黄	Na_2O 含量大于41%	制碱
	天然碱石	$Na_2CO_3 \cdot 10H_2O$	白、浅黄		制碱、水玻璃
钼矿	辉钼矿	MoS_2	铅灰色	MoS_2 含量大于75%	生产硫酸钼及钼酸盐
钨矿	黑钨矿	$(Fe,Mn)WO_4$	黑灰、黄棕	WO_3 含量大于75%	生产钨酸钠
	白钨矿	$CaWO_4$	白、灰白		生产钨酸钠
铌钽矿	铌铁矿	$(Fe,Mn)(Nb,Ta)_2O_5$	铁黑色	Ta_2O_3 含量为1%~40%；Nb_2O_5 含量为40%~75%	
	铁铌矿	$(Fe,Mn)(Nb,Ta)_2O_5$		Ta_2O_3 含量为42%~84%；Nb_2O_5 含量为3%~40%	
	黄钽矿	$CaO \cdot Ta_2O_5$ 及 F、Na、Mg 等	铁灰色	Ta_2O_3 含量为55%~74%；Nb_2O_5 含量为5%~10%	
其他	锆英石	$ZnSiO_4$	浅黄、黄褐、紫		制取铬盐、耐火材料
	闪锌矿	ZnS	黄、褐黑		制取锌及锌盐
	独居石	$(Ge,Th,U)PO_4$	黄、黄绿	ThO_2 含量为4%~20%	制取硝酸钍、氧化钍
	辰砂	HgS	大红		制汞、汞齐、汞盐
	镍黄铁矿	$(Ni,Fe)S$	黄铜色		炼镍、炼钢
	针硫镍矿	NiS	浅黄铜色		炼镍
	绿柱石	$Be_2Al_3(SiO_2) \cdot 1/2H_2O$	黄、微绿		炼铍、铍合金
	岩盐	$NaCl$	无色		
	天然硝石	$NaNO_3$	无色或白色		制取硝酸、炸药

附录 9　有害物质的排放标准

（一）工业废气

有害物质	排放标准		有害物质	排放标准	
	排气管高度 h/m	排放量 $m_h/kg \cdot h^{-1}$		排气管高度 h/m	排放量 $m_h/kg \cdot h^{-1}$
二氧化碳	30	34	氟化物 （按氟计）	30	1.8
	45	66		50	4.1
	60	110	氯化氢	20	1.4
	80	190		30	2.5
	100	280		50	5.9
硫化氢	20	1.3	一氧化碳	30	160
	40	3.8		60	620
	60	7.6		100	1700
	80	13	硫酸（雾）	30～45	260
	100	19		60～80	600
	120	27			
氮氧化物	20	12	铅	100	34
	40	37		120	47
	60	86	汞	20	0.01
	80	160		30	0.02
	100	230			

（二）工业废水

有害物质	最高允许排放浓度 $\rho_B/mg \cdot L^{-1}$
汞及其无机化合物	0.05（按 Hg 计）
镉及其无机化合物	0.1（按 Cd 计）
六价铬化合物	0.5[按 Cr(Ⅵ)计]
砷及其无机化合物	0.5（按 As 计）
铅及其无机化合物	1.0（按 Pb 计）
硫化物	1
氰化物	0.5（按游离氰根计）
铜及其化合物	1（按 Cu 计）
锌及其化合物	5（按 Zn 计）
氟的无机化合物	10（按 F 计）
pH 值	6～9

注：本附录摘自：中华人民共和国计委、建委、卫生部颁发的《工业"三废"排放试行标准》，GBJ 4—73 (1973)。

参 考 文 献

［1］ 杨宏孝，凌芝，颜秀茹. 无机化学. 4 版. 北京：高等教育出版社，2010.
［2］ 竺际舜. 无机化学. 北京：科学出版社，2008.
［3］ 权新军. 无机化学. 北京：科学出版社，2009.
［4］ 高职高专编写组. 无机化学. 北京：高等教育出版社，2008.
［5］ 曲保中，朱炳林，周伟红. 新大学化学. 2 版. 北京：科学出版社，2007.
［6］ 宋天佑. 简明无机化学. 北京：高等教育出版社，2007.
［7］ 丁廷桢. 大学化学教程. 北京：高等教育出版社，2003.
［8］ 吉林大学，等. 无机化学. 北京：高等教育出版社，2004.
［9］ 邹京，郑河，王瑞心，等. 无机化学. 北京：北京师范大学出版社，1990.
［10］ 郑能武，刘清亮，刘双怀. 无机化学原理. 合肥：中国科技大学出版社，1988.
［11］ 曹素枕，周端凡，肖慧莉. 化学试剂与精细化学品合成基础. 北京：高等教育出版社，1991.
［12］ 杨子超. 基础无机化学理论. 西安：陕西人民出版社，1985.

元素周期表

IUPAC 2013

氧化态(单质的氧化态为0，未列入；常见的为红色)

以 $^{12}C=12$ 是基准的原子量(注◆的是半衰期最长同位素的原子量)

示例：95　Am　镅　$5f^77s^2$　243.06138(2)◆
（原子序数／元素符号(红色的为放射性元素)／元素名称(注◆的为人造元素)／价层电子构型）

图例：s区元素　p区元素　ds区元素　d区元素　f区元素　稀有气体

电子层：K L M N O P

周期	IA	IIA	IIIB	IVB	VB	VIB	VIIB	VIIIB(VIII)			IB	IIB	IIIA	IVA	VA	VIA	VIIA	VIIIA(0)
1	1 H 氢 $1s^1$ 1.008																	2 He 氦 $1s^2$ 4.002602(2)
2	3 Li 锂 $2s^1$ 6.94	4 Be 铍 $2s^2$ 9.0121831(5)											5 B 硼 $2s^22p^1$ 10.81	6 C 碳 $2s^22p^2$ 12.011	7 N 氮 $2s^22p^3$ 14.007	8 O 氧 $2s^22p^4$ 15.999	9 F 氟 $2s^22p^5$ 18.998403163(6)	10 Ne 氖 $2s^22p^6$ 20.1797(6)
3	11 Na 钠 $3s^1$ 22.98976928(2)	12 Mg 镁 $3s^2$ 24.305											13 Al 铝 $3s^23p^1$ 26.9815385(7)	14 Si 硅 $3s^23p^2$ 28.085	15 P 磷 $3s^23p^3$ 30.973761998(5)	16 S 硫 $3s^23p^4$ 32.06	17 Cl 氯 $3s^23p^5$ 35.45	18 Ar 氩 $3s^23p^6$ 39.948(1)
4	19 K 钾 $4s^1$ 39.0983(1)	20 Ca 钙 $4s^2$ 40.078(4)	21 Sc 钪 $3d^14s^2$ 44.955908(5)	22 Ti 钛 $3d^24s^2$ 47.867(1)	23 V 钒 $3d^34s^2$ 50.9415(1)	24 Cr 铬 $3d^54s^1$ 51.9961(6)	25 Mn 锰 $3d^54s^2$ 54.938044(3)	26 Fe 铁 $3d^64s^2$ 55.845(2)	27 Co 钴 $3d^74s^2$ 58.933194(4)	28 Ni 镍 $3d^84s^2$ 58.6934(4)	29 Cu 铜 $3d^{10}4s^1$ 63.546(3)	30 Zn 锌 $3d^{10}4s^2$ 65.38(2)	31 Ga 镓 $4s^24p^1$ 69.723(1)	32 Ge 锗 $4s^24p^2$ 72.630(8)	33 As 砷 $4s^24p^3$ 74.921595(6)	34 Se 硒 $4s^24p^4$ 78.971(8)	35 Br 溴 $4s^24p^5$ 79.904	36 Kr 氪 $4s^24p^6$ 83.798(2)
5	37 Rb 铷 $5s^1$ 85.4678(3)	38 Sr 锶 $5s^2$ 87.62(1)	39 Y 钇 $4d^15s^2$ 88.90584(2)	40 Zr 锆 $4d^25s^2$ 91.224(2)	41 Nb 铌 $4d^45s^1$ 92.90637(2)	42 Mo 钼 $4d^55s^1$ 95.95(1)	43 Tc 锝 $4d^55s^2$ 97.90721(3)◆	44 Ru 钌 $4d^75s^1$ 101.07(2)	45 Rh 铑 $4d^85s^1$ 102.90550(2)	46 Pd 钯 $4d^{10}$ 106.42(1)	47 Ag 银 $4d^{10}5s^1$ 107.8682(2)	48 Cd 镉 $4d^{10}5s^2$ 112.414(4)	49 In 铟 $5s^25p^1$ 114.818(1)	50 Sn 锡 $5s^25p^2$ 118.710(7)	51 Sb 锑 $5s^25p^3$ 121.760(1)	52 Te 碲 $5s^25p^4$ 127.60(3)	53 I 碘 $5s^25p^5$ 126.90447(3)	54 Xe 氙 $5s^25p^6$ 131.293(6)
6	55 Cs 铯 $6s^1$ 132.90545196(6)	56 Ba 钡 $6s^2$ 137.327(7)	57~71 La~Lu 镧系	72 Hf 铪 $5d^26s^2$ 178.49(2)	73 Ta 钽 $5d^36s^2$ 180.94788(2)	74 W 钨 $5d^46s^2$ 183.84(1)	75 Re 铼 $5d^56s^2$ 186.207(1)	76 Os 锇 $5d^66s^2$ 190.23(3)	77 Ir 铱 $5d^76s^2$ 192.217(3)	78 Pt 铂 $5d^96s^1$ 195.084(9)	79 Au 金 $5d^{10}6s^1$ 196.966569(5)	80 Hg 汞 $5d^{10}6s^2$ 200.592(3)	81 Tl 铊 $6s^26p^1$ 204.38	82 Pb 铅 $6s^26p^2$ 207.2(1)	83 Bi 铋 $6s^26p^3$ 208.98040(1)	84 Po 钋 $6s^26p^4$ 208.98243(2)◆	85 At 砹 $6s^26p^5$ 209.98715(5)◆	86 Rn 氡 $6s^26p^6$ 222.01758(2)◆
7	87 Fr 钫 $7s^1$ 223.01974(2)◆	88 Ra 镭 $7s^2$ 226.02541(2)◆	89~103 Ac~Lr 锕系	104 Rf 鿔 $6d^27s^2$ 267.122(4)◆	105 Db 𬭊 $6d^37s^2$ 270.131(4)◆	106 Sg 𬭳 $6d^47s^2$ 269.129(3)◆	107 Bh 𬭛 $6d^57s^2$ 270.133(2)◆	108 Hs 𬭶 $6d^67s^2$ 270.134(2)◆	109 Mt 鿏 $6d^77s^2$ 278.156(5)◆	110 Ds 鐽 281.165(4)◆	111 Rg 錀 281.166(6)◆	112 Cn 鎶 $5d^{10}7s^2$ 285.177(4)◆	113 Nh 鉨 286.182(5)◆	114 Fl 鈇 289.190(4)◆	115 Mc 镆 289.194(6)◆	116 Lv 𫓧 293.204(4)◆	117 Ts 鿬 293.208(6)◆	118 Og 鿫 294.214(5)◆

★ 镧系

57 La 镧 $5d^16s^2$ 138.90547(7)	58 Ce 铈 $4f^15d^16s^2$ 140.116(1)	59 Pr 镨 $4f^36s^2$ 140.90766(2)	60 Nd 钕 $4f^46s^2$ 144.242(3)	61 Pm 钷 $4f^56s^2$ 144.91276(2)◆	62 Sm 钐 $4f^66s^2$ 150.36(2)	63 Eu 铕 $4f^76s^2$ 151.964(1)	64 Gd 钆 $4f^75d^16s^2$ 157.25(3)	65 Tb 铽 $4f^96s^2$ 158.92535(2)	66 Dy 镝 $4f^{10}6s^2$ 162.500(1)	67 Ho 钬 $4f^{11}6s^2$ 164.93033(2)	68 Er 铒 $4f^{12}6s^2$ 167.259(3)	69 Tm 铥 $4f^{13}6s^2$ 168.93422(2)	70 Yb 镱 $4f^{14}6s^2$ 173.045(10)	71 Lu 镥 $4f^{14}5d^16s^2$ 174.9668(1)

★ 锕系

89 Ac 锕 $6d^17s^2$ 227.02775(2)◆	90 Th 钍 $6d^27s^2$ 232.0377(4)	91 Pa 镤 $5f^26d^17s^2$ 231.03588(2)	92 U 铀 $5f^36d^17s^2$ 238.02891(3)	93 Np 镎 $5f^46d^17s^2$ 237.04817(2)◆	94 Pu 钚 $5f^67s^2$ 244.06421(4)◆	95 Am 镅 $5f^77s^2$ 243.06138(2)◆	96 Cm 锔 $5f^76d^17s^2$ 247.07035(3)◆	97 Bk 锫 $5f^97s^2$ 247.07031(4)◆	98 Cf 锎 $5f^{10}7s^2$ 251.07959(3)◆	99 Es 锿 $5f^{11}7s^2$ 252.0830(3)◆	100 Fm 镄 $5f^{12}7s^2$ 257.09511(5)◆	101 Md 钔 $5f^{13}7s^2$ 258.09843(3)◆	102 No 锘 $5f^{14}7s^2$ 259.1010(7)◆	103 Lr 铹 $5f^{14}6d^17s^2$ 262.110(2)◆